Lineare Algebra und Analytische Geometrie III

Egbert Brieskorn

Lineare Algebra und Analytische Geometrie III

Geometrie im euklidischen Raum.
Mit historischen Anmerkungen
von Erhard Scholz

Springer Spektrum

Egbert Brieskorn
Mathematisches Institut
Universität Bonn
Bonn, Deutschland

ISBN 978-3-658-25193-2

Die Deutsche Nationalbibliothek verzeichnet diese Publikation in der Deutschen Nationalbibliografie; detaillierte bibliografische Daten sind im Internet über http://dnb.d-nb.de abrufbar.

Springer Spektrum

Einbandabbildung: Das Foto wurde von Dr. Achim Bittner erstellt und zeigt einen Silberdünnfilm auf einem Glaskeramiksubstrat, aus dem bei 200°C Ag-Kristallite rekristallisieren.

Springer Spektrum ist ein Imprint der eingetragenen Gesellschaft Springer Fachmedien Wiesbaden GmbH und ist ein Teil von Springer Nature
Die Anschrift der Gesellschaft ist: Abraham-Lincoln-Str. 46, 65189 Wiesbaden, Germany

Geleitwort

Der vorliegende Band stellt die klassische Geometrie aus moderner Sicht mit linear algebraischen Methoden dar. Die gewählte Bezeichnung *Geometrie im euklidischen Raum* (anstelle „euklidische Geometrie") bringt das sehr gut zum Ausdruck. Der Autor versteht sie im weiten Sinne unter gelegentlichem Einbezug von Überlegungen zu nichtdefiniten (insbesondere Lorentz-) Metriken und den Minkowskiraum.

Der Band beginnt mit einem sorgfältigen Studium der Isometriegruppen euklidischer affiner Räume und ihrer Ähnlichkeitsabbildungen, führt über die Länge rektifizierbarer Kurven den Winkelbegriff der euklidischen Geometrie ein und entwickelt die Grundkonzepte der ebenen und sphärischen Trigonometrie. Daran schließt der Autor eine sorgfältige Diskussion der Isometriegruppen und der konformen Abbildungen der Sphären an und streicht die resultierende Sonderstellung der Sphären unter den kompakten Riemannschen Mannigfaltigkeiten heraus. Anschließend an eine Bemerkung Hermann Weyls über die tief liegende Rolle des Spins für die euklidische Geometrie macht der Autor einen längeren Ausflug in die Spindarstellung der euklidischen Rotationsgruppe sowie der Lorentzgruppe. Der Band wird durch eine detaillierte Klassifikation der euklidischen Isometrien und eine Klassifikation der affinen Quadriken mit Blick auf das klassische Studium der Kegelschnitte abgerundet.

E. Brieskorns Geometrie im euklidischen Raum ist im direkten Anschluss an seine Vorlesungsausarbeitungen *Lineare Algebra* und analytische Geometrie

(LA) I und II entstanden. Sie bahnt einen möglichen Weg vom Grundstudium in weiterführende Themen der Geometrie und Algebra und stellt ein klassisches Kerngebiet der Mathematik aus Sicht eines Mathematikers des 20. Jahrhunderts dar. Der vorliegende Band war ursprünglich als Teil eines dritten Bandes der LA geplant. Der sollte eigentlich über die hier behandelten Themen hinausgehend einen Bogen über eine ausführliche Behandlung der Polyedertheorie bis hin zur geometrischen Kristallgraphie spannen. Die letzten beiden Themen wurden vom Autor nicht mehr vollständig ausgearbeitet. Die von ihm hinterlassenen Aufzeichnungen werden zurzeit aus dem Nachlass ediert und sollen in digitaler Form bei Imaginary erscheinen.

Erhard Scholz, Wuppertal im Dezember 2018

Vorwort

Im Jahre 2010 habe ich einmal mehr Zeit gefunden, die meines Erachtens nach einzigartigen Bände I und II der Linearen Algebra von Egbert Brieskorn ein wenig zu studieren und bin dabei, diesmal mit Aufmerksamkeit, auf das vorweggenommene Inhaltsverzeichnis zum dritten Band gestoßen. Da ich das besagte Werk nirgends finden konnte, habe ich Herrn Brieskorn angeschrieben und erhielt von ihm die durchaus wenig erfreuliche Nachricht, dass zwar das Manuskript existiere, es aber nie zu einer Veröffentlichung gekommen sei. Es ergab sich schnell die Idee, den fehlenden Band in modernem Layout zu T$_{\!E}$Xen, welcher Herr Brieskorn zu meiner großen Freude direkt zustimmte. So begann Ende 2010 nach Erhalt des Originalmanuskriptes und mit Hilfe einiger, ebenso wie ich freiwilliger Helfer vom matheplanet.com Forum die Arbeit am Projekt **LAIII**. Aufgrund diverser beruflicher Wechsel meinerseits sowie ebenso häufiger Wechsel des Projektteams hat sich das Vorhaben leider deutlich länger als geplant hingezogen – vor allem stimmt es uns allesamt traurig, dass Egbert Brieskorn die Veröffentlichung seines Werkes und die Vollendung seiner Reihe **Lineare Algebra** nicht mehr miterleben konnte.

Was hebt die Buchreihe von Herrn Brieskorn ab von anderen Büchern zur Linearen Algebra? Da gibt es vieles zu erwähnen, wovon hier exemplarisch genannt seien

- Die Motivationen der Inhalte und Art der Visualisierungen, welche ansonsten undurchschaubare Sachverhalte und Gebilde oft verständlich darzulegen vermögen.

- Durchgängige Konzepte und Bezüge über alle Bände hinweg.

- Die Präsentation der Inhalte: Klassische Ergebnisse werden sowohl von historischem Ursprung aus dargestellt als auch von einer modernen Perspektive aus betrachtet; insbesondere in diesem dritten Band.

Und natürlich zu guter Letzt die Passion, die man in dem Gesamtwerk erkennt, und welche heutzutage im Highspeed-Studium oftmals viel zu kurz kommt.

Nur an wenigen Stellen haben wir Fehler im Original ausgebessert oder das Layout aus lesetechnischen Gründen angepasst.

Abschließend möchte ich unbedingt noch denjenigen danken, die das Projekt realisiert haben. Neben Egbert Brieskorn und seiner Frau Heidrun gilt der Dank sowohl den Helfern der ersten Stunde als auch denjenigen, die enormes in der Endphase geleistet oder sogar durchweg das gesamte Projekt begleitet haben: Yves Gessner, Stephan Bogendörfer, Florian Modler, Gert-Martin Greuel, Rolf Bardeli sowie Achim Bittner für das wundervolle Titelbild. Und zu guter Letzt Erhard Scholz, welcher als nahestehender Freund von Egbert Brieskorn die Gesamtkoordination wesentlich mitübernommen hat. Für eventuelle Fehlerhinweise an *brieskornla3@gilgamash.com* bin ich dankbar, um ggf. eine Errata-Liste auf *www.gilgamash.com/brieskornErrata* anbieten zu können.

Es bleibt noch, ebensoviel Freude und Erkenntnis beim Lesen des Buches zu wünschen, wie wir beim TEXen und Korrekturlesen hatten.

Andreas Beschorner, Korschenbroich im Januar 2019

Bemerkungen des Verlages

Gleich zu Beginn meiner Tätigkeit als Lektorin beim Verlag Vieweg habe ich im März 1980 an Egbert Brieskorn, bei dem ich meine Diplomarbeit geschrieben hatte, einen Brief geschickt, ob er nicht das Skript seiner Vorlesung über Lineare Algebra und Analytische Geometrie als Lehrbuch veröffentlichen möchte. Der Vertrag wurde kurz danach abgeschlossen. Später gab es dann eine Änderung zum Vertrag, dass das Werk in **drei** Bänden (statt in zwei Bänden) erscheinen wird.

Band I wurde 1983 veröffentlicht, Band II im Jahr 1985.

Inhalt Band I

I Einführung in die Lineare Algebra und Analytische Geometrie ($\S\,1$–$\S\,4$)

II Die Kategorie der Vektorräume ($\S\,5$–$\S\,7$)

III Affine Räume und lineare Gleichungssysteme ($\S\,8$–$\S\,9$)

IV Determinanten ($\S\,10$)

Inhalt Band II

V Die Klassifikation der Endomorphismen endlichdimensionaler Vektorräume ($\S\,11$)

VI Vektorräume mit einer Sesquilinearform ($\S\,12$)

Ursprünglich geplanter Inhalt Band III

VII Geometrie im Euklidischen Raum ($\S\,13$ Euklidische Geometrie, $\S\,14$ Geometrische Kristallographie)

Der nun vorliegende Band III erscheint ziemlich genau drei Jahrzehnte später als geplant. Er umfasst nur die ursprünglichen Abschnitte 13.1–13.6 des Paragraphen 13 über Euklidische Geometrie. Dieser Teil lag damals schon in getippter Form fertig vor. Von dem weiteren Teil gab es unter anderem viele Bildreproduktionen sowie die schönen Aufnahmen von Kristallen für § 14. Ganz wichtig war Herrn Brieskorn die geplante Einleitung zum Abschnitt 13.7 über Reguläre Polyeder mit vielfältigen Bezügen zu den Naturwissenschaften und zur Kunst, die im Umfang immer mehr anwuchs, aber leider nicht fertig wurde. Herr Brieskorn wandte sich mit Beginn der 1990er Jahre auch verstärkt der Biographie Felix Hausdorffs und dem großen Projekt der Hausdorff Edition (veröffentlicht bei Springer) zu, sodass es beim Band III keine Fortschritte gab. Das Buch, das immer als Einheit von § 13 und § 14 gesehen wurde, konnte leider nicht erscheinen.

Vor seinem Tod im Jahr 2013 übergab Herr Brieskorn die unvollendeten Fragmente des Buchvorhabens an Erhard Scholz, die über die Plattform imaginary.org digital zugänglich gemacht werden. Andreas Beschorner hat den LATEX-Satz der Abschnitte 13.1–13.6 fertiggestellt. Der Text wurde dabei in die neue deutsche Rechtschreibung gebracht und ist ansonsten bis auf wenige redaktionelle Änderungen und inhaltliche Verbesserungen von Herrn Brieskorn unverändert.

Das Buch beginnt mit Kapitel 1. Textverweise auf Paragraphen in den Bänden I und II werden in der Form I § x.y bzw. II § x.y gegeben (für Abschnitt x.y in Band I bzw. Band II). Auf Sätze, Theoreme etc. wird unter I.x.y bzw. II.x.y verwiesen (für Satz x.y in Band I bzw. Band II).

Der Verlag dankt Erhard Scholz für seine „Anmerkungen zur Geschichte der Euklidischen Geometrie", die dieser Ausgabe beigefügt wurden, und Andreas Beschorner für seinen Einsatz bei der Vorbereitung des Manuskriptes. Das Buch kann nun am Ende meiner Verlagstätigkeit erscheinen.

Ulrike Schmickler-Hirzebruch, Wiesbaden im Dezember 2018

Inhaltsverzeichnis

Einführung[1]

Im Einleitungskapitel zu diesem Buch habe ich thesenhaft am Beispiel des Gruppenbegriffs zu zeigen versucht, wie die Entfaltung mathematischen Denkens Teil des sehr viel umfassenderen in der Naturwissenschaft unternommenen Versuchs ist, „die Natur durch genaue Begriffe aufzufassen". Ich habe angedeutet, welche Bedeutung der Gruppenbegriff dabei hat, und daß wir die Geometrie, durch die wir uns genaue Begriffe vom Raum machen, in analytischer Weise mit Hilfe der linearen Algebra behandeln wollen. Die weiteren Kapitel waren der Entwicklung der linearen Algebra und der Entfaltung des Gruppenbegriffs gewidmet.

In diesem letzten Band schließt sich nun der Kreis. Mit Hilfe der linearen Algebra wird ein Stück weit die euklidische Geometrie entwickelt, und im Rahmen dieser Geometrie werden mit Hilfe des Gruppenbegriffs die symmetrischen Gestalten der Kristalle beschrieben. Dabei kann und soll der Teil *Euklidische Geometrie* kein getreues Spiegelbild der griechischen Mathematik sein, wie sie sich in den Werken von Euklid, Archimedes und Apollonius darstellt. Er kann das schon deswegen nicht, weil von der reichen Vielfalt der geometrischen Probleme, die in dieser Geometrie behandelt wurden, nur ein winziger Bruchteil seinen Platz in diesem Band finden kann.

Darüber hinaus aber ist es uns, die wir mehr als zweitausend Jahre nach Euklid leben, gar nicht mehr möglich, so zu denken wie er. Und wir wollen das auch nicht. Das, was mit der Entwicklung der analytischen Geometrie

---

[1]Anmerkung der Redaktion: Kapitel I in Band I

1

und des Gruppenbegriffs erreicht wurde, soll ja in unserer Darstellung zum Tragen kommen.

Dennoch hoffe ich, dass auch in dieser neuzeitlichen Darstellung der euklidischen Geometrie Spuren vom Geiste der griechischen Mathematik sichtbar bleiben, zum mindesten in der Auswahl der wichtigsten Gegenstände, der Kegelschnitte und der regulären Polyeder.

Einige der regulären Polyeder sind Kristallformen, andere nicht. Der letzte Abschnitt[2] handelt von der Beschreibung aller möglichen Kristallformen. Er zeigt so an einem einfachen Beispiel, wie Mathematik dazu beiträgt, „die Natur durch genaue Begriffe aufzufassen".

---

[2]Anmerkung der Redaktion: Dieser konnte leider nicht mehr fertiggestellt werden, siehe auch Geleitwort.

Kapitel 1

Euklidische affine Räume und ihre Isometriegruppen

Die Geometrie, welche wir heute *euklidische Geometrie* nennen, war für die griechischen Mathematiker der Antike die Geometrie schlechthin. Erst im 19. Jahrhundert wurde den Mathematikern bewusst, dass viele „Geometrien" denkbar sind. Als dann die grundlegenden Begriffe der Mannigfaltigkeit und der Gruppe entwickelt waren, konnte Felix Klein 1872 in seinem „Erlanger Programm" die konstitutiven Elemente solcher verallgemeinerten Geometrien wie folgt bestimmen:

> *„Es ist eine Mannigfaltigkeit und in derselben eine Transformationsgruppe gegeben; man soll die der Mannigfaltigkeit angehörenden Gebilde hinsichtlich solcher Eigenschaften untersuchen, die durch die Transformationen der Gruppe nicht geändert werden".*

Im Sinne dieses Programms beginnen wir unsere Darstellung der euklidischen Geometrie mit der Definition der Mannigfaltigkeiten, die zu dieser Geometrie gehören – das sind die euklidischen affinen Räume – und mit der Definition der zugehörigen Transformationsgruppen – das sind die Isometriegruppen dieser Räume.

3

© Springer Fachmedien Wiesbaden GmbH, ein Teil von Springer Nature 2019
E. Brieskorn, *Lineare Algebra und Analytische Geometrie III*

Später werden wir dann wenigstens einige der mannigfaltigen Gebilde definieren, die im Laufe ihrer langen Geschichte in der euklidischen Geometrie betrachtet wurden: Geraden, Winkel, Dreiecke, Polygone, Polyeder, Kreise, Kegel und Kegelschnitte, Sphären, Ellipsoide, Paraboloide und Hyperboloide. Und wir werden sie „hinsichtlich solcher Eigenschaften untersuchen, die durch die Transformationen der Gruppe nicht geändert werden."

Der Begriff des euklidischen affinen Raumes entsteht durch Synthese aus zwei Begriffen, die wir schon früher – in I § 8.1 und II § 12.6 – eingeführt haben. Der eine Begriff ist der des affinen Raumes, der andere der des euklidischen Vektorraumes. Wir erinnern an die Definitionen: Ein affiner Raum (X, V, τ) ist eine Menge X zusammen mit einer effektiven transitiven Operation τ der additiven Gruppe eines Vektorraumes V auf X. Ein euklidischer Vektorraum (V, b) ist ein reeller Vektorraum V mit einer positiv definiten symmetrischen Bilinearform b auf V.

Definition:
Ein **euklidischer affiner Raum** ist ein affiner Raum, dessen Translationsvektorraum die Struktur eines endlichdimensionalen euklidischen Vektorraumes hat.

Ein wenig formaler kann man die Definition wie folgt formulieren: Ein euklidischer affiner Raum ist ein Quadrupel $E = (X, V, \tau, b)$, wo (X, V, τ) ein affiner Raum ist und (V, b) ein endlichdimensionaler euklidischer Vektorraum. Wie früher werden wir meist die schwerfällige Quadrupelnotation vermeiden und statt (X, V, τ, b) einfach X oder E schreiben.

Wir benutzen folgende einfache Definitionen und Bezeichnungen: Elemente aus X nennen wir **Punkte** und bezeichnen sie meist mit x, y, z usw. Autoren in der klassischen Tradition verwenden zur Bezeichnung von Punkten Großbuchstaben $A, B, C, D, \ldots$, während kleine Buchstaben $a, b, c, d, \ldots$ zur Bezeichnung von Geraden oder Strecken dienen. Die Operation $\tau(v) : X \to X$ eines Vektors $v \in V$ auf X nennen wir **Translation**, und für $x \in X$ schreiben wir statt $\tau(v)(x)$ auch $\tau(v, x)$ oder $v(x)$ oder $x + v$. Den durch zwei Punkte

$x, y \in X$ eindeutig bestimmten Vektor $v \in V$ mit $v(x) = y$ bezeichnen wir mit $\overrightarrow{xy}$. Also gilt:

$$v = \overrightarrow{xy} \Leftrightarrow v(x) = y.$$

Für das **Skalarprodukt** in V schreiben wir auch $\langle v, w \rangle$ statt $b(v, w)$. Da für alle $v \in V$ ja $\langle v, v \rangle \geq 0$ gilt, können wir wie folgt die **Norm** $\|v\|$ von v definieren:

$$\|v\| := +\sqrt{\langle v, v \rangle}.$$

Definition:

Eine **Norm** auf einem reellen Vektorraum V ist eine reellwertige Funktion $v \mapsto \|v\|$ auf V mit folgenden Eigenschaften:

(i) $\|v\| \geq 0$

(ii) $\|v\| = 0 \Leftrightarrow v = 0$

(iii) $\|v + w\| \leq \|v\| + \|w\|$

(iv) $\|\lambda v\| = |\lambda|\, \|v\|$

Es gibt viele verschiedenartige Normen auf Vektorräumen. Die wie oben mit Hilfe eines Skalarproduktes definierten Normen bilden einen besonders wichtigen Spezialfall. Für eine solche Norm kann man das Skalarprodukt durch „**Polarisierung**" aus der Norm zurückgewinnen:

$$\langle v, w \rangle = \frac{1}{2}\left(\|v + w\|^2 - \|v\|^2 - \|w\|^2\right).$$

Daher kann man die **orthogonale Gruppe** $\mathrm{Aut}(V, b)$ eines endlichdimensionalen euklidischen Vektorraumes (V, b) auch als die Gruppe der normerhaltenden Endomorphismen von V charakterisieren. Wir benutzen folgende Bezeichnungen für die orthogonale Gruppe von (V, b):

$$\mathrm{Aut}(V, b) = \mathrm{O}(V, b) = \mathrm{O}(V).$$

Mit Hilfe der Norm auf V können wir eine Metrik auf X einführen. Vorher definieren wir allgemein den Begriff der Metrik und einige damit eng zusammenhängende Begriffe.

<u>Definition:</u>

(i) Eine **Metrik** d auf einer Menge X ist eine reellwertige Funktion auf $X \times X$ mit folgenden Eigenschaften:

(1) $d(x,y) \geq 0$

(2) $d(x,y) = 0 \Leftrightarrow x = y$

(3) $d(x,z) \leq d(x,y) + d(y,z)$ **Dreiecksungleichung**

(4) $d(x,y) = d(y,x)$

(ii) Das Paar (X,d) heißt ein **metrischer Raum**.

In einem metrischen Raum (X,d) kann man zu jedem Punkt $x \in X$ und zu jeder positiven reellen Zahl r Kugeln und Sphären vom Radius r mit Mittelpunkt x definieren.

<u>Definition:</u>

(i) $B_r(x) = \{y \in X \mid d(x,y) < r\}$
ist die **offene Kugel** mit **Radius** r und **Mittelpunkt** x.

(ii) $\overline{B}_r(x) = \{y \in X \mid d(x,y) \leq r\}$
ist die **abgeschlossene Kugel** mit **Radius** r und **Mittelpunkt** x.

(iii) $S_r(x) = \{y \in X \mid d(x,y) = r\}$
ist die **Sphäre** mit **Radius** r und **Mittelpunkt** x.

In einem metrischen Raum kann man in natürlicher Weise eine **Topologie** einführen: Die offenen Mengen sind diejenigen Teilmengen $U \subset X$, die mit jedem Punkt $x \in U$ auch eine offene Kugel $B_r(x) \subset U$ umfassen. Damit kann man dann in der üblichen Weise z.B. die Konvergenz von Folgen in X oder die Stetigkeit von Funktionen auf X definieren. Wir wollen darauf aber nicht weiter eingehen, sondern direkt mit der Metrik arbeiten, die ja mehr an Struktur enthält als die Topologie.

Definition:

(i) Eine **isometrische Abbildung** von einem metrischen Raum (X, d) auf einen metrischen Raum (X', d') ist eine bijektive Abbildung $\varphi :$ $X \to X'$ mit $d'(\varphi(x), \varphi(y)) = d(x, y)$ für alle x, y in X. Wenn es eine solche isometrische Abbildung gibt, heißen (X, d) und (X', d') **isometrisch.**

(ii) Eine isometrische Abbildung eines metrischen Raumes (X, d) auf sich selbst heißt eine **Isometrie** von (X, d).

(iii) Die **Isometriegruppe** $I(X, d)$ von (X, d) ist die Gruppe aller Isometrien von (X, d). Wenn d durch den Kontext festliegt, schreiben wir $I(X)$ statt $I(X, d)$.

Wir führen nun für jeden euklidischen affinen Raum (X, V, τ, b) wie folgt eine Metrik d auf X ein.

Definition:
Das Paar (X, d) mit $d(x, y) := \|\overrightarrow{xy}\|$ heißt **der zu** (X, V, τ, b) **gehörige metrische Raum**.

Jedem euklidischen affinen Raum (X, V, τ, b) ist also kanonisch ein metrischer Raum (X, d) zugeordnet. Daraus ergeben sich zwei Isometriebegriffe für euklidische affine Räume.

Definition:
$E = (X, V, \tau, b)$ und $E' = (X', V', \tau', b')$ seien euklidische affine Räume.

(i) Eine **isometrische affine Abbildung** von E auf E' ist ein Paar (φ, ψ) von Abbildungen $\varphi : X \to X'$ und $\psi : V \to V'$, so daß (φ, ψ) ein Isomorphismus der affinen Räume (X, V, τ) und (X', V', τ') ist und ψ ein metrischer Isomorphismus der euklidischen Vektorräume (V, b) und (V', b').

(ii) Eine **isometrische Abbildung** von E auf E' ist eine isometrische Abbildung $\varphi : X \to X'$ der zu E und E' gehörigen metrischen Räume (X, d) und (X', d').

Da die metrische Struktur aus der euklidischen affinen Struktur abgeleitet ist und keine algebraischen Bestimmungsstücke enthält, könnte man vermuten, dass sie weniger starr ist als die euklidisch-affine Struktur, und dass es daher mehr isometrische Abbildungen geben könnte als isometrische affine Abbildungen. Das ist jedoch nicht der Fall: Die beiden Begriffe von Isometrie fallen zusammen. Dies ist der Inhalt der beiden folgenden Sätze.

Proposition 1.1

Wenn (φ, ψ) eine isometrische affine Abbildung eines euklidischen affinen Raumes E auf einen euklidischen affinen Raum E' ist, ist φ eine isometrische Abbildung von E auf E'.

<u>Beweis:</u>

$$d'(\varphi(x), \varphi(y)) = \left\|\overrightarrow{\varphi(x)\varphi(y)}\right\|' = \|\psi(\overrightarrow{xy})\|' = \|\overrightarrow{xy}\| = d(x, y)$$

<u>Bemerkung:</u>

Nach Proposition I.8.6 (i) ist der <u>lineare Anteil</u> ψ durch φ bereits eindeutig bestimmt, so dass die Zuordnung $(\varphi, \psi) \mapsto \varphi$ injektiv ist.

<u>Satz 1.2</u>

$\varphi : X \to X'$ sei eine isometrische Abbildung der euklidischen affinen Räume $E = (X, V, b, \tau)$ und $E' = (X', V', b', \tau')$. Dann gibt es einen eindeutig bestimmten Isomorphismus $\psi : V \to V'$ der euklidischen Vektorräume (V, b) und (V', b'), so dass (φ, ψ) eine isometrische affine Abbildung von E auf E' ist.

<u>Beweis:</u>

Wir wählen einen Punkt $x \in X$, setzen $y = \varphi(x)$ und definieren Bijektionen $\tau_x : V \to X$ und $\tau'_y : V' \to X'$ durch $\tau_x(v) = v(x)$ und $\tau'_y(w) = w(y)$. Dann definieren wir eine Bijektion $\psi : V \to V'$ durch $\psi = \tau'^{-1}_y \circ \varphi \circ \tau_x$. Wir zeigen in sieben Beweisschritten, dass ψ die gewünschten Eigenschaften hat.

<u>Behauptung 1:</u>   Das folgende Diagramm kommutiert:

$$
\begin{array}{ccc}
V \times \{x\} & \xrightarrow{\ \tau\ } & X \\
{\scriptstyle \psi}\downarrow & & \downarrow{\scriptstyle \varphi} \\
V' \times \{y\} & \xrightarrow[\ \tau'\ ]{} & X'
\end{array}
$$

<u>Beweis:</u> Dies folgt trivial aus der Definition von ψ.

<u>Behauptung 2:</u> $\|\psi(w)\|' = \|w\|$.
<u>Beweis:</u> $\|\psi(w)\|' = d'(\varphi(x), \varphi(x+w)) = d(x, x+w) = \|w\|$.

<u>Behauptung 3:</u> $\|\psi(u) - \psi(v)\|' = \|u - v\|$.
<u>Beweis:</u>

$$
\begin{aligned}
\|\psi(u) - \psi(v)\|' &= d'(\varphi(x) + \psi(v), \varphi(x) + \psi(u)) \\
&= d'(\varphi(x+v), \varphi(x+u)) \\
&= d(x+v, x+u) = \|u - v\|.
\end{aligned}
$$

<u>Behauptung 4:</u> $\|\psi(u) + \psi(v)\|' = \|u + v\|$.
<u>Beweis:</u>

$$
\begin{aligned}
\|\psi(u) + \psi(v)\|'^2 &= 2\|\psi(u)\|'^2 + 2\|\psi(v)\|'^2 - \|\psi(u) - \psi(v)\|'^2 \\
&= 2\|u\|^2 + 2\|v\|^2 - \|u - v\|^2 \\
&= \|u + v\|^2 \text{ wegen Behauptungen 2 und 3.}
\end{aligned}
$$

<u>Behauptung 5:</u> $\langle \psi(u), \psi(v) \rangle' = \langle u, v \rangle$.
<u>Beweis:</u> Dies folgt durch Polarisation aus den Behauptungen 2 und 4.

<u>Behauptung 6:</u> $\psi : V \to V'$ ist ein Isomorphismus eudklidischer Vektorräume.
<u>Beweis:</u> Es sei $e_1, \ldots, e_n$ eine Orthonormalbasis von V. Dann bildet $\psi(e_1), \ldots, \psi(e_n)$ wegen Behauptung 5 eine Orthonormalbasis von V'. Daher gilt – aufgrund selbiger Behauptung – folgende Kette von Äquivalenzen für Elemente $v \in V$:

$$
v = \sum x_i e_i \Leftrightarrow x_i = \langle v, e_i \rangle \Leftrightarrow x_i = \langle \psi(v), \psi(e_i) \rangle' \Leftrightarrow \psi(v) = \sum x_i \psi(e_i)
$$

Also gilt $\psi(\sum x_i e_i) = \sum x_i \psi(e_i)$, und ψ ist linear und ist ein Isomorphismus von euklidischen Vektorräumen.

<u>Behauptung 7:</u> Das folgende Diagramm kommutiert:

$$
\begin{array}{ccc}
V \times X & \xrightarrow{\ \tau\ } & X \\
{\scriptstyle \psi \times \varphi} \downarrow & & \downarrow {\scriptstyle \varphi} \\
V' \times X' & \xrightarrow[\ \tau'\ ]{} & X'
\end{array}
$$

<u>Beweis:</u> Aus den Behauptungen 1 und 6 folgt für alle $(v, z) \in V \times X$:

$$
\begin{aligned}
\varphi(\tau(v, z)) &= \varphi(\tau(v + \overrightarrow{xz}, x)) = \tau'(\psi(v + \overrightarrow{xz}, y) = \tau'(\psi(v) + \psi(\overrightarrow{xz}), y) \\
&= \tau'(\psi(v), \varphi(z)).
\end{aligned}
$$

Mit den Behauptungen 6 und 7 ist die Existenz eines Homomorphismus $\psi : V \to V'$ mit den behaupteten Eigenschaften bewiesen. Die Eindeutigkeit folgt unmittelbar aus Proposition I.8.6 (i).

Definition:

$E = (X, V, \tau, b)$ sei ein euklidischer affiner Raum und (X, d) der zugehörige metrische Raum.

(i) $I(E) := \{\varphi : X \to X \mid d(\varphi(x), \varphi(y)) = d(x, y)\}$ ist die **Isometriegruppe von E**.

(ii) der **lineare Anteil** von $\varphi \in I(E)$ ist die eindeutig bestimmte orthogonale Transformation $\psi \in O(V, b)$, für welche (φ, ψ) eine isometrische affine Abbildung von E auf sich ist. $\lambda : I(E) \to O(V)$ ist der Homomorphismus, der jeder Isometrie ihren linearen Anteil zuordnet.

(iii) $T(E) := \{\varphi \in I(E) \mid \exists v \in V : \varphi = \tau(v)\}$ ist die **Translationsgruppe von E**. Die Elemente von $T(E)$ heißen Translationen.

Aus den Sätzen 1.2 und I.8.8 folgt sofort der folgende Satz.

<u>Satz 1.3</u>

Für die Isometriegruppe $I(E)$ eines euklidischen affinen Raumes $E = (X, V, \tau, b)$ gelten folgende Aussagen:

(i) Die folgende Sequenz ist exakt:

$$
1 \to T(E) \hookrightarrow I(E) \xrightarrow{\lambda} O(V) \to 1.
$$

(ii) Die Operation von I(E) auf sich selbst durch innere Automorphismen induziert eine Operation auf der normalen Untergruppe T(E). Diese Operation geht in die Operation von O(V) auf V über, wenn man V durch $v \mapsto \tau(v)$ mit T(E) identifiziert.

(iii) Zu jedem Punkt $x \in X$ gehört eine Spaltung

$$1 \to \mathrm{T}(E) \to \mathrm{I}(E) \underset{\mu_x}{\overset{\lambda}{\rightleftarrows}} \mathrm{O}(V) \to 1.$$

Dabei ist μ_x durch $\mu_x(\psi)(y) = x + \psi(\overrightarrow{xy})$ definiert.

(iv) Das Bild von μ_x ist die **Isotropiegruppe** I(E)$_x$ von x:

$$\mathrm{I}(E)_x = \{\varphi \in \mathrm{I}(E) \mid \varphi(x) = x\}.$$

Proposition 1.4

(i) Zu jeder Spaltung

$$1 \to \mathrm{T}(E) \hookrightarrow \mathrm{I}(E) \underset{\mu_x}{\overset{\lambda}{\rightleftarrows}} \mathrm{O}(V) \to 1$$

existiert genau ein $x \in X$ mit $\mu = \mu_x$. Dieser Punkt x ist die Fixpunktmenge Fix $\mu\,\mathrm{O}(V)$.

(ii) Eine Isometrie $\varphi \in \mathrm{I}(E)$ hat genau dann einen Fixpunkt $x \in X$, wenn es eine Spaltung $\mu : \mathrm{O}(V) \to \mathrm{I}(E)$ mit $\varphi \in \mu\,\mathrm{O}(V)$ gibt.

Beweis:

(i) O.B.d.A. sei $E = \mathbb{A}(V)$. In O(V) gibt es eine ausgezeichnete Involution $i \in \mathrm{O}(V)$, nämlich $i(v) = -v$. Es sei $\sigma = \mu(i)$. Die involutive Isometrie σ ist notwendigerweise von der Form $\sigma(y) = -y + b$, hat also genau einen Fixpunkt x, nämlich $x = b/2$.

Andererseits liegt $\mu(i)$ im Zentrum von $\mu\,\mathrm{O}(V)$, und deswegen lässt $\mu\,\mathrm{O}(V)$ die Fixpunktmenge Fix $\mu(i) = \{x\}$ invariant. Daraus folgt Fix $\mu\,\mathrm{O}(V) = \{x\}$, und wegen 1.3 (iv) folgt daraus $\mu = \mu_x$.

(ii) Dies folgt trivial aus (i) und 1.3 (iv).

Definition:

(i) V sei ein euklidischer Vektorraum. Dann bezeichnen wir mit $O^+(V)$ die **Gruppe der orientierungserhaltenden orthogonalen Transformationen**, d.h. die **spezielle orthogonale Gruppe**

$$O^+(V) = O(V) \cap GL^+(V) = SO(V) = O(V) \cap SL(V)$$

Weiter ist

$$O^-(V) := O(V) \setminus O^+(V)$$

die **Menge der orientierungsumkehrenden orthogonalen Transformationen.**

(ii) E sei ein euklidischer affiner Raum mit Translationsvektorraum V.

$$I^+(E) := \lambda^{-1}(O^+(V))$$

ist die **Gruppe der orientierungserhaltenden Isometrien.**

$$I^-(E) := I(E) \setminus I^+(E)$$

ist die **Menge der orientierungsumkehrenden Isometrien.**

Terminologie:

Manche Autoren nennen die Isometrien von E auch **Bewegungen von E** und die orientierungserhaltenden Isometrien **eigentliche Bewegungen.** Wir schließen uns gelegentlich diesem Sprachgebrauch an, obwohl er nicht mit der umgangssprachlichen Bedeutung des Wortes „Bewegung" übereinstimmt, die ja wohl auf eine in der Zeit stattfindende Veränderung der Lage im Raum verweist. Manche Autoren verwenden das Wort Bewegung nur für orientierungserhaltende Isometrien. Die eigentlichen Bewegungen mit einem Fixpunkt nennen manche Autoren **Drehungen.** Diese Ausdrucksweise ist für $\dim E \leq 3$ naturgemäß. Benutzt man sie auch für höhere Dimensionen, dann kann man den wesentlichen Gehalt von Satz 1.3 wie folgt aussprechen:

Jede eigentliche Bewegung φ eines euklidischen affinen Raumes lässt sich bezüglich jedes Punktes x in eindeutiger Weise als Produkt $\varphi = \tau \circ \psi$ einer Drehung ψ mit Fixpunkt x und einer Translation τ darstellen.

Nach der kategorischen Beschreibung der euklidischen affinen Räume geben wir nun noch eine ganz konkrete Beschreibung.

Definition:

Der n-dimensionale **euklidische affine Standardraum** E^n ist wie folgt definiert: $E^n := (\mathbb{R}^n, \mathbb{R}^n, \tau, b)$ mit

$$\tau(v_1, \ldots, v_n)(x_1, \ldots, x_n) = (x_1 + v_1, \ldots, x_n + v_n)$$

$$b((x_1, \ldots, x_n), (y_1, \ldots, y_n)) = x_1 y_n + \ldots + x_n y_n.$$

Die Isometriegruppen von E^n bezeichnen wir mit $\mathrm{I}(n, \mathbb{R}) = \mathrm{I}(E^n)$ und $\mathrm{I}^+(n, \mathbb{R}) = \mathrm{I}^+(E^n)$.

Proposition 1.5

Jeder n-dimensionale euklidische affine Raum ist isometrisch zum n-dimensionalen euklidischen affinen Standardraum.

Beweis: Dies folgt aus Proposition I.8.1 (ii) und Satz II.12.50.

Die folgenden beiden Propositionen folgen aus Proposition I.8.10 und Satz 1.3.

Proposition 1.6

Mit $A \in \mathrm{O}(n, \mathbb{R})$ und $b \in \mathbb{R}^n$ sind die Isometrien des n-dimensionalen euklidischen affinen Standardraumes genau die Transformationen

$$\boxed{x \mapsto Ax + b}$$

Der lineare Anteil dieser Transformation ist A.

Proposition 1.7

Es gibt ein kanonisches Diagramm von spaltenden kurzen exakten Sequenzen.

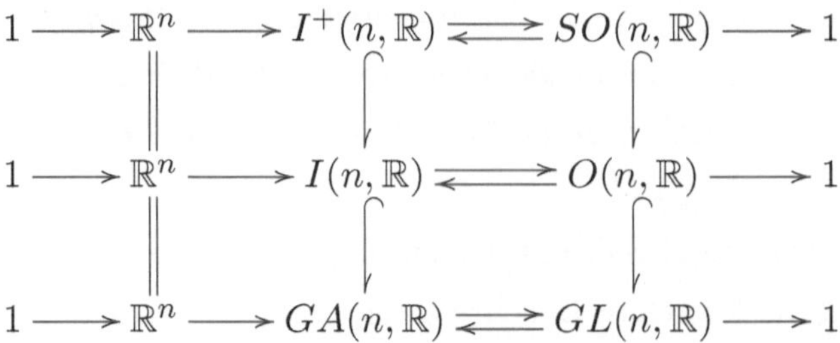

Dabei bezeichnet $\mathrm{GA}(n,\mathbb{R}) = \mathrm{GA}(\mathbb{R}^n)$ die **allgemeine affine Gruppe** des affinen Standardraumes. Natürlich ist $I^+(n,\mathbb{R})$ sogar in $GA^+(n,\mathbb{R})$ enthalten, der **Gruppe der orientierungserhaltenden affinen Transformationen**. Wir werden später die Isometriegruppen euklidischer affiner Räume genau untersuchen. Zur Vorbereitung wollen wir aber schon jetzt eine besonders wichtige Art von Isometrien einführen, nämlich die Symmetrien.

Definition:

Eine **Symmetrie** eines euklidischen affinen Raumes E ist eine **involutive**[1] Isometrie von E, das heißt ein Element $\sigma \in I(E)$ mit $\sigma^2 = 1$.

Es wird sich zeigen, dass Symmetrien durch ihre Fixpunktmenge bereits eindeutig bestimmt sind, und dass die Fixpunktmenge einer Isometrie leer oder ein affiner Unterraum ist.

Definition:

Die **Fixpunktmenge** einer Isometrie φ von $E = (X, V, \tau, b)$ ist die Menge

$$\mathrm{Fix}\,\varphi = \{x \in X \mid \varphi(x) = x\}.$$

Die affinen Unterräume eines affinen Raumes wurden bereits in Band I § 8 eingeführt. Ist $E = (X, V, \tau, b)$ ein euklidischer Raum und (Y, W, τ') ein affiner Unterraum von (X, V, τ), dann induziert b auf $W \subset V$ eine positiv definite Bilinearform b', und (Y, W, τ', b') ist ein euklidischer affiner Raum. Die so definierten Räume sind gerade die Unterräume von E in der Kategorie der euklidischen affinen Räume. Da sie aber bijektiv den affinen Unterräumen entsprechen, nennen wir sie einfach **affine Unterräume von** E.

---

[1] Anmerkung der Redaktion: Heutzutage meist **involutorisch** genannt.

Aus I § 8.1 folgt, dass ein solcher Unterraum (Y, W, τ', b') bereits eindeutig durch die Teilmenge $Y \subset X$ bestimmt ist. Wir nennen daher auch diese Teilmenge $Y \subset X$ einen **affinen Unterraum von X**, und wir bezeichnen W, den durch $E = (X, V, \tau, b)$ und $Y \subset X$ eindeutig bestimmten Translationsvektorraum von Y, mit $\overrightarrow{Y}$. Damit übertragen sich einige früher gegebene Definitionen wie folgt auf affine Unterräume euklidischer affiner Räume.

Definition:

$E = (X, V, \tau, b)$ sei ein euklidischer affiner Raum, und $Y, Y_1, Y_2 \subset X$ seien affine Unterräume von X.

(i) $\dim Y := \dim \overrightarrow{Y}$, $\operatorname{codim} Y = \dim X - \dim Y$

(ii) Y ist ein **Punkt** in $X \Leftrightarrow \dim Y = 0$

           Y ist eine **Gerade** in $X \Leftrightarrow \dim Y = 1$

           Y ist eine **Ebene** in $X \Leftrightarrow \dim Y = 2$

           Y ist eine **Hyperebene** in $X \Leftrightarrow \operatorname{codim} Y = 1$.

(iii) Y_1 ist **orthogonal** zu $Y_2 \Leftrightarrow \overrightarrow{Y_1}$ ist orthogonal zu $\overrightarrow{Y_2}$.

Proposition 1.8

(i) Die Fixpunktmenge einer Isometrie φ eines euklidischen affinen Raumes E ist leer oder sie ist ein affiner Unterraum.

(ii) Für eine Isometrie φ mit nichtleerer Fixpunktmenge gilt

$$\overrightarrow{\operatorname{Fix} \varphi} = \operatorname{Fix} \lambda(\varphi)$$

Beweis:

O.B.d.A. sei $E = E^n$ und $\varphi(x) = Ax + b$. Dann ist

$$\operatorname{Fix} \lambda(\varphi) = \{x \in \mathbb{R}^n \mid (A - 1)x + b = 0\}$$

als Lösungsmenge eines linearen Gleichungssystems nach Proposition I.8.12 leer oder ein affiner Unterraum. Es gilt $\operatorname{Fix} \lambda(\varphi) = \{x \in \mathbb{R}^n \mid (A - 1)x = 0\}$, und (ii) folgt aus Satz I.9.1.

Proposition 1.9

Die Fixpunktmenge einer Isometrie $\varphi \in I(E)$ von endlicher Ordnung k ist nicht leer.

Beweis:

O.B.d.A. sei $E = E^n$. Es sei $x \in \mathbb{R}^n$ irgendein Punkt von E und $z = \frac{1}{k}(x + \varphi(x) + \varphi^2(x) + \ldots + \varphi^{k-1})$ das Baryzentrum des φ-Orbits von x. Dann gilt $\varphi(z) = z$.

Korollar 1.10

Die Fixpunktmenge einer Symmetrie ist ein affiner Unterraum.

Definition:

$\sigma \in I(E)$ sei eine Symmetrie. Dann heißt der affine Unterraum Fix σ das **Symmetriezentrum** von σ.

Proposition 1.11

Zu jedem affinen Unterraum $Y \subset X$ in einem euklidischen affinen Raum $E = (X, V, \tau, b)$ gibt es genau eine Symmetrie σ von X mit Zentrum Y.

Beweis:

Eindeutigkeit: Setze $\psi = \lambda(\sigma) \in O(V)$ mit $\psi^2 = 1$. Die Eigenwerte von ψ sind ± 1. Sind V_+ und V_- die zugehörigen Eigenräume, dann hat ψ nach Satz II.12.63 die orthogonale Eigenraumzerlegung $V = V_+ \perp V_-$, und ist durch diese eindeutig bestimmt. Aus $V_+ = $ Fix ψ und $Y = $ Fix σ folgt leicht $V_+ = \overrightarrow{Y}$ und $V_- = \overrightarrow{Y}^\perp$. Daher ist ψ durch Y eindeutig bestimmt. Aber dann ist nach Proposition I.8.6 (ii) auch σ durch Y eindeutig bestimmt: Ist $x \in Y$, so gilt $\sigma(x) = x$, und daraus folgt: $\sigma = \mu_x(\psi)$, wo $\mu_x : O(V) \to I(E)$ die Spaltung zu x ist.

Existenz: $\psi \in O(V)$ sei die Involution mit $\overrightarrow{Y}$ bzw. $\overrightarrow{Y}^\perp$ als Eigenräumen zum Eigenwert 1 bzw. -1. Es sei $x \in Y$ und $\mu_x : O(V) \to I(E)$ die zugehörige Spaltung. Dann ist $\sigma = \mu_x(\psi)$ eine Symmetrie mit Zentrum Y.

Definition:

X sei ein euklidischer affiner Raum und $Y \subset X$ ein affiner Unterraum.

(i) σ_Y ist die eindeutig durch Y bestimmte **Symmetrie mit Zentrum Y**.

(ii) Wenn Y eine Hyperebene ist, heißt σ_Y die **Spiegelung** an Y.

(iii) Wenn Y ein Punkt $x \in X$ ist, heißt σ_Y die **Inversion mit Zentrum** x und wird mit σ_x bezeichnet

Terminologie:

Manche Autoren nennen die Inversion – vielleicht nicht ganz passend – auch **„Punktspiegelung"**. Aber auch der Name „Inversion" ist nicht ganz glücklich gewählt, da die Gefahr der Verwechslung mit der ganz anders definierten „Inversion an einer Sphäre" besteht.

Natürlich kann man die entsprechenden Begriffe auch für involutive Elemente in der orthogonalen Gruppe $O(V, b)$ eines euklidischen Vektorraumes (V, b) einführen. Zu (V, b) gehört kanonisch ein euklidischer affiner Raum $E(V, b) = (V, V, \tau, b)$, und $O(V, b)$ identifiziert sich durch die Spaltung μ_0 kanonisch mit der Isotropiegruppe des Nullpunktes $0 \in V$. Die Symmetrien in $O(V, b)$ identifizieren sich dadurch mit denjenigen Symmetrien $\sigma \in I(E)$, deren Zentrum durch den Nullpunkt geht. Die einzige Inversion in $O(V)$ ist natürlich $\sigma_0(x) = -x$. Für die Spiegelungen hat man die folgende konkrete Beschreibung.

Proposition 1.12

V sei ein euklidischer Vektorraum mit Skalarprodukt $\langle x, y \rangle$. Für jeden von Null verschiedenen Vektor $v \in V$ sei $H_v = \{ x \in V \mid \langle x, v \rangle = 0 \}$ die zu v orthogonale Hyperebene durch den Nullpunkt und σ_{H_v} die Spiegelung an H_v. Dann ist σ_{H_v} gleich der wie folgt definierten orthogonalen Transformation $s_v \in O(V)$:

$$\boxed{\; s_v(x) = x - 2 \frac{\langle x, v \rangle}{\langle v, v \rangle} v \;}\; .$$

Beweis:

Offenbar gilt Fix $s_v = H_v$ und $s_v(v) = -v$. Daraus folgt $s_v^2 = 1$ und daher $s_v = \sigma_{H_v}$ nach 1.11.

Nach Satz 1.3 in Verbindung mit Lemma I.8.9 gibt es zu jedem Punkt $x \in X$ für jede Isometrie φ von X zwei durch φ und x eindeutig bestimmte Zerlegungen $\varphi = \psi \tau(v) = \tau(v')\psi$ in Translationen $\tau(v)$ bzw. $\tau(v')$ und eine

Isometrie ψ von V derart, dass x ein Fixpunkt von ψ ist. Die Isometrie ψ ist einfach $\mu_x(\lambda(\varphi))$, und der Vektor v' ist $v' = \overrightarrow{x\varphi(x)}$. Diese Zerlegungen von φ sind jedoch von der Wahl des Punktes x abhängig, und im Allgemeinen gilt für die beiden Translationen $\tau(v) \neq \tau(v')$, das heißt $v \neq v'$. Der folgende Satz zeigt, dass es unter all diesen Zerlegungen von φ eine ausgezeichnete gibt: Sie ist durch die Bedingung $\tau(v) = \tau(v')$ eindeutig bestimmt.

Satz 1.13

Zu jeder Isometrie $\varphi \in \mathrm{I}(E)$ eines euklidischen affinen Raumes E gibt es durch φ eindeutig bestimmte Isometrien $\psi \in \mathrm{I}(E)$ und $\tau(v) \in \mathrm{T}(E)$, so dass folgende Bedingungen erfüllt sind:

    (i) $\varphi = \psi \cdot \tau(v) = \tau(v) \cdot \psi$

    (ii) Fix $\psi \neq \emptyset$.

Beweis:

Es sei v ein noch näher zu bestimmender Vektor aus dem Translationsvektorraum V von $E = (X, V, \tau, b)$. Wir setzen $\psi = \varphi \cdot \tau(v)^{-1}$ und versuchen, v so zu bestimmen, dass die Bedingungen (i) und (ii) erfüllt sind. Die Bedingung (i) ist äquivalent zu $\psi \cdot \tau(v) = \tau(v) \cdot \psi$, also zu $\psi\tau(v)\psi^{-1} = \tau(v)$, also zu $\lambda(\psi)(v) = v$, also zu $\lambda(\varphi)(v) = v$, also endlich zu $v \in \mathrm{Kern}(\lambda(\varphi) - 1)$. Die Bedingung (ii) ist offenbar äquivalent dazu, dass es ein $x \in X$ mit $v = \overrightarrow{x\varphi(x)}$ gibt. Aber die Menge $\{\overrightarrow{x\varphi(x)} \mid x \in X\}$ ist eine Nebenklasse von $\mathrm{Bild}(\lambda(\varphi) - 1)$ in V, denn für alle $x, y \in X$ gilt offenbar $\overrightarrow{y\varphi(y)} - \overrightarrow{x\varphi(x)} = (\lambda(\varphi) - 1)(\overrightarrow{xy})$. Die Menge der $v \in V$, welche die beiden Bedingungen (i) und (ii) erfüllen, ist also der Durchschnitt von $\mathrm{Kern}(\lambda(\varphi) - 1)$ mit einer Nebenklasse von $\mathrm{Bild}(\lambda(\varphi) - 1)$. Aber aus $\lambda(\varphi) \in O(V)$ folgt sofort:

$$V = \mathrm{Kern}(\lambda(\varphi) - 1) \perp \mathrm{Bild}(\lambda(\varphi) - 1).$$

Der Durchschnitt des Kerns mit der Nebenklasse besteht also aus genau einem Vektor $v \in V$, und damit ist der Satz bewiesen.

Definition:

Die Zerlegung $\varphi = \tau(v)\psi = \psi\tau(v)$ mit Fix $\psi \neq \emptyset$ heißt die **kanonische Zerlegung der Isometrie** φ.

Zusatz zu 1.13

Für die kanonische Zerlegung $\varphi = \tau(v)\psi = \psi\tau(v)$ gilt:

(i) $v \in \operatorname{Fix} \lambda(\varphi) = \overrightarrow{\operatorname{Fix} \psi}$

(ii) $\|v\| = \inf \{d(y, \varphi(y)) \mid y \in X\}$

(iii) $\operatorname{Fix} \psi = \{x \in X \mid d(x, \varphi(x)) = \|v\|\}$

(iv) $\operatorname{Fix} \psi$ ist der maximale φ-invariante affine Unterraum $Y \subset X$, für den $\varphi|Y$ eine Translation von Y ist.

Beweis:

(i) Die Aussage $v \in \operatorname{Fix} \lambda(\varphi) = \operatorname{Kern}(\lambda(\varphi) - 1)$ wurde eben schon bewiesen, und $\operatorname{Fix} \lambda(\varphi) = \overrightarrow{\operatorname{Fix} \psi}$ ist trivial.

(ii) Es gilt $d(y, \varphi(y)) = \left\|\overrightarrow{y\varphi(y)}\right\|$, und $\overrightarrow{y\varphi(y)}$ durchläuft die Punkte der Nebenklasse von v bezüglich $\operatorname{Bild}(\lambda(\varphi)-1)$. Das Minimum der Norm wird dabei in einem einzigen Punkt angenommen, nämlich im Schnittpunkt der Nebenklasse mit dem durch den Nullpunkt gehenden und zur Nebenklasse orthogonalen Raum $\operatorname{Kern}(\lambda(\varphi) - 1)$. Das ist aber gerade v. Damit ist (ii) bewiesen.

(iii) Es gilt $\psi(x) = x$ genau dann wenn $\overrightarrow{x\varphi(x)} = v$, also nach (ii) genau wenn $d(x, \varphi(x)) = \left\|\overrightarrow{x\varphi(x)}\right\| = \|v\|$.

(iv) Es sei $Y \subset X$ ein affiner Unterraum, so dass $\varphi(Y) = Y$ und $\varphi|Y = \tau(w)|Y$. Dann folgt $\lambda(\varphi)|\overrightarrow{Y} = \operatorname{id}$, also $\overrightarrow{Y} \subset \overrightarrow{\operatorname{Fix} \psi}$. Für jedes $y \in Y$ folgt ferner $w = \overrightarrow{y\varphi(y)} \in v + \operatorname{Bild}(\lambda(\varphi) - 1)$, andererseits $w \in \operatorname{Kern}(\lambda(\varphi) - 1)$, also $w = v$. Aus $\overrightarrow{y\varphi(y)} = v$ folgt aber $\psi(y) = y$, also $Y \subset \operatorname{Fix} \psi$, und das war zu zeigen.

Definition:

Der **maximale Translationsunterraum** einer Isometrie φ ist $\operatorname{Fix} \psi$, wo $\varphi = \tau(v)\psi = \psi\tau(v)$ die kanonische Zerlegung von φ ist.

Bemerkung:

φ sei eine Isometrie von X mit kanonischer Zerlegung $\varphi = \tau(v)\psi = \psi\tau(v)$ und maximalem Translationsunterraum $Y \subset X$. Jedes $x \in X$ lässt sich eindeutig in der Form $x = y + w$ mit $y \in Y$ und $w \in \vec{Y}^\perp$ darstellen, und es gilt dann $\psi(x) = y + \lambda(\psi)(w)$, also $\varphi(x) = y + \lambda(\psi)(w) + v$. Damit dürfte die Bedeutung der kanonischen Zerlegung wohl klar sein. Aussage (iii) in Verbindung mit (ii) des Zusatzes gibt eine Charakterisierung des maximalen Translationsunterraumes von φ, die nur die metrische Struktur (X, d) benutzt. Als Korollar erhält man die folgende Charakterisierung der Translationsuntergruppe $\mathrm{T}(E) \subset \mathrm{I}(E)$, die (ebenfalls) nur die metrische Struktur gebraucht.

Korollar 1.14

$E = (X, V, \tau, b)$ sei ein euklidischer affiner Raum und (X, d) der zugehörige metrische Raum. Eine Isometrie φ von (X, d) ist genau dann eine Translationsgruppe von E, wenn die Funktion $d(x, \varphi(x))$ für $x \in X$ konstant ist.

Wir wollen jetzt sehen, wie man Isometriegruppen und die in ihnen enthaltenen Translationsgruppen durch Symmetrien erzeugen kann.

Definition:

Ein **Erzeugendensystem einer Gruppe** G ist ein System $(g_i)_{i \in I}$ von Elementen $g_i \in$ G, so dass jedes Element von G sich als Produkt von Elementen g_i des Systems und von ihren Inversen g_i^{-1} darstellen lässt. Wir schreiben dann $\mathrm{G} = \langle g_i \mid i \in I \rangle$. Die minimale Zahl von Faktoren k in einer derartigen Produktdarstellung $g = g_{i_1}^{\varepsilon_1} \cdots g_{i_k}^{\varepsilon_k}$ mit $e_j = \pm 1$ ist die **Länge** $l(g)$ von g bezüglich des Erzeugendensystems.

Satz 1.15

Die zu einem euklidischen affinen Raum $E = (X, V, \tau, b)$ gehörigen Gruppen $\mathrm{I}(E)$, $\mathrm{I}^+(E)$, $\mathrm{O}(V)$, $\mathrm{O}^+(V)$ und $\mathrm{T}(E)$ werden wie folgt durch Spiegelungen bzw. Inversionen erzeugt:

(i) $\mathrm{O}(V) = \langle s_v \mid v \in V - \{0\} \rangle$

(ii) $\mathrm{O}^+(V) = \langle s_v s_w \mid v, w \in V - \{0\} \rangle$

(iii) $\mathrm{I}(E) = \langle \sigma_Y \mid Y \subset X \text{ Hyperebene} \rangle$

(iv) $I^+(E) = \langle \sigma_Y \sigma_Z \mid Y, Z \text{ Hyperebenen} \rangle$

(v) $T(E) = \{ \sigma_Y \sigma_Z \mid Y, Z \subset X \text{ parallele Hyperebenen} \}$

(vi) $T(E) = \{ \sigma_x \sigma_y \mid x, y \in X \}$.

Zusatz

Die Elemente von $O(V)$ und $I(E)$ haben bezüglich der angegebenen Erzeugendensysteme die folgenden Längen:

$$\begin{cases} l(\psi) = \operatorname{codim} \operatorname{Fix} \psi & \psi \in O(V) \\[2mm] l(\varphi) = \begin{cases} \operatorname{codim} \operatorname{Fix} \varphi, & \operatorname{Fix} \varphi \neq \emptyset \\ \operatorname{codim} \operatorname{Fix} \lambda(\varphi) + 2, & \operatorname{Fix} \varphi = \emptyset \end{cases} & \varphi \in I(E) \end{cases}$$

Beweis:

(i) Wir benutzen die in II § 12.6 bewiesenen Aussagen über Normalformen orthogonaler Transformationen. Nach II.12.63 hat jedes $\psi \in O(V)$ eine orthogonale „Eigenraumzerlegung"

$$V = V_+ \perp V_- \perp V_1 \perp \ldots \perp V_m,$$

wo V_+ und V_- die Eigenräume zu den Eigenwerten $+1$ bzw. -1 sind und $V_1, \ldots, V_m$ zweidimensionale unter ψ invariante Unterräume mit $\psi|V_i \in SO(V_i)$ und $\psi|V_i \neq \pm \mathrm{id}_{V_i}$. Offenbar gilt $\operatorname{Fix} \psi = V_+$. Wir wählen eine Orthogonalbasis $u_1, \ldots, u_l$ von V_- sowie von Null verschiedene Vektoren $w_i \in V_i$ und setzen $v_i = w_i + \psi(w_i)$. Eine kleine Rechnung ergibt $s_{v_i} s_{w_i} = \psi(w_i)$. Daraus folgt natürlich $s_{v_i} s_{w_i}|V_i = \psi|V_i$, da eine Matrix aus $SO(2, \mathbb{R})$ durch eine Spalte bestimmt ist. Natürlich gilt $s_{v_i} s_{w_i}|V_i^\perp = \mathrm{id}_{V_i^\perp}$. Damit haben wir bewiesen:

$$\psi = s_{u_1} \cdots s_{u_l} s_{v_1} s_{w_1} \cdots s_{v_m} s_{w_m}.$$

Insbesondere wird $O(V)$ von den s_v erzeugt, und es gilt $l(\psi) \leq l + 2m = \operatorname{codim} \operatorname{Fix} \psi$. Andererseits gilt für jede Produktdarstellung $\psi = s_{v_1} \cdots s_{v_k}$ natürlich $\operatorname{Fix} s_{v_1} \cap \ldots \cap \operatorname{Fix} s_{v_k} \subset \operatorname{Fix} \psi$, also $k \geq \text{codim}\,(\cap \text{Fix}\,s_{v_i}) \geq \text{codim}\,\text{Fix}\,\psi$. Insgesamt folgt damit: $l(\psi) = \text{codim}\,\text{Fix}\,\psi$.

(ii) Die Behauptung folgt trivial aus (i): Wegen $\det\,(s_{v_i}\ldots s_{v_K}) = (-1)^k$ sind die orientierungserhaltenden Isometrien genau die Produkte einer geraden Anzahl von Spiegelungen.

(v) Y und Z seien parallele Hyperebenen in X, d.h. $\overrightarrow{Y} = \overrightarrow{Z}$ und codim $\overrightarrow{Y} = 1$. Dann existiert ein eindeutig bestimmter Vektor $v \in \overrightarrow{Y}^{\perp}$ mit $\tau(v)Z = Y$. Behauptung:

$$\boxed{v \in \overrightarrow{Y}^{\perp} \text{ und } Y = \tau(v)Z \Rightarrow \sigma_Y \sigma_Z = \tau(2v)}$$

<u>Beweis:</u> Es gilt $\lambda(\sigma_Y) = \lambda(\sigma_Z) = s_v$, also $\sigma_Y \sigma_Z \in \text{T}(E)$. Es genügt also, für ein z zu zeigen: $\sigma_Y \sigma_Z(z) = z + 2v$. Dazu wählen wir $z \in Z$ und setzen $z + v =: y$. Dann gilt in der Tat $\sigma_Y \sigma_Z(z) = \sigma_Y(y - v) = y + v = z + 2v$.

(iii) Es sei $\varphi \in \text{I}(E)$ irgendeine Isometrie, $\varphi = \tau(v)\psi = \psi\tau(v)$ die kanonische Zerlegung und $x \in \text{Fix}\,\psi$. Nach (i) gibt es eine Produktdarstellung

$$\lambda(\psi) = s_{v_1} \cdots s_{v_k}, \quad k = \text{codim}\,\text{Fix}\,\psi.$$

Es gelte

<u>Fall A:</u> Fix $\varphi \neq \emptyset$.

Dann ist $\varphi = \psi$, und es folgt

$$\varphi = \sigma_{X_1} \cdots \sigma_{X_k} \quad \text{mit } k = \text{codim}\,\text{Fix}\,\varphi.$$

<u>Fall B:</u> Fix $\varphi = \emptyset$.

Dann ist $\tau(v) \neq 1$, und nach (v) gibt es zwei verschiedene zueinander parallele Hyperebenen Y und Z mit $\tau(v) = \sigma_Y \sigma_Z$. Damit ergibt sich

$$\varphi = \sigma_{X_1} \cdots \sigma_{X_k} \sigma_Y \sigma_Z \quad \text{mit } k = \text{codim}\,\text{Fix}\,\lambda(\varphi).$$

Damit ist bewiesen, dass $I(E)$ von Spiegelungen erzeugt wird und dass für Isometrien φ mit Fixpunkt $l(\varphi) \leq$ codim Fix φ gilt und für solche ohne Fixpunkt $l(\varphi) \leq$ codim Fix $\lambda(\varphi) + 2$. Wir zeigen, dass auch die umgekehrten Ungleichungen gelten.

<u>Fall A:</u> Es sei $\varphi = \sigma_1 \cdots \sigma_m$ ein Produkt von m Spiegelungen und $\lambda(\sigma_i) = s_i$. Dann gilt $\lambda(\varphi) = s_1 \cdots s_m$ und daher $m \geq$ codim Fix $\lambda(\varphi) =$ codim Fix φ nach (i), also $l(\varphi) \geq$ codim Fix φ.

<u>Fall B:</u> Es sei $\varphi = \sigma_1 \cdots \sigma_m$ ein Produkt von m Spiegelungen an den Hyperebenen $X_1, \ldots, X_m$ und $\varphi = \tau(v)\psi = \psi\tau(v)$ die kanonische Zerlegung. Wegen $\lambda(\varphi) = \lambda(\psi)$ folgt $m \geq k =$ codim Fix $\lambda(\varphi)$. Aber $m = k$ ist ausgeschlossen, denn aus codim $(\overrightarrow{X_1} \cap \cdots \cap \overrightarrow{X_k}) = k$ würde durch Induktion über k leicht $X_1 \cap \cdots \cap X_k \neq \emptyset$ folgen, im Widerspruch zu Fix $\varphi = \emptyset$. Also gilt $m \geq k + 1$. Aber $m = k + 1$ ist auch ausgeschlossen wegen $(-1)^m = \det \varphi = \det \psi = (-1)^k$. Also gilt $m \geq k + 2$.

(iv) Behauptung (iv) folgt trivial aus (iii).

(vi) Die Behauptung (vi) folgt sofort aus der folgenden Formel:

$$\boxed{\sigma_y \sigma_x = \tau(2\overrightarrow{xy})}$$

Beweis der Formel: Aus $\lambda(\sigma_x) = \lambda(\sigma_y)$ folgt $\sigma_y \sigma_x \in T(E)$. Daher folgt die Behauptung aus der folgenden Kette von Gleichungen:

$$\sigma_y \sigma_x(x) = \sigma_y(x) = \sigma_y(y + \overrightarrow{yx}) = y - \overrightarrow{yx} = y + \overrightarrow{xy} = x + 2\overrightarrow{xy}.$$

Damit ist Satz 1.15 vollständig bewiesen.

Mit 1.14 und 1.15 (vi) haben wir zwei Charakterisierungen der Translationsgruppe eines euklidischen affinen Raumes, die nur die Struktur des zugehörigen metrischen Raumes (X, d) benutzen. Wir können diese verwenden, um aus (X, d) die Struktur des euklidischen affinen Raumes zu rekonstruieren. Das kann etwa durch die folgende Serie von Definitionen geschehen:

(1) $T(X,d) := \{\varphi \in \mathrm{I}(X,d) \mid d(x, \varphi(x)) \text{ konstant}\}$

(2) $\|\varphi\| = d(x, \varphi(x))$ für $\varphi \in T(X,d)$

(3) $\delta(\varphi, \psi) := \|\varphi\psi^{-1}\|$ für $\varphi, \psi \in T(X,d)$

(4) $\langle \varphi, \psi \rangle = \frac{1}{2}\left(\|\varphi\psi\|^2 - \|\varphi\|^2 - \|\psi\|^2\right)$ für $\varphi, \psi \in T(X,d)$

(5) $p \cdot \varphi := \varphi^p$ für $p \in \mathbb{Z}$ und $\varphi \in T(X,d)$

(6) $\frac{p}{q} \cdot \varphi = \psi :\Leftrightarrow p \cdot \varphi = q \cdot \psi$ für $p, q \in \mathbb{Z}$ und $\varphi, \psi \in T(X,d)$

(7) $\left(\lim \frac{p_i}{q_i}\right) \cdot \varphi := \lim \left(\frac{p_i}{q_i} \cdot \varphi\right)$ für $p_i, q_i \in \mathbb{Z}$ und $\varphi \in T(X,d)$

Durch (3) wird auf $T(X,d)$ eine Metrik δ und damit eine Topologie definiert, durch (5) eine $\mathbb{Z}$-Modulstruktur, durch (6) dann eine $\mathbb{Q}$-Modulstruktur und durch (7) schließlich unter Benutzung der Topologie eine $\mathbb{R}$-Modulstruktur. Dadurch wird $T(X,d)$ zu einem reellen Vektorraum mit der durch (4) definierten positiv definiten Bilinearform $b_d(\varphi, \psi) = \langle \varphi, \psi \rangle$ und mit einer kanonischen Operation τ_d auf X. Aus der Voraussetzung, dass der metrische Raum (X,d) zu einem euklidischen affinen Vektorraum gehört, folgt leicht, daß die vorstehenden Definitionen sinnvoll sind und dass das Folgende gilt:

Proposition 1.16
$E = (X, V, \tau, b)$ sei ein euklidischer affiner Raum und (X,d) der zugehörige metrische Raum. Dann ist das durch (X,d) eindeutig bestimmte Quadrupel $E' = (X, T(X,d), \tau_d, b_d)$ ein euklidischer affiner Raum, und id_X ist eine isometrische affine Abbildung von E auf E' mit dem Linearteil $v \mapsto \tau(v)$.

Definition:
(X,d) sei ein metrischer Raum. Eine **Translation** von (X,d) ist eine Isometrie φ von (X,d), so dass $d(x, \varphi(x))$ für alle $x \in X$ konstant ist. $T(X,d) \subset \mathrm{I}(X,d)$ ist die **Menge der Translationen**. ($T(X,d)$ ist im Allgemeinen keine Gruppe).

Die vorstehende Definition von Translationen scheint in dieser Allgemeinheit nicht üblich zu sein, wohl auch deswegen, weil es in manchen Geometrien keine Translationen in diesem Sinne außer der Identität gibt und man stattdessen gewisse andere

Isometrien als Translationen bezeichnet. Sie scheint mir aber trotzdem in dem hier entwickelten Kontext sinnvoll, weil es uns im Folgenden darum geht, die euklidische Geometrie durch Eigenschaften ihrer Isometriegruppe zu charakterisieren. Dabei wollen wir auf analytischem Wege metrische Eigenschaften der euklidischen affinen Räume ableiten, die man benutzen könnte, um die euklidische Geometrie axiomatisch aufzubauen. Wir führen diesen axiomatischen Aufbau aber nicht aus, da wir ja analytische Geometrie betreiben wollen.

Das Problem, die euklidische Geometrie durch Axiome zu charakterisieren, ist beinahe so alt wie die euklidische Geometrie selbst. Natürlich ist dieses Problem im Laufe der Geschichte in verschiedenster Weise aufgefasst worden, und schon das Verständnis von der Rolle der Axiome hat sich bereits in der Antike und erst recht seitdem gewandelt. Eine Art, das Problem zu fassen, besteht darin, gewisse Gebilde, die in dieser Geometrie wichtig sind – z.B. Geraden, Strecken, Winkel, Dreiecke – auszuwählen und die Beziehungen zwischen diesen Figuren soweit durch Axiome festzulegen, dass dadurch die Geometrie – und zwar die euklidische – vollständig bestimmt ist. Natürlich gibt es eine große Zahl von Ansätzen dieser Art. Die vielleicht bekanntesten sind das – aus heutiger Sicht unvollständige – System des Euklid und das Axiomensystem von Hilbert, dargestellt in seinem 1899 zum ersten Mal erschienenen Buch *„Grundlagen der Geometrie"* [120].

Bis ins 19. Jahrhundert galt die euklidische Geometrie als „die Geometrie" schlechthin, als die einzige Geometrie, die wie selbstverständlich zur Beschreibung unserer räumlichen Erfahrung diente. Dann aber entdeckten die Mathematiker, daß nichteuklidische Geometrien als mathematische Theorien denkbar sind, und die Beziehung zwischen Geometrien als mathematische Theorien und Geometrie als räumlicher Erfahrung wurde zum Problem. Die Entwicklung verschiedenartiger neuer Geometrien im 19. Jahrhundert führte umgekehrt zu Versuchen, diese verschiedenen Geometrien unter vereinheitlichenden Gesichtspunkten in einen größeren Zusammenhang zu stellen. Ein Beispiel dafür war Felix Kleins Erlanger Programm, das die vereinheitlichende Kraft des Gruppenbegriffs herausarbeitete. Eine andere, damit zusammenhängende Tendenz bestand in der Entwicklung immer allgemeinerer mathematischer Raumbegriffe. Drei wichtige Stationen auf diesem Wege in aufsteigender Allgemeinheit waren die Entstehung des Begriffs der *Riemannschen Mannigfaltigkeit*, des Begriffs des *metrischen Raumes* und des Begriffs des *topologischen Raumes*.

Der Begriff der Riemannschen Mannigfaltigkeit geht zurück auf Bernhard Riemanns genialen Habilitationsvortrag „Über die Hypothesen, welche der Geometrie zu Grunde liegen". Riemann hat diesen Vortrag am 10. Juni 1854 in Göttingen gehalten. Das Manuskript wurde aber erst nach seinem Tode veröffentlicht, 1867 in Band 13 der *Abhandlungen der Königlichen Gesellschaft der Wissenschaften zu Göttingen* [128]. Der Grundbegriff der Riemannschen Geometrie ist der Begriff der Riemannschen Mannigfaltigkeit. Eine **Riemannsche Mannigfaltigkeit** ist eine differenzierbare Mannigfaltigkeit mit einer Maßbestimmung, durch die ihr infinitesimal die Struktur der euklidischen Geometrie aufgeprägt wird. Genauer: der Tangentialraum jedes Punktes der Mannigfaltigkeit trägt die Struktur eines euklidischen Vektorraumes, und diese Struktur variiert differenzierbar mit dem Punkt. Riemann zeigt, wie dadurch in jedem Punkt der Mannigfaltigkeit jeder Flächenrichtung eine Schnittkrümmung zugeordnet wird und stellt das sehr wichtige Ergebnis fest, dass umgekehrt durch diese Schnittkrümmung für alle Flächenelemente die Riemannsche Metrik bestimmt ist. Er sagt dann:

Die Mannigfaltigkeiten, deren Krümmungsmaß überall gleich 0 ist, lassen sich betrachten als ein besonderer Fall derjenigen Mannigfaltigkeiten, deren Krümmungsmaß allenthalben konstant ist. Der gemeinsame Charakter dieser Mannigfaltigkeiten, deren Krümmungsmaß konstant ist, kann auch so ausgedrückt werden, daß sich die Figuren in ihnen ohne Dehnung bewegen lassen.

Die damals schon bekannten Geometrien, die euklidische, die sphärische und die hyperbolische, sind daher die Geometrien der speziellen Riemannschen Mannigfaltigkeiten mit konstanter verschwindender, positiver oder negativer Schnittkrümmung. Die Riemannsche Geometrie wurde eine der fruchtbarsten geometrischen Theorien im 20. Jahrhundert.

Den Begriff des metrischen Raumes definierte 1906 Maurice Fréchet in seiner Dissertation. Allerdings nannte er diese Räume anders, und erst Felix Hausdorff führte 1914 in seinem großen Werk *„Grundzüge der Mengenlehre"* [117] die Bezeichnung *metrischer Raum* ein und entfaltete die in diesem Begriff enthaltenen Möglichkeiten einer metrischen Geometrie.

In Hausdorffs Buch ist die Theorie der metrischen Räume eingebettet in eine noch umfassendere, allgemeinere Theorie, in die *mengentheoretische Topologie.* Ihr Grundbegriff ist der von Hausdorff geschaffene Begriff des Hausdorffschen topologischen Raumes. Mit diesem steht ein mathematischer Raumbegriff von außerordentlicher Allgemeinheit zur Verfügung, der durch zusätzliche Bedingungen in der verschiedensten Weise differenziert werden kann, so dass dann von dem allgemeinsten Begriff ausgehend ein ganzes Spektrum spezieller Raumbegriffe entsteht.

Mit der Entwicklung dieser zunehmend allgemeineren mathematischen Raumbegriffe entstanden verschiedene Arten von „Raumproblemen", bei denen es nicht immer ganz leicht ist, das Problem genau zu fassen. Relativ noch am besten zu fassen sind rein mathematische Raumprobleme, etwa solche, die danach fragen, wie aus den allgemeinsten Raumbegriffen die klassischen Geometrien – wie zum Beispiel die euklidische Geometrie – durch spezielle Bedingungen zurückzugewinnen sind. Historisch waren solche Probleme verbunden mit dem Problem des Verhältnisses von Geometrie und Erfahrung, da nun viele mathematische Geometrien zur Verfügung standen und sich die Frage stellte, welche speziellen Eigenschaften diese als geeignet zur Beschreibung räumlicher Erfahrung erscheinen ließen.

Ein Beispiel für eine solche Gemengelage von Problemen war ein Problemkreis, der als *„das Riemann-Helmholtz-Liesche Raumproblem"* bezeichnet wird. Der erste Name Riemann verweist auf Bernhard Riemanns oben bereits erwähnten, 1867 veröffentlichten Vortrag *„Über die Hypothesen, welche der Geometrie zu Grunde liegen"*. Der zweite Name verweist auf eine nur ein Jahr später, 1868, ebenfalls in den Göttinger Nachrichten veröffentlichte Schrift des bedeutenden Naturforschers Hermann von Helmholtz. Sie trug, in deutlicher Antithese zu Riemanns Vortrag, den Titel *„Über die Thatsachen, die der Geometrie zum Grunde liegen"* [129]. Helmholtz wollte nicht wie Riemann von einer infinitesimalen Maßbestimmung auf den Tangentialräumen ausgehen, sondern von der für die räumliche Messung aus seiner Sicht grundlegende Tatsache der Existenz von *„beweglichen aber in sich festen Körpern, beziehlich Punctsystemen"*, und für diese postulierte er: *„Es wird vollkommen freie Beweglichkeit der festen Körper vorausgesetzt"*. Aus dieser Annahme und einigen weiteren Voraussetzungen leitete er dann ab, dass solche Mannigfaltigkeiten Riemannsche Mannigfaltigkeiten mit konstanter Krümmung sind. Helmholtz' Definitionen und Argumente genügen nicht den heutigen Anforderungen an Strenge und lassen verschiedene interpretationen zu. Insbesondere war für die weitere Präzisierung der Forderung der freien Beweglichkeit die Entwicklung gruppentheoretischen Denkens erforderlich, die sich erst in der Ausarbeitung des Erlanger Programms furch Felix Klein und in der Entwicklung der Theorie der kontinuierlichen Transformationsgruppen durch Sophus Lie vollzog. Lie führte die Überlegungen von Helmholtz weiter, und damit ist zwar nicht erklärt, worin das Riemann-Helmholtz-Liesche Raumproblem eigentlich genau besteht, aber wenigstens, warum man es so nennt.

Im Zuge der Entwicklung strukturellen Denkens in der Mathematik um die Wende vom 19. zum 20. Jahrhundert stellte sich auch die Frage, ob derart weitreichende Annahmen über die Raumstruktur wie die Annahme der Struktur einer differenzierbaren Mannigfaltigkeit nötig sind. Auch in der Theorie der Transformationsgruppen von Sophus Lie steckt ja von Anfang an die Voraussetzung, dass eine Liesche Gruppe eine differenzierbare Mannigfaltigkeit ist. Im Jahre 1900 hielt David Hilbert auf dem *Internationalen Mathematikerkongress* zu Paris seinen berühmten Vortrag mit dem Titel *„Mathematische Probleme"*. Das fünfte seiner 23 Probleme stellte die Frage, *„inwieweit der Liesche Begriff der kontinuierlichen Transformationsgruppe auch ohne Annahme der Differenzierbarkeit der Funktionen unserer Untersuchung zugänglich ist"*. Dieses Problem wurde 1952 durch Arbeiten von Gleason und Montgomery-Zippin positiv gelöst: Jede topologische Gruppe, die eine topologische Mannigfaltigkeit ist, ist eine Liesche Gruppe. Eine Verallgemeinerung dieses Ergebnisses durch Yamabe 1953 führte dann um 1954 zu einem gewissen Abschluss der Arbeiten an dem Riemann-Helmholtz-Lieschen Raumproblem in Arbeiten von Jacques Tits und Hans Freudenthal. Die Arbeit von Freudentahl, *„Neuere Fassungen des Riemann-Helmholtz-Lieschen Raumproblems"*, (Mathematische Zeitschrift Bd. 63, S. 374–405 (1956)) [115] enthält auch eine Skizze der Geschichte des Problems. Tits' Ergebnisse sind enthalten in seiner 1955 veröffentlichten *Thèse „Sur certaines classes d'espaces homogènes des groupes de Lie"* (Académie royale de Belgique, Classe des sciences, Mémoires, Tome XXIX, Fascicule 3) [133]. Aus den Ergebnissen auf Seite 220 dieser Abhandlung zum Helmholtz-Lieschen Problem folgt insbesondere die im Folgenden mitgeteilte schöne Lösung desselbigen, Satz 1.19.

Wir kehren noch einmal zurück zu Felix Kleins Erlanger Programm. Die charakteristische Aufgabe einer Geometrie formuliert Klein so: *„Man soll die der Mannigfaltigkeit angehörenden Gebilde hinsichtlich solcher Eigenschaften untersuchen, die durch die Transformationen der Gruppe nicht geändert werden."* Dies ist natürlich keine formale Definition. Sie kann auf viele Weisen inhaltlich konkretisiert werden. Als die in Betracht kommenden Mannigfaltigkeiten wollen wir an dieser Stelle die metrischen Räume (X, d) ansehen, und als Transformationsgruppen ihre Isometriegruppen $I(X, d)$. Als die (X, d) „angehörenden Gebilde" wollen wir hier einfach alle Teilmengen $Y \subset X$ zulassen, wobei wir jede Teilmenge Y mit der durch d induzierten Metrik d_Y versehen, also als metrischen Raum (Y, d_Y) auffassen.

In der antiken Terminologie entspricht dem Begriff des Gebildes vielleicht in etwa der Begriff der „Figur", bei Euklid in Buch I, Definition 14 wie folgt definiert:

„Eine Figur ist das, was von einer oder mehreren Grenzen umfaßt wird." Natürlich stellte sich Euklid unter einer Figur nicht wie wir eine Menge von Punkten $Y \subset X$ vor, und schon gar nicht eine beliebige. Solange wir aber noch keine Geometrie in X entwickelt haben, scheint es vom heutigen Standpunkt aus naheliegend, zunächst einmal beliebige Teilmengen $Y \subset X$ zuzulassen.

Es leuchtet wohl ein, dass man beim Aufbau jeder Art von Geometrie, in der „Gebilde" oder „Figuren" untersucht werden sollen, zunächst festlegen muss, wann man die Figuren als im Wesentlichen gleich ansehen will. Die folgenden beiden Definitionen stellen zwei verschiedene Möglichkeiten dar, im Rahmen der Theorie der metrischen Räume einen solchen Äquivalenzbegriff für Figuren festzulegen.

Definition 1:

(X, d) sei ein metrischer Raum. Zwei Teilmengen Y und Z von X sind **kongruent**, wenn es eine isometrische Abbildung $Y \to Z$ des metrischen Raumes (Y, d_Y) auf den metrischen Raum (Z, d_Z) gibt.

Definition 2:

(X, d) sei ein metrischer Raum. Zwei Teilmengen Y und Z von X sind **deckungsgleich**, wenn es eine Isometrie $\varphi \in I(X, d)$ mit $\varphi(Y) = Z$ gibt.

Die zweite Definition entspricht offensichtlich der Forderung des Erlanger Programms von Felix Klein. Die erste Definition bestimmt eine im Allgemeinen gröbere Äquivalenzrelation, denn deckungsgleiche Mengen sind trivialerweise auch kongruent, aber es ist sehr leicht, metrische Räume X und kongruente Teilmengen $Y, Z \subset X$ anzugeben, die nicht durch eine Isometrie von X zur Deckung gebracht werden können. Die erste Definition scheint näher an den Intentionen Euklids zu liegen, wie sie implizit in der Gesamtheit seiner Beweismethoden zum Ausdruck kommen. Als explizite Aussage hierzu findet man im Buch I der Elemente unter den „communes animi conceptiones" den folgenden Satz:

$$\kappa\alpha\iota \quad \tau\alpha \quad \varepsilon\varphi\alpha\rho\mu o\zeta\nu\tau\alpha \quad \varepsilon\pi \quad \alpha\lambda\lambda\eta\lambda\alpha \quad \iota\sigma\alpha \quad \alpha\lambda\lambda\eta\lambda o\iota\varsigma \quad \varepsilon\sigma\tau\iota\nu.$$

In der Übersetzung von Á. Szabó: „Die sich decken, sind einander gleich". Und in der englischen Übersetzung von Th. Heath: „Things which coincide with one another are equal to one another". Es scheint eine schwer entscheidbare historische Frage zu sein, ob Euklid hier den Bewegungsbegriff meint oder nicht. Ich traue mir dazu kein Urteil zu und verweise auf die Diskussionen bei Th. L. Heath: „Euclid, The Thirteen Books of the Elements", Vol. 1, p. 224 ff [118] und Á. Szabó: „Anfänge der griechischen Mathematik", pp. 353–435 [132].

Während die Frage nach der Rolle der Begriffe von Raum und Bewegung für die Grundlegung der Geometrie aus historischer Sicht ebenso wichtig wie schwierig ist, lässt sich die mathematische Frage nach der Beziehung der beiden oben definierten Äquivalenzbegriffe für Teilmengen metrischer Räume im Fall der euklidischen Räume leicht und in sehr befriedigender Weise vollständig beantworten: Beide Begriffe fallen logisch zusammen. Ich denke, dass dies gerade einer der Gründe ist, warum die historische Frage so schwer entscheidbar ist.

Satz 1.17

Teilmengen eines euklidischen affinen Raumes sind genau dann kongruent, wenn sie deckungsgleich sind.

Dieser Satz ergibt sich unmittelbar aus einer noch stärkeren Aussage: Für euklidische affine Räume gilt das Axiom von der freien Beweglichkeit starrer Körper, dessen Bedeutung für die Grundlegung der Geometrie von Helmholtz 1868 in einer Abhandlung mit dem Titel „Über die Tatsachen, die der Geometrie zum Grunde liegen" herausgestellt wurde. Diese Arbeit ist eine Auseinandersetzung mit dem 1867 veröffentlichten Habilitationsvortrag Riemanns von 1854 „Über die Hypothesen, welche der Geometrie zu Grunde liegen".

Definition:

(X, d) sei ein metrische Raum.

(i) Eine Teilmenge $Y \subset X$ heißt **frei beweglich** in X, wenn jede isometrische Abbildung $Y \to Z$ von Y auf eine zu Y kongruente Teilmenge $Z \subset X$ zu einer Isometrie von X fortsetzbar ist.

(ii) Für (X, d) gilt das **Axiom der freien Beweglichkeit**, wenn alle Teilmengen von X frei beweglich sind.

Satz 1.18

Für euklidische affine Räume gilt das Axiom der freien Beweglichkeit.

Beweis:

(X, d) sei der zu einem euklidischen affinen Raum gehörige metrische Raum, Y und Z kongruente Teilmengen von X und $\psi : Y \to Z$ eine isometrische Abbildung. Y' bzw. Z' seien die kleinsten affinen Teilräume von X, die Y bzw. Z enthalten, $k = \dim Y'$ und $y_0, \ldots, y_k \in Y$ Punkte mit

$Y' = y_0 \vee \cdots \vee y_k$ und $z_i = \psi(y_i)$ ihre Bildpunkte. Y' ist die Menge der affinen Linearkombinationen $\lambda_0 y_0 + \cdots + \lambda_k y_k$ mit eindeutig bestimmten $\lambda_0, \ldots, \lambda_k$, so dass $\lambda_0 + \cdots + \lambda_k = 1$ erfüllt ist. Wir definieren eine affin-lineare Abbildung $\varphi' : Y' \to Z'$ durch $\varphi(\lambda_0 y_0 + \cdots + \lambda_k y_k) = \lambda_0 z_0 + \cdots + \lambda_k z_k$. Mit y, y', y'' bezeichnen wir irgendwelche Punkte aus Y, und mit z, z', z'' ihre Bildpunkte in Z bezüglich ψ.

Behauptung 1: $\left\langle \overrightarrow{yy'}, \overrightarrow{yy''} \right\rangle = \left\langle \overrightarrow{zz'}, \overrightarrow{zz''} \right\rangle$.
Beweis: Durch Polarisierung erhält man folgende Identität:

$$
\begin{aligned}
\left\langle \overrightarrow{yy'}, \overrightarrow{yy''} \right\rangle &= \frac{1}{2}\left(d(y,y')^2 + d(y,y'')^2 - d(y',y'')^2 \right) \\
&= \frac{1}{2}\left(d(z,z')^2 + d(z,z'')^2 - d(z',z'')^2 \right) \\
&= \left\langle \overrightarrow{zz'}, \overrightarrow{zz''} \right\rangle .
\end{aligned}
$$

Behauptung 2: $\dim Z' = k$ und $Z' = z_0 \vee \cdots \vee z_k$.
Beweis: Da man die Rollen von Y und Z vertauschen kann, genügt es, zu zeigen, dass die Vektoren $\overrightarrow{z_0 z_1}, \ldots, \overrightarrow{z_0 z_k}$ linear unabhängig sind. Dies ist äquivalent dazu, dass die Gramsche Determinante $\det(\langle \overrightarrow{z_0 z_i}, \overrightarrow{z_0 z_j} \rangle)$ nicht verschwindet. Daher folgt Behauptung 2 aus Behauptung 1.

Behauptung 3: $\varphi' : Y' \to Z'$ ist eine Isometrie.
Beweis: Wegen Behauptung 1 gilt für den linearen Anteil $\lambda(\varphi')$:

$$
\left\langle \lambda(\varphi')(\overrightarrow{y_0 y_i}), \lambda(\varphi')(\overrightarrow{y_0 y_j}) \right\rangle = \left\langle \overrightarrow{z_0 z_i}, \overrightarrow{z_0 z_j} \right\rangle = \left\langle \overrightarrow{y_0 y_i}, \overrightarrow{y_0 y_j} \right\rangle .
$$

Behauptung 4: $\varphi'_{|Y} = \psi$.
Beweis: Es sei $y \in Y$ und $z = \psi(y)$. Die Behauptung $z = \varphi'(y)$ ist äquivalent zu $\overrightarrow{z_0 z} = \overrightarrow{z_0 \varphi'(y)}$, und dies ist wegen Behauptung 2 äquivalent zu $\langle \overrightarrow{z_0 z}, \overrightarrow{z_0 z_i} \rangle = \left\langle \overrightarrow{z_0 \varphi'(y)}, \overrightarrow{z_0 z_i} \right\rangle$ für $i = 1, \ldots, k$. Diese Gleichung gilt aber, da wegen Behauptungen 1 und 3 beide Seiten gleich $\langle \overrightarrow{y_0 y}, \overrightarrow{y_0 y_i} \rangle$ sind.

Behauptung 5: φ' lässt sich zu einer Isometrie φ von X forsetzen, und für diese gilt $\varphi | Y = \psi$.

Beweis: Die Existenz einer Forsetzung φ folgt wegen Behauptung 3 aus dem Satz von Witt, und $\varphi\,|\,Y = \psi$ folgt aus Behauptung 4. Damit ist der Satz bewiesen.

Die physikalische Bedeutung des gerade bewiesenen Satzes ist wohl klar: Fasst man den dreidimensionalen euklidischen affinen Raum als mathematisches Modell des physikalischen Raumes auf, dann drückt das Axiom von der freien Beweglichkeit die Tatsache aus, dass man einen starren Körper aus einer gegebenen Lage durch eine geeignete Bewegung in jede andere Lage überführen kann. Die mathematische Bedeutung des Satzes sehe ich darin, dass durch die freie Beweglichkeit der euklidische Raum unter fast allen anderen metrischen Räumen ausgezeichnet ist. Unter geeigneten schwachen topologischen Voraussetzungen, die wir noch formulieren werden, gilt nur für sehr wenige Räume (X, d) das Axiom der freien Beweglichkeit. Tatsächlich stellen sogar gewisse gleich noch zu behandelnde abgeschwächte Formen der freien Beweglichkeit eine sehr starke Bedingung dar. Diese abgeschwächten Formen der freien Beweglichkeit bestehen darin, dass man selbige nur für endliche Teilmengen $Y \subset X$ mit einer beschränkten Anzahl von Punkten verlangt.

Definition:
Es sei n eine natürliche Zahl. Ein metrischer Raum (X, d) ist n-**Punkthomogen**, wenn jede aus höchstens n Punkten bestehende Teilmenge von X frei beweglich ist.

Was bedeuten diese Bedingungen für $n = 1, 2, 3$? X ist 1-Punkt-homogen – kürzer: **homogen** –, wenn sich jeder Punkt von X in jeden anderen durch eine Bewegung überführen lässt, wenn also die Isometriegruppe transitiv auf X operiert. X ist 2-Punkt-homogen, wenn sich jedes geordnete Punktepaar (x, y) in jedes andere (geordnete) Paar (x', y') überführen lässt, für welches $d(x', y') = d(x, y)$ gilt. Im Fall euklidischer affiner Räume bedeutet das: Strecken gleicher Länge können durch eine Bewegung ineinander überführt werden – das mathematische Analogon der Erfahrungstatsache, dass man Maßstäbe gleicher Länge durch eine Bewegung so miteinander zur Deckung bringen kann, dass Anfangs- und Endpunkte zusammenfallen. 3-Punkt-Homogenität bedeutet eine analoge Aussage für Tripel von Punkten. Im eudklidischen Raum können wir drei nicht auf einer Gerade liegende Punkte als Ecken eines Dreiecks auffassen, und die 3-Punkt-Homogenität impliziert den Satz: Dreiecke mit gleichen Seiten sind deckungsgleich. Folgt man der Auffassung von Heath, dann ist dies die Aussage von Proposition 8 aus Buch 1 der Elemente von Euklid.

Die Bedingung der n-Punkt-Homogenität ist für sich allein genommen schwächer als das Axiom der freien Beweglichkeit, selbst wenn man sie für alle n verlangt. So sind z.B. in einem unendlich-dimensionalen Hilbertraum alle endlichen Teilmengen frei beweglich, unendliche aber im Allgemeinen nicht. Die meisten Autoren, die sich mit dem Problem der Charakterisierung der elementaren Geometrien beschäftigen, halten das Axiom der freien Beweglichkeit für ein viel zu starkes Axiom, während sie die 2-Punkt-Homogenität oder 3-Punkt-Homogenität für eine adäquate Bedingung halten. Das Beispiel des unendlich-dimensionalen Hilbertraumes zeigt, dass man dann aber zu der n-Punkt-Homogenität noch andere Bedingungen über den Raum hinzunehmen muss, um z.B. die Endlichdimensionalität zu erzwingen. Die geschichtliche Entwicklung der Arbeiten zum Helmholtz-Lieschen Raumproblem und zum 5. Hilbertschen Problem hat gezeigt, dass vom topologischen Standpunkt aus die „richtige" Bedingung die der lokalen Kompaktheit ist.

Definition:
Ein topologischer Raum X heißt **kompakt**, wenn sich aus jeder Überdeckung von X durch offene Mengen endlich viele auswählen lassen, so dass X schon durch diese endlich vielen offenen Mengen überdeckt wird. Ein topologischer Raum heißt **lokal kompakt**, wenn jeder Punkt $x \in X$ eine kompakte Umgebung besitzt.

Lokale Kompaktheit und freie Beweglichkeit sind zusammengenommen noch nicht ausreichend zur Charakterisierung der elementaren Geometrien. Beispielsweise bilden die Eckpunkte eines regulären Tetraeders einen endlichen, also kompakten metrischen Raum mit freier Beweglichkeit – die Isometriegruppe ist die symmetrische Gruppe. Derartige Beispiele kann man natürlich durch die Bedingung ausschließen, dass der topologische Raum X zusammenhängend sein soll.

Definition:

Ein topologischer Raum X ist **zusammenhängend**, wenn X nicht Vereinigung von zwei nichtleeren, disjunkten offenen Teilmengen ist.

Das Erstaunliche ist nun, dass die wenigen eben genannten einfachen Bedingungen bereits genügen, um die elementaren Geometrien im Wesentlichen eindeutig zu charakterisieren. Die Einschränkung „im Wesentlichen" bezieht sich auf das Folgende: Ist (X, d) ein metrischer Raum und $I(X, d)$ seine Isometriegruppe, dann kann man meist auf vielfältige Weise die Metrik auf X so abändern, dass sich dabei die Topologie von X und die Isometriegruppe nicht ändern. Beispiel: (X, d) sei der zu einem euklidischen affinen Raum gehörige metrische Raum, und $f : \mathbb{R}^+ \to \mathbb{R}^+$ sei irgendeine stetige streng monoton zunehmende Funktion mit $f(0) = 0$, die „konvex" ist, d.h. der Bedingung $f(a + b) \leq f(a) + f(b)$ für alle $a, b \in \mathbb{R}^+$ genügt. Es sei $d'(x, y) = f(d(x, y))$. Dann ist (X, d') ein metrischer Raum, der zu (X, d) homöomorph ist, und es gilt $I(X, d') = I(x, d)$.

Definition:

(X, d) und (X', d') seien metrische Räume. Eine **metrische Transformation** von (X, d) auf (X', d') ist eine bijektive Abbildng $\varphi : X \to X'$ mit folgender Eigenschaft: Es gibt eine stetige, streng monoton wachsende Funktion $f : I \to \mathbb{R}^+$ auf einem den Wertebereich von d umfassenden Intervall $I \subset \mathbb{R}^+$, so dass $d'(\varphi(x), \varphi(y)) = f(d(x, y))$ für alle $x, y \in X$ gilt. Wenn es eine derartige Transformation gibt, heißen (X, d) und (X', d') **metrisch äquivalent.**

Die Inverse einer metrischen Transformation und die Komposition von zwei metrischen Transformationen sind wieder metrische Transformationen, und die metrische Äquivalenz ist eine Äquivalenzrelation. Metrische Transformationen sind Homöomorphismen. Die Konjugation mit metrischen

Transformationen überführt die Isometrigruppen ineinander. Metrische Transformationen erhalten insbesondere die freie Beweglichkeit und die n-Punkt-Homogenität. Eine Charakterisierung einer Klasse von metrischen Räumen durch derartige Eigenschaften kann diese also höchstens bis auf metrische Äquivalenz bestimmen, und das war es, was wir mit „im Wesentlichen" meinten.

Aus den zitierten tiefliegenden Ergebnissen von Tits, deren Beweis weit über den Rahmen dieses Buches hinausgehen würde, ergibt sich nun insbesondere als Lösung des Helmholtz-Lieschen Raumproblems der folgende wunderschöne Satz:

Theorem 1.19
Jeder 3-Punkt-homogene lokal kompakte zusammenhängende metrische Raum ist metrisch äquivalent zu einem euklidischen affinen Raum oder zu einer Sphäre in einem euklidischen Raum oder zu einem hyperbolischen Raum.

Für die Definition der hyperbolischen Räume sei auf die Literatur verwiesen, z.B. [105], Kap. 19. Um aus euklidischen, sphärischen und hyperbolischen Räumen die euklidischen auszusondern, kann man verschiedene Bedingungen verwenden. So ist z.B. in den euklidischen affinen Räumen die Winkelsumme im Dreieck gleich π, auf den Sphären größer als π und in den hyperbolischen Räumen kleiner als π. Oder: Die Krümmung der euklidischen affinen Räume ist Null, die der Sphären ist konstant positiv und die der hyperbolischen Räume konstant negativ. Da wir diese Begriffe noch nicht definiert haben und es uns hier um die Eigenschaften der Isometriegruppe geht, benutzen wir zur Charakterisierung der euklidischen Räume den früher definierten Begriff der Translation eines metrischen Raumes.

Satz 1.20
Ein metrischer Raum (X, d) ist genau dann metrisch äquivalent zu einem euklidischen affinen Raum, wenn folgende Bedingungen erfüllt sind:

(i) X ist zusammenhängend.

(ii) X ist lokal kompakt.

(iii) X ist 3-Punkt-homogen.

(iv) X hat eine Translation $\tau \neq 1$.

(v) X hat keine Translation $\tau \neq 1$ mit $\tau^2 = 1$.

Der Beweis, der hier nicht ausgeführt werden soll, ergibt sich aus 1.19. Durch (iv) werden die hyperbolischen Räume ausgeschlossen und durch (v) die Sphären, da für diese die Antipodalpunktabbildung eine involutive Translation ist.

Wie haben oben den Begriff der metrischen Transformation von einem metrischen Raum auf einen anderen metrischen Raum eingeführt. Die Menge der metrischen Transformationen eines metrischen Raumes (X, d) auf sich selbst bildet offenbar eine Gruppe, welche die Isometriegruppe $\mathrm{I}(X, d)$ als normale Untergruppe enthält. Wir wollen diese Gruppe für die euklidischen affinen Räume bestimmen.

Definition:

(X, d) sei ein metrischer Raum.

(i) Eine **Ähnlichkeitstransformation** von (X, d) ist eine bijektive Abbildung $\varphi : X \to X$ mit der folgenden Eigenschaft:
$\exists c \in \mathbb{R}^+ \; \forall \, x, y \in X \; d(\varphi(x), \varphi(y)) = cd(x, y)$.

(ii) $\tilde{I}(X, d)$ ist die **Gruppe der Ähnlichkeitstransformationen** von (X, d).

Proposition 1.21

Die metrischen Transformationen eines euklidischen affinen Raumes auf sich selbst sind genau die Ähnlichkeitstransformationen.

Beweis:

(X, d) sei der zu einem euklidischen affinen Raum gehörige metriche Raum, $\varphi : X \to X$ eine metrische Transformation von (X, d) auf sich selbst und $f : \mathbb{R}^+ \to \mathbb{R}^+$ eine stetige streng monotone Funktion mit $d(\varphi(x), \varphi(y)) = f(d(x, y))$. Betrachtet man auf einer festen Geraden drei Punkte x, y, z mit

$d(x, y) = a$ und $d(y, z) = b$ und y zwischen x und z, dann folgert man aus der Dreiecksungleichung sofort $f(a+b) \leq f(a) + f(b)$. Analog muss aber für die zu der metrischen Transformation φ^{-1} gehörige inverse Funktion f^{-1} auch $f^{-1}(\alpha+\beta) \leq f^{-1}(\alpha) + f^{-1}(\beta)$ gelten. Aus beiden Ungleichungen zusammen folgt leicht $f(a+b) = f(a) + f(b)$. Daraus folgt – wenn wir $c = f(1)$ setzen – wegen der Stetigkeit von f sofort $f(t) = ct$, und das war zu zeigen.

Proposition 1.22

Jede Ähnlichkeitstransformation eines euklidischen affinen Raumes, die keine Isometrie ist, besitzt genau einen Fixpunkt.

Beweis:

Die Ähnlichkeitstransformation φ habe das Ähnlichkeitsverhältnis $c < 1$. Es sei $x \in X$ irgendein Punkt und $x_n = \varphi^n(x)$. Dies ist eine Cauchy-Folge, denn für $n \geq m$ folgt aus der Voraussetzung über φ durch mehrfache Anwendung der Dreiecksungleichung leicht die folgende Abschätzung:

$$d(x_m, x_n) \leq c^m \frac{d(x, \varphi(x))}{1 - c}.$$

Also existiert $y = \lim x_n$, und dann ist y natürlich ein Fixpunkt von φ. Dies ist der einzige Fixpunkt, denn ist z ebenfalls ein Fixpunkt, so folgt $d(y, z) = d(\varphi(y), \varphi(z)) = cd(y, z)$, also $d(y, z) = 0$ und daher $y = z$. Mithin hat φ genau einen Fixpunkt. Im Fall $c > 1$ betrachtet man φ^{-1}.

Definition:

(X, d) sei der zu einem euklidischen affinen Raum gehörige metrische Raum, $x_0 \in X$ und c eine positive reelle Zahl. Die **Homothetie** von X mit Zentrum x_0 und Ähnlichkeitsverhältnis c ist die wie folgt definierte Ähnlichkeitstransformation φ:

$$\boxed{\varphi(x) = x_0 + c \, \overrightarrow{x_0 x}}$$

Der Ursprung des Wortes Homothetie ist griechisch: $o\mu o\varsigma$ ='derselbe', $\theta\varepsilon$ ='Wurzel von' und $\tau\iota\theta\varepsilon\nu\alpha\iota$ ='legen'.

Satz 1.23

(X, d) sei der zu einem euklidischen affinen Raum gehörige metrische Raum, $\mathrm{I}(X, d)$ seine Isometriegruppe, $\tilde{\mathrm{I}}(X, d)$ die Gruppe der Ähnlichkeitstransformationen und $\mathbb{R}_+^*$ die multiplikative Gruppe der positiven reellen Zahlen. Dann gilt:

(i) Es gibt eine kanonische kurze exakte Sequenz

$$1 \to \mathrm{I}(X, d) \hookrightarrow \tilde{\mathrm{I}}(X, d) \overset{\kappa}{\to} \mathbb{R}_+^* \to 1,$$

wobei κ jeder Ähnlichkeitstransformation ihren Ähnlichkeitsfaktor zuordnet.

(ii) Zu jedem Punkt $x_0 \in X$ gehört eine Spaltung dieser exakten Sequenz. Sie ordnet jedem $c \in \mathbb{R}_+^*$ die Homothetie mit Zentrum x_0 und Ähnlichkeitsverhältnis c zu.

(iii) Insbesondere ist jede Ähnlichkeitstransformation affin linear.

Beweis:

Wegen der Existenz von Homothetien ist κ surjektiv. Der Rest von (i) und (ii) ist trivial. (iii) folgt aus (i), (ii) und Satz 1.2.

Korollar 1.24

Die Ähnlichkeitstransformationen des n-dimensionalen euklidischen affinen Standardraums sind die Transformationen

$$\boxed{x \mapsto c\,A\,x + b}$$

mit $c \in \mathbb{R}_+^*$, $A \in O(n, \mathbb{R})$ und $b \in \mathbb{R}^n$.

Geht man von den euklidischen affinen Räumen, den Sphären und den hyperbolischen Räumen als elementaren Geometrien aus – mit den jeweiligen Standardmetriken – dann ist die Existenz von echten Ähnlichkeitstransformationen, d.h. solchen, die keine Isometrien sind, charakteristisch für die euklidische Geometrie.

Für die Sphären gibt es offensichtlich keine echten Ähnlichkeitstransformationen, weil diese den Durchmesser ändern würden, und für die hyperbolischen Räume kann man ebenfalls auf elementare Weise zeigen, dass es keine echten Ähnlichkeitstransformationen gibt.

Zur Gruppe der Ähnlichkeitstransformationen – von Felix Klein „**Hauptgruppe**" genannt – gehört natürlich wieder eine Geometrie im Sinne des Erlanger Programms. Wir nennen Figuren und insbesondere Teilmengen eines euklidischen affinen Raumes einander **ähnlich**, wenn sie durch eine Ähnlichkeitstransformationen ineinander überführt werden. Definitionen ähnlicher Figuren werden – wenn auch in unvollständiger Form – schon am Anfang von *Buch I* und *Buch XI der Elemente* von Euklid gegeben. Euklidische Geometrie treiben – das heißt für uns im Folgenden, solche Eigenschaften von Figuren im euklidischen affinen Raum untersuchen, die durch die Transformationen der Isometriegruppe oder der Hauptgruppe nicht geändert werden.

Kapitel 2

Die Länge von Kurven

„Was eine Kurve ist, glaubt jeder Mensch zu wissen, bis er so viel Mathematik gelernt hat, daß ihn die unzähligen möglichen Abnormitäten verwirrt gemacht haben" – so Felix Klein im zweiten Band seines Buches „Elementarmathematik vom höheren Standpunkt aus" [122].

Die griechischen Mathematiker der Antike kannten schon eine ganze Reihe von bemerkenswerten Kurven – nicht nur Geraden, Kreise und Kegelschnitte, sondern auch höhere Kurven wie z.B. Spiralen, Spiren, Konchoide und Kissoide. Die Diskussion ihrer Versuche, zu definieren, was eine Kurve ist, so wie sie Sir Thomas Heath in seinem Kommentar zu Euklids Elementen gibt, scheint mir zu zeigen, dass die griechischen Mathematiker bemüht waren, eine hinreichend allgemeine Definition zu geben, die ihr schon reichhaltiges Beispielmaterial umfassen sollte.

Buch I der Elemente von Euklid beginnt mit einer Reihe von Definitionen. Die erste Definition lautet: „Ein Punkt ist, was keine Teile hat". Und die zweite Definition lautet: „Eine Linie ist breitenlose Länge". Aristoteteles definiert eine Linie als „eine in einer Richtung stetige Größe", und Proclus definiert im Anschluss an Archimedes eine Linie als erzeugt durch die Bewegung eines Punktes.

41

© Springer Fachmedien Wiesbaden GmbH, ein Teil von Springer Nature 2019
E. Brieskorn, *Lineare Algebra und Analytische Geometrie III*

In der Antike war es natürlich noch nicht möglich, solchen Definitionen eine genaue Bedeutung zu geben. Präzise Definitionen von Kurven wurden erst im 19. Jahrhundert angegeben, so z.B. von C. Jordan 1893 in seinem Cours d'analyse. Zahlreiche Beispiele von recht merkwürdigen „Kurven" zeigen, dass es schwer sein dürfte, einen für alle Zwecke geeigneten Kurvenbegriff zu definieren. Der im Folgenden gewählte Weg ist nur eine von vielen Möglichkeiten. Wir wählen ihn deshalb, weil er zu einer ganz einfachen und elementaren Definition der Länge von Kurven führt.

Definition:

Eine Abbildung $f : Y \to Z$ von einem metrischen Raum (Y, d_Y) in einen metrischen Raum (Z, d_Z) ist **stetig**, wenn gilt:

$$\forall y \in Y \ \forall \varepsilon > 0 \ \exists \delta > 0 \ \forall y' \in Y \quad d_Y(y, y') < \delta \Rightarrow d_Z(f(y), f(y')) < \varepsilon$$

Die reelle Zahlengerade $\mathbb{R}$ ist ein metrischer Raum mit der Metrik $d(x, y) = |x - y|$, und dadurch wird auch jedes Intervall $I \subset \mathbb{R}$ mit der induzierten Metrik ein metrischer Raum. Insbesondere ist damit definiert, was eine stetige Abbildung $f : I \to X$ eines Intervalls I in einen metrischen Raum (X, d) ist.

Definition:

(X, d) sei ein metrischer Raum.

(i) Eine **parametrisierte Kurve** in (X, d) ist eine stetige Abbildung $f : [a, b] \to X$ eines nicht leeren abgeschlossenen reellen Intervalls $[a, b] \subset \mathbb{R}$.

(ii) Eine **Kurve** in (X, d) ist das Bild einer stetigen Abbildung $f : [a, b] \to X$.

(iii) Ist $C \subset X$ eine Kurve, dann heißt jede stetige Abbildung $f : [a, b] \to X$ mit Bild C eine **Parametrisierung** der Kurve C.
Im Folgenden sei $f : [a, b] \to X$ eine Parametrisierung der Kurve C.

(iv) $f(a)$ bzw. $f(b)$ heißen **Anfangspunkt** bzw. **Endpunkt** der Parametrisierung f von C.

(v) Ein Punkt $c \in C$ heißt **mehrfacher Punkt** der Parametrisierung f von C, wenn es verschiedene Parameterwerte $t_1, t_2 \in [a, b]$ mit $f(t_1) = f(t_2) = c$ gibt.

(vi) $f : [a, b] \to X$ heißt **parametrisierter einfacher Bogen** oder auch parametrisierter Jordanbogen, wenn f keine mehrfachen Punkte hat, d.h. injektiv ist.

Das Bild C heißt dann **einfacher Bogen** oder auch **Jordanbogen**.

(vii) $f : [a, b] \to X$ heißt **parametrisierte einfach geschlossene Kurve**, wenn gilt: f ist injektiv auf dem offenen Intervall $(a, b) \neq \emptyset$, es gilt $f(a) = f(b)$ und $f(x) \neq f(a)$ für $x \neq a, b$. Das Bild C heißt dann eine **einfach geschlossene Kurve** oder auch **Jordan-Kurve**.

(viii) Eine stetige Abbildung $f : [a, b] \to X$ mit Bild C heißt **gewöhnliche parametrisierte Kurve**, wenn Folgendes gilt:

(1) Es gibt nur endlich viele mehrfache Punkte von f auf C.

(2) Es gibt eine Zerlegung von $[a, b]$ in endlich viele Teilintervalle, so dass die Beschränkung von f auf jedes Teilintervall ein parametrisierter einfacher Bogen ist.

C heißt dann eine **gewöhnliche Kurve**.

Bemerkung:

Die in Definition 2 (i) und (ii) gegebene Definition einer Kurve ist so allgemein, dass Objekte damit erfaßt werden, welche Nicht-Mathematiker wohl kaum als Kurven bezeichnen würden. So wurde z.B. von Peano eine stetige surjektive Abbildung $[0, 1] \to [0, 1] \times [0, 1]$ des Einheitsintervalls aufs Einheitsquadrat in der euklidischen Ebene angegeben. Das Bild dieser **Peanokurve** ist also das ganze 2-dimensionale Quadrat, und im Sinne der Definition (ii) ist das also eine Kurve. Die Definitionen 2 (vi) bis (viii) engen dann den Kurvenbegriff weiter ein und schließen dadurch derart grobe Abnormitäten aus. Beispielsweise folgt aus der Kompaktheit von $[a, b]$ leicht, dass jede stetige injektive Abbildung $f : [a, b] \to X$ in einen metrischen Raum X mit Bild C eine stetige Umkehrabbildung $f^{-1} : C \to [a, b]$ hat, also ein Homöomorphismus ist. (Ein **Homöomorphismus** $f : Y \to Z$ ist eine bijektive stetige Abbildung mit stetiger Umkehrabbildung.) Ein Jordanbogen ist also homöomorph zu einem Intervall, und weil ein Intervall nicht homöomorph zu $[0,1] \times [0,1]$ ist, sind die Jordanbögen jedenfalls keine Peano-Kurven.

Die folgenden Bilder vermitteln eine erste Vorstellung davon, wie Jordanbögen, geschlossene Jordankurven und gewöhnliche Kurven aussehen können; die einfachsten Jordanbögen sind die geraden Strecken und die Kreisbögen, die einfachste geschlossene Jordankurve der Kreis:

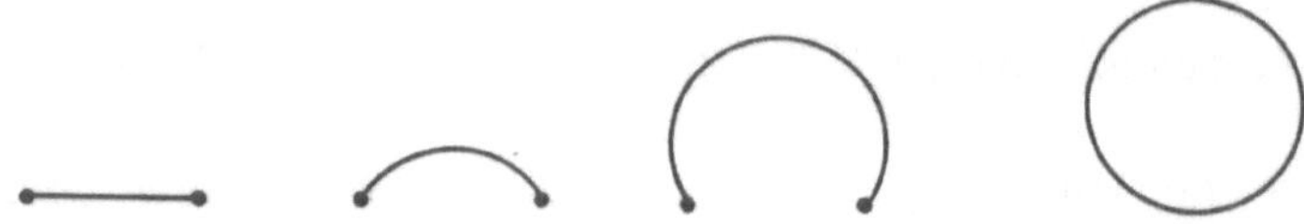

Die einfachsten gewöhnlichen Kurven sind Streckenzüge, zum Beispiel die regulären Polygone:

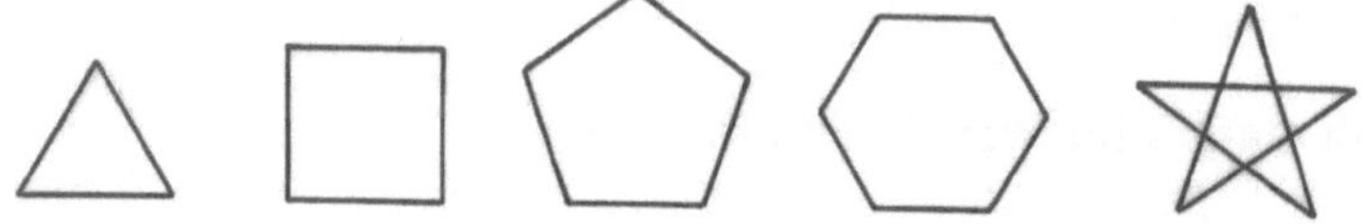

Andere schöne Beispiele für gewöhnliche Kurven sind die algebraischen Kurven – genauer gesagt, Stücke von solchen. Im Lauf der Zeit haben die Mathematiker viele hunderte derartige Kurven mit besonders schönen oder interessanten Eigenschaften studiert. Die Bilder auf Seite 120 und 121 von Band I vermitteln einen ersten Eindruck von der Vielfalt solcher Kurven. Es fällt mir schwer, hier ein einzelnes Beispiel herauszugreifen. So wähle ich denn als Beispiel einige Bilder von Kurven, die aus der Kurve mit der Gleichung $x^3 = y^5$ durch Entfaltung, d.h. durch analytische Abänderung der definierenden Gleichung entstehen. Diese Kurven hängen auf wunderbare Weise mit den platonischen Körpern zusammen, mit dem Ikosaeder und

Dodekaeder, mit dem Wurzelsystem E_8 und mit einer exotischen Sphäre der Dimension 7. Etwas mehr darüber kann man auf den letzten Seiten in meinem Vortrag „*Singularitäten*" finden, *Jber. Deutsch. Math.-Verein 78, H.2 (1976) 93–112 [108]*.

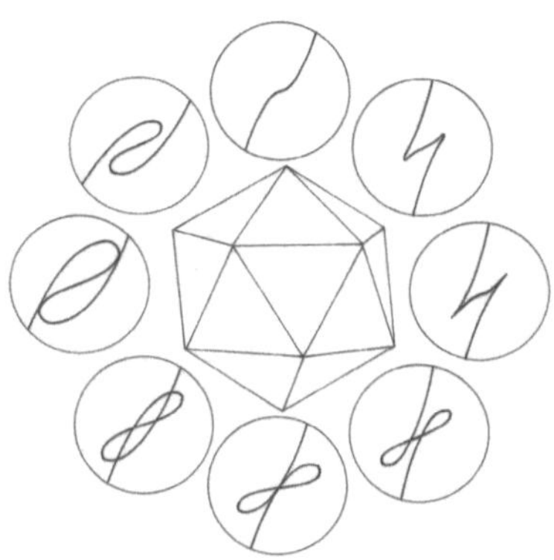

Unsere Vorstellung davon, wie eine gewöhnliche Kurve aussehen kann, wäre aber unvollständig, wenn ihr nur Beispiele von der bisher betrachteten Art zu Grunde liegen würden. Hier ist ein ganz andersartiges Beispiel. Wir konsturieren eine Kurve C als Limes einer Folge C_n von Kurven. Wir beginnen mit einem gleichseitigen Dreieck, dessen Seiten die Länge 1 haben. Dies sei die Kurve C_0. Wir teilen jede Seite in 3 gleiche Teile, entfernen jeweils den mittleren Teil und ersetzen ihn durch die anderen beiden Seiten eines gleichseitigen Dreicks mit der mittleren Strecke als Basis und gegenüberliegender Ecke außerhalb C_0. Die so entstehende Kurve, der Stern Davids, ist C_1. Und so fahren wir fort.

C_{n+1} ensteht aus C_n durch Dritteln aller Seiten und Ersetzen des mittleren Drittels durch die beiden anderen Seiten eines über dieser Basis liegenden gleichseitigen Dreiecks. Die nächste Figur zeigt als Beispiel C_4.

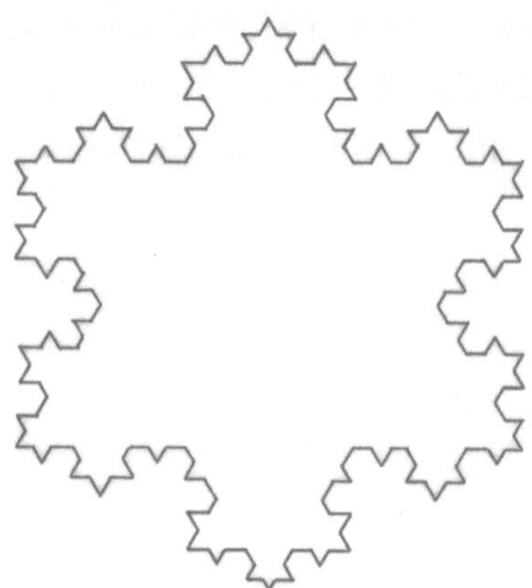

Offensichtlich hat der Streckenzug C_n die Länge $3\left(\frac{4}{3}\right)^n$. Nun kann man zeigen, dass die Folge von Kurven C_n gegen eine geschlossene Jordankurve C konvergiert. Dieser Jordankurve kann man nun aber in keiner vernünftigen Weise eine endliche Länge zuordnen, da ja schon die einbeschriebenen Streckenzüge C_n für hinreichend große n beliebig große Längen haben. Bei den im Folgenden definierten rektifizierbaren Kurven schließen wir derartige – an sich sehr interessante – Phänomene aus.

Definition:
Eine parametrisierte Kurve $f : [a, b] \to X$ in einem metrischen Raum (X, d) ist **rektifizierbar**, wenn es eine obere Schranke für die Menge der Zahlen

$$\sum_{i=1}^{n} d(f(t_{i-1}), f(t_i))$$

gibt, wobei n die natürlichen Zahlen durchläuft und $(t_0, \ldots, t_n)$ alle Systeme von Teilpunkten
$a = t_0 < \ldots < t_n = b$ des Intervalls $[a, b]$. Ist f rektifizierbar, dann ist die **Länge** $l(f)$ wie folgt definiert:

$$l(f) = \sup\left\{ \sum_{i=1}^{n} d(f(t_{i-1}), f(t_i)), \ a = t_0 < \ldots < t_n = b \right\}.$$

Ist X ein euklidischer affiner Raum, dann kann man wegen 2.6 (s.u.) diese Definition auch wie folgt formulieren: Die Länge einer rektifizierbaren parametrisierten Kurve ist das Supremum der Längen aller einbeschriebenen endlichen Streckenzüge.

Definition:

X sei ein euklidischer affiner Raum mit Translationsvektorraum V. Eine parametrisierte Kurve $f : [a, b] \to X$ in X ist **stetig differenzierbar**, wenn folgende Bedingungen erfüllt sind:

(i) $\forall t \in [a, b] \qquad \exists \dot{f}(t) = \lim_{s \to t} \frac{\overrightarrow{f(t)f(s)}}{s - t} \in V$

(ii) $t \mapsto \dot{f}(t)$ ist eine stetige Abbildung $\dot{f} : [a, b] \to V$.

$\dot{f}(t)$ heißt dann **Tangentialvektor** der parametrisierten Kurve f im Punkt t, und die affine Gerade $\{f(t) + \lambda \dot{f}(t) \mid \lambda \in \mathbb{R}\}$ heißt die Tangente an die Kurve im Punkte t, wenn $\dot{f}(t) \neq 0$.

Satz 2.1

Stetig differenzierbare Kurven $f : [a, b] \mapsto X$ in einem euklidischen affinen Raum X sind rektifizierbar und haben die Länge

$$\boxed{l(f) = \int_a^b \left\| \dot{f}(t) \right\| \, \mathrm{d}t}.$$

Beweis:

Im Folgenden ist $a \leq t_0 < t_1 < \ldots < t_n = b$ irgendein System von Teilungspunkten von $[a, b]$. Es gilt

$$\int_a^b \left\| \dot{f}(t) \right\| \mathrm{d}t = \sum_{i=1}^n \int_{t_{i-1}}^{t_i} \left\| \dot{f}(t) \right\| \mathrm{d}t \geq \sum_{i=1}^n \left\| \int_{t_{i-1}}^{t_i} \dot{f}(t) \, \mathrm{d}t \right\|$$

$$= \sum_{i=1}^n \left\| \overrightarrow{f(t_{i-1})f(t_i)} \right\| = \sum_{i=1}^n d(f(t_{i-1}), f(t_i)).$$

Also ist f rektifizierbar und es gilt die Ungleichung:

$$\int_a^b \left\| \dot{f}(t) \right\| \, dt \geq l(f).$$

Wir beweisen die umgekehrte Ungleichung. Es sei $\varepsilon > 0$. Wir setzen $\varepsilon' = \varepsilon/2(b-a)$. Da $\dot{f}$ auf dem kompakten Intervall $[a, b]$ gleichmäßig stetig ist, existiert ein $\delta > 0$, so dass für alle $s, t \in [a, b]$ mit $|s - t| < \delta$ die folgenden zwei Bedingungen erfüllt sind:

(i) $\left| \left\| \dot{f}(t) \right\| - \left\| \dot{f}(s) \right\| \right| < \varepsilon'$

(ii) $\left| d(f(t), f(s)) - \dot{f}(t)(s - t) \right| < \varepsilon' \, |s - t|$.

Dann gilt für jedes System von Teilungspunkten mit $t_i - t_{i-1}$

(iii) $\left| \int_a^b \left\| \dot{f}(t) \right\| \, dt - \sum_{i=1}^n \left\| \dot{f}(t_{i-1}) \right\| (t_i - t_{i-1}) \right| < \varepsilon/2$

(iv) $\left| \sum_{i=1}^n \left\| \dot{f}(t_{i-1}) \right\| (t_i - t_{i-1}) - \sum_{i=1}^n d(f(t_{i-1}), f(t_i)) \right| < \varepsilon/2$

Hierbei folgt (iii) aus (i) und (iv) aus (ii). Aus (iii) und (iv) folgt

(v) $\int_a^b \left\| \dot{f}(t) \right\| \, dt < \sum_{i=1}^n d(f(t_{i-1}), f(t_i)) + \varepsilon \leq l(f) + \varepsilon.$

Da dies für jedes $\varepsilon > 0$ gilt, folgt die behauptete Ungleichung.

Korollar 2.2

$f : [a, b] \to \mathbb{R}^n$ sei eine stetig differenzierbare parametrisierte Kurve im n-dimensionalen affinen Standardraum $\mathbb{R}^n$. Die Koordinaten von f seien $f(t) = (x_1(t), ..., x_n(t))$. Dann hat die Kurve f die Länge

$$l(f) = \int_a^b +\sqrt{\left(\frac{dx_1}{dt} \right)^2 + ... + \left(\frac{dx_n}{dt} \right)^2} \, dt.$$

Zusatz:

Es gelten analoge Aussagen für stückweise stetig differenzierbare Kurven.

Verschiedene Parametrisierungen der gleichen Kurve haben im Allgemeinen verschiedene Länge. Immerhin gilt aber der folgende Satz.

Proposition 2.3

Rektifizierbare gewöhnliche parametrisierte Kurven mit dem gleichen Bild haben gleiche Länge.

Beweis:

$f : I \to X$ und $g : J \to X$ seien rektifizierbare gewöhnliche parametrisierte Kurven mit dem gleichen Bild $f(I) = C = g(J)$. Durch elementare Überlegungen kann man leicht zeigen, dass es Zerlegungen $I = I_1 \cup \ldots \cup I_n$ und $J = J_1 \cup \ldots \cup J_n$ der Intervalle I und J in aneinander angrenzende Teilintervalle I_k bzw. J_k und eine Permutation $\sigma \in S_n$ gibt, so dass gilt: $f|I_k : I_k \to X$ und $g|J_k : J_k \to X$ sind parametrisierte Jordanbögen mit $f(I_k) = g(J_{\sigma(k)})$. Natürlich sind mit f und g auch $f|I_k$ bzw. $g|J_k$ rektifizierbar, und es gilt $l(f) = \sum l(f|I_k)$ bzw. $l(g) = \sum l(g|J_k)$. Also genügt es, zu zeigen: $l(f|I_k) = l(g|J_{\sigma(k)})$. Nun ist aber die Abbildung $h = g^{-1} \circ f : I_k \to J_{\sigma(k)}$ ein Homöomorphismus. Daher gilt: Ist $t_0 < \ldots < t_r$ irgendein System von Teilpunkten für I_k und setzt man $s_i = h(t_i)$, dann ist entweder $s_0 < \ldots < s_r$ oder $s_r < s_{r-1} < \ldots < s_0$ ein System von Teilpunkten für $J_{\sigma(k)}$, für welches $\sum d(f(t_{i-1}), f(t_i)) = \sum d(g(s_{i-1}), g(s_i))$ gilt. Daraus folgt $l(f|I_k) = l(g|J_{\sigma(k)})$.

Definition:

Eine gewöhnliche Kurve C in einem metrischen Raum X heißt **rektifizierbar**, wenn es eine rektifizierbare gewöhnliche Parametrisierung f von C gibt. Die **Länge** $l(C)$ von C ist dann die von der Wahl von f unabhängige Länge $l(f)$.

Die einfachsten Kurven im euklidischen Raum sind gerade Strecken und Kreise oder Kreisbögen. Was können wir über ihre Länge sagen?

Definition:

X sei ein euklidischer affiner Raum, und $x, y \in X$ Punkte von X. Die **Strecke** $[x, y]$ zwischen x und y ist die folgende Punktmenge:

$$[x, y] = \{z \in X \mid z = (1 - t)x + ty, t \in [0, 1]\}.$$

Sind x und y verschieden, dann bestimmen sie eindeutig eine affine Gerade $x \vee y$, nämlich

$$x \vee y = \{z \in X \mid z = (1 - t)x + ty, t \in \mathbb{R}\}.$$

Die Strecke $[x, y]$ ist eine Teilmenge dieser Geraden $L = x \vee y$. Wir nennen die Punkte von $[x, y]$ auch die Punkte **zwischen** x und y. Natürlich gilt $[x, y] = [y, x]$. Die Menge der Endpunkte $\{x, y\}$ ist durch die Strecke eindeutig bestimmt. Gibt man die Reihenfolge (x, y), $x \neq y$, vor, dann identifiziert man die Gerade $x \vee y$ kanonisch mit $\mathbb{R}$ und $[x, y]$ mit dem Intervall $[0, 1]$. Offenbar ist $[x, y]$ für $x \neq y$ ein Jordanbogen, für $x = y$ ein Punkt, also in jedem Fall rektifizierbar mit eindeutig bestimmter Länge $d(x, y)$. Um das zu beweisen, brauchen wir einige einfache Aussagen über euklidische Vektorräume und euklidische affine Räume, nämlich die Cauchysche Ungleichung und die strikte Dreiecksungleichung.

Lemma 2.4   (Cauchysche Ungleichung)

Für Vektoren u, v in einem euklidischen Vektorraum gilt:

(i) $\boxed{\langle u, v \rangle \leq \|u\| \, \|v\|}$

(ii) Die Gleichung $\langle u, v \rangle = \|u\| \, \|v\|$ gilt genau dann, wenn es ein reelles $t \geq 0$ gibt, so dass $v = tu$ oder $u = tv$ gilt.

Beweis:

Wenn u und v linear unabhängig sind, bilden sie die Basis eines 2-dimensionalen euklidischen Vektorunterraums W, und weil die auf W induzierte Bilinearform positiv definit ist, ist die zu u, v gehörige Gramsche

Determinante positiv, also:

$$\begin{vmatrix} \langle u,u \rangle & \langle u,v \rangle \\ \langle u,v \rangle & \langle v,v \rangle \end{vmatrix} > 0.$$

Also gilt $\langle u,v \rangle^2 < \langle u,u \rangle \langle v,v \rangle$. Daraus folgt $\langle u,v \rangle < \|u\|\,\|v\|$. Nun seien u,v linear abhängig und o.B.d.A. sei $u \neq 0$ und $v = tu$. Dann gilt $\langle u,v \rangle = t\langle u,u \rangle \leq |t|\langle u,u \rangle = \|u\|\,\|v\|$, und Gleichheit gilt genau, wenn $t \geq 0$.

Lemma 2.5   (Strikte Dreiecksungleichung)

In einem euklidischen affinen Raum X gilt für alle Punkte $x, y, z \in X$ die Dreiecksungleichung

$$\boxed{d(x,y) \leq d(x,z) + d(y,z)}.$$

Die folgende Bedingung gibt an, wann die strikte Ungleichung gilt und wann die Gleichung

$$\boxed{d(x,y) = d(x,z) + d(y,z) \Leftrightarrow z \in [x,y]}.$$

Beweis:

Es sei $u = \overrightarrow{xz}$ und $v = \overrightarrow{zy}$, also $u + v = \overrightarrow{xy}$. Die obige Dreiecksungleichung ist äquivalent zu der folgenden Dreiecksungleichung für die Norm:

$$\|u + v\| \leq \|u\| + \|v\|.$$

Quadrieren und Subtraktion entsprechender Terme auf beiden Seiten überführt diese Ungleichung in die dazu äquivalente Cauchysche Ungleichung

$$\langle u,v \rangle \leq \|u\|\,\|v\|,$$

die in 2.4 bewiesen wurde. Dort wurde auch gezeigt, dass die entsprechende Gleichung genau dann gilt, wenn es ein $t \geq 0$ mit $v = tu$ oder $u = tv$ gibt. Es sei o.B.d.A. $v = tu$. Setzen wir $s = 1/(1 + t)$, dann folgt $\overrightarrow{xz} = s\,\overrightarrow{xy}$, also $z = (1 - s)x + sy \in [x,y]$. Umgekehrt schließt man hieraus für $0 < s \leq 1$ auf $v = tu$ mit $t \geq 0$.

Proposition 2.6

Für die Länge einer Strecke gilt $l([x, y]) = d(x, y)$.

Beweis:

Es sei $0 = t_0 < \ldots < t_n = 1$ ein beliebiges System von Teilpunkten von $[0, 1]$, und es seien $z_i = (1 - t_i)x + t_i y$ die entsprechenden Punkte auf der Strecke $[x, y]$. Dann gilt $z_{i-1} \in [x, z_i]$, und daher $d(z_0, z_{i-1}) + d(z_{i-1}, z_i) = d(z_0, z_i)$ nach 2.5. Daraus folgt induktiv $\sum_{i=1}^{n} d(z_{i-1}, z_i) = d(x, y)$, also $l([x, y]) = d(x, y)$.

Bemerkung:

Wegen der gerade bewiesenen Aussage ist die Dreiecksungleichung nichts anderes als die Proposition 20 aus dem Buch I der Elemente von Euklid: *„In jedem Dreieck sind zwei Seiten, beliebig zusammengenommen, größer als die letzte."*

Satz 2.7

(X, d) sei der zu einem euklidischen affinen Raum gehörige metrische Raum und $x, y \in X$ Punkte in X. Dann hat jede rektifizierbare parametrisierte Kurve $f : [a, b] \to X$ mit Anfangspunkt $f(a) = x$ und Endpunkt $f(b) = y$ eine Länge $l(f) \geq d(x, y)$. Die Gleichung $l(f) = d(x, y)$ gilt genau dann, wenn f eine schwach monotone Parametrisierung der Strecke $[x, y]$ ist, d.h. f ist eine surjektive Abbildung $f : [a, b] \to [x, y]$, und für alle $a \leq s \leq t \leq b$ gilt $f(s) \in [x, f(t)]$.

Beweis:

$l(f) \geq d(x, y)$ folgt trivial aus der Definition von $l(f)$. Nun sei $l(f) = d(x, y)$ und $t \in [a, b]$. Dann gilt nach Voraussetzung $d(x, f(t)) + d(f(t), y) \leq d(x, y)$. Aber wegen der Dreiecksungleichung gilt die umgekehrte Gleichung, also $d(x, f(t)) + d(f(t), y) = d(x, y)$. Nach 2.5 folgt daraus $f(t) \in [x, y]$. Also ist f eine stetige Abbildung $f : [a, b] \to [x, y]$ mit $f(a) = x$ und $f(b) = y$, und daher nach dem Zwischenwertsatz surjektiv. Wäre f nicht schwach monoton, dann gäbe es $a \leq s < t \leq b$ mit $f(s) \notin [x, f(t)]$, also $f(t) \in [x, f(s)]$. Für den Streckenzug zu diesen vier Teilpunkten würde dann gelten $d(x, f(s)) +

$d(f(s), f(t)) + d(f(t), y) = d(x, y) + 2d(f(s), f(t)) > d(x, y)$ im Widerspruch zu $l(f) = d(x, y)$. Dass umgekehrt für ein schwach monotones surjektives $f : [a, b] \rightarrow [x, y]$ auch $l(f) = d(x, y)$ gilt, folgt wie im Beweis von 2.6 aus 2.5.

Der gerade bewiesene Satz ist eine Präzisierung einer bereits bei Archimedes zu Beginn seiner Abhandlung über Kugel und Zylinder als erstes Postulat formulierten Aussage, die in der Übersetzung von A. Czwalina wie folgt lautet: „*Von allen Linienstücken, die gleiche Endpunkte haben, ist die gerade Linie die kürzeste.*"

Warum bewies Archimedes die zitierte Aussage nicht, sondern nahm sie als Postulat an? Diese Frage wird in dem nebenstehend abgedruckten Disput aus dem „Dialogo" von Galileo Galilei diskutiert, in dem Galilei sich über einen Scheinbeweis eines armen aristotelischen Philosophen lustig macht. Dabei ist dessen Idee gar nicht schlecht. Was ihm fehlt, ist nichts als unsere Definition der Länge der Kurve.

Während die kürzesten Linien im euklidischen Raum seit der Antike bekannt waren, entwickelte sich die Theorie der kürzesten Linien auf gekrümmten Flächen, der sogenannten **geodätischen Linien**, viel später, beginnend mit Arbeiten von Johann und Jakob Bernoulli ab 1697, Euler 1728–1732, 1744 und Gauß 1827. Die einfachsten Beispiele für Geodätische außer den Geraden im euklidischen Raum sind die Großkreise auf Sphären. Heute bilden Untersuchungen über Geodätische ein wichtiges Teilgebiet der Differentialgeometrie.

Definition:

(X, d) sei der metrische Raum einer euklidischen affinen Ebene, $x \in X$ ein Punkt in X und $r > 0$ eine positive reelle Zahl. Der **Kreis** mit **Radius** r und **Mittelpunkt** x ist die Menge aller Punkte $y \in X$ mit Abstand $d(x, y) = r$, also die folgende Teilmenge von X:

$$S_r^1(x) = \{ y \in X \mid d(x, y) = r \} .$$

Bemerkung:

Im Sinne der früher gegebenen allgemeineren Definition ist der Kreis eine 1-dimensionale Sphäre. Unser Gebrauch des Wortes Kreis stimmt nicht mit dem antiken Wortgebrauch überein, wie er in Euklids Elementen, Buch I, Definition

15 festgelegt ist. Was wir hier Kreis nennen, nannte Euklid $\pi\varepsilon\rho\iota\varphi\varepsilon\rho\varepsilon\iota\alpha$, also Peripherie, was man vielleicht mit Kreisrand oder Kreislinie übersetzen könnte. Mit $\kappa\upsilon\kappa\lambda o\varsigma$ hingegen bezeichnete Euklid die von der Kreislinie begrenzte, in deren Innerem liegende Figur, wobei offen bleibt, ob der Rand dazugehört oder nicht. Um präzise zu sein, führen wir folgende Terminologie ein, die wieder nur frühere Definitionen spezialisiert.

Definition:

(X, d) sei der metrische Raum einer euklidischen affinen Ebene, $x \in X$ und $r > 0$ sei eine positive reelle Zahl:

(i) Die **offene Kreisscheibe** bzw. **abgeschlossene Kreisscheibe** mit Radius r und Mittelpunkt x sind die wie folgt definierten Punktmengen:

$$B_r^2(x) = \{y \in X \mid d(x,y) < r\}$$
$$\overline{B}_r^2(x) = \{y \in X \mid d(x,y) \leq r\}.$$

(ii) Der **Rand** von $B_r^2(x)$ bzw. $\overline{B}_r^2(x)$ ist der Kreis $S_r^1(x)$. Die Punkte von $B_r^2(x)$ heißen die Punkte im **Inneren** des Kreises, die Punkte von $X \setminus \overline{B}_r^2(x)$ sind die Punkte im **Äußeren**.

(iii) Für Punkte $y, z \in S_r^1(x)$ heißt die Strecke $[y, z]$ die **Sehne** des Kreises mit den Endpunkten y, z.

(iv) Ein **Durchmesser** des Kreises $S_r^1(x)$ ist eine Sehne, die durch den Mittelpunkt x geht.

(v) Ein **Halbmesser** des Kreises $S_r^1(x)$ ist eine Strecke $[x, y]$ mit $y \in S_r^1(x)$.

Bemerkung:

Ist $[y, z]$ ein Durchmesser und σ_x die Inversion mit Zentrum x, dann gilt $\sigma_x(y) = z$ und $\sigma_x[x, y] = [x, z]$, also $l([x, y]) = 2l([x, y]) = 2r$. Alle Durchmesser eines Kreises C haben also die gleiche Länge $d(C) = 2r$, und diese Zahl heißt auch der **Durchmesser** des Kreises. Aus der strikten Dreiecksungleichung folgt sofort, dass der Durchmesser $d(C)$ das Maximum der Längen der Sehnen des Kreises ist, und dass die Durchmesser genau die Sehnen maximaler Länge sind. Daraus folgt insbesondere, dass der Mittelpunkt x eines Kreises C als Mittelpunkt eines beliebigen Durchmessers und der Radius r als Länge eines beliebigen Halbmessers durch C eindeutig bestimmt sind. Allgemein definiert man übrigens als **Durchmesser** einer Teilmenge Y eines metrischen Raumes (X, d) die reelle Zahl

$$\delta = \sup \left\{ d(x, y) \mid x, y \in X \right\},$$

wenn dieses Supremum existiert.

Proposition 2.8

Jeder Kreis ist eine einfach geschlossene Kurve.

Beweis:

C sei ein Kreis, x der Mittelpunkt, L eine Gerade durch den Mittelpunkt, y und z ihre Schnittpunkte mit C und $D = [y, z]$ der zugehörige Durchmesser von C. Die Gerade L zerlegt die Ebene X in zwei Halbebenen, die beiden Zusammenhangskomponenten H' und H'' von $X \setminus L$ (vgl. hierzu Kapitel 3). Die zugehörigen abgeschlossenen Halbebenen $\overline{H}'$ und $\overline{H}''$ haben den Durchschnitt $\overline{H}' \cap \overline{H}'' = L$. Diese Halbebenen schneiden den Kreis in zwei **Halbkreisen** $C' = C \cap \overline{H}'$ und $C'' = C \cap \overline{H}''$. Es gilt $C' \cup C'' = C$ und $C' \cap C'' = \{y, z\}$, daher genügt es, zu zeigen, dass C' und C'' einfache Bögen mit den Anfangs- und Endpunkten y und z sind. Wegen $C'' = \sigma_L(C')$ können wir uns beim Beweis dafür auf C' beschränken. Weil der Durchmesser D homöomorph zu einem Intervall ist, genügt es dazu, eine stetige bijektive Abbildung f von D auf C' anzugeben. Eine solche erhält man aber in ganz natürlicher Weise dadurch, dass man jedem Punkt $t \in D$ den Durchschnitt $f(t)$ von C' mit der zu L senkrechten Geraden durch t zuordnet.

Die Stetigkeit dieser geometrisch definierten Abbildung beweist man wohl am bequemsten durch ihre analytische Beschreibung. Nach Wahl geeigneter Koordinaten (x_1, x_2) in der euklidischen Ebene gilt:

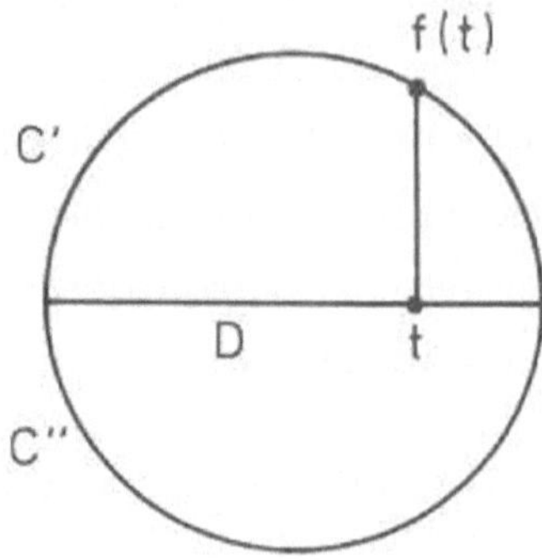

$$
\begin{aligned}
C &= \left\{ (x_1, x_2) \in \mathbb{R}^2 \mid x_1^2 + x_2^2 = r^2 \right\} \\
L &= \left\{ (x_1, x_2) \in \mathbb{R}^2 \mid x_2 = 0 \right\} \\
C' &= \left\{ (x_1, x_2) \in C \mid x_2 \geq 0 \right\} \\
C'' &= \left\{ (x_1, x_2) \in C \mid x_2 \leq 0 \right\} \\
D &= \left\{ (t, 0) \in \mathbb{R}^2 \mid -r \leq t \leq r \right\} \\
f(t, 0) &= (t, +\sqrt{r^2 - t^2}).
\end{aligned}
$$

Wegen 2.8 und 2.4 ist die folgende Aussage sinnvoll:

Proposition 2.9

Kreise sind gewöhnliche rektifizierbare Kurven. Für die Länge l eines Kreises C mit Durchmesser d gilt $3d \leq l \leq 4d$.

Beweis:

$4d$ ist die Länge eines dem Kreis umbeschriebenen Quadrats, und da man jeden dem Kreis einbeschriebenen Streckenzug durch Hinzunahme der 4 Berührpunkte noch verlängern kann, zeigt die Betrachtung der nachfolgenden linken Figur, dass wegen der Dreiecksungleichung $4d$ eine obere Schranke für die Länge aller einbeschriebenen Streckenzüge ist.

Die Betrachtung der rechten Figur auf der nachfolgenden Seite oben zeigt, daß $3d$ die Länge eines C einbeschriebenen regelmäßigen Sechsecks, und daher eine untere Grenze für die Länge l von C ist.

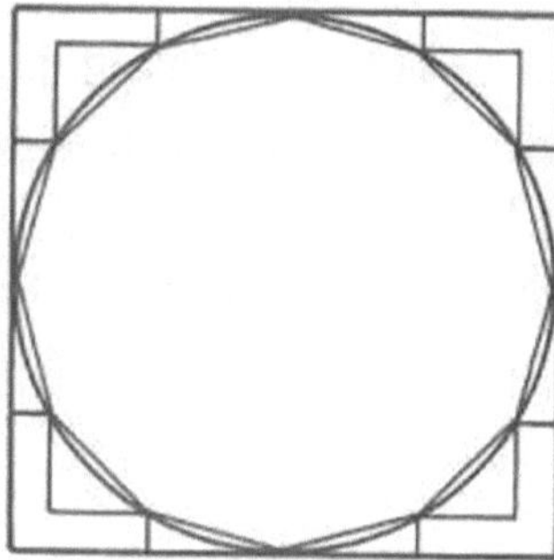 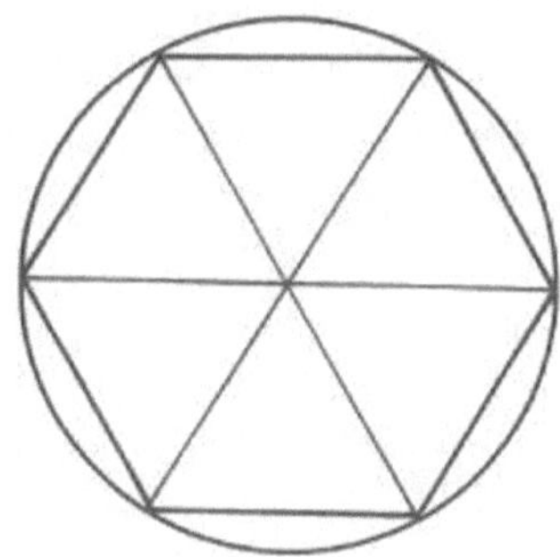

Natürlich hätte man die Rektifizierbarkeit auch aus 2.1 und der stetigen Differenzierbarkeit der im Beweis von 2.8 benutzten Parametrisierung im Inneren des Parametrisierungsintervalls herleiten können, aber ich finde den elementaren Beweis viel schöner. Außerdem liefert diese Beweismethode aber noch mehr, denn sie gibt nicht nur eine, sondern eine ganze Menge von oberen Schranken für den Kreisumfang, deren Infimum sich später gerade als der Umfang erweisen wird, an. Statt eines umbeschriebenen Quadrates können wir nämlich irgendeinen geschlossenen umbeschriebenen Streckenzug verwenden.

Definition:

Ein **geschlossener Streckenzug** ist eine endliche Vereinigung von Strecken $[x_{i-1}, x_i]$, $i = 1, \ldots, n$ mit $x_n = x_0$, so dass je zwei von diesen Strecken sich höchstens in einem Punkt schneiden.

Natürlich ist jeder geschlossene Streckenzug eine rektifizierbare gewöhnliche Kurve mit der Länge $\sum_{i=1}^{n} d(x_{i-1}, x_i)$.

Definition:

C sei ein Kreis in einer euklidischen affinen Ebene X. Eine affine Gerade L in X ist eine **Tangente** an C, wenn L den Kreis C genau in einem Punkt schneidet. Die durch $x \in C$ eindeutig bestimmte Tangente L mit $L \cap C = \{x\}$ heißt die Tangente von C in x. Eine Strecke **berührt** C, wenn sie C trifft und auf einer Tangente an C liegt. Ein geschlossener Streckenzug heißt dem Kreis C **umbeschrieben**, wenn jede Strecke des Streckenzuges den Kreis berührt.

Proposition 2.10

Jeder einem Kreis C umbeschriebene geschlossene Streckenzug C' ist eine gewöhnliche einfach geschlossene rektifierbare Kurve mit einer Länge $l(C') > l(C)$.

Beweis:

Unter Benutzung ganz elementarer geometrischer Eigenschaften der Tangente zeigt man leicht, dass jede vom Kreismittelpunkt ausgehende Halbgerade C und C' in genau einem Punkt schneidet. Ordnet man diese Punkte einander zu, dann erhält man eine bijektive stetige Abbildung von C auf C', und daher ist C' eine einfach geschlossene Kurve.

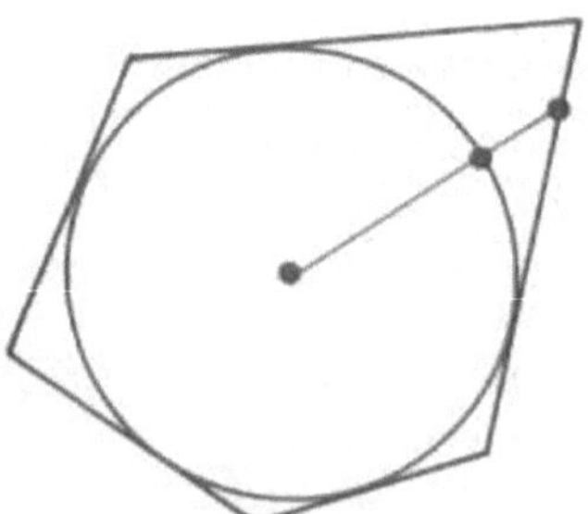

Der Beweis für die Ungleichung $l(C') > l(C)$ ist analog zum Beweis von 2.9. Die Länge des Kreisbogenstücks zwischen zwei aufeinanderfolgenden Berührpunkten des Streckenzuges wird durch die Länge des Streckenzuges zwischen diesen beiden Berührpunkten nach oben abgeschätzt, weil wegen der Dreiecksungleichung für jeden diesem Kreisbogen einbeschriebenen

Streckenzug eine solche Abschätzung gilt. Dieses folgt daraus, dass die beiden Parallelprojektionen in Richtung der Strecken den Kreisbogen offenbar bijektiv auf die jeweils andere Strecke abbilden.

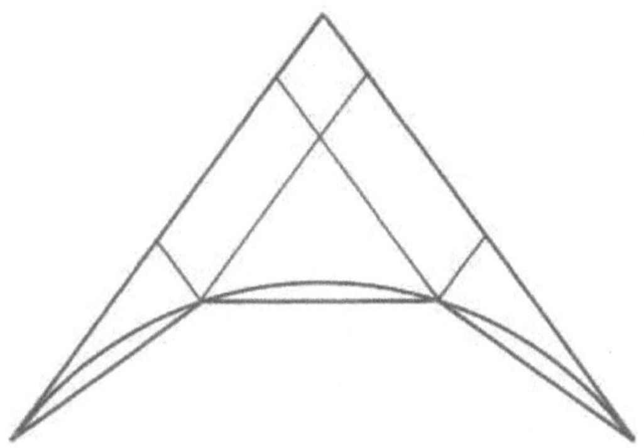

Definition:
Der **Umfang** eines Kreises C ist seine Länge $l(C)$.

Lemma 2.11
φ sei eine Ähnlichkeitstransformation eines metrischen Raumes (X, d) mit Ähnlichkeitsverhältnis c und $f : I \to X$ eine rektifizierbare parametrisierte Kurve. Dann ist auch $\varphi \circ f$ eine rektifizierbare parametrisierte Kurve, und ihre Länge ist $l(\varphi \circ f) = c \cdot l(f)$.

Beweis: Der Beweis ergibt sich trivial aus den Definitionen.

Proposition 2.12
Die Zahl $l(C)/d(C)$, das Verhältnis von Umfang und Durchmesser, ist für alle Kreise C die gleiche.

Beweis:
C und C' seien Kreise, x und x' ihre Mittelpunkte und $c = d(C')/d(C)$ das Verhältnis der Durchmesser. τ sei die Translation mit $\tau(x) = x'$ und ρ die Homothetie mit Zentrum x' und Ähnlichkeitsverhältnis c, und schließlich ϕ die Ähnlichkeitstransformation $\varphi = \rho \circ \tau$. Dann gilt $\varphi(C) = C'$ und daher $l(C') = c \cdot l(C)$ nach 2.11. Daraus folgt $l(C')/d(C') = l(C)/d(C)$.

Definition:

π ist die reelle Zahl $\frac{l(C)}{d(C)}$, das Verhältnis von Umfang und Durchmesser der Kreise C in einer euklidischen Ebene.

Der griechische Buchstabe π erinnert an das griechische Wort für Umfang – $\pi\varepsilon\rho\iota\mu\varepsilon\tau\rho o\nu$. Dieses Symbol für die Zahl π wurde 1706 von William Jones, einem Freund Newtons, in seiner Synopsis *Palmariorum Mathesos* eingeführt, später von Euler übernommen und danach allgemein gebräuchlich. Einige Zeit vorher hatte man stattdessen $\frac{\pi}{\delta}$ geschrieben, wo π für $\pi\varepsilon\rho\iota\mu\varepsilon\tau\rho o\nu$ stand und δ für $\delta\iota\alpha\mu\varepsilon\tau\rho o\nu =$ Durchmesser.

Die Kenntnis des Kreisumfangs hat eine offensichtliche praktische ebenso wie eine erkenntnismäßige Bedeutung, und so gab es schon in den frühesten Hochkulturen Versuche zur Berechnung dieser Zahl. Die π benachbarten ganzen Zahlen sind 3 und 4. Den sehr schlechten Wert 4 findet man bei den römischen Agrimensoren. Die Zahl 3 findet man bei den Babyloniern, den Juden, den Hindus und den Chinesen. Die Ägypter hatten den besseren Wert $\left(\frac{16}{9}\right)^2$. Was bedeutet es, die Zahl π zu berechnen? Die Einsicht in die Natur dieses Problems wuchs allmählich mit der Entwicklung der Geometrie, des Zahlbegriffs, der algebraischen und schließlich der infinitesimalen Methoden. Zuerst gab man einzelne ganze oder gebrochene Zahlen als Näherungswerte oder vermeintlich genaue Werte für π an, dann Abschätzungen durch Brüche mit großen Nennern, welche durch im Prinzip unendlich fortsetzbare Prozesse gefunden wurden. Dann gab man explizit als Berechnung von π unendliche Prozesse an, die jeweils eine Folge von Zahlen definieren, welche gegen π konvergiert. Schließlich erkannte man, dass man auch gar nichts besseres tun kann. Lambert bewies 1761, dass π irrational ist und jeder Bruch daher nur ein Näherungswert, und Lindemann bewies 1882, dass π sogar transzendent ist, also nicht als Lösung einer algebraischen Gleichung mit rationalen Koeffizienten beschrieben werden kann. Erst recht ist daher π nicht durch eine Konstruktion mit Zirkel und Lineal bestimmbar, und das antike Problem der Quadratur des Kreises erweist sich damit in dieser strengen Fassung als unlösbar.

Wir wollen nachher die historisch wohl erste exakte Bestimmung von π als Grenzwert einer unendlichen Folge beweisen. Sie wurde 1593 von Vieta gefunden, dem größten französischen Mathematiker des 16. Jahrhunderts. Die grundlegende Idee zu dieser Berechnung von π stammt von dem Sophisten Antiphon (um 430 v. Chr.), einem Zeitgenossen von Sokrates. Er schlug vor, in den Kreis ein regelmäßiges Vieleck einzuzeichnen, etwa ein Quadrat oder ein reguläres Dreieck. Von diesem sollte man zu dem einbeschriebenen regelmäßigen Vieleck mit der doppelten Seitenzahl übergehen und so weiter fortschreiten, bis die Seiten der Vielecke so klein würden, dass diese mit dem Kreis zusammenfielen. Sein Zeitgenosse Bryson schlug vor, außer den dem Kreis einbeschriebenen Vielecken auch dem Kreis umbeschriebene Vielecke zu betrachten. Dadurch erhält man – wie wir schon bewiesen haben – obere Grenzen für den Kreisumfang.

Archimedes (287–212), der größte Mathematiker der Antike, benutzte diese **Exhaustionsmethode** in seiner Abhandlung „Kreismessung", um Grenzen für π zu finden. Vom einbeschriebenen regelmäßigen Dreieck ausgehend gelangte er durch fünffache Verdoppelung bis zum regelmäßigen einbeschriebenen 96-Eck, und durch angenäherte Berechnung von dessen Umfang zu einer unteren Schranke für π. Entsprechend erhielt er eine obere Schranke durch angenäherte Berechnung des Umfangs des umbeschriebenen regelmäßigen 96-Ecks. So bewies er

$$3\frac{10}{71} < \pi < 3\frac{1}{7}.$$

Das entspricht im Dezimalsystem bei Abrundung auf 4 Stellen

$$3,1408 < \pi < 3,1429.$$

Bei genauer – anstatt näherungsweiser – Berechnung der Seiten des 96-Ecks würde sich bei entsprechender Abrundung ergeben:

$$3,1410 < \pi < 3,1427.$$

Das folgende Lemma berechnet die Sehne, die bei der Halbierung eines Bogens über einer gegebenen Sehne entsteht. Wenn man die trigonometrischen Funktionen als bekannt voraussetzt, läuft das natürlich auf die Gleichung $\cos^2(\alpha/2) = (1 + \cos\alpha)/2$ hinaus. Wir wollen aber ganz elementar vorgehen und nichts als den Satz des Pythagoras voraussetzen.

Lemma 2.13

C sei ein Kreis vom Radius r mit Mittelpunkt 0 und $[x, y]$ eine Sehne positiver Länge, aber kein Durchmesser. Es sei $[0, \tilde{y}]$ der Halbmesser durch den Mittelpunkt z der Sehne $[x, y]$. Dann sind die Sehnen $[x, \tilde{y}]$ und $[y, \tilde{y}]$

gleich lang. Es sei $\tilde{z}$ der Mittelpunkt von $[x, \tilde{y}]$, und es seien $l\,[x, y] = 2a$ und $l\,[x, \tilde{y}] = 2\tilde{a}$ die Längen der Sehnen sowie $l\,[0, z] = b$ und $l\,[0, \tilde{z}] = \tilde{b}$ ihre Abstände vom Mittelpunkt. Dann gelten folgende Beziehungen:

(i) $\dfrac{a}{2\tilde{a}} = \dfrac{\tilde{b}}{r}$

(ii) $\tilde{a} = \sqrt{\dfrac{r^2}{2} - \dfrac{r}{2}\sqrt{r^2 - a^2}}$

(iii) $\tilde{b} = \sqrt{\dfrac{r^2}{2} + \dfrac{r}{2}b}$

<u>Beweis:</u>

Die folgende Figur illustriert die in dem Lemma beschriebene geometrische Situation.

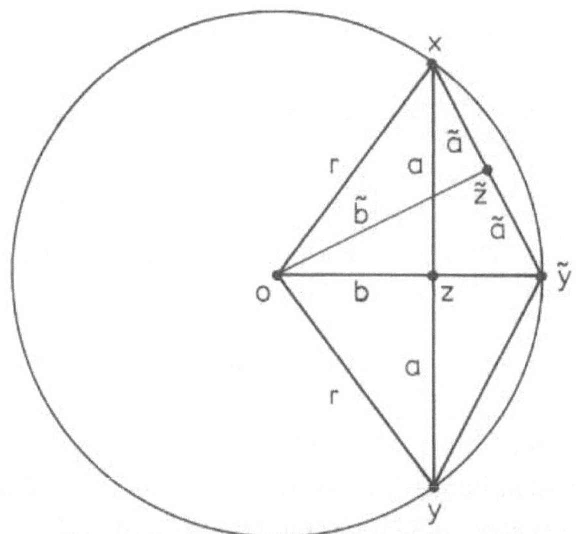

Die Dreiecke $0zx$ und $0zy$ haben gleiche Seiten. Es gibt also eine Isometrie σ mit $\sigma(0) = 0$, $\sigma(z) = z$ und $\sigma(x) = y$. Aus $0, z \in \mathrm{Fix}\ \sigma$ und $x \notin \mathrm{Fix}\ \sigma$ folgt $\mathrm{Fix}\ \sigma = 0 \vee z := L$, also $\sigma = \sigma_L$ nach 1.15.

Daraus folgt $\sigma\,[x, \tilde{y}] = [y, \tilde{y}]$, und insbesondere $l\,[x, \tilde{y}] = l\,[y, \tilde{y}]$. Ferner folgt aus $\sigma_L(x) = y$, dass die Sehne $[x, y]$ orthogonal zu dem Halbmesser $[0, \tilde{y}]$ ist. Die Dreiecke $0zx$ und $xz\tilde{y}$ sind also rechtwinklig. Aus den gleichen Gründen ist das Dreieck $0\tilde{z}x$ rechtwinklig. Daher folgt aus dem Satz des Pythagoras:

(1) $\ a^2 + b^2 = r^2$

(2) $\ \tilde{a}^2 + \tilde{b}^2 = r^2$

(3) $\ a^2 + (r-b)^2 = (2\tilde{a})^2$

Aus geeigneten Linearkombinationen dieser drei Gleichungen ergibt sich leicht:

(4) $\ 2\tilde{a}^2 = r^2 - rb$

(5) $\ 2\tilde{b}^2 = r^2 + rb$

Aus (4) und (1) folgt (ii), aus (5) folgt (iii). Multipliziert man entsprechende Seiten von (4) und (5) miteinander und setzt (1) ein, dann folgt

(6) $\ 4\tilde{a}^2\tilde{b}^2 = r^2 a^2,$

und daraus folgt (i), was man natürlich auch aus der Ähnlichkeit der Dreiecke $x z \tilde{y}$ und $0 \tilde{z} \tilde{y}$ hätte folgern können.

Proposition 2.14

C sei ein Kreis vom Radius 1. Es sei U_n die Länge eines C umbeschriebenen regulären n-Ecks und b_n der Radius des diesem n-Eck einbeschriebenen Kreises. Es gilt:

(i) $\ U_4 = 8$ und $u_6 = 6$

(ii) $\ b_4 = \dfrac{1}{2}\sqrt{2}$ und $b_6 = \dfrac{1}{2}\sqrt{3}$

(iii) $\ u_n = b_n U_n$

(iv) $\ b_{2n} = \sqrt{\dfrac{1}{2} + \dfrac{1}{2} b_n}$

(v) $\ u_{2n} = b_{2n}^{-1} u_n$

(vi) $\ u_{2n} = 2n\sqrt{2 - \sqrt{4 - \left(\dfrac{u_n}{n}\right)^2}}$

(vii) $\ 2\pi = \lim_{k \to \infty} u_{2^k n}$

<u>Beweis:</u>

Die Aussage (i) ist elementar, (ii) folgt aus dem Satz des Pythagoras, (iii) aus 2.11 und (iv) bis (vi) aus 2.14. Schließlich folgt (vii) wegen 2.10 aus (iii) und $\lim\limits_{k\to\infty} b_{2^k n} = 1$.

Mit dieser Proposition ist die Idee von Antiphon und Bryson zur Quadratur des Kreises in eine Familie von Algorithmen zur Berechnung von π umgesetzt. Ist für ein n die Zahl u_n bekannt, z.B. $u_6 = 6$, dann gibt (vi) eine rekursiv definierte Folge von Zahlen $u_{2^k n}$, deren Limes die Zahl 2π ist. Natürlich kann man statt der Rekursionsformel (vi) auch die Rekursionsformeln (iv) und (v) benutzen. Dann erhält man für $n = 4$ das folgende Ergebnis von Vieta.

<u>Satz 2.15</u>   **(Vieta)**

$$\frac{2}{\pi} = \sqrt{\frac{1}{2}} \cdot \sqrt{\frac{1}{2} + \sqrt{\frac{1}{2}}} \cdot \sqrt{\frac{1}{2} + \sqrt{\frac{1}{2} + \sqrt{\frac{1}{2}}}} \cdots$$

Damit haben wir wenigstens eine – und zwar die älteste – Methode entwickelt, π mit jeder gewünschten Genauigkeit zu berechnen. Das unendliche Produkt von Vieta konvergiert gar nicht so schlecht und die entsprechenden endlichen Produkte sind rekursiv leicht berechenbar, sobald man Quadratwurzeln berechnen kann. Die ersten 16 Faktoren liefern π bereits bis auf 8 richtige Dezimalstellen nach dem Komma:

$$\pi \approx 3,14159265\ldots$$

Bis zur Entwicklung der Infinitesimalrechnung war die Exhaustionsmethode im Wesentlichen die einzige Methode zur zunehmend genaueren Berechnung von π. So erhielt der Inder Āryabhaṭṭa (um 476 n. Chr.) aus dem einbeschriebenen 384-Eck $\pi \approx 3,1416$, und der Chinese Tsu Ch'ung-chih (um 470 n. Chr.) durch zusätzliche Interpolation

$$\pi \approx \frac{355}{113} \approx 3,1415929\ldots$$

Diesen Bruch als Näherungswert erhielten auch Valentinus Otho (1573) und Adriaen Anthonisz (1527–1607). Der Bruch $\frac{355}{113}$ ist trotz des relativ kleinen Nenners deswegen eine so vorzügliche Näherung, weil es ein Hauptnäherungsbruch der regelmäßigen Kettenbruchentwicklung von π ist.

Der Anfang dieser – nur ein Stück weit bekannten – Kettenbruchentwicklung ist:

$$\pi = 3 + \cfrac{1}{7 + \cfrac{1}{15 + \cfrac{1}{1 + \cfrac{1}{292 + \dots}}}}$$

Die ersten Hauptnäherungsbrüche sind:

$$\frac{3}{1},\ \frac{22}{7},\ \frac{333}{106},\ \frac{355}{113},\ \frac{103993}{33102}$$

Der erste Wert ist die uralte Zahl der Babylonier und des Königs Salomo, der zweite die recht gute untere Grenze des Archimedes, und der sehr gute Wert $\frac{355}{113}$ wurde, wie gesagt, mehrfach gefunden, u.a. auch noch von japanischen Mathematikern um 1700. (Ein Bruch p/q heißt eine **„beste Näherung"** einer reellen Zahl a, wenn jeder andere Bruch, der mindestens ebenso nahe an a liegt wie p/q, einen Nenner größer als q hat.)

Vieta berechnete π um 1593 aus dem $2^{16} \cdot 6$-Eck auf 9 Dezimalen. Ludolf van Ceulen (1540–1610) ging bis zum 2^{62}-Eck und berechnete π schließlich bis auf 35 Stellen. Die antike Methode wurde dann von Snellius und Huygens durch eine systematische Interpolation zwischen u_n und U_n verbessert: Huygens zeigte 1654

$$\frac{4}{3}u_{2n} - \frac{1}{3}u_n < 2\pi < \frac{1}{3}U_{2n} + \frac{2}{3}u_{2n}.$$

Dadurch ließ sich bei gleicher Anzahl von Schritten eine wesentlich höhere Genauigkeit erreichen als mit der einfachen Exhaustionsmethode ohne Interpolation. Dies ist der Endpunkt der Entwicklung, die mit Antiphon, Bryson und Archimedes begonnen hatte.

Danach beginnt die Anwendung der Methoden der Infinitesimalrechnung. Da dies in das Gebiet der Analysis hinüberführt, begnügen wir uns damit, einige – sehr unterschiedlich schnell konvergierende – Entwicklungen von π als unendliches Produkt, als Kettenbruch oder als Reihe anzugeben. Im Übrigen sei auf Moritz Cantor, „Vorlesungen über Geschichte der Mathematik" [109] verwiesen und auf das Bändchen „Die Quadratur des Kreises" von Eugen Beutel [106].

J. Wallis (1655):

$$\frac{\pi}{2} = \frac{2}{1} \cdot \frac{2}{3} \cdot \frac{4}{3} \cdot \frac{4}{5} \cdot \frac{6}{5} \cdot \frac{6}{7} \cdots$$

W. Brouncker (1655?):

$$\frac{4}{\pi} = 1 + \cfrac{1}{2 + \cfrac{3^2}{2 + \cfrac{5^2}{2 + \cfrac{7^2}{2 + \ldots}}}}$$

J. Gregory (1671), G. W. Leibniz (1674?):

$$\frac{\pi}{4} = 1 - \frac{1}{3} + \frac{1}{5} - \frac{1}{7} + \frac{1}{9} - \frac{1}{11} + \cdots$$

J. Machin (1706):

$$\frac{\pi}{4} = \quad 4\left[\frac{1}{5} - \frac{1}{3 \cdot 5^3} + \frac{1}{5 \cdot 5^5} - \frac{1}{7 \cdot 5^7} + \frac{1}{9 \cdot 5^9} - \frac{1}{11 \cdot 5^{11}} + \frac{1}{13 \cdot 5^{13}} - \ldots\right]$$
$$- \left[\frac{1}{239} - \frac{1}{3 \cdot (239)^3} + \ldots\right]$$

L. Euler (1779):

$$\pi = \quad \frac{28}{10}\left[1 + \frac{2}{3}\left(\frac{2}{100}\right) + \frac{2 \cdot 4}{3 \cdot 5}\left(\frac{2}{100}\right)^2 + \frac{2 \cdot 4 \cdot 6}{3 \cdot 5 \cdot 7}\left(\frac{2}{100}\right)^3 + \ldots\right]$$
$$+ \frac{30336}{100000}\left[1 + \frac{2}{3}\left(\frac{144}{100000}\right) + \frac{2 \cdot 4}{3 \cdot 5}\left(\frac{144}{100000}\right)^2 + \ldots\right]$$

Wir beschließen dieses Kapitel über die Länge von Kurven mit zwei Sätzen, aus denen wir im nächsten Kapitel Aussagen über das Bogenmaß von Winkeln gewinnen wollen.

Proposition 2.16

Für jede rektifizierbare parametrisierte Kurve $f : [a, b] \to X$ in einem metrischen Raum (X, d) ist die reellwertige Funktion auf $[a, b]$, die jedem $t \in [a, b]$ die Kurvenlänge $l(f|[a, t])$ zuordnet, stetig. Ist X ein euklidischer affiner

Raum und f stetig differenzierbar, dann ist $l(f|[a,b])$ auch stetig differenzierbar mit Ableitung $\left\|\dot{f}(t)\right\|$.

Beweis:

Aus der Rektifizierbarkeit von f folgt leicht Folgendes: Für jedes $t_0 \in [a,b]$ und jedes $\varepsilon > 0$ existiert ein $\delta > 0$, so dass für $t \in [t_0, t_0 + \delta] \cap [a,b]$ gilt $0 \leq l(f|[t_0,t]) - d(f(t_0), f(t)) < \varepsilon/2$. Wählt man außerdem δ noch so klein, dass $d(f(t_0), f(t)) < \varepsilon/2$, dann folgt $l(f|[t_0,t]) < \varepsilon$. Analog kann man δ auch noch so klein wählen, dass $l(f|[t_0,t]) < \varepsilon$ für $t \in [t_0 - \delta, t_0] \cap [a,b]$. Damit folgt $|l(f|[a,t]) - l(f|[a,t_0])| < \varepsilon$ für $t \in [t_0 - \delta, t_0 + \delta] \cap [a,b]$, und damit ist die Stetigkeit in t_0 bewiesen. Der Rest folgt aus 2.1 und dem Hauptsatz der Differential- und Integralrechnung.

Proposition 2.17

$C \subset X$ sei ein rektifizierbarer parametrisierter Jordanbogen der Länge c in einem metrischen Raum (X,d), und $x \in C$ sei einer der beiden Endpunkte von C. Dann gibt es eine eindeutig bestimmte Parametrisierung $f : [0,c] \to C$ mit $f(0) = x$, so dass $l(f|[0,t]) = t$ für alle $t \in [0,c]$.

Beweis:

Es sei $g : [0,c] \to C$ irgendeine bijektive Parametrisierung, so dass $g(0) = x$. Es sei $h(t) = l(g|[0,t])$. Dann ist $h : [0,c] \to [0,c]$ wegen der Injektivität von g streng monoton zunehmend, und es gilt $h(0) = 0$ und $h(c) = c$. Ferner ist h nach 2.16 stetig. Also ist h ein Homöomorphismus, und dann ist $f := g \circ h^{-1}$ die gesuchte Parametrisierung.

Zusatz:

Ist (X,d) ein euklidischer affiner Raum und besitzt der Jordanbogen C eine stetig differenzierbare Parametrisierung $g : [0,c] \to C$ mit $\dot{g}(t) \neq 0$, dann ist auch die obige Parametrisierung $f : [0,c] \to C$ stetig differenzierbar, und es gilt $\left\|\dot{f}(t)\right\| = 1$.

Beweis:

Die oben definierte Funktion $h : [0,c] \to [0,c]$ hat nach 2.16 und nach Voraussetzung eine nirgends verschwindende stetige Ableitung. Daher ist die Umkehrfunktion h^{-1} ebenfalls stetig differenzierbar mit nirgends verschwindender Ableitung. Also ist auch f stetig differenzierbar, und dann folgt $\left\|\dot{f}(t)\right\| = 1$ aus 2.16 und der charakteristischen Eigenschaft von f.

<u>Definition</u>:
Die durch den rektifizierbaren Jordanbogen C mit Anfangspunkt x eindeutig bestimmte Parametrisierung f von C mit $f(0) = x$ und $l(f|[0,t]) = t$ heißt **Parametrisierung von C durch die Bogenlänge** mit Anfangspunkt x.

<u>Bemerkung</u>:   Eine geschlossene rektifizierbare Jordankurve C lässt sich in völlig analoger Weise ebenfalls durch die Bogenlänge parametrisieren. Jedoch gibt es dabei zu gegebenem Anfangspunkt $x \in C$ zwei derartige Parametrisierungen, da man die Kurve C von x ausgehend in zwei Richtungen durchlaufen kann.

Kapitel 3

Winkel

Natürlich weiß heutzutage fast jeder ungefähr, was ein Winkel ist. Eine genaue Definition von Winkeln, die das Wesen der Sache trifft, ist aber gar nicht so einfach. Das liegt in der Natur dieses Begriffs, und das zeigte sich auch schon in den Diskussionen der griechischen Mathematiker der Antike über die richtige Definition des Begriffs „Winkel", nachzulesen in den Kommentaren der Euklid-Übersetzung von Sir Thomas Heath. Eine der Schwierigkeiten besteht darin, dass man Winkel in sehr vielen verschiedenen mathematischen Situationen definieren möchte, z.B. Winkel zwischen sich schneidenden Kurven auf einer Fläche oder Winkel zwischen Ebenene im Raum oder Winkel zwischen einer Geraden und einer Ebene im Raum usw. Eine zweite Schwierigkeit besteht darin, dass man mit der Definition von Winkeln sowohl qualitative als auch quantitative Momente gewisser mathematischer Situationen erfassen möchte und es schwierig ist, dies in einer einzigen Definition zu tun. Wir werden der ersten Schwierigkeit dadurch begegnen, dass wir uns zunächst auf die einfachste mögliche Situation beschränken, d.h. nur Winkel zwischen Halbgeraden im euklidischen Raum definieren. Die meisten anderen Definitionen von Winkeln lassen sich dann später auf diese einfache Situation reduzieren. Der zweiten Schwierigkeit tragen wir dadurch Rechnung, dass wir zunächst in mehr qualitativer Weise Winkel als gewisse geometrische Objekte definieren und dann den quantitativen Aspekt zur Geltung bringen, indem wir für die so definierten Winkel ein Bogenmaß einführen.

© Springer Fachmedien Wiesbaden GmbH, ein Teil von Springer Nature 2019
E. Brieskorn, *Lineare Algebra und Analytische Geometrie III*

Der Leser möge die vielleicht zu ausführliche Behandlung des so einfachen Begriffs „Winkel" mit unserem Bemühen um Sorgfalt und begriffliche Klarheit entschuldigen. Viele der im Folgenden bewiesenen Aussagen sind anschaulich ganz klar, und man sollte sich dies verdeutlichen, bevor man die Beweise liest, bei denen ich mich um möglichst elementare, topologisch-geometrische Argumente bemüht habe. Vielleicht geht das eine oder andere auch noch einfacher. Wir beginnen mit einigen grundlegenden Begriffen, die auch in vielen anderen Zusammenhängen verwendet, wichtig sind.

Definition:

Eine Teilmenge M eines reellen affinen Raumes X heißt **konvex**, wenn sie mit jedem Paar von Punkten $x, y \in M$ auch die Strecke $[x, y]$ enthält

Natürlich sind konvexe Mengen wegzusammenhängend, und der Durchschnitt konvexer Mengen ist wieder konvex. Eine besonders einfache Art von konvexen Mengen sind die Halbräume, die wir jetzt einführen wollen.

Proposition 3.1

Y sei eine Hyperebene in einem reellen affinen Raum X positiver Dimension. Dann gilt:

(i) Das Komplement $X \backslash Y$ besteht aus zwei Zusammenhangskomponenten X^+, X^-.

(ii) Die abgeschlossene Hüllen $\overline{X^+}$ bzw. $\overline{X^-}$ von X^+ bzw. X^- sind $\overline{X^+} = X^+ \cup Y$ und $\overline{X^-} = X^- \cup Y$.

(iii) Y ist der Rand von $X^+, \overline{X^+}$ und $X^-, \overline{X^-}$.

(iv) $X^+, X^-, \overline{X^+}, \overline{X^-}$ sind konvex.

Beweis:

O.B.d.A. sei X der affine Standardraum $\mathbb{R}^n$ und u eine Linearform auf $\mathbb{R}^n$, so dass $Y = \{x \in X \mid u(x) = 0\}$. Man könnte sogar o.B.d.A. annehmen, dass $u(x_1, \ldots, x_n) = x_n$. Es seien X^+, X^- definiert als

$$X^+ = \{x \in X \mid u(x) > 0\}$$
$$X^- = \{x \in X \mid u(x) < 0\}$$

Trivialerweise gilt $X^+ \cup X^- = X \setminus Y$ und $X^+ \cap X^- = \emptyset$. Wegen der Stetigkeit von u sind X^+ und X^- offen, $X^+ \cup Y$ und $X^- \cup Y$ abgeschlossen. Also folgt für die abgeschlossenen Hüllen dieser Mengen $\overline{X^+} \subset \overline{X^+} \cup Y$ und $\overline{X^-} \subset \overline{X^-} \cup Y$. Da die umgekehrte Inklusion offensichtlich auch gilt, folgt (ii). Daraus folgt (iii), da der **Rand** einer Menge $A \subset X$ als $\overline{A} \cap \overline{(X \setminus A)}$ definiert ist. Die Behauptung (iv) folgt aus $u([x,y]) = [u(x), u(y)]$, und aus der Konvexität folgt schließlich, dass X^+ und X^- zusammenhängend sind. Daher sind sie die beiden Zusammenhangskomponenten von $X - Y$, und damit ist alles bewiesen.

Definition:

In der Situation von 3.1 heißen X^+ und X^- die **offenen Halbräume**, in die X durch Y zerlegt wird, und $\overline{X^+}$ bzw. $\overline{X^-}$ die **abgeschlossenen Halbräume** mit Rand Y. Falls dim $X = 2$ heißen die Halbräume auch **Halbebenen**, und falls dim $X = 1$, **Halbgeraden**. Abgeschlossene Halbgeraden, heißen auch **Strahlen**, und den Randpunkt eines Strahls nennen wir seinen **Ausgangspunkt eines Strahls** . Er ist durch den Strahl eindeutig bestimmt. Die beiden Strahlen, in die eine Gerade durch einen Punkt zerlegt wird, nennen wir einander **entgegengesetzt**.

Bemerkung:

1. Aus 3.1 folgt sofort, dass die Spiegelung an einer Hyperebene die zugehörigen Halbräume miteinander vertauscht.

2. Ein Strahl ist durch seinen Ausgangspunkt und einen weiteren Punkt, durch den der Strahl geht, eindeutig bestimmt.

3. Offensichtlich erhält man eine bijektive Abbildung von der Menge aller Strahlen in X mit festem Ausgangspunkt o auf die Einheitssphäre in X mit Mittelpunkt o, indem man jeden Strahl seinen Schnittpunkt mit der Sphäre zuordnet.

Definition:

Ein **Winkel** in einem euklidischen affinen Raum X ist ein ungeordnetes Paar $\{S_1, S_2\}$ von Strahlen S_1, S_2 in X mit dem gleichen Ausgangspunkt,

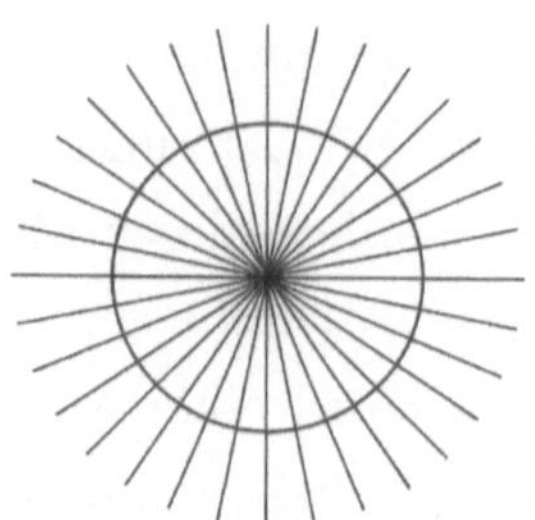

wobei $S_1 = S_2$ auch zugelassen ist. Der gemeinsame Ausgangspunkt der Strahlen heißt der **Scheitel** des Winkels, und die beiden Strahlen heißen die **Schenkel** des Winkels. Ist $Y \subset X$ eine Ebene in X, dann ist ein **Winkel in der Ebene** Y ein Winkel in X, dessen Schenkel in Y liegen.

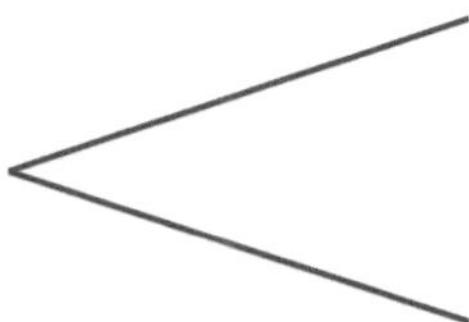

Sind o, x, y Punkte in X mit $x, y \neq o$ und S_1 bzw. S_2 die Strahlen mit Ausgangspunkt o durch x bzw. y, dann bezeichnen wir den Winkel $\{S_1, S_2\}$ auch als den Winkel $x\,o\,y$. Sind die beiden Schenkel eines Winkels in X weder gleich noch entgegengesetzt, dann gibt es natürlich genau eine Ebene $Y \subset X$, so dass der Winkel in Y liegt. Dabei und bei allen anderen Betrachtungen über Winkel in einem euklidischen affinen Raum X ist im Folgenden stets $\dim X \geq 2$ vorausgesetzt.

Definition:

Ein Winkel heißt **gestreckt, Winkel**, wenn seine Schenkel entgegengesetzt sind.

Proposition 3.2

Ein Winkel $\{S_1, S_2\}$ mit verschiedenen Schenkeln in einer Ebene Y zerlegt die Ebene in zwei Komponenten, das heißt $Y \setminus (S_1 \cup S_2)$ hat zwei Zusammenhangskomponenten. Ist der Winkel gestreckt, so sind beide Komponenten offene Halbebenen und insbesondere konvex. Andernfalls ist genau eine Komponente konvex.

Beweis:

Ist der Winkel gestreckt, dann folgt die Behauptung aus 3.1. Er sei also nicht gestreckt. Die S_i enthaltende Gerade zerlegt Y in zwei offene Halbebenen Y_i^+, Y_i^-. Der Schenkel S_2 liegt offensichtlich entweder ganz in $\overline{Y_1^+}$ oder ganz in $\overline{Y_1^-}$. Er liege o.B.d.A. in $\overline{Y_1^+}$. Ebenso liege S_1 ganz in in $\overline{Y_2^+}$. Wie beweisen zuerst folgende

Behauptung: $Y \setminus (S_1 \cup S_2)$ hat die Zusammenhangskomponenten $Y' = Y_1^+ \cap Y_2^+$ und $Y'' = Y_1^- \cup Y_2^-$.

Beweis: Trivialerweise gilt $Y' \cup Y'' = Y \setminus (S_1 \cup S_2)$ und $Y' \cap Y'' = \emptyset$. Ferner ist klar, dass Y' und Y'' nicht leer und offen in Y sind. Zu zeigen ist also nur, dass Y' und Y'' nicht leer und offen in Y sind. Zu zeigen ist also nur, dass Y' und Y'' zusammenhängend sind. Für Y' ist das klar, denn es ist als Durchschnitt konvexer Mengen konvex. Und Y'' ist als Vereinigung der zusammenhängenden Mengen Y_1^-, Y_2^- mit dem nichtleeren Durchschnitt $Y_1^- \cap Y_2^-$ ebenfalls zusammenhängend. Damit ist die Zwischenbehauptung bewiesen.

Nun ist weiter Y'' nicht konvex. Dies sieht man z.B. wie folgt. Es sei L eine Gerade durch den Scheitel o mit $L \cap \overline{Y'} = \{o\}$ und H die zugehörige Halbebene mit $Y' \subset H$. Dann zerfällt $H \cap Y''$ in zwei Zusammenhangskomponenten $H \cap Y_1^-$ und $H \cap Y_2^-$, und daher gilt für $x \in H \cap Y_1^-$ und $y \in H \cap Y_2^-$ nicht $[x, y] \subset Y''$.

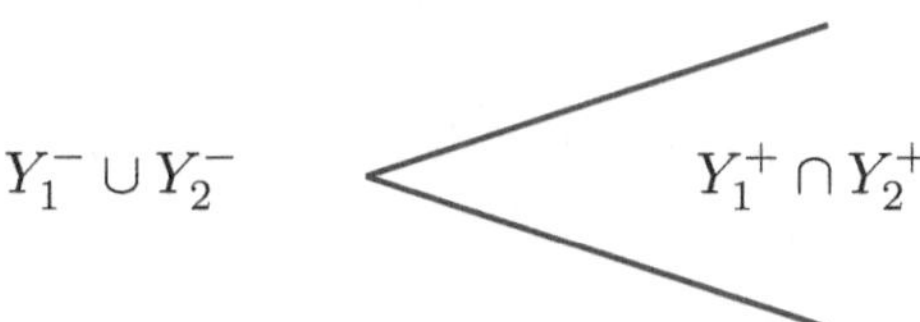

Bemerkung:

(1) Für $S_1 = S_2$ ist $Y \setminus (S_1 \cup S_2)$ zusammenhängend und nicht konvex.

(2) Die abgeschlossenen Hüllen der Zusammenhangskomponenten von $Y \setminus (S_1 \cup S_2)$ entstehen aus diesen durch Hinzunahme der Schenkel. Falls $S_1 \neq S_2$, sind sie genau dann konvex, wenn die entsprechende Zusammenhangskomponente konvex ist.

Definition:

Es sei $\{S_1, S_2\}$ ein Winkel mit den Schenkeln S_1, S_2 in der Ebene Y. Falls $S_1 \neq S_2$, definieren wir die zwei durch den Winkel bestimmten **Winkelsektoren** von Y als die abgeschlossenen Hüllen der beiden Komponenten von $Y \setminus (S_1 \cup S_2)$. Falls $S_1 = S_2$, definieren wir die beiden durch den Winkel bestimmten Sektoren als Y und S_1.

Falls S_1 und S_2 weder gleich noch entgegengesetzt sind, heißt der konvexe Sektor auch der **innere Sektor** des Winkels und der nicht konvexe der **äußere Sektor**. Falls $S_1 = S_2$, nennen wir S_1 den inneren und Y den äußeren Sektor.

Definition:

X sei ein euklidischer affiner Raum und Y eine Ebene in X. Ein **orientierter Winkel** in Y ist ein Paar $(\{S_1, S_2\}, \sigma)$, wobei $\{S_1, S_2\}$ ein Winkel in Y ist und σ einer der beiden durch $\{S_1, S_2\}$ bestimmten Winkelsektoren σ', σ'' von Y. Dabei heißt $(\{S_1, S_2\}, \sigma'')$ der zu $(\{S_1, S_2\}, \sigma')$ **entgegengesetzt orientierte** Winkel.

Bemerkung:

(1) Man sieht leicht, dass der orientierte Winkel $(\{S_1, S_2\}, \sigma)$ in der Ebene Y durch σ bereits eindeutig bestimmt ist, außer wenn $\sigma = Y$.

(2) Häufig werden „orientierte Winkel" einfach als geordnete Paare (S_1, S_2) von Strahlen mit gleichem Ausgangspunkt definiert. Diese Definition stimmt der unsrigen nicht genau überein. Zu $\{S_1, S_2\}$ mit $S_1 = S_2 = S$ gibt es nach dieser Definition nur einen orientierten Winkel in Y, nämlich (S, S), nach unserer Definition aber zwei, nämlich $(\{S, S\}, S)$ und $(\{S, S\}, Y)$.

Der Zusammenhang zwischen beiden Definitionen ist der folgende: Man wähle eine Orientierung der Ebene Y, d.h. des zugehörigen Translationsvektorraumes. Dadurch ist für alle Kreise in Y eine Durchlaufrichtung festgelegt. Dann wird dem orientierten Winkel $(\{S_1, S_2\}, \sigma)$ das geordnete Paar (S_1, S_2) zugeordnet, wenn bei Durchlaufung des

Einheitskreises C mit dem Scheitel als Mittelpunkt in positiver Richtung vom Punkt $S_1 \cap C$ zum Punkt $S_2 \cap C$ die Punktmenge $\sigma \cap C$ durchlaufen wird.

Definition:

X sei ein euklidischer affiner Raum, Y und Y' Ebenen in X. Zwei orientierte Winkel $(\{S_1, S_2\}, \sigma)$ bzw. $(\{S_1', S_2'\}, \sigma')$ in Y bzw. Y' heißen **kongruent**, wenn es eine Isometrie $\varphi \in I(X)$ gibt, so dass $(\{\varphi(S_1), \varphi(S_2)\}, \varphi(\sigma)) = (\{S_1', S_2'\}, \sigma')$.

Unser Ziel ist, die Kongruenzklassen von orientierten Winkeln zu beschreiben, indem wir ein Bogenmaß für orientierte Winkel einführen. Dieses Bogenmaß werden wir als die Länge des Kreisbogens definieren, in welchem der Sektor den Einheitskreis um den Scheitelpunkt schneidet.

Definition:

C sei ein Kreis in einer euklidischen affinen Ebene Y, und H eine abgeschlossene Halbebene von Y mit Rand L, der C trifft. Dann heißt $C \cap H$ ein **Kreisbogen** auf C und die Strecke $[x, y]$ zwischen den Schnittpunkten x, y von L mit C die **Sehne zu dem Kreisbogen** $C \cap H$. Kreisbögen sind **kongruent**, wenn sie durch eine Isometrie ineinander überführt werden können. Ein **Halbkreis** ist ein Kreisbogen, dessen Sehne ein Durchmesser ist.

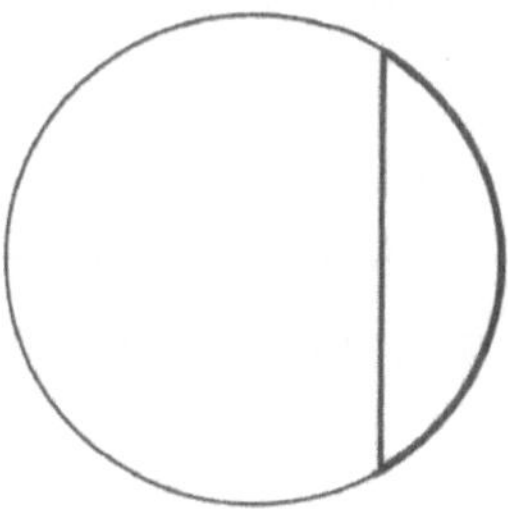

Da zu jeder Sehne von C eine eindeutig bestimmte Gerade L in der Ebene von C gehört, die C genau in den Endpunkten der Sehne schneidet, und zu L genau zwei Halbebenen mit Rand L gehören, ist klar, dass zu jeder Sehne von C genau zwei Kreisbögen auf C gehören. Wir nennen sie auch die Kreisbögen über dieser Sehne. Natürlich kann man auch „**offene Kreisbögen**" definieren. Sie sind die Schnitte von C mit einer offenen Halbebene, deren Rand L den Kreis C trifft. Mit dem Wort Kreisbogen ohne Zusatz meinen wir die oben definierten Kreisbögen, die wir zur Verdeutlichung des Unterschiedes auch **abgeschlossene Kreisbögen** nennen.

Proposition 3.3

Die abgeschlossenen Kreisbögen auf einem Kreis C sind genau die zusammenhängenden abgeschlossenen nicht leeren Teilmengen von C. Sie sind die Bilder der nicht leeren abgeschlossenen Teilintervalle bei Parametrisierungen von C als einfach geschlossene Kurve.

Beweis:

Die Fälle, in welchen die Sehne der Bögen einpunktig ist, sind trivial. Es sei daher $[x, y]$ eine Sehne mit $x \neq y$, und L die Gerade durch x, y sowie H' und H'' die offenen Halbebenen, in welche L die Ebene Y von C zerlegt. C' und C'' seien die offenen Bögen $C' = C \cap H'$ und $C'' = C \cap H''$, und $\overline{C'}$ bzw. $\overline{C''}$ ihre abgeschlossenen Hüllen. Es sei $f : [a, c] \to C$ eine Parametrisierung von C als einfach geschlossene Kurve mit $f(a) = x$, und es sei $b = f^{-1}(y)$. Die stetige Abbildung f bildet das Intervall $]a, b[$ wegen des Zwischenwertsatzes ganz in eine der Zusammenhangskomponenten von $Y - L$ ab, also nach 3.1 in H' oder H'', o.B.d.A. etwa in H'. Dann gilt $f(]a, b[) \subset H'$ und $f(]b, c[) \subset H''$, andererseits trivialerweise $C' \cup C'' = f(]a, b[) \cup f(]b, c[)$, also $f(]a, b[) = C'$ und $f(]b, c[) = C''$ sowie $f([a, b]) = \overline{C'}$ und $f([b, c]) = \overline{C''}$. Die Umkehrung dieser Schlüsse zeigt, dass die Bilder der Teilintervalle Bögen sind. Der Rest des Satzes folgt nun aus der bekannten Tatsache, dass die zusammenhängenden Teilmengen eines Intervalles gerade die Teilintervalle sind.

Zusatz:

Es seien $[x, y]$ eine Sehne des Kreises C und C', C'' die beiden offenen Kreisbögen über $[x, y]$. Dann sind C' und C'' für $x \neq y$ die beiden Zusammenhangskomponenten von $C \setminus \{x, y\}$. Für $x = y$ ist einer der beiden Bögen leer, der andere zusammenhängend und gleich $C \setminus \{x\}$.

Definition:

C' und C'' seien abgeschlossene Kreisbögen auf dem Kreis C, und $\mathring{C}'$ bzw. $\mathring{C}''$ die Menge der inneren Punkte von C' bzw. C''. C' und C'' heißen **anliegend**, wenn folgende Bedingungen erfüllt sind:

(1) $C' \cap C'' \neq \emptyset$

(2) $\mathring{C}' \cap \mathring{C}'' = \emptyset$

(3) $C' \setminus (C' \cap C'')$ und $C'' \setminus (C' \cap C'')$ sind zusammenhängend

Man sieht leicht, dass diese Bedingung Folgendes bedeutet: Wenn C' und C'' beide von C verschieden sind, treffen sie sich in einem oder zwei gemeinsamen Randpunkten. Wenn $C' = C$, ist C'' ein Punkt. Wegen (1) ist für anliegende Bögen $C' \cup C''$ zusammenhängend, also nach 3.3 ein abgeschlossener Kreisbogen.

Definition:

Für anliegende Kreisbögen C', C'' ist die **Summe** der Kreisbögen $C' + C'' = C' \cup C''$.

Definition:

Auf der Menge aller Kreisbögen auf dem Kreis C wird eine Partialordnung $C' < C''$ durch $C' < C'' \Leftrightarrow C' \subsetneq C''$ definiert.

Proposition 3.4

Bezeichne $l(\cdot)$ die Länge eines Kreisbogens. Für die Kreisbögen C', C'' auf einem Kreis C mit Radius 1 gilt:

(i) Wenn $C' \neq C$, ist C' ein rektifizierbarer Jordanbogen und, wenn $C' = C$, eine rektifizierbare geschlossene Jordankurve.

(ii) $C' < C'' \Rightarrow l(C') < l(C'')$

(iii) $0 \leq l(C') \leq 2\pi$
$$l(C') = 0 \Leftrightarrow C' = \{x\}$$
$$l(C') = 2\pi \Leftrightarrow C' = C$$

(iv) C', C'' anliegend $\Rightarrow l(C' + C'') = l(C') + l(C'')$.

Beweis:
(i) folgt aus 3.3 und 2.9 die übrigen Aussagen folgen direkt aus den Definitionen.

Proposition 3.5
C sei ein Kreis mit Radius 1 und $\mathcal{B}(C)$ die Menge der Kongruenzklassen $[C']$ von Kreisbögen $C' \subset C$. Dann gilt:

(i) Die Partialordnung für Kreisbögen induziert eine Ordnungsrelation auf $\mathcal{B}(C)$.

(ii) Die partielle Addition für anliegende Kreisbögen induziert eine partielle Addition auf $\mathcal{B}(C)$. Die Summe $[C'] + [C'']$ ist dabei genau dann definiert, wenn $l(C') + l(C'') \leq 2\pi$.

(iii) Die Zuordnung $C' \to l(C')$ induziert eine bijektive Abbildung $\mathcal{B}(C) \to [0, 2\pi]$, die mit den Ordnungsrelationen und partiellen Additionen verträglich ist.

Beweis:
Übung, unter Benutzung von 2.17.

Proposition 3.6
Es sei C ein Kreis mit Mittelpunkt o in einer euklidischen Ebene Y.

(i) Jeder Winkelsektor σ eines Winkels in Y mit Scheitel o schneidet C in einem abgeschlossenen Kreisbogen $\sigma \cap C$.

(ii) Für jeden Kreisbogen C' auf C ist die Vereinigungsmenge aller von o ausgehenden Strahlen durch Punkte von C' ein Winkelsektor $\sigma(C')$ mit Scheitel o.

(iii) $\sigma(\sigma \cap C) = \sigma$ und $\sigma(C') \cap C = C'$. Die Zuordnung $\sigma \mapsto \sigma \cap C$ und $C' \mapsto \sigma(C')$ definieren also zueinander inverse bijektive Abbildungen zwischen der Menge aller Sektoren von Winkeln in Y mit Scheitel in o und der Menge aller abgeschlossenen Kreisbögen auf C.

(iv) Zwei orientierte Winkel $(\{S_1, S_2\}, \sigma)$ und $(\{S_1', S_2'\}, \sigma')$ in Y mit Scheitel o sind genau dann kongruent, wenn die Kreisbögen $\sigma \cap C$ und $\sigma' \cap C$ kongruent sind.

Beweis:

(i) folgt aus 3.3 und (ii) aus 3.2. Der Rest folgt unmittelbar aus der Definition der beiden Abbildungen, weil diese mit den Kongruenzrelationen verträglich sind und die Kongruenzklassen von orientierten Winkeln offenbar bijektiv den Kongruenzklassen von Winkelsektoren entsprechen.

Durch 3.6 übertragen sich die für Kreisbögen eingeführten Begriffe auf Winkel. Man erhält für orientierte Winkel mit gleichem Scheitel eine **Partialordnung**, definiert durch Inklusion der Sektoren, und diese definiert eine Ordnung auf der Menge der Kongruenzklassen von Winkeln. Man definiert **anliegende Winkel** als solche, für deren Sektoren σ', σ'' die Bögen $\sigma' \cap C$ und $\sigma'' \cap C$ anliegend sind. Wenn für anliegende Winkel $\sigma' \cup \sigma''$ nicht die ganze Ebene ist, heißt der durch $\sigma' \cup \sigma''$ eindeutig bestimmte Winkel der **durch Aneinanderlegen entstehende Winkel.** Man hat heirdurch eine partielle Addition von orientierten Winkeln mit gleichem Scheitel.

Definition:

Das **Bogenmaß** eines orientierten Winkels $(\{S_1, S_2\}, \sigma)$ in einer Ebene Y ist die Länge $\widehat{\sigma} = l(\sigma \cap C)$ des Kreisbogens $\sigma \cap C$, in welchem der Sektor σ den Einheitskreis C in Y mit Mittelpunkt im Schenkel des Winkels schneidet.

Satz 3.7

(i) Orientierte Winkel sind genau dann kongruent, wenn sie gleiches Bogenmaß haben.

(ii) Die Zuordnung $(\{S_1, S_2\}, \sigma) \to \widehat{\sigma}$ definiert eine bijektive Abbildung von der Menge der Kongruenzklassen orientierter Winkel auf das abgeschlossene Intervall $[0, 2\pi]$. Diese Bijektion ist ordnungserhaltend und mit der partiellen Addition verträglich.

Beweis:

Der Satz folgt unmittelbar aus 3.5 und 3.6.

Bemerkung:

(1) Das Bogenmaß eines Winkels ist eine Zahl $0 \leq \alpha \leq 2\pi$. Wie wir – hoffentlich – gezeigt haben, ist dies eine vollkommen natürliche Art der Winkelmessung. Aus historischen und praktischen Gründen wurden aber noch andere Arten der Winkelmessung eingeführt. Die Wichtigste ist die Messung in Grad, Minuten und Sekunden. Dabei wird der Kreisumfang, also 2π, in 360 gleiche Teile geteilt, die **Grad** genannt werden. Bei den Griechen hießen diese $\mu o \tilde{\imath} \rho \alpha$ = Teil oder – bei Ptolemäus – $\tau \mu \tilde{\eta} \mu \alpha$, bei den Arabern daraga = Leiter, Stufe, woraus dann lateinisch gradus = Schritt, Stufe wurde. Die Einteilung in 360 Grad geht auf die babylonische Astronomie zurück und wurde bei den Griechen durch **Hypsicles** um 170 v. Chr. und **Hipparch** um 150 v. Chr. eingeführt. Der alexandrinische Mathematiker und Astronom **Claudius Ptolemäus** (etwa 100-178 n. Chr.) benutzt in seinem **Almagest**, einer großen Zusammenstellung seines trigonometrischen und astronomischen Lehrgebäudes, eine wahrscheinlich auch auf Babylon zurückgehende Verfeinerung der Gradeinteilung. Im ersten Schritt wird jeder Grad in 60 gleiche kleine Teile unterteilt (lateinisch später: partes minutae primae = erste kleine Teile). Im zweiten Schritt wird dann jeder dieser kleinen Teile noch einmal in 60 gleiche Teile unterteilt (lateinisch später: partes minutae secundae = zweite kleine Teile). Diese ersten und zweiten Teile wurden dann später einfach **Minuten** und **Sekunden** genannt. Die Notation zur Angabe des Winkelmaßes in Grad, Minuten und Sekunden besteht darin, die Zahl der Grade durch einen hochgestellten kleinen Kreis zu kennzeichnen, die der Minuten durch einen Strich und die der Sekunden durch einen hochgestellten Doppelstrich. Zum Beispiel gilt:

$$\pi = 180° \qquad \frac{\pi}{2} = 90° \qquad \frac{\pi}{3} = 60° \qquad\qquad \frac{\pi}{4} = 45°$$
$$\frac{\pi}{5} = 36° \qquad \frac{\pi}{6} = 30° \qquad \frac{\pi}{7} \approx 25°42'51''$$

(2) Wir haben um der begrifflichen Klarheit willen deutlich zwischen orientierten Winkeln, Kongruenzklassen von orientierten Winkeln und

dem Bogenmaß von orientierten Winkeln unterschieden. Im Folgenden werden wir beim Operieren mit Winkeln in konkreten Situationen diese zu einer schwerfälligen Ausdrucksweise führende Präzision aufgeben und – dem allgemeinen Gebrauche folgend – ungenau aber einfach alle drei Objekte Winkel nennen. Statt von einem orientierten Winkel mit Bogenmaß $\alpha = \frac{\pi}{3}$ sprechen wir also z.B. von einem Winkel α von $60°$ oder von einem Winkel $\alpha = 60°$ oder von einem Winkel $\alpha = \frac{\pi}{3}$.

Proposition 3.8

Zu jedem orientierten Winkel $(\{S_1, S_2\}, \sigma)$ in einer Ebene Y existiert ein eindeutig bestimmter Strahl S in σ mit dem Scheitel des Winkels als Ausgangspunkt, so dass für die in σ enthaltenen Sektoren σ' von $\{S_1, S\}$ und σ'' von $\{S, S_2\}$ gilt $\widehat{\sigma''} = \widehat{\sigma''} = \frac{1}{2}\,\widehat{\sigma}$. Der Sektor σ entsteht durch Aneinanderlegen der Sektoren σ' und σ''.

Beweis:

C sei der Einheitskreis in Y um den Scheitelpunkt. Der Kreisbogen $\sigma \cap C$ wird wegen 2.17 durch einen eindeutig bestimmten Punkt $\tilde{z}$ in zwei Bögen C' und C'' von gleicher Länge zerlegt, die $\tilde{z}$ und die Schnittpunkte x, y von S_1, S_2 mit C als Endpunkte haben. Aus 3.6 folgt, dass der Strahl S durch $\tilde{z}$ die gesuchten Eigenschaften hat und σ', σ'' die zu C', C'' gehörigen Sektoren sind.

Zusatz:

Ist der Sektor σ konvex und keine Ebene oder Halbebene, so ist S der vom Scheitel ausgehende Strahl durch den Mittelpunkt z der Sehne zu dem Bogen $\sigma \cap C$.

Beweis:

Man betrachte die Figur auf der folgenden Seite. O.B.d.A. sei $x \neq y$. Aus der Konvexität von σ folgt, dass $[x, y]$ in σ liegt und von S in einem Punkt z getroffen wird. Weil die Bögen C' und C'' gleiche Länge haben, sind sie kongruent, und ihre Sehnen $[x, \tilde{z}]$ und $[y, \tilde{z}]$ haben auch gleiche Länge. Die Dreiecke mit den Ecken $o, x, \tilde{z}$ und $o, y, \tilde{z}$ haben also gleiche Seiten. Es gibt also eine Isometrie mit $\varphi(o) = o$, $\varphi(\tilde{z}) = \tilde{z}$ und $\varphi(x) = y$. Es gilt $S \subset \text{Fix } \varphi$, also $\varphi(z) = z$, also $\varphi([x, z]) = [y, z]$ und damit $l([x, z]) = l([y, z])$.

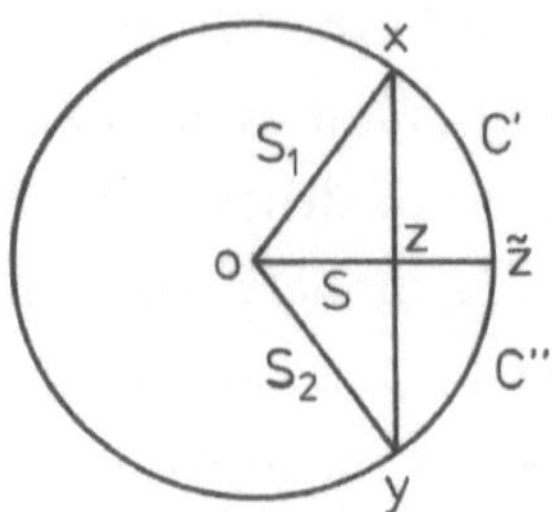

Definition:

Der Strahl, der einen orientierten Winkel wie in Proposition 3.8 in zwei
Winkel mit gleichem Bogenmaß zerlegt, heißt **winkelhalbierender Strahl**
zu dem gegebenen Winkel.

Bemerkung: Die ersten drei Konstruktionen in den Elementen des Euklid sind die Propositionenen 1, 9 und 10 in seinem Buch 1, die bei ihm in
dieser Reihenfolge aufeinander aufbauen: Konstruktion eines gleichseitigen
Dreiecks mit gegebener Seite, Halbierung eines gegebenen Winkels, Halbierung einer gegebenen Strecke. Die Winkelmessung durch Bogenmaß oder
Grad kommt bei Euklid noch nicht vor – die Trigonometrie entwickelte sich,
wie bereits angedeutet, erst später. Jedoch gibt es bei Euklid in Buch 1, Definitionen 10, 11, 12 bereits die Definition von spitzen, rechten und stumpfen
Winkeln mit Hilfe der – natürlich nicht explizit definierten – Teilordnungs-
relation für Winkel. Die Unterscheidung dieser drei Arten von Winkeln ist
älter. In Platons „Politeia" (Buch VI, 510) erwähnt Sokrates sie als Beispiele
für grundlegende Begriffe, von denen die Geometer bei ihren Untersuchungen als gegeben ausgehen: „Sie nehmen es einfach an, als ob sie sich über
diese Dinge im Klaren wären, und halten es nicht für nötig, sich und anderen
Rechenschaft über etwas zu geben, was jedem deutlich sei."

Definition:

Ein orientierter Winkel mit Bogenmaß α heißt

spitz, wenn $0 \leq \alpha < \frac{\pi}{2}$,

recht, wenn $\alpha = \frac{\pi}{2}$,

stumpf, wenn $\frac{\pi}{2} < \alpha < \pi$,

gestreckt, wenn $\alpha = \pi$,

überstumpf, wenn $\pi < \alpha < 2\pi$,

Perigonwinkel, wenn $\alpha = 2\pi$.

Die überstumpfen Winkel sind genau die mit nicht konvexem Sektor.

Definition:

Zwei anliegende orientierte Winkel heißen **komplementär** oder auch **Komplementwinkel** voneinander, wenn der durch Aneinanderlegen entstehende Winkel ein rechter Winkel ist. Sie heißen **supplementär** oder auch **Nebenwinkel**, wenn der durch Aneinanderlegen entstehende Winkel gestreckt ist. Zwei orientierte Winkel mit dem gleichem Scheitel heißen **Scheitelwinkel** voneinander, wenn sie durch die Inversion am Zentrum im Scheitel ineinander überführt werden.

Haben zwei anliegende orientierte Winkel die Bogenmaße α und β, so gilt $\alpha + \beta = \frac{\pi}{2}$ für komplementäre Winkel, $\alpha + \beta = \pi$ für supplementäre Winkel und $\alpha + \beta = 2\pi$ für entgegengesetzt orientierte Winkel.

Proposition 3.9

Ein orientierter Winkel ist gestreckt, das heißt: hat Bogenmaß π, genau wenn seine Schenkel entgegengesetzt sind.

Definition:

Zwei vom gleichen Punkt ausgehende Halbgeraden S_1, S_2 sind zueinander **orthogonal** - in Zeichen $S_1 \perp S_2$ -, wenn die zugehörigen Geraden zueinander orthogonal sind.

Proposition 3.10

Ein orientierter Winkel $(\{S_1, S_2\}, \sigma)$ ist ein rechter Winkel genau wenn gilt: $S_1 \perp S_2$ und σ ist konvex.

Beweis:

$(\{S_1, S_2\}, \sigma)$ sei ein orientierter Winkel in der Ebene Y und L_i die zu S_i gehörende Gerade sowie s_i die Spiegelung von Y an L_i, $i = 1, 2$. Der Winkel sei ein rechter Winkel. Dann sieht man sofort, dass s_1 den Winkel in einen Nebenwinkel $(\{S_1, S_2'\}, \sigma')$ überführt. Aus 3.9 folgt $L_2 = S_2 \cup S_2'$. Daraus folgt $s_1(L_2) = L_2$ und somit folgt wie behauptet $L_1 \perp L_2$, denn $\vec{L_1}$ bzw. $\vec{L_2}$ sind Eigenräume zum Eigenwert 1 bzw. -1 für den linearen Anteil $\lambda(s_1)$ von s_1, und die zu verschiedenen Eigenwerten gehörigen Eigenräume einer orthogonalen Transformation stehen nach II.12.58 aufeinander senkrecht. Dass σ konvex ist, ist klar: nur die überstumpfen Winkel haben nicht konvexe Sektoren.

Nun sei umgekehrt $S_1 \perp S_2$ und σ konvex. Dann folgt wieder mit 3.9, dass s_1 den Winkel in einen Nebenwinkel überführt. Aus $\widehat{\sigma} + \widehat{\sigma}' = \pi$ und $\widehat{\sigma} = \widehat{\sigma}'$ folgt $\widehat{\sigma} = \frac{\pi}{2}$, und das war zu zeigen.

Nachdem wir für orientierte Winkel die grundlegenden Definitionen eingeführt haben, ist es nicht schwierig, sich zu überlegen, was von diesen Definitionen für Winkel $\{S_1, S_2\}$ ohne Orientierung übrig bleibt. Wir beschränken uns auf die wichtigste Frage, die nach dem Bogenmaß. Ist Y eine $\{S_1, S_2\}$ enthaltende Ebene und sind σ, σ' die Sektoren von Y zu $\{S_1, S_2\}$, dann sind die Bogenmaße der orientierten Winkel $(\{S_1, S_2\}, \sigma)$ und $(\{S_1, S_2\}, \sigma')$ zwei Zahlen $\alpha, \alpha' \in [0, 2\pi]$ mit $\alpha + \alpha' = 2\pi$. Von diesen Zahlen liegt notwendigerweise die eine in $[0, \pi]$, die andere in $[\pi, 2\pi]$. Gilt $\alpha = \alpha' = \pi$, so ist $\{S_1, S_2\}$ ein gestreckter Winkel, die beiden Sektoren σ und σ' sind Halbebenen, und keiner ist ausgezeichnet. Andernfalls ist ein Sektor als der innere ausgezeichnet, und zu ihm gehört die Bogenlänge $\alpha \in [0, \pi]$. Diese Zahl hängt nur von $\{S_1, S_2\}$ ab.

Definition:
Die **Bogenlänge** des nichtorientierten Winkels $\{S_1, S_2\}$ ist die Bogenlänge α eines orientierten Winkels $(\{S_1, S_2\}, \sigma)$ mit $\alpha \in [0, \pi]$.

An diesem Punkt erscheint es mir sehr nützlich, sich möglichst anschaulich klar zu machen, welche Beziehung zwischen orientierten und nichtorientierten Winkeln besteht, und zwar nicht zwischen einzelnen Winkeln, sondern zwischen den Mengen aller derartigen Winkel in einer festen Ebene mit einem festen Scheitelpunkt. Durch die folgende Proposition verschaffen wir uns für diese Mengen von Winkeln ganz einfache geometrische Modelle. Wir werden dabei auf das berühmte **Möbiusband** stoßen, das 1858 etwa gleichzeitig von **Listing** und **Möbius** entdeckt wurde, wobei möglicherweise beide von **Gauß** beeinflußt waren. Möbius stellte die grundlegende Rolle dieser Fläche dar in seinem „Mémoire sur les polyèdres" für den Wettbewerb um den Grand Prix de mathématiques de 1861 de l'académie des sciences de Paris und in §11 seiner Arbeit „Über die Bestimmung des Inhaltes eines Polyeders" Ber. Verh. Sächs. Akad. Wiss. Leipzig, 17 (1865), pp. 31–68 [124].

Proposition 3.11

Es sei

$$\sigma \mathrel{\circlearrowright} \quad \tilde{M} \xrightarrow{\ \phi\ } C \times [0, 2\pi] \quad \mathrel{\circlearrowleft} \tau$$

$$\pi \downarrow \qquad\qquad\qquad \downarrow \rho$$

$$M \xrightarrow{\ \psi\ } C \times [0, 2\pi] / \tau$$

das wie folgt definierte Diagramm von Mengen und Abbildungen:

(a) $\tilde{M}$ = Menge aller orientieren Winkel in der Ebene X mit Scheitel o.

(b) M = Menge aller Winkel in X mit Scheitel o.

(c) $C \times [0, 2\pi]$ = Produkt von Einheitskreis C in X um o und Intervall $[0, 2\pi]$.

(d) $C \times [0, 2\pi]/\tau$ = Quotientenmenge bezüglich der Äquivalenz $(x, \alpha) \sim \tau(x, \alpha)$.

(e) $\tau = \tau_1 \times \tau_2$, wo $\tau_1 : C \to C$ Involution mit Zentrum o und $\tau_2 : [0, 2\pi] \to [0, 2\pi]$ Involution mit Zentrum π.

(f) $\sigma : \tilde{M} \to \tilde{M}$ die Involution, welche die Orientierung der Winkel umkehrt.

(g) $\pi : \tilde{M} \to M$ vergisst die Orientierung.

(h) ρ ist die Restklassenabbildung.

(i) $\phi : \tilde{M} \to C \times [0, 2\pi]$ ordnet jedem orientierten Winkel das Paar (ξ, α) zu, wo α das Bogenmaß ist und ξ der Schnittpunkt von C mit dem winkelhalbierenden Strahl.

(j) ψ ist die durch ϕ induzierte Abbildung.

Dann gilt:

(i) Das oben definierte Diagramm ist kommutativ.

(ii) Die Abbildungen ϕ und ψ sind bijektiv.

(iii) Die Abbildungen π und ρ sind „**zweiblättrige Überlagerungen**":
das Urbild jedes Punktes besteht aus zwei Punkten.

(iv) σ und τ sind die zu π und ρ gehörigen „**Decktransformationen**",
d. h. die Abbildungen, welche die beiden Punkte in jeder Faser von π
bzw. ρ vertauschen.

Beweis:

Die einzige nicht ganz triviale Aussage ist die Bijektivität von ϕ. Die Umkehrabbildung ϕ^{-1} ordnet (ξ, α) den orientierten Winkel zu, der durch Aneinanderlegen derjenigen beiden orientierten Winkel mit Bogenmaß $\alpha/2$ entsteht, deren einer Schenkel durch ξ geht. Die Einzelheiten des Beweises lassen sich elementar mit Hilfe der bereits bewiesenen Resultate ausfüllen.

Die gerade bewiesene Proposition hat trotz der zu technisch scheinenden Formulierung eine sehr anschauliche Bedeutung, die durch die folgende Zeichnungen, Erläuterungen und Zusätze verdeutlicht werden soll. $C \times [0, 2\pi]$ ist ein zylindrisches Band mit Rand.

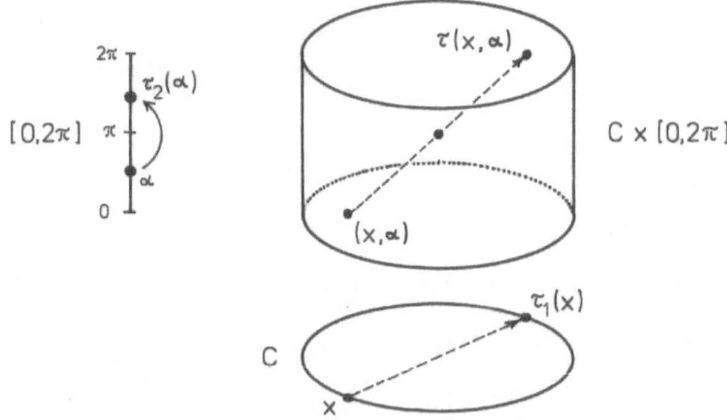

Bei geeigneter Einbettung dieses Zylinders in $\mathbb{R}^3$ wird die Involution durch die Inversion am Nullpunkt induziert. Der Quotient $C \times [0, 2\pi]/\tau$ ist – per definitionem – das **Möbiusband**.

Man kann es, und diese Konstruktion ist vielleicht manchem geläufiger, auch wie folgt beschreiben: Man identifiziert einen Halbkreis $C' \subset C$ mittels Parametrisierung durch die Bogenlänge mit dem Intervall $[0, \pi]$. Dann identifiziert sich $C \times [0, 2\pi]/\tau$ kanonisch mit dem Quotienten $[0, \pi] \times [0, 2\pi]/\sim$, wo $\sim$ die Äquivalenzrelation ist, die durch $(0, \alpha) \sim (\pi, \tau_2(\alpha))$ induziert wird. Anschaulich gesprochen: Man erhält das Möbiusband aus dem Streifen $[0, \pi] \times [0, 2\pi]$, indem man die Enden $\{0\} \times [0, 2\pi]$ und $\{\pi\} \times [0, 2\pi]$ mittels τ_2 „verdreht" miteinander verklebt.

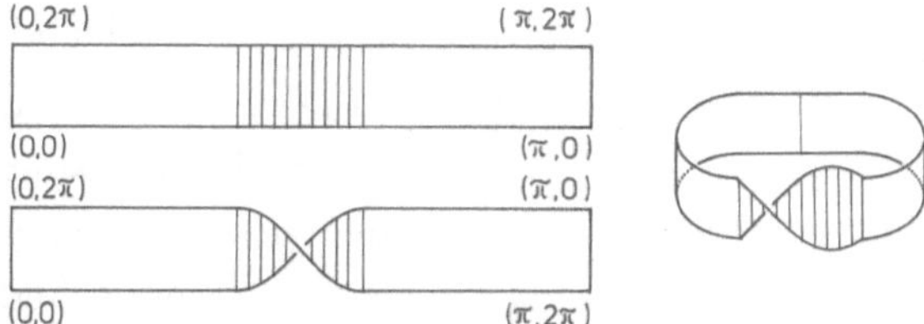

Das Resultat ist ein einseitiges, nicht orientierbares, über der Kreislinie in Strecken gefasertes Band, dessen Rand aus einer einzigen Kreislinie besteht.

Die anschauliche Beschreibung der Konstruktion des Möbiusbandes durch die Worte „verdreht miteinander verkleben" suggeriert mehr als die mathematische Operation der Identifikation der Enden, nämlich eine im Raum ablaufende Operation, deren Resultat das Möbiusband als ein im 3-dimensionalen Raum eingebettetes Gebilde ist. Man muß jedoch begrifflich sorgfältig zwischen einer abstrakten Fläche an sich und einer Einbettung einer solchen Fläche in einen anderen Raum unterscheiden. Wir wollen das am Beispiel des Zylinders und des Möbiusbandes erläutern. Da $\tau_2^2 = 1$ ist, gilt $\tau_2^k = 1$ oder $\tau_2^k = \tau_2$, je nachdem, ob k gerade oder ungerade ist. Identifiziert man also die beiden Enden des Streifens $[0, \pi] \times [0, 2\pi]$ mittels τ_2^k, so erhält man für gerades k den Zylinder, für ungerades k das Möbiusband. Das folgende Bild zeigt z. B. Einbettungen des Zylinders für $k = 0, 2, 4$.

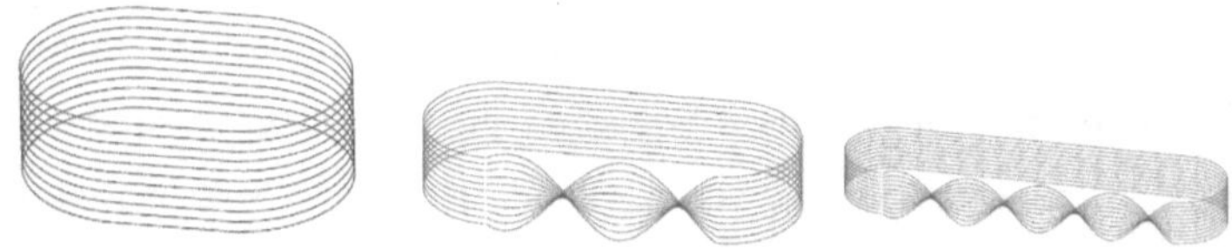

Bettet man den Streifen also im $\mathbb{R}^3$ ein und erzeugt den Zylinder bzw. das Möbiusband, indem man k mal verdreht verklebt, so erhält man für gerades $k \in \mathbb{Z}$ lauter wesentlich verschiedene Einbettungen des Zylinders und für ungerades k verschiedene Einbettungen des Möbiusbandes. (Verschiedene Vorzeichen von k bedeuten verschiedenen Drehsinn beim Verdrillen.) Was „wesentlich verschieden" für Einbettungen heißt, soll hier nicht genau definiert werden, aber es ist klar, dass man Einbettungen, die sich stetig durch eine 1-Parameterfamilie von Einbettungen ineinander überführen lassen, nicht als wesentlich verschieden ansehen wird. Dass die obigen Einbettungen des Zylinders für alle $k = 2m$ verschieden sind, sieht man daran, dass bei der k-ten die beiden Randlinien m-mal miteinander verschlungen sind. Daher erhält man beim Aufschneiden längs der Mittellinie zwei m-fach verschlungene zylindrische Stücke, die sich nur für $m = 0$ voneinander trennen lassen. Wir wollen uns jetzt die zweifache Überlagerung ρ des Zylinders möglichst anschaulich räumlich vorstellen, und zwar so, dass das Möbiusband mit der zu $k = 1$ gehörigen, also einfachsten Einbettung im Raume liegt und der Zylinder irgendwie diese Fläche zweifach überlagert. Dazu muß man für den Zylinder eine zu $k = 4$ gehörige Einbettung wählen. Es ist nicht ganz einfach, sich diese Überlagerung auf einen Schlag vorzustellen. Die Figuren 1 bis 4 auf der folgenden Bildseite zeigen, wie man vorgeht. **Figur 1** zeigt das in $\mathbb{R}^3$ eingebettete Möbiusband. **Figur 2** entsteht aus Figur 1, indem man das Möbiusband „verdickt". Man betrachtet in jedem Punkt x des Möbiusbandes die „Normale", d. h. die Gerade durch x senkrecht zur Tangentialebene, und auf dieser Normalen ein 2ε-Intervall mit Mittelpunkt x.

Die Vereinigung dieser Intervalle ist das „verdickte" Möbiusband. **Figur 3** zeigt einen Teil der Oberfläche des verdickten Möbiusbandes, nämlich die Fläche, die aus den Randpunkten der ε-Intervalle besteht. Diese Fläche ist ein Zylinder, der in $\mathbb{R}^3$ so eingebettet ist, dass die Randlinien zweifach miteinander verschlungen sind, also $k = 4$. Durch Projektion längs der Normalen bildet sich diese Fläche auf das Möbiusband ab, und diese Abbildung ist offensichtlich eine zweifache Überlagerung. **Figur 4** zeigt – schraffiert – das Möbiusband und – nicht schraffiert – den zweifach überlagernden Zylinder. **Figur 5** schließlich zeigt die Fläche, die entsteht, wenn man ein Möbiusband längs der Mittellinie aufschneidet. Es ist wieder ein Zylinder, der mit zweifacher Verschlingung der Randlinien eingebettet ist.

Geometrische Interpretation: Die Mittellinie des Möbiusbandes parametrisiert die gestreckten Winkel, für die ja beide Sektoren gleichberechtigt sind. Entfernt man diese, so kann man für die übrigen Winkel eindeutig einen Sektor auszeichnen, z. B. den Inneren. Bei den Einbettungen der Figur 4 sieht das so aus: Durch das Entfernen der Mittellinie ist die entstehende Fläche ein Zylinder, also insbesondere orientierbar. Deswegen kann man eine der beiden Normalenrichtungen auszeichnen und dementsprechend jedem Punkt des aufgeschnittenen Möbiusbandes einen eindeutig bestimmten Punkt der zweifachen Überlagerungsfläche zuordnen. Als Bild erhält man eine der beiden Zusammenhangskomponenten, in die der Zylinder beim Aufschneiden längs der Mittellinie zerfällt: $C \times [0, \pi)$ bei Auszeichnung des inneren und $C \times (\pi, 2\pi]$ bei Auszeichnung des äußeren Sektors.

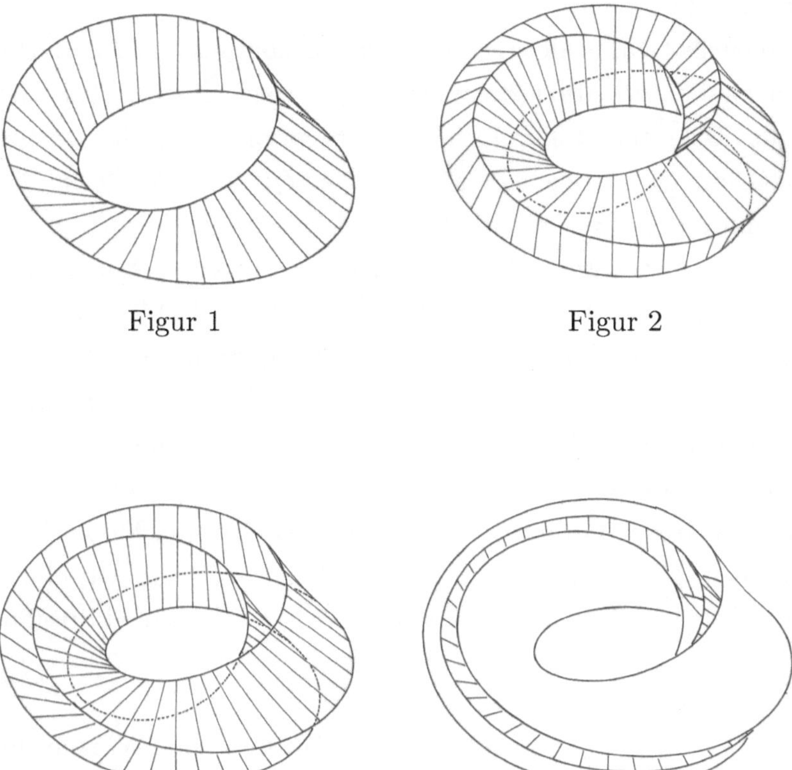

Figur 1   Figur 2

Figur 3   Figur 4

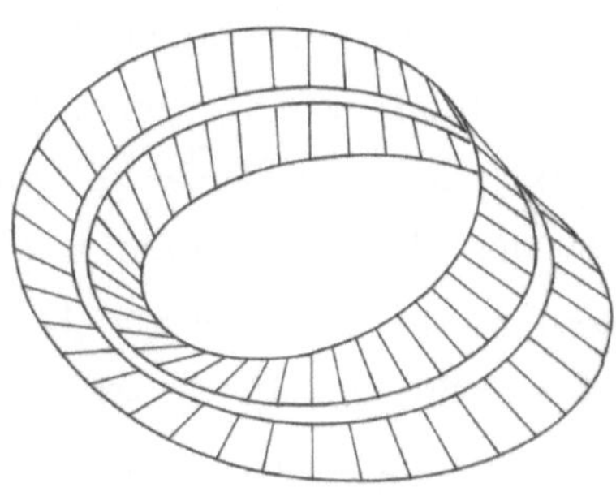

Figur 5

Zusatz zu 3.11

Die orthogonale Gruppe der Ebene operiert kanonisch auf M und $\tilde{M}$ sowie C und trivial auf $[0, 2\pi]$, also auch auf $C \times [0, 2\pi]$ sowie $C \times [0, 2\pi] / \tau$. Die Abbildungen des Diagramms sind mit dieser Operation verträglich. Insbesondere sind die Orbits der orthogonalen Gruppe im Zylinder $C \times [0, 2\pi]$ die Kreise $C \times \{\alpha\}$ mit $\alpha \in [0, 2\pi]$, und die Komposition von $\varphi : \tilde{M} \to C \times [0, 2\pi]$ mit der Projektion $C \times [0, 2\pi] \to [0, 2\pi]$ induziert die bijektive Abbildung von der Menge der Kongruenzklassen orientierter Winkel auf $[0, 2\pi]$ durch das Bogenmaß. Die Orbits der orthogonalen Gruppe im Möbiusband $C \times [0, 2\pi] / \tau$ sind alle homöomorph zu Kreislinien. Über der Mittellinie liegt ein Orbit im Zylinder, der die Mittellinie zweifach überlagert. Über allen anderen Orbits des Möbiusbandes liegen zwei Zylinderorbits $C \times \{\alpha\}$ und $C \times \{2\pi - \alpha\}$, die einzeln genommen durch ψ bijektiv auf den Orbit im Möbiusband abgebildet werden. Projeziert man das Möbiusband auf seine Mittellinie, dann überlagern alle von der Mittellinie verschiedenen Orbits die Mittellinie zweifach.

Wir haben – und das ist natürlich – die Messung von Winkeln mit Hilfe der Bogenlänge definiert. Nun ist aber der Begriff der Kurvenlänge ein nicht ganz leicht mathematisch streng zu fassender Begriff – genauer gesagt, er war es nicht zum Zeitpunkt der Entstehung der Trigonometrie. Darüber hinaus ist die Messung von Winkeln durch die Bogenlänge vom konstruktiv-geometrischen Standpunkt aus problematisch. Wenn man nämlich verlangt, zu einer beliebig gegebenen geraden Strecke von einer Länge $0 \leq \alpha \leq 2\pi$ einen Einheitskreisbogen mit dieser Länge exakt zu konstruieren, und zwar mit Zirkel und Lineal zu konstruieren, dann ist die Problem unlösbar. Schon das Problem, einen Kreisbogen der Länge $\frac{2\pi}{7}$, d. h. ein regelmäßiges Siebeneck, mit Zirkel und Lineal zu konstruieren, ist unlösbar, wie C. F. Gauß gezeigt hat. Die Bogenlänge bestimmt zwar den Winkel eindeutig bis auf Kongruenz, aber aus diesem Datum ist der Winkel nicht im obigen Sinne konstruierbar.

Es liegt daher nahe, andere geometrische Daten zu suchen, die den Winkel bestimmen und aus denen der Winkel wirklich konstruiert werden kann. Ein solches Datum ist der Kreisbogen selbst (3.6), aber das ist zu tautologisch. Wir suchen deshalb ein weiteres Datum. Ein solches liegt aber auf der Hand: die zu dem Kreisbogen gehörige Sehne. Ihre Länge, die nur von der Länge des Kreisbogens abhängt, ist ein Maß für den Winkel.

Definition:

Die **Sehne** $s(\alpha)$ von $\alpha \in [0, 2\pi]$ ist die Länge der Sehne eines Kreisbogens der Länge α auf einem Kreis vom Radius 1.

Durch $\alpha \mapsto s(\alpha)$ wird eine Funktion $s : [0, 2\pi] \to [0, 2]$ definiert. Ihre Beschränkung $s : [0, \pi] \to [0, 2]$ ist offenbar bijektiv, und daher ist die Sehne in der Tat ein brauchbares Maß für Winkel, die nicht überstumpf sind. Darüber hinaus liegt die Konstruktion eines Bogens mit gegebenem Anfangspunkt x und gegebener Sehnenlänge $s < 2$ auf einem Einheitskreis C auf der Hand. Als Endpunkt hat man einen der beiden Schnittpunkte von C mit dem Kreis vom Radius s um x.

Dieses Maß von Winkeln durch die Sehnen wurde schon in den Anfängen der Trigonometrie benutzt. Die griechischen Mathematiker und Astronomen **Hipparch** (um 161–126 v. Chr.) und **Menelaus** von Alexandrien (um 100 n. Chr.) schrieben Bücher über die Berechnung von Sehnentafeln für Winkel α von 0 bis 180°in Schritten von 30', die sich bei späterer Nachprüfung auf genau bis auf 5 Dezimalstellen erwies. Die indischen Mathematier berechneten später ebenfalls derartige Tabellen, so in den Sûrya Siddhânta (um 400 n. Chr.), bei Āryabhaṭṭa (um 510 n. Chr.) und Bhâskara (um 1150). Ein Schritt bei der Berechnung bestand darin, aus bereits bekannten Werten $s(\alpha)$, z. B. für $\alpha = 60°$, die Sehne $s(\alpha/2)$ des halben Bogens zu berechnen. Dazu benutzte man wahrscheinlich eine Vorschrift ähnlich der Formel 2.13 (ii). Die Inder erkannten dabei wohl, dass es für die Rechnungen vorteilhaft ist, nicht $s(\alpha)$ als Funktion von α zu benutzen, sondern $\frac{1}{2}s(2\alpha)$, die halbe Sehne des doppelten Bogens. Die größere Einfachheit der Rechnung wird dann ganz explizit von den arabischen Mathematikern als Grund für den Übergang von $s(\alpha)$ zu $\frac{1}{2}s(2\alpha)$ angegeben, so von Muhammed ibn Dschâbir ibn Sinân Abu 'Abdallah **al Battanî** (um 878–918). Āryabhaṭṭa hatte für die Sehne das gleichbedeutende Wort „jva" oder „jîva", für die halbe Sehne „ardhajya", woraus durch Weglassen wieder

„jiva" wurde. Daraus wurde bei den Arabern das phonetisch abgeleitete, im Arabischen bedeutungslose Wort „dschîba". Die Konsonanten dieses Wortes lassen aber auch die Lesart „dschaib" zu. Dies arabische Wort bedeutet „Busen" oder „Brust" oder „Bucht", und daraus wurde dann in der lateinischen Übersetzung durch **Gerhard von Cremona** lateinisch sinus (= Krümmung, Biegung, Rundung, Bogen, Meerbusen, Bucht, Gewandbausch, Busen).

Definition:

Für $0 \leq \alpha \leq \pi$ ist der **Sinus** von α definiert als

$$\sin(\alpha) := \frac{1}{2} s(2\alpha) \, ,$$

also als die halbe Sehne des doppelten Bogens.

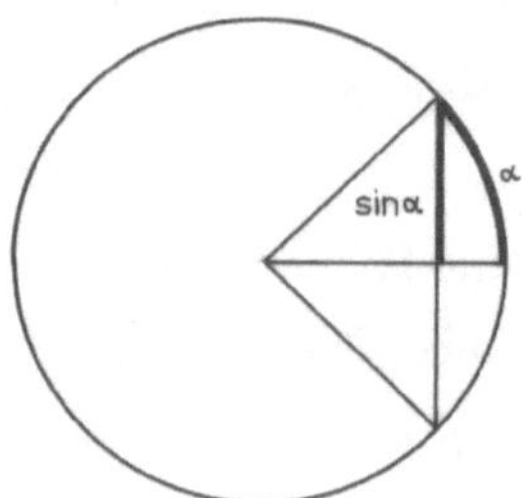

Dies ist der historische Ursprung der sinus-Funktion und ihres Namens. Die anderen trigonometrischen Funktionen kamen später dazu, erst als auch noch betrachtete Größen, dann in Form von Tabellen und als wohldefinierte Funktionen der Winkel, schließlich mit ihrem heutigen Namen und Symbolen. Der cosinus kommt der Sache nach auch schon bei Āryabhaṭṭa vor; der Name bedeutet sinus complementi = sinus der Komplementwinkels und stammt von Edmund Gunter 1620 (in der Form co.sinus) bzw. John Newton 1658 (in seiner heutigen Form cosinus). Tangens und catangens treten ebenso wie secans und cosecans spätestens bei al Battanî und bei **Abû'l Wafâ** Muhammed ibn Muhammed ibn Jahjâ ibn Isma 'îl ibn Al-'Abbas Albûzdschânî (940–998) auf. Dort heißen tangens und cotangens (in späterer lateinischer Übersetzung) „umbra versa" und „umbra recta", womuit das praktische Motiv für ihre Einführung angedeutet ist. Die Namen „**tangens**" und „**secans**"

wurden von in seiner „geometria rotundi" 1583 eingeführt. Die Bedeutung dieser Namen entnimmt man leicht der folgenden Figur, in welcher der Kreis den Radius 1 hat. Lateinisch tangens bedeutet berührend, secans schneidend. Der Name cotangens, 1620 von Gunter eingeführt, bedeutet natürlich tangens complementi.

Die obige Definition des sinus ist in dieser Form zunächst nur für $\alpha \in [0, \pi]$ möglich, da für $\alpha > \pi$ bei Verdoppelung $2\alpha > 2\pi$ gelten würde, während die Kreisbögen auf dem Einheitskreis eine Länge $\leq 2\pi$ haben. Natürlich könnte man dem dadurch abhelfen, dass man statt der unparametrisierten Kreisbögen parametrisierte Kurven benutzt, die dann beliebige Länge haben können.

Um im bisherigen Rahmen zu bleiben, wählen wir stattdessen die folgende endgültige Definition für die reellen trigonometrischen Funktionen.

Definition:

Die **trigonometrischen Funktionen sinus**, **cosinus**, **tangens**, **cotangens**, **secans** und **cosecans** sind auf $\mathbb{R}$ definierte Funktionen mit Werten in $\mathbb{R} \cup \{\infty\}$ und einer Periode 2π, die für Argumente $\alpha \in [0, 2\pi]$ wie folgt definiert sind.

Es sei C der Kreis mit Radius 1 und Mittelpunkt $(0,0)$ in der euklidischen Standardebene $\mathbb{R}^2$ und $\alpha \mapsto (x(\alpha), y(\alpha))$ die eindeutig bestimmte Parametrisierung von C durch die Bogenlänge mit $(x(0), y(0)) = (1, 0)$ und $(x(\frac{\pi}{2}), y(\frac{\pi}{2})) = (0, 1)$. Dann gilt per definitionem:

Bemerkungen:

(1) Aus der Definition folgt unmittelbar:

$$\boxed{(\sin \alpha)^2 + (\cos \alpha)^2 = 1}$$

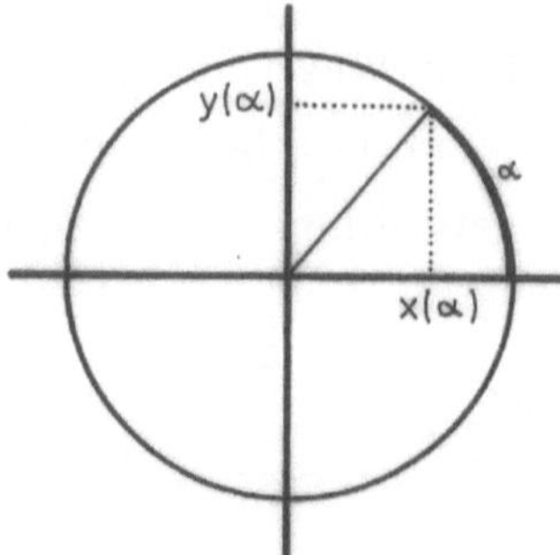

$$\begin{aligned}
\sin \alpha &= y(\alpha)\\
\cos \alpha &= x(\alpha)\\
\tan \alpha &= y(\alpha)/x(\alpha)\\
\cot \alpha &= x(\alpha)/y(\alpha)\\
\sec \alpha &= 1/x(\alpha)\\
\operatorname{cosec} \alpha &= 1/y(\alpha)
\end{aligned}$$

(2) Die Definition der sechs trigonometrischen Funktionen würde noch etwas symmetrischer erscheinen, wenn man statt des Einheitskreises einen Kreis von beliebigem Radius r parametrisieren würde. Dann wären die Funktionen durch die sechs möglichen Quotienten aus x, y, r definiert, also x/r, y/r, y/x, x/y, r/x, r/y.

(3) Wir haben eine Definition der trigonometrischen Funktionen gegeben, die sich in natürlicher Weise aus elementaren Grundbegriffen der euklidischen Geometrie wie Kreis, Kreisbogen, Strecke, Sehne und Winkel und aus dem Begriff der Kurvenlänge ergibt, und wir haben mit dieser Darstellung hinsichtlich der Definitionen in etwa die historische Entwicklung bis zur Entstehung der Infinitesimalrechnung nachgezeichnet. Was nun die Eigenschaften der trigonometrischen Funktionen betrifft, so waren diejenigen, welche sich ohne Inifinitesimalrechnung formulieren lassen, schon früh bekannt. Die wichtigste, das Additionstheorem für den sinus, war vermutlich schon Hipparch, mit Sicherheit aber Ptolemäus bekannt als Regel für die Berechnung der Sehne $s(\alpha + \beta)$ eines zusammengesetzten Bogens aus den Sehnen $s(\alpha)$ und $s(\beta)$ der Teilbögen. Aus diesem elementargeometrisch beweisbaren Additionstheorem kann man auf verschiedene Weise die Potenzreihenentwicklungen der trigonometrischen Funktionen und andere analytische Eigenschaften ableiten, z.B. indem man zunächst aus elementaren Abschätzungen

$$\lim_{t\to 0} \frac{\sin t}{t} = 1 \quad \text{und} \quad \lim_{t\to 0} \frac{\cos t}{t} = 0$$

beweist und dann mittels der Additionstheoreme die Ableitungen von sinus und cosinus berechnet. Hier ist eine geringfügig andere Herleitung.

Proposition 3.12   (**Roger Cotes 1722**)

$$\boxed{\dfrac{\mathrm{d}\sin t}{\mathrm{d}t} = \cos t} \qquad\qquad \boxed{\dfrac{\mathrm{d}\cos t}{\mathrm{d}t} = -\sin t}$$

Beweis:

Es sei $f : [0, 2\pi] \to \mathbb{R}^2$ die in der Definition der trigonometrischen Funktionen verwendete Parametrisierung des Einheitskreises C nach der Bogenlänge, also $f(t) = (\cos t, \sin t)$. Die Ableitung von f in t ist der Vektor $\dot{f}(t) = \left(\frac{\mathrm{d}\cos t}{\mathrm{d}t}, \frac{\mathrm{d}\sin t}{\mathrm{d}t}\right)$. Nach Proposition 2.17 ist $\dot{f}(t)$ der Tangentialvektor von der Länge $\|\dot{f}(t)\| = 1$ an C in Durchlaufsrichtung im Punkt $(\cos t, \sin t)$. Das ist aber gerade der Vektor $(-\sin t, \cos t)$.

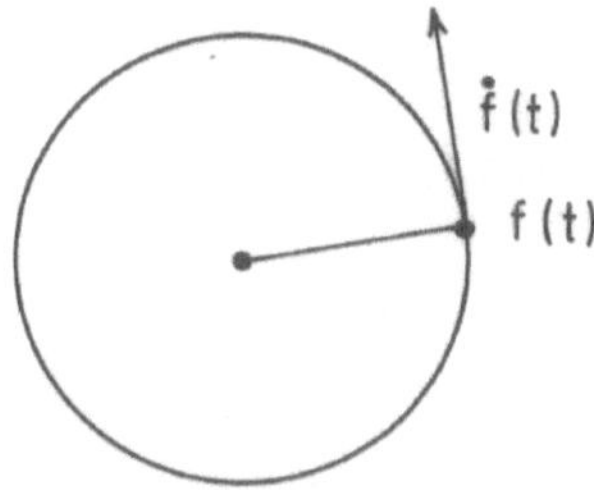

Satz 3.13   (**Newton 1669**)

$$\boxed{\begin{aligned} \sin t &= t - \frac{t^3}{3!} + \frac{t^5}{5!} - \frac{t^7}{7!} \pm \cdots \\ \cos t &= 1 - \frac{t^2}{2} + \frac{t^4}{4!} - \frac{t^6}{6!} \pm \cdots \end{aligned}}$$

Beweis:

Dies folgt, wie **Euler** in seinen institutiones calculi differentialis von 1755 bemerkt hat, aus 3.12 und der von Taylor 1715 gefundenen Darstellung von Funktionen durch ihre „Taylorreihe".

Man sieht leicht ein, dass die Reihen für sinus und cosinus ebenso wie die von gefundene Reihe für die Exponentialfunktion

$$\boxed{e^t = 1 + t + \frac{t^2}{2} + \frac{t^3}{3!} + \frac{t^4}{4!} \cdots}$$

für alle t in der komplexen Zahlenebene $\mathbb{C}$ konvergieren. Definiert man dadurch sinus, cosinus und Exponentialfunktion als komplexwertige Funktionen auf $\mathbb{C}$, dann gilt für diese Funktionen die folgende grundlegende von Euler entdeckte Beziehung:

Satz 3.14 (**Euler 1743**)

$$\cos z = \frac{e^{iz} + e^{-iz}}{2} \qquad \sin z = \frac{e^{iz} - e^{-iz}}{2i}$$

Beweis: Koeffizientenvergleich der Reihen.

Satz 3.15 (**Additionstheorem**)

$$\sin(\alpha + \beta) = \sin\alpha\cos\beta + \cos\alpha\sin\beta$$
$$\cos(\alpha + \beta) = \cos\alpha\cos\beta - \sin\alpha\sin\beta$$

Beweis:

Dies folgt aus 3.14 und der Funktionalgleichung der Exponentialfunktion $e^{z_1 + z_2} = e^{z_1} \cdot e^{z_2}$, die man leicht aus der Reihenentwicklung ableitet.

Damit haben wir den Kreis geschlossen: Auf dem Umweg über die Analysis sind wir wieder bei dem Satz angekommen, mit dem schon Ptolemäus seine Sehnentafel berechnet hat. Damit wollen wir es bewenden lassen. All die vielen übrigen Formeln für die trigonometrischen Funktionen findet man in den Formeltafeln oder leitet sie leicht selbst ab, wenn man sie braucht.

Nach diesen geometrischen und analytischen Entwicklungen kehren wir zurück zur linearen Algebra. Wir können nämlich nun, nachdem wir den aus der Längenmessung, d.h. aus der Norm eines euklidischen Vektorraumes entwickelten Begriff des Bogenmaßes von Winkeln und die trigonometrischen Funktionen zur Verfügung haben, auch das Skalarprodukt in dem euklidischen Vektorraum geometrisch interpretieren. Es sei also V ein euklidischer Vektorraum mit der positiv definiten symmetrischen Bilinearform $\langle\cdot,\cdot\rangle$. Natürlich können wir V mit dem zugehörigen euklidischen affinen Raum $\mathbb{A}(V)$ identifizieren. Daher sind die folgenden Definitionen sinnvoll.

Definition:

V sei ein euklidischer Vektorraum und $v, w \in V$ von Null verschiedene Vektoren. Dann ist der **Winkel** $\sphericalangle(v, w)$ zwischen v und w das Bogenmaß des Winkels $\{\mathbb{R}^+ v, \mathbb{R}^+ w\}$.

Proposition 3.16

Für das Skalarprodukt $\langle v, w \rangle$ von Vektoren $0 \neq v, w \in V$ in einem euklidischen Vektorraum $(V, \langle \cdot, \cdot \rangle)$ gilt:

$$\boxed{\langle v, w \rangle = \|v\| \cdot \|w\| \cdot \cos \sphericalangle(v, w)}$$

Beweis:

Der Beweis ergibt sich trivial aus den Definitionen. Offenbar gibt es einen Isomorphismus des n-dimensionalen euklidischen Vektorraums V mit dem euklidischen Standardvektorraum $\mathbb{R}^n$, welcher $\frac{v}{\|v\|}$ in den Standardbasisvektor e_1 überführt und $\frac{w}{\|w\|}$ in eine Linearkombination $xe_1 + ye_2$ der ersten beiden Standardvektoren. Es gilt $x^2 + y^2 = 1$. Also entspricht $\frac{w}{\|w\|}$ einem Punkt (x, y) auf dem Einheitskreis in $\mathbb{R}^2$ und $\frac{v}{\|v\|}$ dem Punkt $(1, 0)$ auf diesem Kreis. Wir sind also in der Situation wie bei der Definition des cosinus. Die Behauptung ergibt sich nun aus der Kette von trivialerweise geltenden Gleichungen neben der veranschlichenden Figur auf der nächsten Seite. Dabei folgt (0) aus der Bilinearität des Skalarprodukts, (1) und (4) aus der Isomorphie von V mit $\mathbb{R}^n$, ferner (2) aus der Orthonormalität von e_1, e_2 und (3) aus der Definition des cosinus.

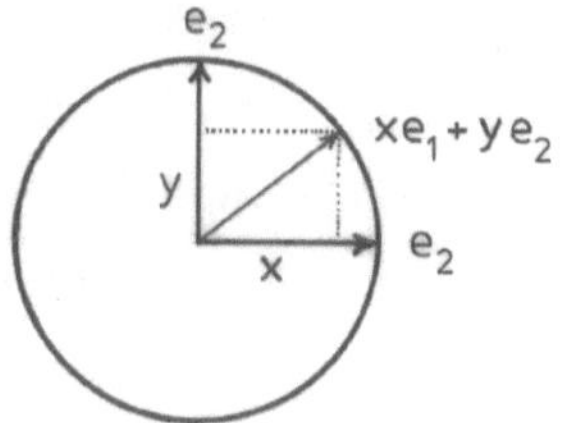

$$(0) \quad \langle v, w \rangle = \|v\| \cdot \|w\| \cdot \left\langle \frac{v}{\|v\|}, \frac{w}{\|w\|} \right\rangle$$

$$(1) \quad \left\langle \frac{v}{\|v\|}, \frac{w}{\|w\|} \right\rangle = \langle e_1, xe_1 + ye_2 \rangle$$

$$(2) \quad \langle e_1, xe_1 + ye_2 \rangle = x$$

$$(3) \quad x = \cos \sphericalangle(e_1, xe_1 + ye_2)$$

$$(4) \quad \sphericalangle(e_1, xe_1 + ye_2) = \sphericalangle(v, w).$$

Korollar 3.17

Bei der orthogonalen Zerlegung von w in eine Komponente w' in Richtung von v und eine Komponente w'' orthogonal zu v gilt:

$$w' = \cos \sphericalangle(v, w) \cdot \|w\| \cdot \frac{v}{\|v\|}$$

Beweis:

Dies folgt 3.16 und $w' = \frac{\langle v,w\rangle}{\langle v,v\rangle} v$.

Zusätzlich zu dem auf jedem euklidischen Vektorraum definierten inneren Produkt $\langle v, w\rangle$ haben wir für Vektoren v, w im $\mathbb{R}^3$ früher auch ein äußeres Produkt $v \times w$ definiert (Band I, Aufgabe 39 § 10). Wir interpretieren diese damals rein algebraische Definition jetzt geometrisch im Sinne der euklidischen Geometrie.

Proposition 3.18

Das **äußere Produkt** $v \times w$ von Vektoren v, w im 3-dimensionalen euklidischen Standardvektorraum $\mathbb{R}^3$ hat folgende charakteristische Eigenschaften:

(1) $v \times w$ ist orthogonal zu v und w,

(2) $\det(v, w, v \times w) \geq 0$,

(3) $\|v \times w\| = \|v\| \cdot \|w\| \cdot \sin \sphericalangle(v, w)$.

Beweis:

Die Behauptung folgt aus Band I, Aufgabe 39 zu § 10, und zwar (1) aus (ix), (2) aus (vii) und (xiii) sowie (3) aus (xii) und 3.16.

Bemerkungen:

(1) Das äußere Produkt $v \times w$ lässt sich also wie folgt charakterisieren: Sind v, w linear ahängig, so ist $v \times w = 0$. Andernfalls ist $v \times w$ der eindeutig bestimmte zu v und w senkrechte Vektor, dessen Länge $\|v \times w\|$ gleich der Fläche des von v und w aufgespannten Parallelogramms ist und der mit v und w in der Reihenfolge $v, w, v \times w$ eine positiv orientierte Basis bildet. Durch diese Bedingungen ist in jedem 3-dimensionalen orientieren euklidischen Vektorraum eindeutig ein äußeres Produkt definiert.

(2) Aus 3.16 folgt natürlich sofort wieder die Cauchy-Schwarzsche Ungleichung $\langle u, v \rangle \leq \|u\| \cdot \|v\|$.

(3) Will man geometrische Überlegungen vermeiden und in möglichst analytischer Weise von der linear-algebraischen Struktur des euklidischen Vektorraums ausgehen und die trigonometrischen Funktionen als aus der Analysis bekannt voraussetzen – etwa als durch ihre Potenzreihe definiert –, dann kann man 3.16 als Definition des Winkels $\sphericalangle(v, w)$ auffassen:

$$\sphericalangle(v, w) = \arccos \frac{\langle v, w \rangle}{\|v\| \cdot \|w\|}$$

Natürlich scheint mir dies aber nicht zu sein, und vom historischen Standpunkt stellt es die Dinge noch mehr auf den Kopf als unsere Entwicklung der euklidischen Geometrie aus dem Begriff des euklidischen Vektorraums.

(4) Zum Verhältnis von klassischer Geometrie und Theorie der Sesquilinearformen und ihrer Invarianten sagt Bourbaki in seiner Geschichte der Mathematik Folgendes:

> *„Wenn auch dergestalt das Studium der Sesquilinearformen zu einer immer größeren ‚Abstraktion‘ vorgetrieben wird, so hat es sich doch als außerordentlich suggestiv erwiesen, die Terminologie, die im Falle der zwei- und dreidimensionalen Räume aus der klassischen Geometrie herrührt, so wie sie ist, beizubehalten und auf den n-dimensionalen Fall und sogar auf Räume unendlicher Dimension auszudehnen. So ist die klassische Geometrie zwar als autonome und lebendige Wissenschaft dahingegangen, aber sie lebt weiter als unvergleichlich anpassungsfähige und bequeme Universalsprache der zeitgenössischen Mathematik.“*

Ich hoffe, dass die klassische Geometrie nicht nur als Sprache weiterlebt, und dass wenigstens etwas von ihrem Geist und ihren Ideen in diesem Kapitel sichtbar wird.

Die hier gegebene Darstellung der Winkelmessung in einem eukldischen affinen Raum lässt diese als einen aus der Längenmessung abgeleiteten Begriff erscheinen. Wir werden jedoch gleich sehen, dass sie für die

Ähnlichkeitsrelation genau so grundlegend ist wie die Längenmessung für die Kongruenzrelation.

Definition:

$E = (X, V, \tau, \langle \cdot, \cdot \rangle)$ sei ein euklidischer affiner Raum. Eine affine Abbildung $\varphi : X \to X$ ist **winkeltreu** genau, wenn für jeden Winkel $\{S_1, S_2\}$ in X der Winkel $\{\varphi(S_1), \varphi(S_2)\}$ das gleiche Bogenmaß hat wie $\{S_1, S_2\}$.

Satz 3.19

Die winkeltreuen affinen Abbildungen eines euklidischen affinen Raums X auf sich selbst sind genau seine Ähnlichkeitstransformationen.

Beweis:

Dass alle Ähnlichkeitstransformationen winkeltreu sind, ist evident. Umgekehrt sei $\varphi : X \to X$ eine winkeltreue affine Abbildung und $\psi : V \to V$ der zugehörige Linearteil. Offensichtlich genügt es, zu zeigen, dass es eine positive Konstante c mit $\|\psi(w)\| = c \, \|w\|$ für alle $0 \neq w \in V$ gibt. Da Isometrien winkeltreue Ähnlichkeitstransformationen sind, können wir o.B.d.A. statt ψ die Komposition von ψ mit einer geeigneten orthogonalen Transformation betrachten. Wir können daher o.B.d.A. ein $v \in V$ mit $\|v\| = 1$ so wählen können, dass $\varphi(v) = cv$ mit $c > 0$. Für jeden Vektor w sei $w' = \cos \sphericalangle(v, w) \cdot \|w\| \cdot v$ seine Komponente in Richtung v. Aus der Winkeltreue folgt sofort $\psi(w)' = \psi(w')$, also $\cos \sphericalangle(v, \psi(w)) \cdot \|\psi(w)\| \cdot v = \cos \sphericalangle(v, w) \cdot \|w\| \cdot cv$. Wegen $\psi(v) = cv$ mit $c > 0$ gilt $\sphericalangle(v, \psi(w)) = \sphericalangle(\psi(v), \psi(w)) = \sphericalangle(v, w)$. Es folgt $\|\psi(w)\| = c \, \|w\|$, zunächst für w nicht orthogonal zu v, dann aus Stetigkeitsgründen für alle w.

Bemerkung:

Der Beweis des vorstehenden Satzes ist trivial, weil wir nur affine lineare Abbildungen betrachtet haben. Es gilt jedoch eine viel schönere, aber auch schwerer zu beweisende Aussage, die auf Liouville zurückgeht.

Satz:

Die Ähnlichkeitstransformationen eines euklidischen affinen Raumes X der Dimension $n > 1$ sind genau die winkeltreuen Diffeomorphismen von X auf sich.

Dabei kann man „Diffeomorphismen" im Sinne von C^k-Diffeomorphismen interpretieren, und der Satz gilt für jedes $k \geq 1$. Für $k = 1$ und $n > 2$ ist der Beweis sehr schwer. Einen auch nicht leichten Beweis für $k = 4$ und weitere Literaturhinweise findet man in dem wunderschönen Buch von Berger, [105], Satz 9.5.4.

Die einfache Grundfigur, die wir in diesem Kapitel eingeführt haben, ist die der Halbebene. Als Durchschnitt von zwei Halbebenen erhielten wir die nächst einfache Figur des konvexen Winkelsektors. Gehen wir noch einen Schritt weiter und bringen drei Halbebenen zum Schnitt, dann führt uns dies zu einer von verschiedenen möglichen Definitionen eines Dreiecks.

Definition:

Ein **Dreieck** in einer euklidischen affinen Ebene X ist eine beschränkte Teilmenge von X, welche der Durchschnitt von drei abgeschlossenen Halbebenen ist, deren zugehörige offene Halbebenen einen nicht leeren Durchschnitt haben.

Proposition 3.20

In der euklidischen affinen Ebene X seien L_1, L_2, L_3 drei Geraden und H_i^+, H_i^- bzw. $\mathring{H}_i^+, \mathring{H}_i^-$ die zugehörigen abgeschlossenen bzw. offenen Halbebenen. $\triangle = H_1^+ \cap H_2^+ \cap H_3^+$ sei beschränkt und $\mathring{\triangle} = \mathring{H}_1^+ \cap \mathring{H}_2^+ \cap \mathring{H}_3^+$ nicht leer. Dann gilt:

(i) Die Gerade L_1, L_2, L_3 sind paarweise nicht parallel, insbesondere paarweise verschieden.

(ii) Die drei Schnittpunkte $x_i = L_j \cap L_k$, wo (i, j, k) eine Permutation von $\{1, 2, 3\}$ ist, sind nicht kollinear, insbesondere paarweise verschieden.

(3) $L_i \cap \triangle = [x_j, x_k]$

(iv) $\partial\triangle := \triangle \setminus \mathring{\triangle} = [x_1, x_2] \cup [x_2, x_3] \cup [x_3, x_1]$.

(v) Zu $x \in \triangle$ gibt es genau dann eine Gerade L in X mit $L \cap \triangle = \{x\}$, wenn $x \in \{x_1, x_2, x_3\}$.

Beweis:

(i) Wären z.B. L_1 und L_2 parallel, dann wäre entweder $\mathring{H}_1^+ \cap \mathring{H}_2^+ = \emptyset$ im Widerspruch zu $\mathring{\triangle} \neq \emptyset$, oder $H_1^+ \cap H_2^+$ enthielte eine Gerade, und dann enthielte $\triangle$ eine Halbgerade und wäre nicht beschränkt.

(ii) Wegen (i) braucht man nur den Fall $x_1 = x_2 = x_3$ auszuschließen. Aber in diesem Fall wäre $\triangle$ ein Winkelsektor, also nicht beschränkt.

(iii) Die Aussage folgt leicht aus $L_i \cap \triangle = L_i \cap H_j^+ \cap H_k^+$.

(iv) Die Aussage folgt trivial aus (iii).

(v) x_i ist der Scheitelpunkt des äußeren Winkelsektors $H_j^- \cup H_k^-$. Für jede in demselben enthaltende Gerade $L \neq L_j, L_k$ mit $x_i \in L$ gilt $L \cap \triangle = \{x_i\}$. Umgekehrt sei L eine Gerade mit $L \cap \triangle = \{x\}$. Man sieht wegen (iv) leicht, dass aus $x \notin \{x_1, x_2, x_3\}$ dann $L \cap \mathring{\triangle} \neq \emptyset$ folgen würde, im Widerspruch zu $L \cap \triangle = \{x\}$.

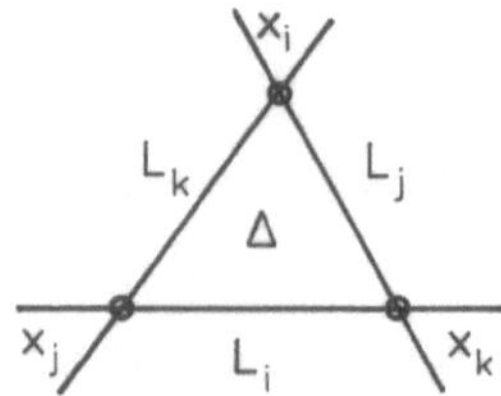

Bemerkungen:

(i) Man zeigt leicht, dass $\triangle$ die abgeschlossene Hülle von $\mathring{\triangle}$ ist und $\partial\triangle$ der Rand, d.h. $\partial\triangle = \triangle \cap \overline{X \setminus \triangle}$.

(ii) Die gerade bewiesene Proposition zeigt, dass die Punkte x_i, die Geraden L_i und die Strecken $[x_i, x_j]$ durch $\triangle$ eindeutig bestimmt sind, so dass die folgende Definition sinnvoll ist.

Definition:

$\triangle$ sei ein Dreieck in der euklidischen affinen Ebene X, und $x_1, x_2, x_3 \in X$ die durch $\triangle$ eindeutig bestimmten Punkte wie in Proposition 3.20.

(i) x_1, x_2, x_3 heißen die **Eckpunkte** von $\triangle$.

(ii) $[x_1, x_2], [x_2, x_3], [x_3, x_1]$ heißen die **Seiten** von $\triangle$.

(iii) $\partial\triangle = [x_1, x_2] \cup [x_2, x_3] \cup [x_3, x_1]$ heißt der **Rand** von $\triangle$.

(iv) $\overset{\circ}{\triangle} = \triangle \setminus \partial\triangle$ heißt das **Innere** von $\triangle$.

(v) Die durch den inneren Sektor orientierten Winkel $x_i x_j x_k$ heißen die **Winkel** von $\triangle$.

Soweit keine Verwechslungen zu befürchten sind, werden wir im Sinne der früher vereinbarten Sprachregelung auch die Längen $l[x_i, x_j]$ als „Seiten" von $\triangle$ bezeichnen und die Bogenmaße der Winkel $x_i x_j x_k$ als „Winkel" von $\triangle$.

Notation

Die klassische Bezeichnungsweise für die Bestimmungsstücke von Dreiecken ist A, B, C für die Ecken, α, β, γ für die Winkel mit Scheitel A, B, C und a, b, c für die A, B, C gegenüberliegenden Seiten.

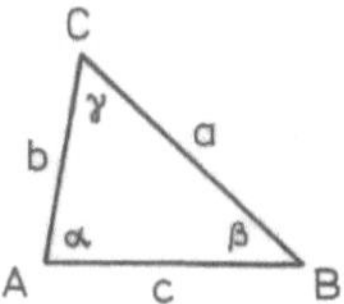

Wir bemerken, dass jede Bezeichnung der Ecken von $\triangle$, ob sie nun durch A, B, C oder x_1, x_2, x_3 oder sonstwie erfolgt, zu der Figur $\triangle$, die ja einfach als Teilmenge der Ebene definiert ist, etwas hinzufügt, nämlich eine Numerierung der aus drei Punkten bestehenden Eckenmenge von $\triangle$.

Definition:

Ein **orientiertes Dreieck** ist ein Dreieck zusammen mit einer Numerierung der Ecken.

Die Unterscheidung zwischen orientierten und nicht orientierten Dreiecken ist durchaus keine Haarspalterei. Bei der Beschreibung der Kongruenzklassen von

Dreiecken erfordert nämlich die methodische Sauberkeit, die Klassen von nicht-orientierten Dreiecken durch Daten zu beschreiben, die nicht von der Orientierung abhängen, während für die Klassen orientierter Dreiecke selbstverständlich orientierungsabhängige Daten verwendet werden dürfen. Ein Beispiel für ein orientierungsabhängiges Datum ist das geordnete Tripel der Seitenlängen (a, b, c). Das entsprechende orientierungsunabhängige Datum wäre das ungeordnete Tripel aus a, b, c. Aber was ist ein ungeordnetes Tripel? Es ist nichts anderes als die Menge $\{(a, b, c), (b, a, c), (b, c, a), (c, b, a), (c, a, b), (a, c, b)\}$. Das ist nicht gerade einfach. Natürlich könnte man unter den sechs Tripeln eines durch die Bedingung $a \leq b \leq c$ auszeichnen. Aber das wäre nicht sehr natürlich. Bei stetiger Variation des Dreiecks würde diese Bezeichnung der Seiten sich sprunghaft ändern. Ein einfacher Satz von Daten, die das ungeordnete Tripel charakterisieren, ist das Tripel der elementarsymmetrischen Funktionen $(a + b + c, ab + ac + bc, abc)$. Dies ist ein sinnvolles orientierungsunabhängiges Datum. Dabei hat $a + b + c$ eine offensichtliche geometrische Bedeutung, es ist der **Umfang**. In der Trigonometrie benutzt man meist $s = \frac{1}{2}(a + b + c)$. Die beiden anderen elementarsymmetrischen Funktionen haben keine so einfache Bedeutung. Statt ihrer kann man die Radien R und r der dem Dreieck umbeschriebenen und einbeschriebenen Kreise benutzen. Aus s, r, R lassen sich die elementarsymmetrischen Funktionen berechnen und umgekehrt: $a + b + c = 2s$ und $ab + ac + bc = r^2 + s^2 + 4rR$ und $abc = 4srR$. Hinsichtlich der Beschreibung der Kongruenzklassen durch solche Daten besteht nun ein wesentlicher Unterschied zwischen orientierten und nicht orientierten Dreiecken. Zu als Strecken gegebenen Daten (a, b, c) einerseits bzw. (s, r, R) andererseits lässt sich im ersten Fall sofort mit Zirkel und Lineal ein Dreieck mit diesen Daten konstruieren, im zweiten Fall nicht. Das liegt daran, dass die Bestimmung von a, b, c aus $\sigma_1 = a + b + c$ und $\sigma_2 = ab + ac + bc$ und $\sigma_3 = abc$, d. h. die Bestimmung der Lösungen der kubischen Gleichung $x^3 - \sigma_1 x^2 + \sigma_2 x - \sigma_3 = 0$, nicht für beliebige Koeffizienten auf die Lösung quadratischer Gleichungen, d. h. auf Konstruktionen mit Zirkel und Lineal zurückgeführt werden kann. (Der Beweis wird in der Algebra durch Galoistheorie geführt.)

Proposition 3.21

Ein Dreieck ist die konvexe Hülle seiner Eckpunkte, d. h. die kleinste konvexe Menge, welche die Eckpunkte enthält.

Beweis:

$\triangle$ sei ein Dreieck mit den Ecken A, B, C. Als Durchschnitt konvexer Mengen ist $\triangle$ konvex, umfasst also die konvexe Hülle. Umgekehrt umfasst die konvexe Hülle mit A, B auch die Strecke $[A, B]$, also auch alle Strecken $[x, C]$ für $x \in [A, B]$ und damit ganz $\triangle$.

Proposition 3.22

Der aus drei Strecken bestehende Rand $\partial\triangle$ eines Dreiecks $\triangle$ in einer euklidischen affinen Ebene X zerlegt X in zwei Komponenten, d. h. $X \setminus \partial\triangle$ hat genau zwei Zusammenhangskomponenten. Die eine Komponente ist unbeschränkt, die andere beschränkt und gleich dem Inneren $\mathring{\triangle} = \triangle \setminus \partial\triangle$ des Dreiecks.

Beweis:

Die Bezeichnungen seien wie in 3.20. Dann ist $X \setminus \partial\triangle$ die disjunkte Vereinigung der offenen Mengen $\mathring{\triangle} = \mathring{H}_1^+ \cap \mathring{H}_2^+ \cap \mathring{H}_3^+$ und $\mathring{H}_1^- \cup \mathring{H}_2^- \cup \mathring{H}_3^-$. Die Menge $\mathring{\triangle}$ ist konvex und daher zusammenhängend, und die andere Menge ist als Vereinigung der Halbebenen $\mathring{H}_i^-$ ebenfalls zusammenhängend, weil sowohl die Halbebenen als auch ihre Durchschnitte $\mathring{H}_i^- \cap \mathring{H}_j^-$ nicht leer und konvex, also zusammenhängend sind. Also sind $\mathring{\triangle}$ und $\mathring{H}_1^- \cup \mathring{H}_2^- \cup \mathring{H}_3^-$ die Zusammenhangskomponenten von $X \setminus \partial\triangle$. Erstere ist beschränkt, letztere offenbar nicht.

Bemerkungen:

(1) Die Charakterisierung von Dreiecken durch 3.22 entspricht wohl am ehesten der Definition eines Dreiecks bei Euklid in den Elementen, Buch 1, Definition 19: „Geradlinige Figuren sind solche, die von Strecken umfasst werden, dreiseitige die von drei, vierseitige die von vier, vielseitige die von mehr als vier Strecken umfassten." Danach gibt Euklid die Definitionen von gleichseitigen Dreiecken, gleichschenkligen Dreiecken usw.

(2) Proposition 3.22 ist ein Spezialfall eines viel allgemeineren und im Vergleich zu den meisten Sätzen dieses Buches tiefer liegenden Satzes.

Jordanscher Kurvensatz:

Jede einfach geschlossene Kurve C zerlegt die euklidische Ebene in zwei Zusammenhangskomponenten, eine beschränkte und eine unbeschränkte. Die beschränkte heißt das „**Innere**" von C, die andere das „**Äußere**".

Obwohl wir an der Wahrheit dieses Satzes auf Grund unserer räumlichen Anschauung kaum zweifeln können, ist der Beweis nicht einfach.

Definition:

Zwei (orientierte) Dreiecke in der Ebene X sind **kongruent**, wenn sie (mit Numerierung der Ecken) durch eine Isometrie von X ineinander überführt werden können.

Proposition 3.23

X sei eine euklidische affine Ebene, V ihr Translationsvektorraum, $GA(X)$ die affine Gruppe, $I(X)$ die Isometriegruppe von X sowie $GL(V)$ bzw. $O(V)$ die allgemeine lineare bzw. orthogonale Gruppe von V. Schließlich sei $\mathcal{T}(X)$ die Menge der orientierten Dreiecke in X. Dann gilt:

(i) $GA(X)$ operiert effektiv und transitiv auf $\mathcal{T}(X)$.

(ii) Es sei $\triangle_0 \in \mathcal{T}(X)$. Dann definiert $\varphi \mapsto \varphi(\triangle_0)$ für $\varphi \in GA(X)$ eine bijektive Abbildung $GA(X)/I(X) \to \mathcal{T}(X)/I(X)$.

(iii) Der kanonische Homomorphismus $GA(X) \to GL(V)$ definiert eine kanonische Bijektion $GA(X)/I(X) \to GL(V)/O(V)$. Zu jedem $\triangle_0 \in \mathcal{T}(X)$ gehört also eine bijektive Abbildung

$$\boxed{GL(V)/O(V) \xrightarrow{\ \approx\ } \mathcal{T}(X)/I(X)}$$

des homogenen Raumes $GL(V)/O(V)$ auf die Menge $(X)/I(X)$ der Kongruenzklassen von orientierten Dreiecken.

Beweis:

Übung.

Die Menge der Kongruenzklassen von Dreiecken in der Standardebene $\mathbb{R}^2$ wird also durch $GL(2, \mathbb{R})/O(2, \mathbb{R})$ parametrisiert. Nun wissen wir aber aus der Iwasawa-Zerlegung (II.12.54), dass dieser homogene Raum homöomorph zu $\mathbb{R}^3$ ist, genauer: zum Raum der reellen Matrizen von der Gestalt

$$\phi = \begin{pmatrix} \lambda & \nu \\ 0 & \mu \end{pmatrix} \text{ mit } \lambda, \mu > 0.$$

Wählt man nun noch für $\triangle_0$ ein ganz bestimmtes konkretes Dreieck, dann erhält man eine ganz explizite Parametrisierung von $\mathcal{T}(\mathbb{R}^2)/\operatorname{I}(\mathbb{R}^2)$ durch (λ, μ, ν). Beispiel: $\triangle_0$ sei das orientierte Dreieck mit den Ecken $(0,0)$, $(1,0)$, $(0,1)$ in dieser Reihenfolge. Es seien A, B, C die Ecken, a, b, c die Seiten und α, β, γ die Winkel des Dreiecks $\phi(\triangle_0)$. Dann gilt $A = (0,0)$, $B = (\lambda, 0)$, $C = (\nu, \mu)$, und daher:

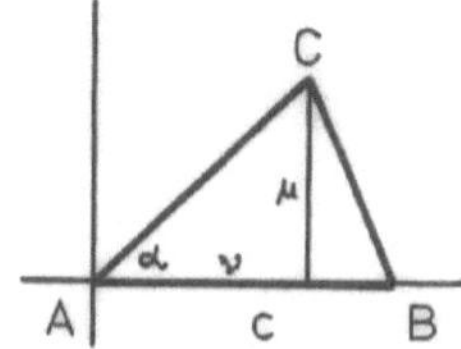

$$\lambda = c$$
$$\nu = b \cos \alpha$$
$$\mu = b \sin \alpha$$

Wir haben damit eine explizite bijektive Parametrisierung der Kongruenzklassen von orientierten Dreiecken gefunden. Sie ist jedoch recht asymmetrisch hinsichtlich der verwendeten Daten. Im Folgenden geben wir symmetrische Parametrisierungen der Kongruenz- und Ähnlichkeitsklassen an. Der Übergang zwischen diesen verschiedenen Parametrisierungen wird durch klassische Formeln der ebenen Trigonometrie geliefert.

Satz 3.24

X sei eine euklidische affine Ebene, $\operatorname{I}(X)$ bzw. $\tilde{\operatorname{I}}(X)$ die Gruppen ihrer Isometrien bzw. Ähnlichkeitstransformationen und $\mathcal{T}(X)$ die Menge der orientierten Dreiecke in X. Für $\triangle \in \mathcal{T}(X)$ seien $\overline{\triangle}$ bzw. $\overline{\overline{\triangle}}$ die Kongruenz- bzw. Ähnlichkeitsklasse und (a, b, c) bzw. (α, β, γ) die Tripel der Seiten bzw. Winkel von $\triangle$. Wir definieren ein Diagramm wie folgt:

$$
\begin{array}{ccc}
\mathcal{T}(X)/\mathrm{I}(X) & \xrightarrow{\psi} & U \\
\rho \downarrow & & \downarrow \sigma \\
\mathcal{T}(X)/\tilde{\mathrm{I}}(X) & \xrightarrow{\phi} & V \\
\| & & \uparrow \tau \\
\mathcal{T}(X)/\tilde{\mathrm{I}}(X) & \xrightarrow{\Gamma} & W
\end{array}
$$

$$U = \{(a,b,c) \in \mathbb{R}^3 \mid a < b+c, b < a+c, c < a+b\}$$
$$V = \{(x,y,z) \in \mathbb{R}^3 \mid x^2 + y^2 + z^2 + 2xyz = 1, -1 < x,y,z < 1,$$
$$x+y+z > 1\}$$
$$W = \{(\alpha,\beta,\gamma) \in \mathbb{R}^3 \mid \alpha + \beta + \gamma = \pi, \alpha > 0, \beta > 0, \gamma > 0\}$$

$$\psi(\overline{\triangle}) = (a,b,c)$$
$$\Gamma(\overline{\overline{\triangle}}) = (\alpha,\beta,\gamma)$$
$$\phi(\overline{\overline{\triangle}}) = (\cos\alpha, \cos\beta, \cos\gamma)$$
$$\tau(\alpha,\beta,\gamma) = (\cos\alpha, \cos\beta, \cos\gamma)$$
$$\sigma(a,b,c) = \left(\frac{-a^2+b^2+c^2}{2bc}, \frac{a^2-b^2+c^2}{2ac}, \frac{a^2+b^2-c^2}{2ab}\right)$$
$$\rho(\overline{\triangle}) = \overline{\overline{\triangle}}.$$

Dann gilt:

  (i) Das Diagramm kommutiert.

  (ii) ψ, ϕ, Γ und τ sind bijektiv.

  (iii) $\sigma^{-1}(x,y,z) = \{(a,b,c) \in U \mid a:b:c = \sqrt{1-x^2} : \sqrt{1-y^2} : \sqrt{1-z^2}\}$.

Beweis: Übung.

Bemerkungen:

(1) In diesem Satz sind in gedrängter Form eine Reihe von klassischen Sätzen bzw. Formeln der euklidischen Geometrie und der Trigonometrie zusammengefasst.

  (a) Die Bijektivität von ψ entspricht den Proposition 8, 20 und 22 in Buch 1 von Euklids Elementen.

(b) Die Bijektivität von Γ entspricht den Propositionen 26 und 32 in Buch 1 der Elemente. Da Γ offenbar bijektiv und das untere Rechteck des Diagramms trivialerweise kommutativ ist, ist die Bijektivität von ϕ der von Γ äquivalent.

(c) Die Kommutativität des oberen Rechtecks ist der **Cosinussatz der ebenen Trigonometrie**: Für die Seiten (a, b, c) und die Winkel (α, β, γ) eines ebenen Rechtecks gilt:

$$
\boxed{
\begin{aligned}
\cos \alpha &= \frac{-a^2 + b^2 + c^2}{2bc} \\
\cos \beta &= \frac{a^2 - b^2 + c^2}{2ac} \\
\cos \gamma &= \frac{a^2 + b^2 - c^2}{2ab}
\end{aligned}
}
$$

Der Cosinussatz entspricht der Sache nach genau den Propositionen 12 und 13 in Buch 2 der Elemente, nur taucht natürlich in der Formulierung von nicht das Wort „cosinus" auf. In einer Formulierung, die der obigen nahe kommt, findet man den Satz z. B. bei Vieta 1593.

(d) Aussage (iii) folgt sofort aus der Definition von σ und ist der **Sinussatz der ebenen Trigonometrie**:

$$
\boxed{a : b : c = \sin \alpha : \sin \beta : \sin \gamma}
$$

Der Sinussatz war der Sache nach bereits **Ptolemäus** bekannt, wurde aber erst später von **Nasîr ed-dîn** (1250), **Levi ben Gerson** (1330) und **Regiomontanus** (1464) genau formuliert.

(2) Wir haben durch ϕ und Γ zwei Parametrisierungen für $\mathfrak{T}(X)/\tilde{\mathfrak{I}}(X)$ angegeben. Die durch Γ erscheint auf den ersten Blick einfacher und natürlicher. Sie ist aber im Gegensatz zu derjenigen von ϕ in hohem Maße nicht konstruktiv. Entsprechend wird $\tau = \phi \circ \Gamma^{-1}$ durch die transzendente Funktion cosinus beschrieben. Die Parametrisierungen von $\mathfrak{T}(X)/\mathrm{I}(X)$ durch ψ und von $\mathfrak{T}(X)/\tilde{\mathrm{I}}(X)$ durch ϕ sind beide konstruktiv, und zwar im bereits früher besprochenen Sinne der Konstruierbarkeit von Dreiecken mit gege-

benen (a, b, c) bzw. $(\cos\alpha, \cos\beta, \cos\gamma)$ mittels Zirkel und Lineal. Dem entspricht, dass die Abbildung σ durch rationale Funktionen beschrieben wird und die Fasern von σ mittels Proportionen von Quadratwurzeln rationaler Funktionen.

(3) Es ist interessant, sich die geometrische Natur der zur Parametrisierung von $\mathcal{T}(X)/\mathrm{I}(X)$ und $\mathcal{T}(X)/\tilde{\mathrm{I}}(X)$ verwendeten Bereiche U, V, W klar zu machen.

(a) W ist das Innere des Dreiecks mit den Ecken $(\pi, 0, 0)$, $(0, \pi, 0)$, $(0, 0, \pi)$ in der Ebene $\alpha + \beta + \gamma = \pi$ in $\mathbb{R}^3$.

(b) Der Bereich U ist ein offener „**simplicialer Kegel**". Das heißt hier: U ist die Vereinigung der von $0 \in \mathbb{R}^3$ ausgehenden Strahlen durch Punkte im Inneren des Dreiecks mit den Ecken $(0, 1, 1)$, $(1, 0, 1)$, $(1, 1, 0)$. Durch die Abbildung $(a, b, c) \mapsto \frac{1}{2}(b + c - a, a + c - b, a + b - c)$ wird dieses Dreieck in dasjenige mit den Ecken $(1, 0, 0)$, $(0, 1, 0)$, $(0, 0, 1)$ abgebildet und U in den positiven Oktanten $\{(\xi, \eta, \zeta) \in \mathbb{R}^3 \mid \xi, \eta, \zeta > 0\}$.

(c) Am interessantesten ist der Bereich V. Er ist ein Stück auf der Fläche

$$F = \{(x, y, z) \in \mathbb{R}^3 \mid x^2 + y^2 + z^2 + 2xyz = 1\},$$

also einer reell-affinen kubischen Fläche. Diese Fläche hat 4 gewöhnliche Doppelpunkte in den vier Punkten $(-1, 1, 1)$, $(1, -1, 1)$, $(1, 1, -1)$ und $(-1, -1, -1)$, also in den vier Eckpunkten eines der beiden regulären Tetraeder, welche man dem Würfel mit den Eckpunkten $(\pm 1, \pm 1, \pm 1)$ einbeschreiben kann. Lokal sieht F in der Umgebung dieser Punkte so aus wie ein Doppelkegel in seiner Spitze. Die Fläche F wird durch die Würfeloberfläche in fünf Komponenten zerlegt, die nur in den vier konischen Doppelpunkten zusammenstoßen. F wird durch die Symmetrien des Tetraeders in sich überführt, und die Kanten des Tetraeders liegen auf F. Die drei Kanten zwischen den Ecken $(-1, 1, 1)$, $(1, -1, 1)$ und $(1, 1, -1)$, also die auf der Ebene $x + y + z = 1$, zerlegen den im Inneren des Würfels liegenden Teil F' von F in zwei Komponenten, nämlich in die Durchschnitte von F' mit den Halbräumen $x + y + z > 0$

und $x + y + z < 0$. Die erste Komponente ist nach Definition gerade der Bereich V. Die beigegebenen Figuren A und B illustrieren die Geometrie der Fläche F. Figur A zeigt den Durchschnitt von F mit einer Kugel vom Radius 2,5. Der im Innern es Würfels liegende Teil F' wird parametrisiert durch $(\alpha, \beta, \gamma) \mapsto (\cos\alpha, \cos\beta, \cos\gamma)$ mit $\alpha + \beta + \gamma = \pi$ und $\alpha, \beta, \gamma \leq \pi$, also das Dreieck in der (α, β, γ)-Ebene mit den Ecken $(-\pi, \pi, \pi)$, $(\pi, -\pi, \pi)$, $(\pi, \pi, -\pi)$.

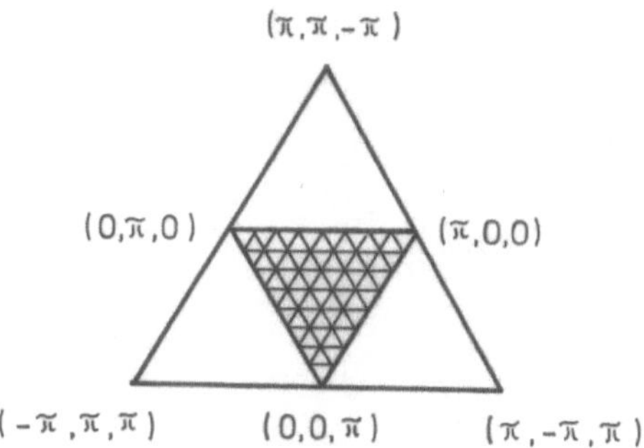

Dieses Dreieck zerfällt in 4 Teildreiecke, welche auf die 4 Flächenstücke abgebildet werden, in welche die Tetraederkanten F' zerlegen. Eines davon ist V. In Figur A sind die Bilder der Niveaulinien von α, β, γ angedeutet. Die 4 äußeren Stücke von F sind parametrisiert durch $x = u\cosh a$, $y = v\cosh b$, $z = w\cosh c$, wobei $a + b + c = 0$ und $u, v, w = \pm 1$ und $uvw = -1$.

Projektiv sind alle kubischen Flächen mit 4 Doppelpunkten äquivalent. Außer den 6 Geraden durch die 4 Doppelpunkte haben sie noch 3 weitere Geraden. Deren Ebene liegt bei der affinen Fläche F im Unendlichen, bei der Fläche von Figur B im Endlichen. Figur B stammt aus F. Kleins Artikel „Über Flächen dritter Ordnung", Math. Ann. 6(1873), 551–581 [123]. Kubische Flächen mit 4 Doppelpunkten untersuchte zuerst Cayley 1844. Schöne Bilder kubischer Flächen bringt G. Fischers Buch „Mathematische Modelle" [114], eine Einführung in ihre Theorie ebendort der Artikel „Algebraische Flächen" von W. Barth und H. Knörrer.

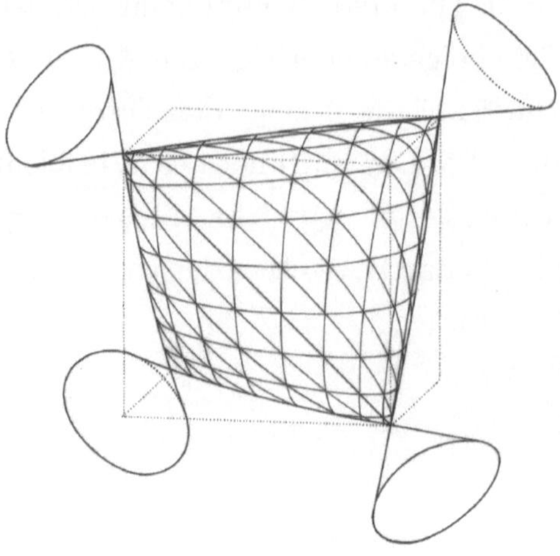

Figur A

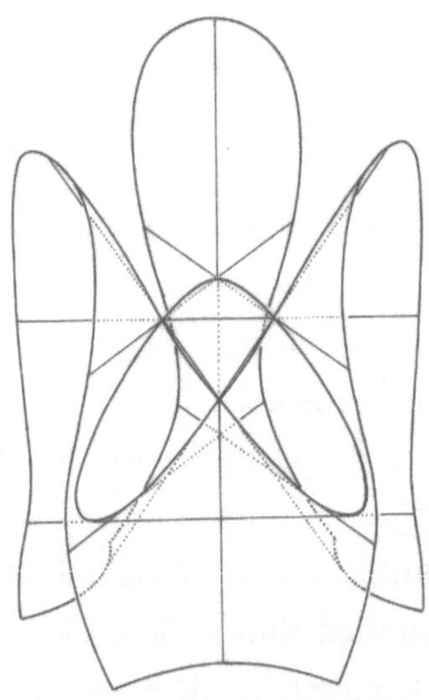

Figur B

Wir wollen jetzt noch ganz kurz über die einfachsten Grundtatsachen der sphärischen Trigonometrie berichten, die sich in der Antike noch vor der ebenen Trigonometrie entwickelte und auch in der Geodäsie und Navigation praktisch wichtig ist. Sei eine Sphäre in einem 3-dimensionalen euklidischen

Raum gegeben, ohne Beschränkung der Allgemeinheit die zweidimensionale Standardsphäre im 3-dimensionalen Standardraum

$$S^2 = \{(x_1, x_2, x_3) \in \mathbb{R}^3 \mid x_1^2 + x_2^2 + x_3^2 = 1\}.$$

Ein **Großkreis** auf S^2 ist der Schnitt von S^2 mit einer Ebene durch den Mittelpunkt. Die Großkreise spielen in der sphärischen Geometrie die gleiche Rolle wie die Geraden in der ebenen euklidischen Geometrie. Sie sind die Geodätischen auf S^2. Ein **Großkreisbogen** ist ein Kreisbogen auf einem Großkreis. Die Großkreisbögen sind die Analoga der Strecken in der Ebene. Zu jedem Punkt $x \in S^2$ gehört eine **affine Tangentialebene**, und der zugehörige Vektorraum ist der **Tangentialvektorraum** $T_x(S^2)$ von S^2 in x. Natürlich gilt $T_x(S^2) = \{y \in \mathbb{R}^3 \mid \langle y, x \rangle = 0\}$, und die affine Tangentialebene ist $\{y \in \mathbb{R}^3 \mid \langle y, x \rangle = 1\} = x + T_x(S^2)$. Zu jedem Punkt $x = f(t)$ einer differenzierbaren parametrisierten Jordankurve $f : [a, b] \to S^2$ gehört ein **Tangentialvektor** $\dot{f}(t) \in T_x(S^2)$. Parametrisiert man durch die Bogenlänge, so ist die Parametrisierung bei Jordanbögen durch Festlegung des Anfangs- und Endpunktes eindeutig bestimmt, und der Tangentialvektor hängt dann nur noch von dem jeweiligen Punkt auf dem Bogen ab. Dies gilt insbesondere für Großkreisbögen mit zwei verschiedenen Randpunkten x und y. Zu x als Anfangspunkt der Parametrisierung durch die Bogenlänge gehört ein eindeutig durch den Bogen bestimmter **Tangentialvektor** t_{xy} in x nach y. Sind x und y nicht Diametralpunkte, d.h. $y \neq -x$, dann gibt es genau zwei Großkreisbögen mit x und y als Randpunkten, einen kürzeren und einen längeren. Es sei t_{xy} der Tangentialvektor an den kürzeren Bogen in x nach y und c die Bogenlänge des kürzeren Bogens.

Aus der Definition von t_{xy} sowie sinus und cosinus folgt dann sofort:

$$y = \sin c \cdot t_{xy} + \cos c \cdot x. \tag{$*$}$$

Sind nun zwei Großkreisbögen mit einem Randpunkt x und zwei weiteren Randpunkten y und z gegeben, dann ist durch die beiden Tangentialvektoren $t_{xy}, t_{xz} \in T_x(S^2)$ ein nicht orientierter Winkel in $T_x(S^2)$ definiert. Um einen orientierten Winkel zu bekommen, kann man je nach geometrischer

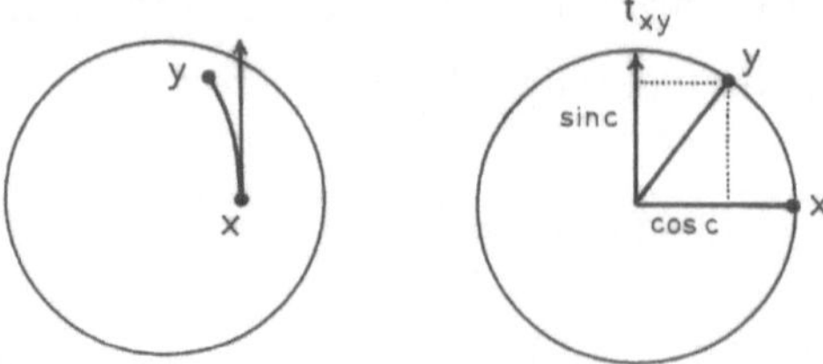

Ausgangslage verschieden vorgehen. Eine Möglichkeit ist Folgende. Zu den beiden Bögen gehört erstens in offensichtlicher Weise eine Zerlegung von S^2 durch die Vereinigung der beiden zugehörigen Halbkreise in „**Kreisbogenzweiecke**".

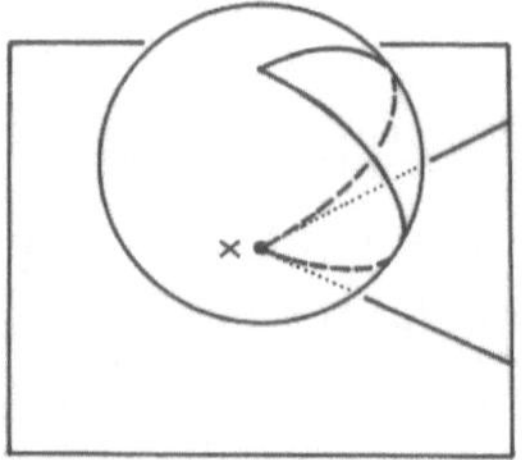

Zweitens gehört dazu eine entsprechende Zerlegung von $T_x(S^2)$ in Winkelsektoren. Sind nun die beiden Bögen Teil des Randes einer gegebenen Teilmenge $\triangle \subset S^2$, welche ganz in einem der beiden Kreisbogenzweiecke liegt, dann wählt man als Orientierung des Winkels den diesem Zweieck entsprechenden Winkelsektor, und die zugehörige Bogenlänge $\alpha \in [0, 2\pi]$ heißt der **innere Winkel** von $\triangle$ in x.

Für die Definition von sphärischen Dreiecken gibt es mehrere Möglichkeiten, die zu verschiedenen Begriffen von unterschiedlicher Allgemeinheit führen. Wir lassen uns von der Analogie zu der in 3.22 gegebenen Charakterisierung ebener Dreiecke leiten. Gegeben seien drei verschiedene Punkte $x, y, z \in S^2$ und drei Großkreisbögen C_1, C_2, C_3, so dass C_1 die Randpunkte x, y hat, C_2 die Randpunkte y, z und C_3 die Randpunkte z, x. Ferner werde vorausgesetzt, dass $C_1 \cap C_2 = \{y\}$, $C_2 \cap C_3 = \{z\}$ und $C_3 \cap C_1 = \{x\}$. Dann ist $C = C_1 \cap C_2 \cap C_3$ eine einfach geschlossene Kurve in S^2. Eine derartige Kurve wollen wir ad hoc ein „**sphärisches Trigon**" mit den Ecken x, y, z nennen. Man kann leicht zeigen, dass ein sphärisches Trigon C die Sphäre in zwei Komponenten zerlegt. Das heißt: $S^2 \setminus C$ hat zwei Zusammenhangskomponenten mit dem gemeinsamen Rand C, und die abgeschlossene Hülle jeder Komponente ist ihre Vereinigung mit dem Rande.

Definition:

Ein **sphärisches Dreieck** $\triangle$ mit den Ecken x, y, z ist die abgeschlossene Hülle einer Komponente des Komplements eines sphärischen Trigons mit den Ecken x, y, z. Das Trigon $\partial\triangle$ heißt der **Rand** von $\triangle$. Die Längen der drei den Rand bildenden Großkreisbögen mit den Randpunkten x, y bzw. y, z bzw. x, z heißen die **Seiten** von $\triangle$. Die Bogenmaße der von diesen Bögen in den Ecken gebildetetn inneren Winkel heißen die Winkel von $\triangle$.

Notation:

Zur Bezeichnung der Ecken werden statt x, y, z oft die Buchstaben A, B, C verwendet. Die A, B, C gegenüberliegenden Seiten heißen dann a, b, c, und die Winkel in A, B, C heißen α, β, γ.

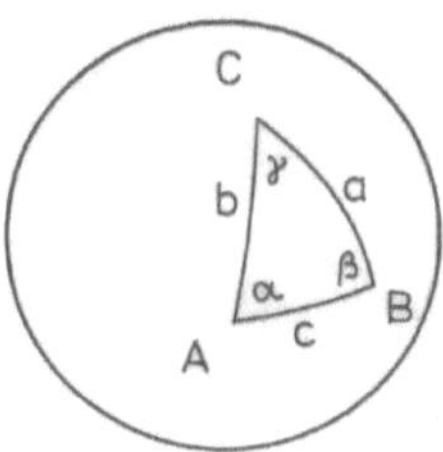

Bemerkungen:

Beim Umgang mit der obigen Definition ist aus mehreren Gründen Vorsicht geboten.

(1) Zu drei gegebenen Punkten $x, y, z \in S^2$ gibt es im Allgemeinen mehrere Trigone mit diesen Punkten als Ecken. Wenn x, y, z nicht alle auf einem Großkreis liegen, gibt es nämlich genau 4 Trigone und daher

genau 8 Dreiecke mit diesen Ecken. Liegen x, y, z hingegen auf einem Großkreis, dann gibt es nur ein Trigon – nämlich diesen Großkreis –, wenn keine Ecken diametral gegenüberliegen, und andernfalls unendlich viele.

(2) Umgekehrt sind die Ecken eines sphärischen Dreiecks durch die zugehörige Teilmenge $\triangle \subset S^2$ im Allgemeinen nicht eindeutig bestimmt. Sie sind es nur dann, wenn der Rand des Dreiecks nicht als Vereinigung von weniger als drei Großkreisbögen dargestellt werden kann. Wenn wir daher von einem sphärischen Dreieck sprechen, meinen wir immer, dass die Ecken mit gegeben sind.

(3) Darüber hinaus meinen wir mit sphärischen Dreiecken immer orientierte sphärische Dreiecke, d. h. Dreiecke mit einer Numerierung der Ecken. Formal gesprochen ist also ein sphärisches Dreieck für uns ein Quadrupel $(\triangle, x, y, z)$, wo $x, y, z \in S^2$ drei verschiedene Punkte sind und $\triangle$ der Abschluß einer Komponente des Komplements eines Trigons mit den Ecken x, y, z.

(4) Für die Numerierung der Ecken legen wir zu Beweiszwecken fest, dass von den 6 möglichen Numerierungen nur drei verwendet werden sollen, und zwar diejenigen, für die beim Durchlaufen des Randes $\partial\triangle$ in der Reihenfolge der Numerierung, also von x zu y zu z zu x das Dreieck $\triangle$ links liegen soll, wobei man sich selbstverständlich vorstellt, dass man außen auf der Kugeloberfläche herumläuft. Präzise formuliert: Ist bei Durchlaufung von $\partial\triangle$ in der Reihenfolge der Numerierung in einem Punkt $p \in \partial\triangle$ der Vektor $u \in T_p(S^2)$ der Tangentenvektor an einem Randkreisbogen, $v \in T_p(S^2)$ der zu u senkrechte Einheitsvektor in der zu $\triangle$ und dem Randkreisbogen gehörigen Halbebene von $T_p(S^2)$ und $w = p$ der äußere Einheitsnormalenvektor von S^2 in p, dann ist (u, v, w) eine positiv orientierte Basis in $\mathbb{R}^3$, d. h. $\det(u, v, w) = +1$.

Definition:

Ein **Eulersches sphärisches Dreieck** ist ein sphärisches Dreieck, dessen Seiten und Winkel alle kleiner als π sind.

Bemerkungen:

(1) Man überlegt sich leicht, dass die Eulerschen sphärischen Dreiecke gerade die sind, welche durch Schnitt von S^2 mit drei Halbräumen entstehen, deren begrenzende Ebenen sich nur im Mittelpunkt schneiden. Dieser eingeschränkte Dreicksbegriff ist also das sphärische Analogon zu unserer ersten Fassung des ebenen Dreiecksbegriffs.

(2) Während für die Winkelsumme eines ebenen Dreiecks stets $\alpha + \beta + \gamma = \pi$ gilt, ist beim sphärischen Dreieck $\triangle$ stets die Winkelsumme $\alpha + \beta + \gamma > \pi$, weil $\alpha + \beta + \gamma - \pi$ die Fläche von $\triangle$ ist, wie man ganz leicht zeigt, indem man $\triangle$ als Durchschnitt von Kreisbogenzweiecken darstellt.

(3) Für Eulersche sphärische Dreiecke gilt $\alpha + \beta + \gamma < 3\pi$, für beliebige sphärische Dreiecke im oben definierten Sinn $\alpha + \beta + \gamma < 5\pi$.

Satz 3.25

Zwischen den Seiten a, b, c und den Winkeln α, β, γ eines sphärischen Dreiecks bestehen die folgenden Beziehungen:

(i) **Sinussatz der sphärischen Trigonometrie:**
$$\sin a : \sin b : \sin c = \sin \alpha : \sin \beta : \sin \gamma$$

(ii) **Seitencosinussatz der sphärischen Trigonometrie:**
$$\cos a = \cos b \cos c + \sin b \sin c \cos \alpha$$

(iii) **Winkelcosinussatz der sphärischen Trigonometrie:**
$$\cos \alpha = -\cos \beta \cos \gamma + \sin \beta \sin \gamma \cos a$$

Selbstverständlich implizieren die Cosinussätze die Gültigkeit der jeweils drei Formeln, die aus den angegebenen Formeln durch gleichzeitige zyklische Permutation von a, b, c und α, β, γ hervorgehen.

Beweis:

Vorbereitungen: $\triangle$ sei ein sphärisches Dreieck mit den Ecken A, B, C, den Seiten a, b, c und den Winkeln α, β, γ. Zur Vereinfachung des Beweises nehmen wir an, dass $\triangle$ ein Eulersches Dreieck ist. Wir bezeichnen die den Punkten A, B, C des affinen Raumes $\mathbb{R}^3$ entsprechenden Vektoren von $\mathbb{R}^3$ mit x, y, z. Dann folgt aus 3.16 und 3.18

(1a) $\langle y, z \rangle = \cos a$ $\qquad$ (2a) $\|y \times z\| = \sin a$

(1b) $\langle z, x \rangle = \cos b$ $\qquad$ (2b) $\|z \times x\| = \sin b$

(1c) $\langle x, y \rangle = \cos c$ $\qquad$ (2c) $\|x \times y\| = \sin c$

(3a) $\langle t_{xy}, t_{xz} \rangle = \cos \alpha$ $\qquad$ (4a) $t_{xy} \times t_{xz} = (\sin \alpha)x$

(3b) $\langle t_{yz}, t_{yx} \rangle = \cos \beta$ $\qquad$ (4b) $t_{yz} \times t_{yx} = (\sin \beta)y$

(3c) $\langle t_{zx}, t_{zy} \rangle = \cos \gamma$ $\qquad$ (4c) $t_{zx} \times t_{zy} = (\sin \gamma)z$

Die 6 Tangentialvektoren in den drei Ecken wurden bereits oben durch die Formel $(*)$ berechnet. Für die Ecke x hat man:

$$(5b) \quad (\sin b)t_{xz} = z - (\cos b)x$$

$$(5c) \quad (\sin c)t_{xy} = y - (\cos c)x$$

Zusätzlich zu diesen Formeln benutzen wir im Folgenden einige Regeln der Vektoralgebra, die wir früher in den Übungen zu Band I § 10, Aufgabe 39 formuliert haben und als 39(i), 39(ii) usw. zitieren.

Beweis des Sinussatzes:

Der Satz ist offenbar äquivalent zu den Gleichungen

$$\sin b \sin c \sin \alpha = \sin c \sin a \sin \beta = \sin a \sin b \sin \gamma.$$

Aus (4a), (5b), (5c) folgt:

$$\begin{aligned}
\sin b \sin c \sin \alpha &= \langle x, ((\sin c)t_{xy}) \times ((\sin b)t_{xz}) \rangle \\
&= \langle x, y \times z - (\cos b)y \times x - (\cos c)x \times z \rangle \\
&= \langle x, y \times z \rangle.
\end{aligned}$$

Aber $\langle x, y \times z \rangle$ ist nach 39(xiii) die Determinante $[x, y, z]$. Durch zyklische Vertauschung erhält man:

$$\sin b \sin c \sin \alpha = [x, y, z]$$

$$\sin c \sin a \sin \beta = [y, z, x]$$

$$\sin a \sin b \sin \gamma = [z, x, y]$$

Die rechts stehenden Determinanten sind gleich, und damit ist der Sinussatz bewiesen.

Beweis des Seitencosinussatzes:
Aus (5b) und (5c) folgt durch skalare Multiplikation der linken und rechten Seiten mittels (1a) und (3a) die Identität $\sin b \sin c \cos \alpha = \cos a - \cos b \cos c$, und das ist der Seitencosinussatz.

Beweis des Winkelcosinussatzes:
Zu dem Eulerschen Dreieck $\triangle$ gehört ein duales Eulersches Dreieck $\hat{\triangle}$, das **Polardreieck** zu $\triangle$. Als Eulersches Dreieck ist es durch seine Ecken $\hat{A}, \hat{B}, \hat{C}$ eindeutig bestimmt. Die Punkte $\hat{A}, \hat{B}, \hat{C} \in S^2$ sind definitionsgemäß die Pole der zu den Seiten a, b, c gehörigen $\triangle$ umfassenden Halbkugeln. Für die diesen Punkten entsprechenden Einheitsvektoren $\hat{x}, \hat{y}, \hat{z}$ gilt wegen (2a)–(2c) und 3.18 natürlich

$$\text{(6a)} \quad \sin a\, \hat{x} = y \times z$$
$$\text{(6b)} \quad \sin b\, \hat{y} = z \times x$$
$$\text{(6c)} \quad \sin c\, \hat{z} = x \times y.$$

Für die Seiten $\hat{a}, \hat{b}, \hat{c}$ und Winkel $\hat{\alpha}, \hat{\beta}, \hat{\gamma}$ von $\hat{\triangle}$ gilt:

$$\text{(7)} \quad \begin{aligned} \hat{a} &= \pi - \alpha & \hat{\alpha} &= \pi - a \\ \hat{b} &= \pi - \beta & \hat{\beta} &= \pi - b \\ \hat{c} &= \pi - \gamma & \hat{\gamma} &= \pi - c. \end{aligned}$$

Ersteres sieht man leicht elementargeometrisch, oder man erhält es aus $\cos \hat{a} = -\cos \alpha$, was man durch leichte Rechnung aus (6c), (6b), (1a), 39(xi) und dem Seitencosinussatz ableitet. Der zweite Satz von Gleichungen folgt aus dem ersten, weil wegen 3.18(i) offenbar $\hat{\hat{x}} = x$, $\hat{\hat{y}} = y$, $\hat{\hat{z}} = z$ und daher $\hat{\hat{\triangle}} = \triangle$ gilt. Aus (7) und dem Seitencosinussatz für $\hat{\triangle}$ folgt der Winkelcosinussatz für $\triangle$.

Bemerkungen:

(1) Sinussatz und Seitencosinussatz wurden zuerst 1464 von **Regiomontanus** in „De triangulis" im Druck veröffentlicht, jedoch ist der Sinussatz anscheinend bereits dem Araber **Abû'l Wafa** und zwei seiner Zeitgenossen bekannt. Der Winkelcosinussatz wurde 1593 von **Vieta** angegeben, von **Pitiscus** 1595 bewiesen.

(2) Die Punkte y auf S^2, die von einem festen Punkt $x \in S^2$ einen gegebenen Abstand d (im Sinne der Bogenlänge des kürzeren Großkreisbogens zwischen x und y) haben, liegen offenbar auf dem Schnitt C von S^2 mit der zu $T_x(S^2)$ parallelen affinen Ebene mit Abstand $(1 - \cos d)$ von x. Für $d = 0$ bzw. $d = \pi$ gilt $C = \{x\}$ bzw. $C = \{-x\}$, und für $0 < d < \pi$ ist C ein Kreis. Daraus entnimmt man leicht, dass ein Eulersches sphärisches Dreieck $\triangle$ durch seine Seiten (a, b, c) bis auf Kongruenz eindeutig bestimmt ist. Ferner zeigt die Auflösung nach $\cos \alpha$, $\cos \beta$, $\cos \gamma$ im Seitencosinussatz, dass für ein Eulersches Dreieck die Winkel α, β, γ durch die Seiten a, b, c eindeutig bestimmt sind. Insofern besteht eine Analogie zwischen Sätzen der ebenen und der sphärischen Trigonometrie. Für Eulersche sphärische Dreiecke kann man aber auch umgekehrt im Winkelcosinussatz nach $\cos a$, $\cos b$, $\cos c$ auflösen, so dass gilt:

Für ein Eulersches sphärisches Dreieck sind die Seiten a, b, c durch die Winkel α, β, γ eindeutig bestimmt! Hier unterscheidet sich also die Geometrie der Sphäre von der Geometrie der Ebene.

Definition:

In einem n-dimensionalen euklidischen Raum X sei eine $(n-1)$-dimensionale Sphäre S und auf S ein Punkt $p \in S$ gegeben. Dann definieren wir Folgendes. Es sei o der Mittelpunkt von S und σ_o die Symmetrie mit Zentrum o. Wir nennen den gegebenen Punkt p den **Nordpol** von S und $q = \sigma_o(p)$ den **Südpol**. Die **Äquatorebene** H_p zum Pol p ist die Hyperebene durch o orthogonal zur Geraden durch o und p. Der **Äquator** zu p ist die $(n-2)$-dimensionale Sphäre $S \cap H_p$. Das Komplement $S \setminus (S \cap H_p)$ zerfällt in zwei

Zusammenhangskomponenten mit dem Äquator als gemeinsamen Rand. Sie heißen **offene Halbkugeln**, ihre durch Hinzunahme des Randes entstehenden abgeschlossenen Hüllen **abgeschlossene Halbkugeln**. Die offenen bzw. abgeschlossenen Halbkugeln, die den Nordpol enthalten, heißen offene bzw. abgeschlossene **Nordhalbkugel**, die anderen **Südhalbkugel**.

Definition:

S sei eine Sphäre in einem euklidischen Raum X und $p \in S$ ein Punkt auf S. Die **stereographische Projektion** mit Zentrum p ist die Abbildung $f : S \setminus \{p\} \to H_p$ auf die Äquatorebene zu p, welche jedem Punkt $x \in S \setminus \{p\}$ den Schnittpunkt $f(x)$ von H_p mit dem von p ausgehenden Strahl durch x zuordnet.

Die gerade definierte Projektion wurde schon von **Ptolemäus** in seiner Geographie angegeben. Die Abbildung wurde später (1613) von **Aiguillon** stereographische Projektion genannt und wird auch heute noch neben einer ganzen Reihe anderer Projektionen zur Herstellung von Land- und Himmelskarten verwendet.

Wir wollen jetzt einige Eigenschaften der stereographischen Projektion ableiten. Sie ist offensichtlich eine bijektive Abbildung $f : S \setminus \{p\} \to H_p$. Wir können sie natürlich als Beschränkung einer entsprechend definierten Projektionsabbildung $F : X \setminus T_p \to H_p$ auffassen, wo T_p die affine Tangentialebene an S in p ist, also die zu H_p parallele Hyperebene durch p. Identifizieren wir X mit dem Standardraum $\mathbb{R}^n$ und S mit der Standardsphäre sowie p mit dem Standardvektor $e = (0, ..., 0, 1)$, dann können wir die Abbildung F analytisch wie folgt beschreiben:

$$F(x) = \frac{1}{1 - \langle x, e \rangle}(x - \langle x, e \rangle\, e) = \frac{1}{1 - x_n}(x_1, ..., x_{n-1}, 0).$$

Dies ist eine differenzierbare Abbildung. Sie bildet differenzierbare Kurven in S auf differenzierbare Kurven in H_p ab, und dabei werden die Tangentialvektoren dieser Kurven auf die Tangentialvektoren der Bildkurven abgebildet. Diese Abbildung der Tangentialvektoren kann man wie folgt beschreiben. Der Tangentialvektorraum von S in $x \in S$ ist $T_x(S) = \{v \in \mathbb{R}^n \mid \langle v, x \rangle = 0\}$. Ist $g : [a, b] \to S \subset \mathbb{R}^n$ eine differenzierbare Kurve in S mit $g(t) = x$, dann gilt für ihren Tangentialvektor $\dot{g}(t) \in T_x(S)$. Der Tangentialvektor der Bildkurve $F \circ g$ in t ist nach der Kettenregel der Differentialrechnung einfach $\mathrm{D}F_x(\dot{g}(t))$, wobei $\mathrm{D}F_x : \mathbb{R}^n \to \mathbb{R}^{n-1}$ die Ableitung von $F : \mathbb{R}^n \setminus T_p \to \mathbb{R}^{n-1}$ im Punkte x ist, also durch die $(n-1) \times n$-Matrix der partiellen Ableitungen gegeben wird. Bezeichnen wir als **Ableitung** $\mathrm{d}f_x$ von f in x die Beschränkung $\mathrm{D}F_x|T_x(S)$ von $\mathrm{D}F_x$ auf $T_x(S)$, so haben wir folgendes Ergebnis: Die Abbildung der Tangentialvektoren wird beschrieben durch den Vektorraumhomomorphismus

$$\mathrm{d}f_x : T_x(S) \to T_p(S),$$

denn $T_p(S)$ ist der zu H_p gehörige Vektorraum. Den Homomorphismus $\mathrm{d}f_x$ kann man leicht explizit ausrechnen. Indem man $\mathbb{R}^n$ in die zueinander komplementären Räume $\mathbb{R}(e - x)$ und $(\mathbb{R}e)^\perp$ zerlegt und $\mathrm{D}F_x$ auf diese beschränkt, zeigt man leicht, dass für $v \in T_x(S)$ gilt:

$$\mathrm{d}f_x(v) = \frac{1}{1 - \langle x, e \rangle} \left[v - \frac{\langle v, e \rangle}{1 - \langle x, e \rangle}(e - x) \right].$$

Hieraus ergibt sich für $v, w \in T_x(S)$ durch leichte Rechnung:

$$\langle \mathrm{d}f_x(v), \mathrm{d}f_x(w) \rangle = \frac{1}{(1 - \langle x, e \rangle)^2} \langle v, w \rangle.$$

Daraus folgt aber nach 3.16 für alle $v, w \in T_x(S^2)$

$$\boxed{\sphericalangle(\mathrm{d}f_x(v), \mathrm{d}f_x(w)) = \sphericalangle(v, w).}$$

Definition:

Eine differenzierbare Abbildung f heißt **winkeltreu**, wenn für ihre Ableitung $\mathrm{d}f_x$ in allen Punkten x für alle Tangentialvektoren v, w in x gilt:

$$\sphericalangle(\mathrm{d}f_x(v), \mathrm{d}f_x(w)) = \sphericalangle(v, w).$$

Bemerkung:

Die allgemeine Situation, in der man winkeltreue Abbildungen definieren kann, ist in der obigen Definition absichtlich offen gelassen, da ihre Präzisierung zu weit führen würde. Dazu müßte man nämlich differenzierbare Mannigfaltigkeiten M und ihre Tangentialvektorräume $T_x(M)$ definieren, dann beschreiben, wie man die Tangentialvektorräume zusätzlich mit der Struktur eines euklidischen Vektorraums versehen kann, so dass Winkel zwischen Tangentialvektoren definiert sind, und schließlich für differenzierbare Abbildungen von Mannigfaltigkeiten $f : M \to N$ die Ableitung $\mathrm{d}f_x : T_x(M) \to T_{f(x)}(N)$ definieren.

Wir haben bewiesen:

Proposition 3.26

Die stereographische Projektion $f : S \setminus \{p\} \to H_p$ ist eine bijektive winkeltreue Abbildung.

Proposition 3.27

Für die stereographische Projektion $f : S^2 \setminus \{p\} \to H_p$ einer 2-Sphäre mit Zentrum p auf der Äquatorebene H_p zum Nordpol p gilt Folgendes:

(i) f bildet die abgeschlossene Südhalbkugel bijektiv auf die vom Äquator berandete abgeschlossene Kreisscheibe ab.

(ii) Die Nordhalbkugel ohne den Pol wird bijektiv auf das Äußere des Äquators in H_p abgebildet.

(iii) Für alle Kreise $C \subset S^2$ mit $p \in C$ ist das Bild $f(C \setminus \{p\})$ eine Gerade in H_p. Den Großkreisen durch p entsprechen dabei die Geraden durch den Mittelpunkt.

(iv) Für alle Kreise $C \subset S^2$ mit $p \notin C$ ist das Bild $f(C)$ ein Kreis in H_p. Den Großkreisen entsprechen dabei genau diejenigen Kreise, welche den Äquator in einem Paar von Diametralpunkten treffen, sowie der Äquator selbst.

(v) Die Zuordnung $C \mapsto f(C \setminus C \cap \{p\})$ definiert eine bijektive Abbildung der Menge aller Kreise C auf S^2 auf die Menge aller Kreise und Geraden in H_p.

Beweis:

O. B. d. A. sei S^2 die Standardsphäre in $\mathbb{R}^3$. Die Bezeichnungen seien wie oben. (i) und (ii) sind trivial.

(iii) Es sei H die Ebene mit $H \cap S^2 = C$. Aus $p \in C$ folgt $p \in H$ und daher $f(C \setminus \{p\}) = H \cap H_p$.

(iv) Es sei H die Ebene mit $H \cap S^2 = C$, und $c > 0$ der Abstand von H zum Mittelpunkt sowie $y \in S^2$ so, dass $H = \{x \in \mathbb{R}^3 \mid \langle x, y \rangle = c\}$. Es gilt $c = \langle y, e \rangle$ genau wenn $p \in C$, also $c - \langle y, e \rangle \neq 0$ nach Voraussetzung. Wir setzen $d = (c - \langle y, e \rangle)^{-1}$. Sind $z = dy$ und $r > 0$ definiert durch $r^2 = 1 - 2cd + d^2$, dann gilt Für x mit $\langle x, x \rangle = 1$: $\langle x, y \rangle = c \Leftrightarrow \langle x - z, x - z \rangle = r^2$. Der Kreis C ist also der Durchschnitt von S^2 mit der hilfsweise eingeführten Sphäre $S_r(z)$ mit Mittelpunkt z und Radius r:

$$C = S^2 \cap S_r(z) \tag{1}$$

Eine leichte Rechnung zeigt: Für x mit $\langle x, x \rangle = 1$ gilt

$$(1 - \langle x, e \rangle) \left[\langle F(x) - z, F(x) - z \rangle - r^2 \right] = \langle x - z, x - z \rangle - r^2.$$

Daher folgt aus (1):

$$f(C) = H_p \cap S_r(z) \tag{2}$$

Also ist $f(C)$ als Schnitt einer Sphäre mit einer Ebene ein Kreis, denn leer oder einpunktig kann es nicht sein.

(v) Die Aussage folgt durch Umkehrung der Argumente in (iii) und (iv).

Die folgende Figur illustriert den Beweis von (iv), damit man sich die
Idee merken kann.

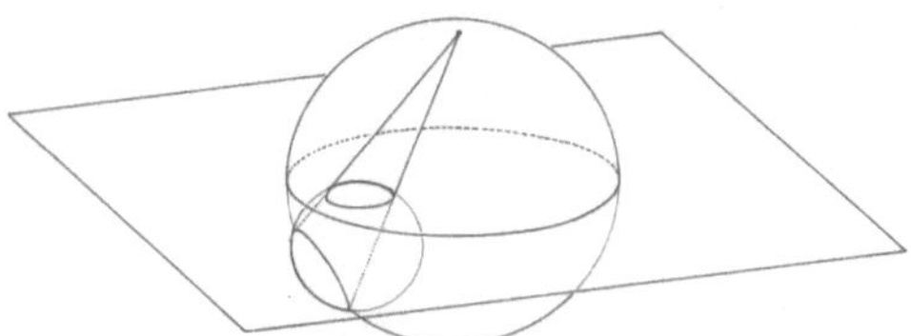

Die stereographische Projektion ist ein gutes Hilfsmittel, um Konfigurationen von Kreisen oder Kreisbögen auf der Sphäre sichtbar zu machen. Auch
von Konfigurationen von Ebenen im Raume, die durch den Mittelpunkt der
Sphäre gehen, kann man sich auf diese Weise ein Bild machen, indem man
zunächst die Ebenen mit der Sphäre schneidet und die so entstehenden
Konfigurationen von Großkreisen stereographisch in die Äquatorebene
projeziert. Als Beispiel zeigt das nächste Bild die Figur, die man auf diese
Weise erhält, wenn man von den 15 Symmetrieebenen eines regulären Dode-
kaeders oder Ikosaeders ausgeht. Projektionszentrum ist eine Ikosaederecke.

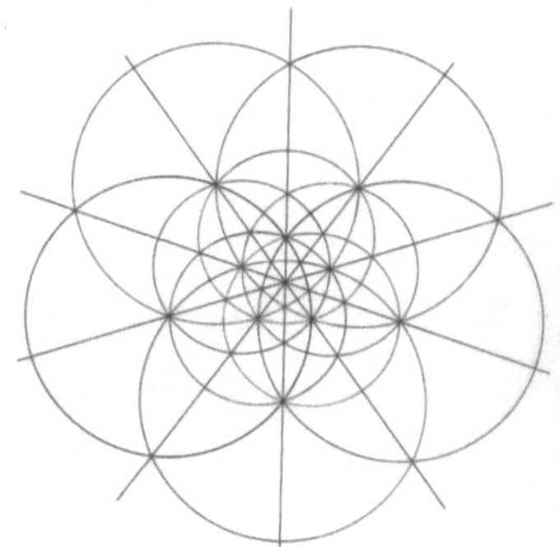

Die stereographische Projektion wird uns auch zu einer schönen Beschreibung der Isometriegruppe der 2-Sphäre und der Gruppe ihrer winkeltreuen
Selbstabbildungen führen. Wir berichten zunächst, was über die entsprechenden Gruppen für Sphären beliebiger Dimension bekannt ist. Bevor wir

von der Isometriegruppe einer Sphäre überhaupt reden können, müssen wir eine Metrik auf der Sphäre einführen.

Dafür gibt es verschiedene Möglichkeiten, die sich in natürlicher Weise anbieten. Die einfachste ist die Folgende.

Definition:

(X, d) sei der zu einem euklidischen affinen Raum gehörige metrische Raum und $S \subset X$ eine Sphäre in X. Dann ist der **chordale Abstand** χ die durch d auf S induzierte Metrik, d. h. für $x, y \in S$ gilt definitionsgemäß $\chi(x, y) = d(x, y)$.

Der chordale Abstand $\chi(x, y)$ ist die Länge der Strecke $[x, y]$, also die Länge der Sehne $[x, y]$ eines durch x und y gehenden Großkreises. Daher der Name, denn das lateinische Wort „chorda" ist als Lehnwort aus dem griechischen χορδη gebildet, was Sehne oder Saite bedeutet. Der gerade definierte Abstandsbegriff ist zwar der einfachste, aber in gewisser Hinsicht nicht der natürlichste, denn die Verbindungsstrecke zwischen verschiedenen Punkten x, y der Sphäre liegt ja nicht auf derselben. Als Verbindungskurven von x, y auf der Sphäre S bieten sich die Großkreisbögen mit x, y als Randpunkten an. Dafür muß man natürlich $\dim X > 1$ voraussetzen, denn die 0-dimensionale Sphäre besteht nur aus zwei Punkten. Wenn y von x verschieden ist und x nicht diametral gegenüberliegt, gibt es genau einen Großkreis durch x und y, und dementsprechend genau zwei Großkreisbögen mit x, y als Randpunkten, einen kürzeren und einen längeren. Als Abstand von x und y wird man die Länge des kürzeren Bogens bezeichnen. Sind x und y gleich oder Diametralpunkte, dann gibt es unendlich viele Großkreise durch x und y. Sind x und y Diametralpunkte, dann zerlegen sie jeden dieser Großkreise in zwei Halbkreise. Alle haben die gleiche Länge πr, wo r der Radius der Sphäre ist, und diese Länge wird man als Abstand von x und y bezeichnen. Sind x und y gleich, dann ist $\{x\}$ ein Großkreisbogen der Länge 0 auf jedem Großkreis durch x und y, und man wird selbstverständlich sagen, dass x und y den Abstand 0 haben. Die in der vorhergehenden Diskussion unterschiedenen Fälle lassen sich wie folgt in einer Definition zusammenfassen.

Definition:

S sei eine Sphäre positiver Dimension in einem euklidischen Raum X. Dann ist der **sphärische Abstand** $\delta(x,y)$ zweier Punkte $x,y \in S$ das Minimum der Längen aller Großkreisbögen auf S mit den Randpunkten x,y.

Bemerkung:

Man kann beweisen, dass $\delta(x,y)$ auch das Minimum der in X gemessenen Längen aller auf S liegenden rektifizierbaren Kurven mit den Endpunkten x,y ist.

Proposition 3.28

S sei eine Sphäre positiver Dimension, δ der sphärische und χ der chordale Abstand. Dann sind δ und χ äquivalente Metriken auf S. Genauer: χ ist die Sehne von δ, das heißt $\chi = s \circ \delta$ für eine Sphäre vom Radius 1.

Beweis:

S habe o. B. d. A. den Radius 1. Da χ trivialerweise eine Metrik ist und offensichtlich $\chi = s \circ \delta$ gilt, bleibt nur noch die Dreiecksungleichung $\delta(x,z) \leq \delta(x,y) + \delta(y,z)$ für δ zu zeigen. Liegen x,y,z auf einem Großkreis, dann folgt dies leicht aus 3.4. Andernfalls bestimmen x,y,z einen 3-dimensionalen euklidischen affinen Unterraum durch den Mittelpunkt von S und x,y,z. Dieser schneidet S in einer 2-dimensionalen Sphäre S' und x,y,z sind die Ecken eines sphärischen Dreiecks auf S' mit den Winkeln α, β, γ bei x,y,z und den Seiten a,b,c gegenüber x,y,z. Dabei gilt $a = \delta(y,z)$ und $b = \delta(z,x)$ sowie $c = \delta(x,z)$ mit $a,b,c \leq \pi$. Der Seitencosinussatz ergibt

$$\cos c = \cos a \cos b + \sin a \sin b \cos \gamma.$$

Daher folgt wegen $\cos \gamma \geq -1$ und $\sin a, \sin b > 0$ aus dem Additionstheorem

$$\cos c \geq \cos a \cos b - \sin a \sin b = \cos(a + b).$$

Daraus folgt $c \leq a + b$, und das ist die behauptete Ungleichung.

Aus 3.28 folgt insbesondere, dass zum sphärischen Abstand δ und zum chordalen Abstand χ auf einer Sphäre S die gleiche Isometriegruppe I$(S) =$

$\mathrm{I}(S, \delta) = \mathrm{I}(S, \chi)$ gehört. Wir nennen diese Gruppe einfach die **Isometrie-gruppe der Sphäre** S. Die folgende Proposition bestimmt diese Isometrie-gruppe.

Proposition 3.29

Die orthogonale Gruppe $\mathrm{O}(n, \mathbb{R})$ operiert kanonisch auf der Standardsphäre $S^{n-1} \subset \mathbb{R}^n$. Diese Operation definiert einen Isomorphismus

$$\boxed{\mathrm{O}(n, \mathbb{R}) \cong \mathrm{I}(S^{n-1}).}$$

Beweis:

Es ist klar, dass durch die kanonische Operation ein injektiver Homomorphismus $\mathrm{O}(n, \mathbb{R}) \to \mathrm{I}(S^{n-1})$ definiert wird. Zu zeigen ist nur die Surjektivität. Sei also $\varphi \in I(S^{n-1})$ eine Isometrie. Wir definieren eine Abbildung $\psi : \mathbb{R}^n \mapsto \mathbb{R}^n$ durch $\psi(0) = 0$ und $\psi(v) = \|v\| \, \varphi(v / \|v\|)$ für $v \neq 0$. Für $v, w \neq 0$ gilt $\sphericalangle(v, w) = \delta(v / \|v\|, w / \|w\|)$. Da δ unter φ invariant ist und $\langle v, w \rangle = \|v\| \, \|w\| \cos \sphericalangle(v, w)$, folgt $\langle \psi(v), \psi(w) \rangle = \langle v, w \rangle$ für alle $v, w \in \mathbb{R}^n$. Daraus folgt die zu beweisende Aussage $\psi \in \mathrm{O}(n, \mathbb{R})$, denn dies war gerade die Behauptung 6 im Beweis von Satz 1.2.

Damit sind die Isometriegruppen der Sphären bestimmt. Wir wenden uns jetzt den Gruppen der winkeltreuen Abbildungen zu. Es geht uns dabei nur um einen Bericht darüber, wie man diese Gruppen ebenso explizit bestimmen kann wie die Isometriegruppen. Wir führen die Definitionen nicht ganz und die Beweise überhaupt nicht aus und verweisen auf Bergers „Géométrie" [103] 18.10.

Definition:

Eine **konforme Abbildung** einer Sphäre S ist ein winkeltreuer C^1-Diffeomorphismus $S \to S$. Die **konforme Gruppe** von S ist die Gruppe $\mathrm{Conf}(S)$ aller konformen Abbildungen von S, und $\mathrm{Conf}^+(S)$ ist die Untergruppe aller orientierungserhaltenden konformen Abbildungen.

Um die konforme Gruppe $\mathrm{Conf}(S^{n-1})$ der Standardsphäre $S^{n-1} \subset \mathbb{R}^n$ zu bestimmen, benutzen wir eine andere Beschreibung von S^{n-1}, nämlich als eine gewisse Quadrik in einem projektiven Raum. Um das zu erklären, brauchen wir einige einfache Definitionen.

Ist V ein K-Vektorraum, dann ist der zu V gehörige **projektive Raum** $\mathbb{P}(V)$ die Menge der 1-dimensionalen K-Untervektorräume von V. Ist insbesondere V der Standardvektorraum, dann bezeichnen wir $\mathbb{P}(K^n)$ auch mit $\mathbb{P}_{n-1}(K)$, und für $(x_1, \ldots, x_n) \in K^n \setminus \{0\}$ bezeichnen wir mit $[x_1, ..., x_n] \in \mathbb{P}_{n-1}(K)$ den durch $(x_1, ..., x_n)$ bestimmten 1-dimensionalen Unterraum $K \cdot (x_1, \ldots, x_n)$. Natürlich gilt $[x_1', \ldots, x_n'] = [x_1, ..., x_n]$ genau dann, wenn es ein $\lambda \in K \setminus \{0\}$ gibt mit $(x_1', \ldots, x_n') = (\lambda x_1, ..., \lambda x_n)$. Man nennt die durch $[x_1, \ldots, x_n]$ nur bis auf einen gemeinsamen Faktor λ bestimmten n-Tupel $(x_1, \ldots, x_n)$ **homogene Koordinaten** des Punktes $[x_1, \ldots, x_n] \in \mathbb{P}_{n-1}(K)$. In Band 1, Seite 572 haben wir die **projektive lineare Gruppe** eingeführt. Es ist die Gruppe

$$\mathrm{PGL}(n, K) = \mathrm{GL}(n, K) / \mathrm{Z}(\mathrm{GL}(n, K)).$$

Sie operiert kanonisch auf $\mathbb{P}_{n-1}(K)$. Die Operation ist einfach durch die Operation von $\mathrm{GL}(n, K)$ auf K^n induziert. Allgemeiner definieren wir jetzt für jede Untergruppe $G \subset \mathrm{GL}(V)$ in der linearen Gruppe eines Vektorraums V die zugehörige projektive Gruppe PG als die Gruppe

$$\mathrm{PG} = \mathrm{G} / (\mathrm{G} \cap \mathrm{Z}(\mathrm{GL}(V))),$$

das heißt als Quotienten von G nach dem Durchschnitt von G mit dem Zentrum $\mathrm{Z}(\mathrm{GL}(V))$ von $\mathrm{GL}(V)$. Insbesondere erhalten wir für $G = \mathrm{GL}(V)$ bzw. $\mathrm{G} = \mathrm{SL}(V)$ die **allgemeine projektive Gruppe** $\mathrm{PGL}(V)$ bzw. die **spezielle projektive Gruppe** $\mathrm{PSL}(V)$. Ist V mit einer symmetrischen Bilinearform versehen, dann erhalten wir dazu eine projektive orthogonale Gruppe und eine spezielle projektive orthogonoale Gruppe. Insbesondere erhält man so zu den im Anschluß an Satz II.12.50 definierten Gruppen $\mathrm{O}(p, q, K)$, $\mathrm{SO}(p, q, K) \subset \mathrm{GL}(p + q, K)$ die zugehörigen **projektiven orthogonalen Gruppen**

$$\mathrm{PO}(p, q, K), \mathrm{PSO}(p, q, K) \subset \mathrm{PGL}(p + q, K).$$

Alle diese Gruppen operieren auf $\mathbb{P}_{p+q-1}(K)$. Sie operieren darüber hinaus auf den entsprechenden **projektiven Lorentz-Quadriken** $Q^{p,q}(K) \subset$

$\mathbb{P}_{p+q-1}(K)$, welche durch die zugehörigen quadratischen Formen wie folgt definiert werden:

$$Q^{p,q}(K) = \{[x_1, \ldots, x_{p+q}] \in \mathbb{P}_{p+q-1}(K) \mid x_1^2 + \ldots x_p^2 - x_{p+1}^2 - \ldots - x_{p+q}^2 = 0\}.$$

Proposition 3.30

Für die $(n-1)$-dimensionale Standardsphäre $S^{n-1} \subset \mathbb{R}^n$ definiert die Zuordnung $(x_1, \ldots, x_n) \mapsto [1, x_1, \ldots, x_n]$ eine bijektive Abbildung $S^{n-1} \to Q^{1,n}(\mathbb{R})$.

Beweis: Trivial.

Satz 3.31

Die Konjugation mit der Bijektion $S^{n-1} \to Q^{1,n}(\mathbb{R})$ induziert für $n \geq 3$ einen Isomorphismus

$$\mathrm{Conf}(S^{n-1}) \cong \mathrm{PO}(1, n, \mathbb{R}).$$

Den Beweis findet man z. B. bei Berger, loc. cit., 18.10.1.5 und 18.10.4. Mit dem gerade formulierten Satz ist die konforme Gruppe $\mathrm{Conf}(S^{n-1})$ beschrieben. Wir möchten auch die Untergruppe $\mathrm{Conf}^+(S^{n-1})$ in der gleichen Art bestimmen. Hierfür wollen wir uns die Zusammenhangskomponenten der Gruppen $\mathrm{O}(p, q, \mathbb{R})$ etwas genauer ansehen. Die Fälle $o = 0$ oder $q = 0$ bieten eigentlich nichts Neues, denn es gilt $\mathrm{O}(0, q, \mathbb{R}) = \mathrm{O}(q, \mathbb{R})$ und $\mathrm{O}(p, 0, \mathbb{R}) = \mathrm{O}(p, \mathbb{R})$, und für die orthogonalen Gruppen $\mathrm{O}(n, \mathbb{R})$ können wir die Frage nach den Zusammenhangskomponenten sofort beantworten.

Definition:

$\mathrm{O}^+(n, \mathbb{R}) := \{A \in \mathrm{O}(n, \mathbb{R}) \mid \det A = 1\} = \mathrm{SO}(n, \mathbb{R})$

$\mathrm{O}^-(n, \mathbb{R}) := \{A \in \mathrm{O}(n, \mathbb{R}) \mid \det A = -1\}.$

Proposition 3.32

$\mathrm{O}(n, \mathbb{R})$ hat zwei Zusammenhangskomponenten, nämlich $\mathrm{O}^+(n, \mathbb{R})$ und $\mathrm{O}^-(n, \mathbb{R})$.

Beweis: I.10.15 und II.12.54, Bemerkung (2).

Wir setzen also jetzt $p > 0$ und $q > 0$ voraus und beschreiben die Matrizen aus $O(p, q, \mathbb{R})$ durch Blockmatrizen.

$$
X = \left.\begin{array}{|c|c|}
\hline
A & B \\
\hline
C & D \\
\hline
\end{array}\right\}\begin{array}{c} p \\[1.2em] q \end{array}
$$
$$
\underbrace{}_{p}\ \underbrace{}_{q}
$$

Behauptung:

Für eine solche Matrix gilt stets $\det A \neq 0$ und $\det D \neq 0$.

Beweis:

Nach Definition von $O(p, q, \mathbb{R})$ gilt

$$
\begin{array}{|c|c|}
\hline
A & B \\
\hline
C & D \\
\hline
\end{array} \cdot
\begin{array}{|c|c|}
\hline
1 & 0 \\
\hline
0 & -1 \\
\hline
\end{array} \cdot
\begin{array}{|c|c|}
\hline
{}^{t}A & {}^{t}C \\
\hline
{}^{t}B & {}^{t}D \\
\hline
\end{array} =
\begin{array}{|c|c|}
\hline
A^{t}A - B^{t}B & A^{t}C - B^{t}D \\
\hline
C^{t}A - D^{t}B & C^{t}C - D^{t}D \\
\hline
\end{array} =
\begin{array}{|c|c|}
\hline
1 & 0 \\
\hline
0 & -1 \\
\hline
\end{array} \quad (*)
$$

Insbesondere gilt $A^{t}A = 1 + B^{t}B$ und $D^{t}D = 1 + C^{t}C$. Dies sind positiv definite symmetrische Matrizen. Insbesondere sind sie nicht entartet, und daraus folgt – wie behauptet – $\det A \neq 0$ und $\det D \neq 0$. Wir setzen $\varepsilon_1(X) = \det A / |\det A|$ und $\varepsilon_2(X) = \det D / |\det D|$.

Definition:

Für $p \geq 1$, $q \geq 1$ definieren wir wie folgt vier Teilmengen von $O(p, q, \mathbb{R})$:

$O^{++}(p, q, \mathbb{R}) = \{X \in O(p, q, \mathbb{R}) \mid \varepsilon_1(X) = +1, \varepsilon_2(X) = +1\}$

$O^{+-}(p, q, \mathbb{R}) = \{X \in O(p, q, \mathbb{R}) \mid \varepsilon_1(X) = +1, \varepsilon_2(X) = -1\}$

$O^{-+}(p, q, \mathbb{R}) = \{X \in O(p, q, \mathbb{R}) \mid \varepsilon_1(X) = -1, \varepsilon_2(X) = +1\}$

$O^{--}(p, q, \mathbb{R}) = \{X \in O(p, q, \mathbb{R}) \mid \varepsilon_1(X) = -1, \varepsilon_2(X) = -1\}.$

Bemerkung:

Bezüglich der kanonischen Einbettung

$$
O(p, \mathbb{R}) \times O(q, \mathbb{R}) \subset O(p, q, \mathbb{R})
$$

als Gruppe der Block-Diagonalmatrizen gilt trivialerweise:

$$O^{\varepsilon_1}(p, \mathbb{R}) \times O^{\varepsilon_2}(q, \mathbb{R}) \subset O^{\varepsilon_1, \varepsilon_2}(p, q, \mathbb{R})$$

für $\varepsilon_1, \varepsilon_2 \in \{+, -\}$.

Proposition 3.33

Für $p \geq 1$, $q \geq 1$ gilt

(i) Es gibt einen Homöomorphismus ϕ

$$\boxed{O(p, \mathbb{R}) \times O(q, \mathbb{R}) \times M(p, q, \mathbb{R}) \xrightarrow[\phi]{\approx} O(p, q, \mathbb{R})}\ ,$$

welcher bei Beschränkung Homöomorphismen

$$O^{\varepsilon_1}(p, \mathbb{R}) \times O^{\varepsilon_2}(q, \mathbb{R}) \times M(p, q, \mathbb{R}) \xrightarrow{\approx} O^{\varepsilon_1 \varepsilon_2}(p, q, \mathbb{R})$$

induziert, die

$$O^{\varepsilon_1}(p, \mathbb{R}) \times O^{\varepsilon_2}(q, \mathbb{R}) \times \{0\}$$

kanonisch auf

$$O^{\varepsilon_1}(p, \mathbb{R}) \times O^{\varepsilon_2}(q, \mathbb{R}) \subset O^{\varepsilon_1, \varepsilon_2}(p, q, \mathbb{R})$$

abbilden.

(ii) $O(p, q, \mathbb{R})$ hat genau vier Zusammenhangskomponenten, nämlich $O^{\pm, \pm}(p, q, \mathbb{R})$.

Beweis:

(i) Wir definieren ϕ für $U \in O(p, \mathbb{R})$, $V \in O(q, \mathbb{R})$, $W \in M(p, q, \mathbb{R})$ wie folgt:

$$\phi(U, V, W) = \begin{array}{|c|c|} \hline A & B \\ \hline C & D \\ \hline \end{array}$$

$$A := \sqrt{1 + W \cdot {}^t W} \cdot U \qquad B := W$$

$$D := \sqrt{1 + {}^t W W} \cdot V \qquad C := D^t B^t A^{-1}.$$

Mit Hilfe der definierenden Bedingung $(*)$ verifiziert man leicht, dass $\phi(U, V, W) \in O(p, q, \mathbb{R})$. Die Injektivität von ϕ folgt trivial aus der Definition, die Surjektivität nach leichter Rechnung aus $(*)$ zusammen mit II.12.73(v). Die Stetigkeit von ϕ und ϕ^{-1} folgt daraus, dass für Matrizen Y mit reellen positiven Eigenwerten die in Band II § 12 im Abschnitt über die Cartan-Zerlegung definierte Wurzel $\sqrt{Y}$ stetig von Y abhängt. ϕ ist also ein Homöomorphismus. Die übrigen Eigenschaften folgen trivial aus den Definitionen.

(ii) Die Behauptung folgt aus (i) und 3.32.

Korollar 3.34

Für $p \geq 1$, $q \geq 1$ gilt:

(i) Es sei $\varepsilon : O(p, q, \mathbb{R}) \to \{\pm 1\} \times \{\pm 1\}$ definiert durch $\varepsilon(X) = (\varepsilon_1(X), \varepsilon_2(X))$ und $\delta : O(p, q, \mathbb{R}) \to \{\pm 1\}$ die Determinante sowie $\mu : \{\pm 1\} \times \{\pm 1\} \to \{\pm 1\}$ die Multiplikation. Dann bilden ε, δ, μ ein kommutatives Diagramm von surjektiven Homomorphismen

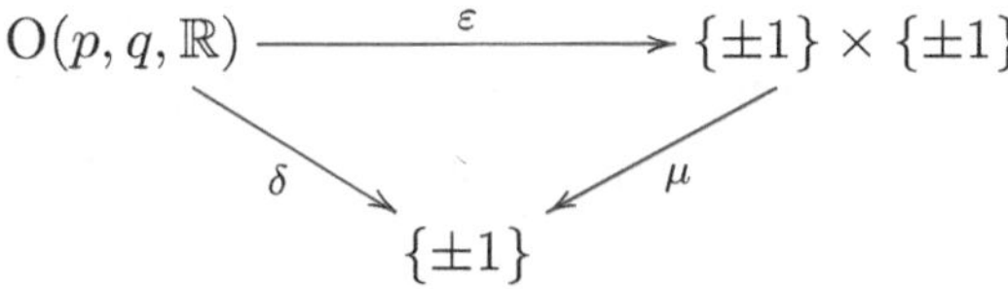

(ii) $SO(p, q, \mathbb{R}) = O^{++}(p, q, \mathbb{R}) \cup O^{--}(p, q, \mathbb{R}) = \ker \delta$ hat zwei Zusammenhangskomponenten.

(iii) $SO(p, q, \mathbb{R})_0 := O^{++}(p, q, \mathbb{R}) = \ker \varepsilon$ ist die Zusammenhangskomponente der 1.

Beweis:

(i) Das Diagramm, welches bei Beschränkung von ε und δ auf $O(p, \mathbb{R}) \times O(q, \mathbb{R})$ entsteht, ist offensichtlich ein kommutatives Diagramm von surjektiven Homomorphismen. Daher folgt die Behauptung aus 3.33 und aus der Stetigkeit der Matrizenmultipliaktion und von ε und δ.

(ii) und (iii) folgen trivial aus (i) und 3.33.

Bemerkungen:

(1) Außer $\mathrm{SO}(p,q,\mathbb{R}) = \mathrm{O}^{++}(p,q,\mathbb{R}) \cup \mathrm{O}^{--}(p,q,\mathbb{R})$ kann man in $\mathrm{O}(p,q,\mathbb{R})$ noch zwei andere Untergruppen vom Index 2 definieren, $\mathrm{O}^{++}(p,q,\mathbb{R}) \cup \mathrm{O}^{+-}(p,q,\mathbb{R})$ und $\mathrm{O}^{++}(p,q,\mathbb{R}) \cup \mathrm{O}^{-+}(p,q,\mathbb{R})$. Sie sind die Kerne der Homomorphismen $\varepsilon_1, \varepsilon_2 : \mathrm{O}(p,q,\mathbb{R}) \to \{\pm 1\}$. Diese Homomorphismen sind die sogenannten **Spinornormen** zu den quadratischen Formen $-x_1^2 - \cdots - x_p^2 + x_{p+1}^2 + \cdots + x_{p+q}^2$ bzw. $x_1^2 + \cdots + x_p^2 - x_{p+1}^2 - \cdots - x_{p+q}^2$.

(2) Man kann die Zerlegung von $\mathrm{O}(p,q,\mathbb{R})$ in vier Zusammenhangskomponenten auch wie folgt interpretieren. Wir versehen $\mathbb{R}^{p+q}$ mit der quadratischen Form $x_1^2 + \cdots + x_p^2 - x_{p+1}^2 - \cdots - x_{p+q}^2$. Nach II.12.48 operiert $\mathrm{O}(p,q,\mathbb{R})$ transitiv auf der Menge M^+ der maximalen positiv definiten Unterräume, sowie ebenso auf der Menge M^- der maximalen negativ definiten Unterräume von $\mathbb{R}^{p+q}$. Wir wählen als ausgezeichnetes Element in M^+ den Unterraum $\mathbb{R}^p$ der ersten p Koordinaten und im M^- den dazu orthogonalen Unterraum der letzten q Koordinaten. Dann ist $\mathrm{O}(p,\mathbb{R}) \times \mathrm{O}(q,\mathbb{R})$ sowohl die Isotropiegruppe von $\mathbb{R}^p$ bezüglich der Operation auf $\mathrm{O}(p,q,\mathbb{R})$ auf M^+ als auch die Isotropiegruppe von $\mathbb{R}^q$ bezüglich der Operation auf M^-. Man erhält so Identifikationen von M^+ und M^- mit $\mathrm{O}(p,q,\mathbb{R})/\mathrm{O}(p,\mathbb{R}) \times \mathrm{O}(q,\mathbb{R})$, und daher nach 3.33 und 3.34 Homöomorphismen

$$M^+ \approx \mathrm{SO}(p,q,\mathbb{R})_0/\left(\mathrm{SO}(p,\mathbb{R}) \times \mathrm{SO}(q,\mathbb{R})\right) \approx M^-.$$

Da $\mathrm{SO}(p,q\mathbb{R})_0$ zusammenhängend ist, sind auch M^+ und M^- zusammenhängend, und zwar genauer gesagt homöomorph zu $\mathbb{R}^{pq}$. Hieraus folgt, dass man alle maximalen positiv definiten Unterräume kohärent orientieren kann, d.h. so, dass sich die Orientierung stetig mit dem Raum ändert. Man braucht dazu nur eine Orientierung auf $\mathbb{R}^p$ zu wählen und sie mittels der Operation von $\mathrm{SO}(p,q,\mathbb{R})_0$ auf alle anderen maximalen positiv definiten Räume zu übertragen. Entsprechendes gilt für M^-. Wählt man auf diese Weise kohärente Orientierungen, dann ist $\mathrm{O}^{++}(p,q,\mathbb{R}) \cup \mathrm{O}^{+-}(p,q,\mathbb{R})$ die Untergruppe von $\mathrm{O}(p,q,\mathbb{R})$, welche die Orientierungen auf den maximalen positiv definiten erhält, und $O^{++}(p,q,\mathbb{R}) \cup O^{-+}(p,q,\mathbb{R})$ die Untergruppe, welche die Orientierungen auf den maximalen negativ definiten Unterräumen erhält. Der Durchschnitt $SO(p,q,\mathbb{R})_0$ erhält die Orientierung auf beiden Arten von Unterräumen. Für die Lorentzgruppe $O(3,1,\mathbb{R})$ ist also $SO(3,1,\mathbb{R})_0$ diejenige Untergruppe, welche sowohl für die zeitartigen Unterräume als auch für die maximalen raumartigen Unterräume die Orientierung erhält.

Definition:

$SO(3,1,\mathbb{R})_0$ heißt die **eigentliche Lorentzgruppe**.

Korollar 3.35

Es sei $p \geq 1$, $q \geq 1$.

(i) Sind p und q gerade, dann hat $PO(p,q,\mathbb{R})$ genau vier Zusammenhangskomponenten.

(ii) Sind p oder q ungerade, dann hat $PO(p,q,\mathbb{R})$ genau zwei Zusammenhangskomponenten, und $PO(p,q,\mathbb{R})_0$, die Komponente der 1, ist kanonisch isomorph zu $SO(p,q,\mathbb{R})_0$.

Beweis:

Da $-1 \in SO(p,q,\mathbb{R})_0$ genau dann, wenn p und q gerade sind, folgt die Behauptung aus 3.33.

Nach dieser gründlichen Untersuchung der Zusammenhangskomponenten von $PO(p,q,\mathbb{R})$ können wir die Beschreibung der konformen Gruppen der Sphären wie folgt vervollständigen.

Zusatz zu 3.31:

$Conf^+(S^{n-1})$ bzw. $I^+(S^{n-1})$ seien in $Conf(S^{n-1})$ bzw. $I(S^{n-1})$ die Untergruppen der orientierungserhaltenden konformen bzw. isometrischen Abbildungen. Dann induziert der Isomorphismus $Conf(S^{n-1}) \cong PO(1,n,\mathbb{R})$ das folgende kommutative Diagramm von Isomorphismen und kanonischen Injektionen:

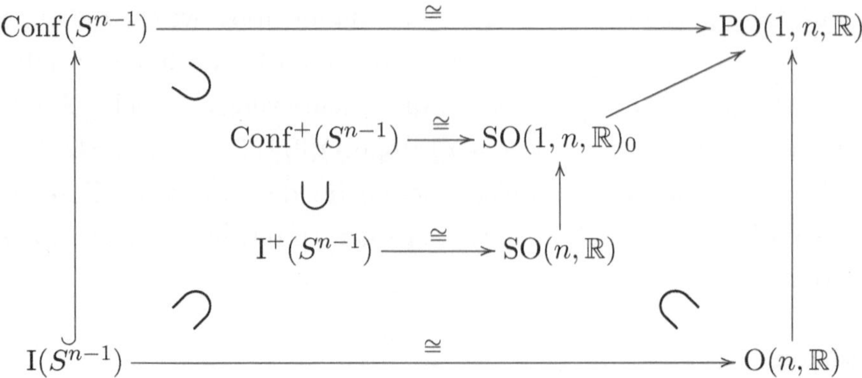

Bemerkungen:

(1) Wir vergleichen an Hand der jetzt vorliegenden Ergebnisse die Geometrie auf der Sphäre mit der Geometrie im euklidischen Raum hinsichtlich des Verhältnisses von Isometrien, Ähnlichkeitstransformationen und winkeltreuen Abbildungen.

(a) Auf der Sphäre sind Ähnlichkeitstransformationen und Isometrien ein und dasselbe, denn wegen der Kompaktheit der Sphäre ist der Abstand beschränkt, und das einzig mögliche Ähnlichkeitsverhältnis ist $c = 1$. Im euklidischen Raum gibt es mehr Ähnlichkeitstransformationen als Isometrien, aber nicht viel mehr, denn eine Ähnlichkeitstransformation unterscheidet sich von einer Isometrie nur durch eine Homothetie (1.23).

(b) Im euklidischen Raum sind winkeltreue Abbildungen und Ähnlichkeitstransformationen nach dem Satz von Liouville ein und dasselbe (vgl. auch 3.19). Auf der Sphäre hingegen gibt es viel mehr winkeltreue Abbildungen als Ähnlichkeitstransformationen, denn aus 3.31 bis 3.33 folgt für die Dimension der fraglichen Liegruppen

$$\dim \mathrm{Conf}^+(S^{n-1}) - \dim \mathrm{I}^+(S^{n-1}) = \dim \mathrm{SO}(1, n, \mathbb{R})_0 - \dim \mathrm{SO}(n, \mathbb{R}) = n.$$

(c) Die Sphäre nimmt in dieser Hinsicht eine Sonderstellung ein. J. Lelong-Ferrand und M. Obata haben 1971 bzw. 1972 gezeigt, dass es unter den kompakten Riemannschen Mannigfaltigkeiten nur für die Sphäre mehr winkeltreue Abbildungen als Isometrien gibt.

(2) Der Zusatz besagt insbesondere, dass die Gruppe $\mathrm{Conf}^+(S^2)$ isomorph zur eigentlichen Lorentzgruppe ist, denn natürlich gilt $\mathrm{SO}(1,3,\mathbb{R})_0 \cong \mathrm{SO}(3,1,\mathbb{R})_0$.

Für die Gruppe $\mathrm{Conf}^+(S^2)$ wollen wir jetzt noch eine auf den ersten Blick ganz anders aussehende Beschreibung ableiten. Dazu braucht man zwei Ideen. Die erste Idee besteht darin, die Untersuchung der winkeltreuen Abbildungen der Sphäre S^2 durch die stereographische Projektion, die ja winkeltreu ist, auf die Beschreibung der winkeltreuen Abbildungen der Ebene $\mathbb{R}^2$ zu reduzieren, die uns ja inzwischen wohlbekannt ist. Die zweite Idee ist, die Ebene $\mathbb{R}^2$ mit $\mathbb{C}$ zu identifizieren, wodurch die Beschreibung der winkeltreuen Abbildungen der Ebene besonders elegant wird. Das Ergebnis wird sein, in ganz natürlicher Weise die Gruppe $\mathrm{Conf}^+(S^2)$ mit der speziellen projektiven linearen Gruppe $\mathrm{PSL}(2,\mathbb{C})$ zu identifizieren.

Wir beginnen mit der Ausführung der zweiten Idee. Wir identifizieren den affinen euklidischen Standardraum $\mathbb{R}^2$ mit $\mathbb{C}$, indem wir (x_1, x_2) mit $z = x_1 + ix_2$ identifizieren. In 1.24 haben wir die Ähnlichkeitstransformationen von $\mathbb{R}^2$ bestimmt. Es sind die Transformationen

$$\begin{bmatrix} x_1' \\ x_2' \end{bmatrix} = cA \begin{bmatrix} x_1 \\ x_2 \end{bmatrix} + \begin{bmatrix} b_1 \\ b_2 \end{bmatrix} \qquad (*)$$

mit $A \in \mathrm{O}(2,\mathbb{R})$ und $b_1, b_2 \in \mathbb{R}^2$ sowie $c \in \mathbb{R}$, $c > 0$. Die Matrizen $A \in \mathrm{SO}(2,\mathbb{R})$ haben wir in II.12.62 beschrieben. Es sind die Matrizen der Form

$$A = \begin{bmatrix} \cos\alpha & -\sin\alpha \\ \sin\alpha & \cos\alpha \end{bmatrix}.$$

Eine triviale kleine Rechnung zeigt, dass durch die Identifikation von $\mathbb{R}^2$ mit $\mathbb{C}$ die Multiplikation mit A in die Multiplikation komplexer Zahlen mit $e^{i\alpha} = \cos\alpha + i\sin\alpha$ übergeht. Setzen wir also $a = ce^{i\alpha}$ und $b = b_1 + ib_2$, dann geht für $A \in \mathrm{SO}(2, \mathbb{R})$ die Transformation $(*)$ über in die Transformation

$$z' = az + b \qquad a \in \mathbb{C}^*, b \in \mathbb{C}.$$

Jetzt sei $A \in \mathrm{O}^-(2, \mathbb{R})$. Dann gilt

$$A = \begin{bmatrix} \cos \alpha & -\sin \alpha \\ \sin \alpha & \cos \alpha \end{bmatrix} \begin{bmatrix} 1 & 0 \\ 0 & -1 \end{bmatrix}.$$

Der Multiplikation mit $\left[\begin{smallmatrix} 1 & 0 \\ 0 & -1 \end{smallmatrix}\right]$ entspricht aber bei Identifizierung von $\mathbb{R}^2$ mit $\mathbb{C}$ gerade die Konjugation $z \mapsto \overline{z}$. Daher geht die Transformation $(*)$ jetzt über in die Transformation

$$z' = a\overline{z} + b \qquad a \in \mathbb{C}^*, b \in \mathbb{C},$$

wo a und b wie oben definiert sind. Wir haben folgendes Ergebnis.

Proposition 3.36

Identifiziert man $\mathbb{R}^2$ durch $(x, y) \mapsto z = x + iy$ mit $\mathbb{C}$, dann identifiziert sich die Menge der orientierungstreuen Ähnlichkeitstransformationen von $\mathbb{R}^2$ mit der Menge der linearen Transformationen

$$z' = az + b \qquad a \in \mathbb{C}^*, b \in \mathbb{C}.$$

Die Menge der orientierungsumkehrenden Ähnlichkeitstransformationen identifiziert sich mit der Menge der Transformationen

$$z' = a\overline{z} + b \qquad a \in \mathbb{C}^*, b \in \mathbb{C}.$$

Kombinieren wir dieses triviale Ergebnis mit dem nichttrivialen Satz von Liouville, dann ergibt sich der folgende nichttriviale Satz:

Satz 3.37

Die orientierungserhaltenden winkeltreuen Abbildungen von $\mathbb{C}$ auf sich sind die Transformationen

$$z' = az + b \qquad a \in \mathbb{C}^*, b \in \mathbb{C}.$$

Die orientierungsumkehrenden winkeltreuen Abbildungen von $\mathbb{C}$ auf sich sind die Transformationen

$$z' = a\overline{z} + b \qquad\qquad a \in \mathbb{C}^*, b \in \mathbb{C}.$$

Für den Beweis dieses Satzes braucht man nicht ein so starkes Mittel wie den Satz von Liouville, dessen Beweis für Dimensionen größer als 2 sehr schwer ist. Für den hier vorliegenden Fall der Dimension 2 genügen einfachere, aber auch durchaus nicht triviale Hilfsmittel aus der Analysis. Man findet einen Beweis in den meisten Lehrbüchern der Theorie der Funktionen einer komplexen Veränderlichen, z. B. in dem schönen Buch von Reinhold Remmert „Funktionentheorie I", Kapitel 2 und Kapitel 10, § 2.

Wir setzen jetzt unsere erste Idee in die Tat um und stellen durch stereographische Projektion die Beziehung zwischen winkeltreuen Selbstabbildungen der Standardsphäre $S^2 \subset \mathbb{R}^3$ einerseits und der komplexen Zahlenebene $\mathbb{C}$ andererseits her. Wir benutzen dazu die stereographische Projektion $S^2 \setminus \{(0,0,1)\} \to \mathbb{C}$, die durch folgende Transformation gegeben wird:

$$z = \frac{x_1 + ix_2}{1 - x_3}.$$

Die Umkehrabbildung ist offensichtlich

$$(x_1, x_2, x_3) = \frac{1}{z\overline{z} + 1}(z + \overline{z}, i(\overline{z} - z), z\overline{z} - 1).$$

Um dem Pol $p = (0,0,1)$ auch etwas zuordnen zu können, kompaktifizieren wir $\mathbb{C}$ durch Hinzufügen eines Punktes ∞ zur „**Riemannschen Zahlenkugel**" $\mathbb{C} \cup \{\infty\}$. Die stereographische Projektion definiert dann eine bijektive Abbildung $S^2 \to \mathbb{C} \cup \{\infty\}$, und durch Konjugation mit dieser Abbildung bzw. ihrer Umkehrung gehen die Transformationen von S^2 in solche von $\mathbb{C} \cup \{\infty\}$ über und umgekehrt. Aus 3.26 folgt man leicht, dass dabei den in 3.37 beschriebenen winkeltreuen Abbildungen von $\mathbb{C}$ genau diejenigen winkeltreuen Abbildungen von S^2 entsprechen, welche den Pol p festhalten. Wie bekommt man nun die anderen? Ihnen entsprechen Transformationen von $\mathbb{C} \cup \{\infty\}$, welche einen Punkt $z_0 \in \mathbb{C}$ auf ∞ abbilden. Eine derartige Transformation kann man sofort hinschreiben, nämlich

$$z' = \frac{1}{z - z_0}.$$

Diese Transformation ist tatsächlich winkeltreu, denn sie ist die Komposition der winkeltreuen Abbildung $z \mapsto z - z_0$ mit der Transformation $z \mapsto z^{-1}$, und für letztere rechnet man sofort nach, dass sie als Transformation der Symmetrie mit der x_1-Achse als Zentrum entspricht per $(x_1, x_2, x_3) \mapsto (x_1, -x_2, -x_3)$. Ist nun φ irgendeine orientierungserhaltende winkeltreue Selbstabbildung von $\mathbb{C} \cup \{\infty\}$ und $\varphi(\infty) = z_0 \in \mathbb{C}$, dann ist die Komposition von φ mit der anschließenden Transformation $z \mapsto (z - z_0)^{-1}$ eine winkeltreue Abbildung ψ mit $\psi(\infty) = \infty$. Also ist ψ von der Form $\psi(z) = cz + d$ und wir erhalten $(\varphi(z) - z_0)^{-1} = cz + d$, woraus sich

$$\varphi(z) = \frac{az + b}{cz + d},$$

ergibt mit $a = cz_0$ und $b = dz_0 + 1$. Dabei ist $ad - bc \neq 0$, was offenbar notwendig und hinreichend dafür ist, dass eine derartige Transformation nicht eine konstante Abbildung ist. Sie definiert dann sogar offensichtlich eine bijektive Abbildung von $\mathbb{C} \cup \{\infty\}$ auf sich selbst.

<u>Definition:</u>

Eine **gebrochen lineare Transformation** von $\mathbb{C} \cup \{\infty\}$ ist eine Transformation

$$z' = \frac{az + b}{cz + d} \qquad \text{mit } ad - bc \neq 0.$$

Bevor wir die Beschreibung von winkeltreuen Abbildungen durch gebrochen lineare Transformationen weiter verfolgen, sind einige Bemerkungen über diese neue Art von Transformationen am Platze. Jeder Matrix

$$\begin{bmatrix} a & b \\ c & d \end{bmatrix} \in \mathrm{GL}(2, \mathbb{C})$$

ordnen wir eine derartige Transformation zu, nämlich

$$z' = \frac{az + b}{cz + d} \,.$$

Eine weitere Matrix liefert genau dann die gleiche Transformation, wenn sie aus der ersten Matrix durch Multiplikation mit einer von Null verschiedenen Konstanten hervorgeht – wie man leicht sieht, indem man die beiden gebrochen rationalen Funktionen auf einen gemeinsamen Nenner bringt, gleichsetzt und die Koeffizienten der Zähler vergleicht. Die Zuordnung der gebrochen linearen Transformationen zu den Matrizen definiert also eine bijektive Abbildung von $\mathrm{PGL}(2,\mathbb{C})$ auf die Menge der gebrochen linearen Transformationen. $\mathrm{PGL}(2,\mathbb{C})$ ist kanonisch isomorph zu $\mathrm{PSL}(2,\mathbb{C})$, denn für jede Matrix $A \in \mathrm{GL}(2,\mathbb{C})$ gilt $(\sqrt{\det A})^{-1} \cdot A \in \mathrm{SL}(2,\mathbb{C})$. Man prüft sofort nach, dass die Komposition von zwei gebrochen linearen Transformationen wieder eine gebrochen lineare Transformation ist, und zwar die, welche zum Produkt der entsprechenden Matrizen gehört. Damit haben wir die folgende

Proposition 3.38

Die Gruppe der gebrochen linearen Transformationen ist kanonisch isomorph zu $\mathrm{PSL}(2,\mathbb{C})$.

Hier ist eine Variante für denjenigen, die sich an der Auszeichnung des Punktes ∞ in der Riemannschen Zahlenkugel $\mathbb{C} \cup \{\infty\}$ stören. Wir identifizieren $\mathbb{C} \cup \{\infty\}$ mit dem 1-dimensionalen komplexen projektiven Raum $\mathbb{P}_1(\mathbb{C})$, indem wir $z \in \mathbb{C}$ den Punkt $[z, 1]$ zuordnen und ∞ den Punkt $[1, 0]$. Die Umkehrabbildung ist $[z_1, z_2] \mapsto \frac{z_1}{z_2}$. Dann geht die Operation von $\mathrm{PSL}(2,\mathbb{C})$ auf $\mathbb{C} \cup \{\infty\}$ durch gebrochen lineare Transformation in die kanonische Operation von $\mathrm{PSL}(2,\mathbb{C})$ auf $\mathbb{P}_1(\mathbb{C})$ über, welche durch die Operation von $\mathrm{SL}(2,\mathbb{C})$ auf $\mathbb{C}^2$ induziert wird, also $[z_1, z_2] \mapsto [az + b, cz + d]$.

Wir kehren zurück zu den winkeltreuen Abbildungen. Wir haben gesehen, dass jede orientierungserhaltende winkeltreue Abbildung von S^2 auf sich durch eine gebrochen lineare Transformation beschrieben wird. Die Umkehrung gilt aber auch., denn die linearen Transformationen $z \mapsto az + b$ entsprechen genau den oberen Dreiecksmatrizen von $\mathrm{GL}(2,\mathbb{C})$, und die

Transformation $z \mapsto z^{-1}$ entspricht der Permutationsmatrix

$$\begin{bmatrix} 0 & 1 \\ 1 & 0 \end{bmatrix}.$$

Die Borelgruppe der oberen Dreiecksmatrizen erzeugt aber zusammen mit der Gruppe der Permutationsmatrizen die ganze lineare Gruppe (I.7.38). Damit ist jede gebrochen lineare Transformation als Produkt von linearen Transformationen und der Transformation $z' \mapsto z^{-1}$ darstellbar, und von diesen Transformationen wissen wir schon, dass sie winkeltreu sind. Damit sind die orientierungserhaltenden winkeltreuen Abbildungen von S^2 bestimmt. Die orientierungsumkehrenden bekommt man dann durch Komposition mit $z \mapsto \overline{z}$. Damit haben wir das folgende Ergebnis:

Satz 3.39

(i) Identifiziert man wie oben S^2 durch stereogrpahische Projektion mit $\mathbb{C} \cup \{\infty\}$, dann erhält man einen Isomorphismus

$$\boxed{\operatorname{Conf}^+(S^2) \cong \operatorname{PSL}(2, \mathbb{C})}.$$

Dabei operiert $\operatorname{PSL}(2, \mathbb{C})$ auf $\mathbb{C} \cup \{\infty\}$ durch die gebrochen lineare Transformation

$$\boxed{z' = \frac{az + b}{cz + d}} \qquad \text{mit} \qquad \begin{bmatrix} a & b \\ c & d \end{bmatrix} \in \operatorname{SL}(2, \mathbb{C}).$$

(ii) Die Menge der orientierungsumkehrenden konformen Abbildungen von S^2 auf sich identifiziert sich durch die stereographische Projektion mit der Menge der Transformationen

$$\boxed{z' = \frac{a\overline{z} + b}{c\overline{z} + d}} \qquad \text{mit} \qquad \begin{bmatrix} a & b \\ c & d \end{bmatrix} \in \operatorname{SL}(2, \mathbb{C}).$$

Es bleibt uns noch die Aufgabe, in diesem Rahmen die Isometriegruppe von S^2 zu beschreiben. Dabei können wir nicht ganz so einfach wie bei den winkeltreuen Abbildungen argumentieren, denn die stereographische ist zwar winkeltreu, aber keineswegs längentreu! Es seien $\xi = (\xi_1, \xi_2)$ und $\eta = (\eta_1, \eta_2)$ von Null verschiedene Vektoren in $\mathbb{C}^2$ und $x = (x_1, x_2, x_3)$ sowie $y = (y_1, y_2, y_3)$ in $S^2 \subset \mathbb{R}^3$ die Urbilder von ξ_1/ξ_2 bzw. η_1/η_2 bezüglich der stereographischen Projektion.

Das Skalarprodukt $\langle x, y \rangle$ der Vektoren x, y lässt sich leicht wie folgt aus ξ, η berechnen:

$$\langle x, y \rangle = 2\frac{|\xi_1\overline{\eta}_1 + \xi_2\overline{\eta}_2|^2}{\|\xi\|^2 \cdot \|\eta\|^2} - 1$$

Eine Matrix aus $\mathrm{SL}(2, \mathbb{C})$ lässt diese Funktion von ξ, η genau dann invariant, wenn die zugehörige gebrochen lineare Transformation einer Isometrie von S^2 entspricht. Welche Matrizen aus $\mathrm{SL}(2, \mathbb{C})$ lassen nun diesen Ausdruck invariant? Jedenfalls offensichtlich die Matrizen aus der speziellen unitären Gruppe $\mathrm{SU}(2, \mathbb{C})$, denn $\mathrm{U}(2, \mathbb{C})$ ist ja gerade die Gruppe, welche die hermitesche Form $\xi_1\overline{\eta}_1 + \xi_2\overline{\eta}_2$ invariant lässt.

Behauptung:
Nur die Matrizen aus $\mathrm{SU}(2, \mathbb{C})$ lassen $\langle x, y \rangle$ invariant.

Beweis:
Durch die Iwasawa-Zerlegung (12.54) lässt sich jede Matrix aus $\mathrm{SL}(2, \mathbb{C})$ eindeutig als Produkt einer Matrix aus $\mathrm{SU}(2, \mathbb{C})$ und einer Matrix von der folgenden Gestalt darstellen:

$$\begin{bmatrix} a & b \\ 0 & a^{-1} \end{bmatrix}, \qquad a \in \mathbb{R}^+, b \in \mathbb{C}.$$

Man sieht aber sofort, dass die einzige derartige Matrix, die $\langle x, y \rangle$ invariant lässt, die Einheitsmatrix ist.

Damit ist insgesamt das Folgende bewiesen.

Zusatz zu 3.39

Die Konjugation durch die stereographische Projektion definiert das folgende
kommutative Diagramm von Isomorphismen und Inklusionen.

$$
\begin{array}{ccc}
\mathrm{Conf}^+(S^2) & \cong & \mathrm{PSL}(2,\mathbb{C}) \\
\cup & & \cup \\
\mathrm{I}^+(S^2) & \cong & \mathrm{PSU}(2,\mathbb{C})
\end{array}
$$

Damit haben wir die konforme Gruppe und die Isometriegruppe von S^2
auf zwei ganz verschiedene Arten beschrieben, durch 3.31 und 3.39. Der
Vergleich dieser Ergebnisse liefert uns das folgende kommutative Diagramm
von Isomorphismen und Inklusionen von Lieschen Gruppen.

Korollar 3.40

$$
\begin{array}{ccc}
\mathrm{SO}(1,3,\mathbb{R})_0 & \cong & \mathrm{PSL}(2,\mathbb{C}) \\
\cup & & \cup \\
\mathrm{SO}(3,\mathbb{R}) & \cong & \mathrm{PSU}(2,\mathbb{C})
\end{array}
$$

Diese Isomorphismen spielen immer wieder bei vielen Problemen der Geometrie in niedrigen Dimensionen eine wichtige Rolle. Sie sind exzeptionelle
Isomorphismen, Ausnahmen in dem Sinne, dass für die Gruppen $\mathrm{SO}(n,\mathbb{R})$,
$\mathrm{SL}(m,\mathbb{C})$ usw. für große n und m keine derartigen Beziehungen bestehen.
Im nächsten Kapitel werden wir diese exzeptionellen Isomorphismen noch
in einen etwas systematischeren Zusammenhang stellen.

Kapitel 4

Spiegelungen und Drehungen

In some way Euklid's geometry must be deeply connected
with the existence of the spin representation.

Hermann Weyl, The Classical Groups. [136]

Wir wissen, dass die Isometriegruppe eines euklidischen Raumes von Spiegelungen erzeugt wird. Diese Tatsache ist grundlegend für die Geometrie im euklidischen Raum. Von ihr ausgehend wollen wir in diesem Kapitel die orthogonale Gruppe $O(n, \mathbb{R})$ untersuchen und dabei besonders auf den Fall $n = 3$ eingehen. Die für diese Untersuchung grundlegenden Begriffe lassen sich ganz allgemein für Vektorräume mit einer quadratischen Form definieren, und so allgemein wollen wir sie auch entwickeln. Wir beginnen jedoch mit einigen heuristischen Überlegungen zum reellen positiv definiten Fall, um die nachfolgenden Definitionen und Konstruktionen zu motivieren.

Nach Satz 1.15 wissen wir, dass jedes Element von $O(n, \mathbb{R})$ ein Produkt von höchstens n Spiegelungen ist. Sehen wir uns also zunächst einmal die aus allen Spiegelungen bestehende Teilmenge $S \subset O(n, \mathbb{R})$ an. Zu jeder Spiegelung $\sigma \in S$ gehört eine Spiegelungshyperebene, nämlich das Symmetriezentrum Fix σ. Dazu gehört wiederum ein eindeutig bestimmter 1-dimensionaler Untervektorraum von $\mathbb{R}^n$, nämlich das orthogonale Komplement $(\text{Fix } \sigma)^{\perp}$.

145

© Springer Fachmedien Wiesbaden GmbH, ein Teil von Springer Nature 2019
E. Brieskorn, *Lineare Algebra und Analytische Geometrie III*

Diese Gerade bestimmt σ eindeutig. Durch die Zuordnung

$$\sigma \mapsto (\text{Fix } \sigma)^{\perp}$$

erhält man eine bijektive Abbildung

$$\mathcal{S} \xrightarrow{\approx} \mathbb{P}_{n-1}(\mathbb{R})$$

auf den reellen projektiven Raum $\mathbb{P}_{n-1}(\mathbb{R})$, dessen Elemente gerade die 1-dimensionalen Untervektorräume von $\mathbb{R}^n$ sind. Aus diesem Grunde folgen jetzt einige Bemerkungen über reelle projektive Räume.

Den projektiven Raum $\mathbb{P}_{n-1}(\mathbb{R})$ können wir auch wie folgt beschreiben. Jedes Element aus $\mathbb{P}_{n-1}(\mathbb{R})$, das heißt jede Gerade durch den Nullpunkt von $\mathbb{R}^n$ trifft die $(n-1)$-dimensionale Standardsphäre $S^{n-1} \subset \mathbb{R}^n$ in einem Paar von einander diametral gegenüberliegenden Punkten $\{x, -x\}$, und sie ist durch dieses Paar eindeutig bestimmt. Dadurch hat man eine kanonische bijektive Abbildung

$$\mathbb{P}_{n-1}(\mathbb{R}) \xrightarrow{\approx} S^{n-1}/\{\pm 1\}.$$

Dies hilft uns bei der gar nicht so leichten Aufgabe, uns wenigstens für $n = 3$ eine anschauliche Vorstellung von dem Raum $\mathbb{P}_{n-1}(\mathbb{R})$ zu machen. Die projektive Ebene ist also der Quotient $S^2/\{\pm 1\}$. Wir zerlegen S^2 durch zwei Breitenkreise nördlich und südlich des Äquators in eine „Äquatorzone" sowie eine nördliche und eine südliche „Polkappe".

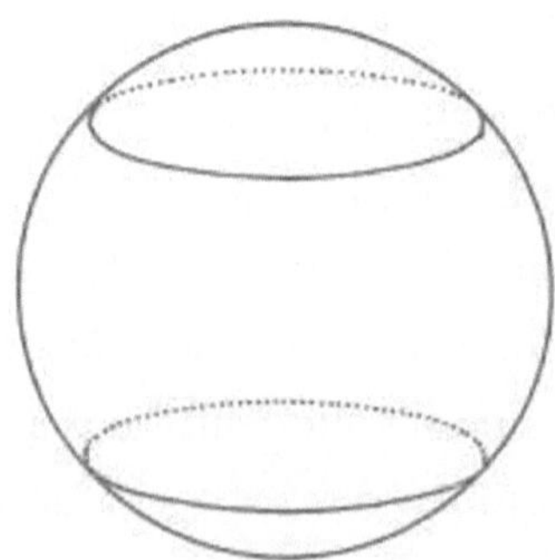

Die Äquatorzone ist homöomorph zu einem Zylinder, und die beiden Polkappen sind homöomorph zu Kreisscheiben. Bei geeigneter Wahl der Breitenkreise überführt die Involution $x \mapsto -x$ die Äquatorzone in sich, und sie vertauscht die beiden Polkappen. Der Quotient der Vereinigung der beiden Polkappen ist daher homöomorph zu einer Kreisscheibe. Für die Äquatorzone kann man den Homöomorphismus mit dem Zylinder so wählen, dass die Operation von $\{\pm 1\}$ in diejenige Operation auf dem Zylinder übergeht, welche wir in Kapitel 3 zur Konstruktion des Möbiusbandes benutzt haben. Der Quotient der Äquatorzone bezüglich der Operation von $\{\pm 1\}$ ist also homöomorph zum Möbiusband.

Ergebnis: $\mathbb{P}_2(\mathbb{R})$ entsteht aus einem Möbiusband und einer Kreisscheibe, indem man die zur Kreislinie S^1 homöomorphen Ränder dieser beiden Räume miteinander identifiziert.

Der so entstehende Raum lässt sich jedoch – im Gegensatz zum Möbiusband – nicht mehr im dreidimensionalen Raum $\mathbb{R}^3$ einbetten, man braucht für eine Einbettung von $\mathbb{P}_2(\mathbb{R})$ mindestens den $\mathbb{R}^4$. Eine schöne Immersion von $\mathbb{P}_2(\mathbb{R})$ in $\mathbb{R}^3$ – allerdings eben notwendigerweise mit Selbstdurchdringungen – wurde von Boy angegeben, nämlich die Boysche Fläche (vgl. Hilbert, Cohn-Vossen, „Anschauliche Geometrie" [121], § 47).

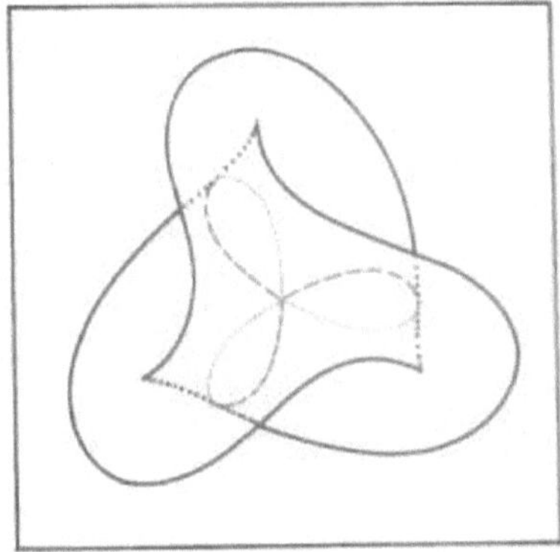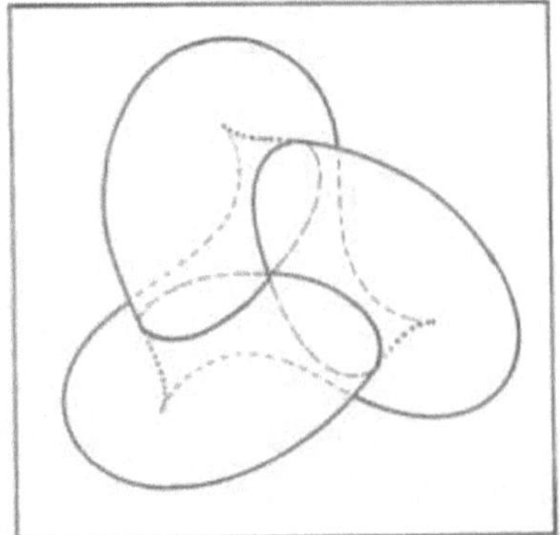

Boy hat seine Immersion der projektiven Ebene nur qualitativ-geometrisch beschrieben, nicht analytisch. Inzwischen wurden mehrere analytische Beschreibungen derartiger Immersionen gefunden. Die eleganteste stammt von

François Apéry. Sie erzeugt die immersierte projektive Ebene durch eine Familie von Ellipsen, die durch eine schöne geometrische Konstruktion mit einem 3-spitzigen Hypozykloid gewonnen wird. Es gibt dazu ein schönes Buch von Apéry mit vielen Bildern: „Models of the Real Projective Plane" [100]. In diesem Buch findet man u. a. eine Immersion der projektiven Ebene, bei der die immersierte Fläche mit Hilfe von Polynomen vierten Grades parametrisiert wird. Diese Parametrisierung hat Christos Karakas benutzt, um mit Hilfe seines Programms zur Darstellung parametrisierter Flächen die folgende schöne Computerzeichnung zu erzeugen, für die wir ihm herzlich danken. Ein Teil der Boyschen Fläche ist entfernt, so dass man sehr anschaulich die Selbstdurchdringung sehen kann.

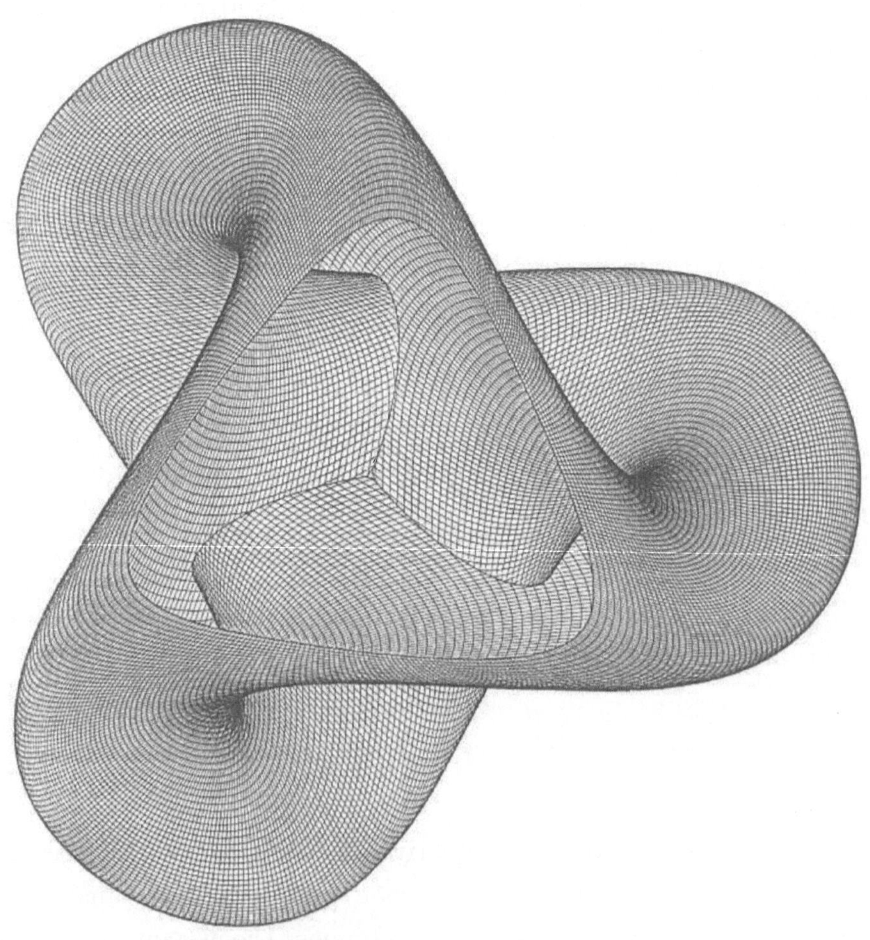

Wer bei der Betrachtung der Bilder der Boyschen Fläche Schwierigkeiten hat, sich die projektive Fläche $S^2/\{\pm 1\}$ anschaulich vorzustellen, wird sicher unsere Absicht begrüßen, statt ihrer einfach die Sphäre S^2, welche die projektive Ebene $S^2/\{\pm\}$ doppelt überlagert, zur Parametrisierung der Menge $\mathcal{S}$ aller Spiegelungen zu verwenden. Allgemein erhalten wir für den euklidischen Standardraum $V = \mathbb{R}^n$ durch die Zurordnung $v \mapsto s_v$ eine surjektive Abbildung $V \setminus \{0\} \to \mathcal{S}$, und wenn wir diese auf die Sphäre $S^{n-1} \subset V$ beschränken, erhalten wir eine Parametrisierung

$$S^{n-1} \to \mathcal{S} \approx S^{n-1}/\{\pm 1\},$$

wobei $\mathcal{S}$ durch S^{n-1} zweifach überlagert wird.

Wenden wir uns nun beliebigen orthogonalen Transformationen aus $\mathrm{O}(n, \mathbb{R})$ zu. Da sich jede von ihnen als Produkt von Spiegelungen darstellen lässt, können wir $\mathrm{O}(n, \mathbb{R})$ durch die Menge aller k-Tupel von Vektoren aus $V \setminus \{0\}$ parametrisieren, wo k die natürlichen Zahlen ≥ 0 durchläuft. Mit anderen Worten: Die disjunkte Vereinigung aller kartesischen Produkte $(V \setminus \{0\})^k$ wird wie folgt surjektiv auf $\mathrm{O}(n, \mathbb{R})$ abgebildet:

$$\coprod_{k \geq 0} [V \setminus \{0\}]^k \;\to\; \mathrm{O}(n, \mathbb{R}),$$
$$(v_1, \ldots, v_k) \;\mapsto\; s_{v_1} \cdots s_{v_k}.$$

Diese primitive Parametrisierung ist nun aber nicht mehr so schön wie im Fall der Spiegelungen. Sie ist zwar surjektiv, aber sie ist sehr weit davon entfernt, injektiv zu sein, denn es ist $\dim \mathrm{O}(n, \mathbb{R}) = n(n-1)/2$, während die k-te Zusammenhangskomponente des Parameterraumes die Dimension kn hat. Selbst wenn wir uns auf die Vektoren v_i der Länge 1 beschränken würden, was immer noch eine surjektive Parametrisierung gäbe, und außerdem die nicht nötigen Komponenten $k \neq n - 1, n$ wegließen, hätte die höchstdimensionale Komponente immer noch die Dimension $n(n - 1) = 2 \dim \mathrm{O}(n, \mathbb{R})$. Die Darstellung einer orthogonalen Transformation als Produkt von Spiegelungen ist eben durchaus nicht eindeutig. Zum Beispiel hat man für jeden

Vektor $v \neq 0$ die folgende Darstellung des 1-Elementes als Produkt von Spiegelungen:

$$\boxed{s_v^2 = 1}$$

Ein weiterer Mangel unserer primitiven Parametrisierung ist die Unvollkommenheit ihrer algebraischen Struktur. In $O(n, \mathbb{R})$ haben wir eine Gruppenstruktur. Was wir brauchen, ist eine derselben entsprechende algebraische Struktur auf dem noch geeignet zu definierenden Parameterraum.

Um die Vektorraumstruktur auf V ins Spiel zu bringen, betrachten wir statt der kartesischen Produkte $(V \setminus \{0\})^k$ die kartesischen Produkte V^k des ganzen Vektorraums V. Dabei setzen wir jetzt ganz allgemein V als einen endlichdimensionalen K-Vektorraum V mit einer quadratischen Form $q : V \to K$ voraus. Wir betrachten also die Menge

$$\coprod_{k \geq 0} V^k$$

und fragen: Welche algebraischen Strukturen haben wir auf dieser Menge? Wir haben auf dieser Menge erstens eine multiplikative Struktur, welche gut zu der multiplikativen Struktur der orthogonalen Gruppe $O(q) := \mathrm{Aut}(V, q)$ passt. Das Produkt von $(v_1, \ldots, v_k) \in V^k$ und $(w_1, \ldots, w_l) \in V^l$ ist durch die folgende kanonische bijektive Abbildung definiert:

$$V^k \times V^l \;\to\; V^{k+l},$$
$$((v_1, \ldots, v_k), (w_1, \ldots, w_l)) \;\mapsto\; (v_1, \ldots, v_k, w_1, \ldots, w_l).$$

Wir haben zweitens eine K-Vektorraumstruktur auf der Teilmenge V von $\coprod V^k$, aber nicht auf der ganzen Menge $\coprod V^k$. (Warnung: Für $k > 1$ versehen wir die Teilmenge V^k nicht mit einer Vektorraumstruktur, denn $(v_1, \ldots, v_k) \in V^k$ soll ja nicht etwa die Summe von $v_1, \ldots, v_k$ werden, sondern das Produkt im Sinne der gerade definierten multiplikativen Struktur.)

Von diesen beiden Strukturen ausgehend suchen wir nun eine Menge A mit einer Struktur, die folgenden Bedingungen genügen soll.

(0) A hat eine K-Vektorraumstruktur und eine damit verträgliche multiplikative Struktur. Genauer: A ist eine assoziative K-Algebra mit 1.

(1) (a) V ist ein Untervektorraum von A bezüglich der K-Vektorraumstruktur, und die durch A auf V induzierte Vektorraumstruktur stimmt mit der gegebenen K-Vektorraumstruktur von V überein.

   (b) Als assoziative K-Algebra mit 1 wird A von V erzeugt.

(2) Die multiplikative Struktur von A ist der auf V gegebenen quadratischen Form $q : V \to K$ in einem noch zu definierenden Sinne angepasst.

Die letzte Bedingung können wir folgendermaßen präzisieren. Da ja für alle Spiegelungen s_v, wo $v \in V$ die nicht isotropen Vektoren von V durchläuft, $s_v^2 = 1$ gilt, liegt es nahe, für die Multipliaktion in A die Bedingung zu stellen, dass für alle $v \in V \subset A$ das Quadrat v^2 ein Vielfaches des 1-Elementes von A ist, also $v^2 = f(v) \cdot 1$. Aus den Rechenregeln für Algebren folgt sofort, dass dann die Funktion $f : V \to K$ eine quadratische Form sein muss. Nun ist uns aber mit $q : V \to K$ eine quadratische Form auf V gegeben. Es liegt daher sehr nahe, zu erwarten, dass die Bedingung $f = q$ zu einer Algebra A führt, welche für die Untersuchung der orthogonalen Gruppe $O(q)$ gut geeignet ist. Das ist in der Tat so. Andererseits ist man zur Aufstellung der Bedingung $f = q$ nicht gezwungen, denn die Bedingung $f = -q$ würde zu einer ganz anderen Algebra führen, die wegen $O(q) = O(-q)$ genau so gut wie A zur Untersuchung von $O(q)$ geeignet wäre. Man kann also hier hinsichtlich der Definition der Algebra, die man der gegebenen quadratischen Form zuordnen will, zwischen mehreren gleichwertigen, aber definitiv verschiedenen Möglichkeiten wählen, und verschiedene Autoren arbeiten in der Tat mit verschiedenen Definitionen. Wir entscheiden uns hier für die wohl am nächsten liegende Bedingung. Wir arbeiten also mit der Relation

$$\boxed{v^2 = q(v) \cdot 1} \qquad \text{für alle } v \in V.$$

Die vorgetragenen heuristischen Überlegungen motivieren die folgenden grundlegenden Definitionen und Konstruktionen.

Definition:

$q : V \to K$ sei eine quadratische Form auf dem endlichdimensionalen K-Vektorraum V.

(i) Eine **geometrische Algebra** für q ist eine assoziative K-Algebra A mit 1 zusammen mit einem K-Vektorraumhomomorphismus $\varphi : V \to A$, so dass für alle $v \in V$ und $v' = \varphi(v)$ gilt

$$\boxed{v'^{\,2} = q(v) \cdot 1.}$$

(ii) Eine geometrische Algebra $\varphi : V \to A$ heißt **universelle geometrische Algebra** für q, wenn es zu jeder weiteren geometrischen Algebra $\psi : V \to B$ für q einen eindeutig bestimmten Homomorphismus $\chi : A \to B$ von Algebren mit 1 gibt, so dass das folgende Diagramm kommutiert:

$$
\begin{array}{ccc}
V & \xrightarrow{\;\varphi\;} & A \\
 & {\psi}\searrow & \downarrow{\chi} \\
 & & B
\end{array}
$$

Proposition 4.1

Die universelle geometrische Algebra zu einer quadratischen Form q ist bis auf kanonischen Isomorphismus durch q eindeutig bestimmt, d. h. zwei derartige Algebren sind kanonisch isomorph.

Beweis: Dies ist eine triviale Übung.

Es stellen sich jetzt zwei Fragen, nämlich erstens die Frage nach der Existenz einer universellen geometrischen Algebra und zweitens die Frage, ob es möglich ist, unter den verschiedenen kanonisch isomorphen Algebren eine in natürlicher Weise auszuzeichnen, so dass wir wirklich mit Recht von **der** universellen geometrischen Algebra zu q sprechen dürfen. Wir werden beide Fragen gleichzeitig positiv beantworten, indem wir eine nur von q

abhängige universelle geometrische Algebra $C(q)$ konstruieren, und diese Algebra werden wir die **Clifford-Algebra von** q nennen.

Wenn man schon die Tensoralgebra $T(V)$ des Vektorraums V zur Verfügung hat, ist die Konstruktion ganz einfach: Man definiert dann $C(q)$ als Quotienten der Algebra $T(V)$ nach dem zweiseitigen Ideal, das von den Elementen $v \otimes v - q(v) \cdot 1$ erzeugt wird.

Weil die Begriffsbildungen der multilinearen Algebra und insbesondere die Tensoralgebra und die Graßmannalgebra erfahrungsgemäß bei Anfängern zu großen Verständnisschwierigkeiten führen, haben wir bisher auf diese Begriffe verzichtet. Wir kommen aber jetzt nicht mehr ganz darum herum. Um aber nicht zu viele Konstruktionen aufeinander zu türmen, werde ich die Clifford-Algebra direkt konstruieren, also ohne den Zwischenschritt über die Tensoralgebra. Wem die Konstruktion zu abstrakt ist, der halte sich an die nachher in 4.4 und 4.5 angegebene ganz konkrete Beschreibung mit Hilfe einer Orthogonalbasis von V.

Es sei V ein K-Vektorraum. Dann bezeichnen wir mit $F(V)$ den freien K-Vektorraum, der von $\coprod_{k \geq 0} V^k$ erzeugt wird, also (vgl. auch Definition nach Proposition I.6.34)

$$F(V) = K^{\coprod_{k \geq 0} V^k}.$$

Den zu $(v_1, \ldots, v_k) \in V^k$ gehörigen Standardbasisvektor von $F(V)$ bezeichnen wir für den Moment mit $[v_1, \ldots, v_k]$. Auf dem K-Vektorraum $F(V)$ definieren wir folgendermaßen eine Multiplikation. Zunächst definieren wir das Produkt von Basisvektoren wie folgt:

$$[v_1, \ldots, v_k] \cdot [w_1, \ldots, w_l] = [v_1, \ldots, v_k, w_1, \ldots, w_l].$$

Für beliebige Basisvektoren ist das Produkt dann dadurch definiert, dass die Distributivgesetze gelten sollen. Dadurch wird $F(V)$ zu einer K-Algebra. Das 1-Element ist $1 = [\,]$, der Basisvektor zu dem leeren Tupel $\phi \in V^0 = \{\phi\}$. Die K-Algebra $F(V)$ hat aber bis jetzt noch nichts mit der K-Vektorraumstruktur von V und der quadratischen Form q auf V zu tun – sie hängt nur von der Menge V ab. Um diese Strukturen ins Spiel zu bringen, genauer: um die auf Seite 151 aufgestellten Bedingungen (1) und (2) zu erfüllen, können wir die Gültigkeit der gewünschten Rechenregeln erzwingen, indem wir solche Elemente aus $F(V)$, die nach (1) und (2) gleich sein sollen, dadurch identifizieren, dass wir von $F(V)$ zu einer Restklassenalgebra $F(V)/I$ übergehen, wo I ein zweiseitiges Ideal ist. Ein **zweiseitiges Ideal** in einer K-Algebra B ist ein K-Untervektorraum I, der mit $x \in I$ auch ax und xa für alle $a \in B$ enthält. Wenn R irgendeine Teilmenge von $F(V)$ ist, bezeichnen wir mit $I(R)$ das von R erzeugte zweiseitige Ideal, d. h. das kleinste zweiseitige Ideal von $F(V)$, welches R enthält. Wir betrachten jetzt zwei Relationenmengen $R_1, R_2 \subset F(V)$, welche auf offensichtliche Weise mit den obigen Bedingungen (1) und (2) zusammenhängen.

$$R_1(V) \ := \ \left\{ \sum_{i=1}^{r} a_i\,[v_i] - \left[\sum_{i=1}^{r} a_i v_i\right] \ \middle|\ a_i \in K, v_i \in V \right\}$$

$$R_2(q) \ := \ \left\{ [v]^2 - q(v) \cdot 1 \ \middle|\ v \in V \right\}$$

Definition:

Die **Clifford-Algebra** der quadratischen Form $q : V \to K$ auf dem endlich-dimensionalen K-Vektorraum V ist die Algebra

$$\boxed{C(q) := F(V)/I(R_1(V) \cup R_2(q))}$$

mit dem kanonischen injektiven K-Vektorhomomorphismus $V \to C(q)$, der jedem $v \in V$ die Restklasse $[v] \in F(V)$ zuordnet. Durch diese kanonische Injektion identifizieren wir im folgenden V mit seinem Bild in $C(q)$.

Proposition 4.2

Die Clifford-Algebra $C(q)$ ist eine universelle geometrische Algebra für q.

Beweis: Übung.

Bemerkung:

$T(V) = F(V)/I(R_1(V))$ ist die **Tensoralgebra** von V. Man bezeichnet die Restklasse von $[v_1, \ldots, v_k]$ in $T(V)$ mit $v_1 \otimes \ldots \otimes v_k$ und den von diesen Vektoren erzeugten Untervektorraum mit $V \otimes \ldots \otimes V = V^{\otimes k}$ und nennt dies das k-fache Tensorprodukt. Ist $e_1, \ldots, e_n$ eine Basis von V, dann ist $e_{i_1} \otimes \ldots \otimes e_{i_k}$ mit $1 \leq i_1, \ldots, i_k \leq n$ eine Basis von $V^{\otimes k}$. Es gilt $T(V) = \bigoplus_{k \geq 0} V^{\otimes k}$.

Proposition 4.3

$q : V \to K$ sei eine quadratische Form auf dem endlichdimensionalen K-Vektorraum V mit $\operatorname{char} K \neq 2$ und $\langle \cdot, \cdot \rangle$ die zu q gehörige symmetrische Bilinearform mit $q(x) = \langle x, x \rangle$. Dann gilt für $v, w \in V \subset C(q)$

$$\boxed{vw + wv = 2 \langle v, w \rangle \cdot 1.}$$

Beweis:

Durch Polarisierung und Anwendungen der definierenden Relationen der Clifford-Algebra erhält man folgende Identitäten:

$$2 \langle v, w \rangle \cdot 1 = (q(v + w) - q(v) - q(w)) \cdot 1 = (v + w)^2 - v^2 - w^2 = vw + wv.$$

Wir haben die Clifford-Algebren bis jetzt auf zwei Weisen charakterisiert: erstens durch ihre universelle Eigenschaft und zweitens durch die obige Konstruktion als eine gewisse Quotientenalgebra. Letztere hat den Vorteil, dass sie nur von der quadratischen Form $q : V \to K$ abhängt. Aber dieser Vorteil ist durch einen Nachteil erkauft. Denn gerade um die Konstruktion unabhängig von Wahlen zu machen, wurde $C(q)$ als Quotient von $F(V)$ dargestellt. $F(V)$ ist aber eine „riesige Algebra". Zur Erzeugung als Algebra braucht man alle Elemente von V, also eine Menge von der Mächtigkeit $\operatorname{card}(V)$, und als K-Vektorraum hat $F(V)$ mindestens die Dimension $\operatorname{card}(V)$. Auch die Tensoralgebra, eine ebenfalls von Wahlen unabhängige Stufe der Konstruktion, hat immer noch unendliche Dimension. Hingegen ist die Clifford-Algebra eines endlichdimensionalen Vektorraums V endlichdimensional. Wir werden zeigen: Aus $\dim V = n$ folgt $\dim C(q) = 2^n$. So gesehen ist die Konstruktion von $C(q)$ als Quotient von $F(V)$ und $T(V)$ unökonomisch, und es entsteht durch sie vielleicht der Eindruck mangelnder Konkretheit, so, als wüsste man nicht genau, was die Elemente der Clifford-Algebra eigentlich sind und wie man damit rechnet. Deswegen geben wir jetzt noch eine dritte, ganz konkrete Beschreibung von $C(q)$ an.

Der Preis für die Konkretheit ist allerdings, dass die Konstruktion von der Wahl einer Basis $e_1, \ldots, e_n$ von V abhängt. Um eine möglichst einfache Konstruktion zu bekommen, setzen wir zunächst voraus, dass diese Basis eine Orthogonalbasis ist. Eine solche existiert nach II.12.23 stets, wenn char $K \neq 2$. Die quadratische Form q ist dann durch die n Körperelemente $a_i = q(e_i)$ eindeutig bestimmt.

Wir konstruieren jetzt eine nur von $(a_1, \ldots, a_n) \in K^n$ abhängige K-Algebra $A(a_1, \ldots, a_n; K)$. Die Konstruktion wird durch die darauf folgenden Propositionen und Bemerkungen motiviert. Es sei $\{1, \ldots, n\}$ die geordnete Menge[1] der natürlichen Zahlen von 1 bis n und $\mathcal{P}\{1, \ldots, n\}$ die Potenzmenge dieser Menge. Die Elemente von $\mathcal{P}\{1, \ldots, n\}$ sind also die 2^n Teilmengen $I \subset \{1, \ldots, n\}$. Als K-Vektorraum wird die zu konstruierende Algebra $A(a_1, \ldots, a_n; cK)$ einfach der 2^n-dimensionale von $\mathcal{P}\{1, \ldots, n\}$ frei erzeugte K-Vektorraum

$$K^{\mathcal{P}\{1,\ldots,n\}}.$$

Den zu $I \in \mathcal{P}\{1, \ldots, n\}$ gehörigen Standardbasisvektor bezeichnen wir mit e_I. Um auf diesem Vektorraum die Struktur einer assoziativen K-Algebra zu definieren, genügt es, die Produkte $e_I e_J$ der Basisvektoren zu definieren. Dafür, dass dadurch tatsächlich eine assoziative K-Algebrastruktur auf dem Vektorraum definiert wird, ist die Assoziativitätsbedingung $(e_I e_J)e_L = e_I(e_J e_L)$ notwendig und hinreichend. Für $I, J \subset \{1, \ldots, n\}$ definieren wir das Produkt $e_I e_J$ durch folgende Sequenz von Definitionen.

$$\begin{aligned}
\varepsilon(I, J) &:= \operatorname{card}\{(i, j) \in I \times J \mid i > j\} \\
a(I, J) &:= (-1)^{\varepsilon(I,J)} \prod_{i \in I \cap J} a_i \\
I * J &:= (I \cup J) \setminus (I \cap J) \\
e_I e_J &:= a(I, J) e_{I*J}
\end{aligned}$$

Es ist eine einfache Übungsaufgabe, nachzuprüfen, dass mit dieser Definition die Assoziativitätsbedingung erüllt ist und $e_\emptyset e_J = e_J e_\emptyset = e_J$ gilt.

Definition:

Es sei K ein Körper und $(a_1, \ldots, a_n) \in K^n$. Die **Clifford-Algebra**

---

[1]Anmerkung der Redaktion: Egbert Brieskorn meint hier vermutlich, dass jede Teilmenge $I \subset \{1, \ldots, n\}$ als lexikographisch geordnet angenommen werden soll.

$A(a_1, \ldots, a_n; K)$ zu $(a_1, \ldots, a_n)$ ist der K-Vektorraum $K^{\mathcal{P}\{1,\ldots,n\}}$ mit der Multiplikation, die durch

$$\boxed{e_I e_J := a(I, J) e_{I*J}} \qquad (*)$$

definiert wird. Das 1-Element ist $1 = e_\emptyset$.

Proposition 4.4

In $A(a_1, \ldots, a_n; K)$ setzen wir $e_i := e_{\{i\}}$ für $i = 1, \ldots, n$. Für $1 \leq i_1 < \ldots < i_k \leq n$ und $I = \{i_1, \ldots, i_k\}$ gilt dann:

$$\boxed{e_I = e_{i_1} \cdots e_{i_k}} \qquad (**)$$

Insbesondere wird $A(a_1, \ldots, a_n; K)$ als K-Algebra von den Elementen $e_1, \ldots, e_n$ erzeugt. Wir nennen e_i den i-ten **Standardgenerator** von $A(a_1, \ldots, a_n; K)$. Für die Produkte dieser erzeugenden Elemente gilt:

$$\boxed{\begin{aligned} e_i e_j &= -e_j e_i \qquad \text{für } i \neq j \\ e_i^2 &= a_i \cdot 1 \end{aligned}} \qquad (***)$$

Beweis: Triviale Übung.

Bemerkungen:

(1) Die Formeln $(***)$ sind die grundlegenden Rechenregeln für die Algebra $A(a_1, \ldots, a_n; K)$. Denn Folgendes ist klar: Wenn auf dem Vektorraum $K^{\mathcal{P}\{1,\ldots,n\}}$ eine Multiplikation definiert ist, für welche die Relationen $(**)$ und $(***)$ gelten, dann gilt für die Multiplikation notwendigerweise $(*)$.

(2) Die Rechenregeln $(***)$ sind offenbar äquivalent zu der Bedingung, dass für alle $(x_1, \ldots, x_n) \in K^n$ die folgende Gleichung gilt:

$$(x_1 e_1 + \ldots + x_n e_n)^2 = (a_1 x_1^2 + \ldots + a_n x_n^2) \cdot 1.$$

Dies führt zu folgendem Ergebnis.

Proposition 4.5

Es sei K ein Körper, $a = (a_1, \ldots, a_n) \in K^n$ und q_a die quadratische Form auf dem Standardvektorraum K^n mit

$$q_a(x_1, \ldots, x_n) = a_1 x_1^2 + \ldots + a_n x_n^2.$$

Ferner sei $K^n \to A(a_1, \ldots, a_n; K)$ der K-Vektorraumhomomorphismus, welcher den i-Standardbasisvektor von K^n mit dem i-ten Standardgenerator von $A(a_1, \ldots, a_n; K)$ identifiziert. Dann ist $A(a_1, \ldots, a_n; K)$ mit diesem Homomorphismus eine universelle geometrische Algebra für q_a. Insbesondere gilt: Es gibt einen kanonischen Isomorphismus

$$\boxed{C(q_a) \cong A(a_1, \ldots, a_n; K).}$$

Beweis:

Aus Bemerkung (2) folgt, dass $A(a_1, \ldots, a_n; K)$ eine geometrische Algebra für q_a ist. Diese Algebra ist universell, denn sei B irgendeine andere geometrische Algebra für q_a, und $e_i' \in B$ das Bild des i-ten Standardbasisvektors von K^n. Aus der Definition der geometrischen Algebren folgt sofort, dass auch für $e_1', \ldots, e_n'$ die Regeln $(\ast\ast\ast)$ gelten, d. h. $e_i' e_j' = -e_j' e_i'$ für $i \neq j$ und $e_i'^2 = a_i \cdot 1$.

Wir definieren nun weiter eine K-lineare Abbildung $\chi : A(a_1, \ldots, a_n; K) \to B$ durch $\chi(e_{i_1} \cdots e_{i_k}) = e_{i_1}' \cdots e_{i_k}'$ für $1 \leq i_1 < \ldots < i_k \leq n$. Aus der Gültigkeit der Regeln $(\ast\ast\ast)$ für die e_i und die e_i' folgt leicht $\chi(e_I e_J) = \chi(e_I)\chi(e_J)$. Daraus folgt wegen der K-Linearität, dass χ ein Algebrenhomomorphismus ist, und wir haben somit für jede geometrische Algebra B ein kommutatives Diagramm

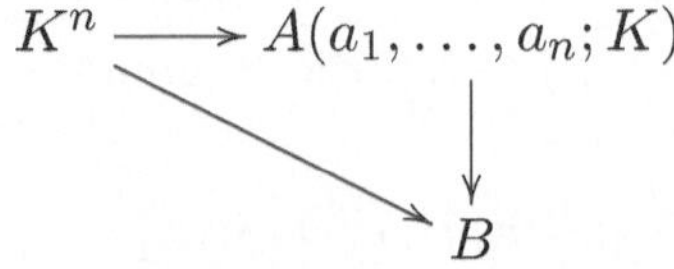

konstruiert und die Universalität von $A(a_1, \ldots, a_n; K)$ bewiesen.

Korollar 4.6

Es sei K ein Körper mit $\operatorname{char} K \neq 2$ und V ein n-dimensionaler K-Vektorraum. Es sei b eine symmetrische Bilinearform auf V und $q : V \to K$ mit $q(v) = b(v,v)$ die zugehörige quadratische Form. Es sei $C(q)$ die Clifford-Algebra zu q. Schließlich seien $e_1, \ldots, e_n \in C(q)$ die Bilder der Vektoren einer Basis von V unter der kanonischen Abbildung $V \to C(q)$. Dann gilt:

(i) Die 2^n Elemente $e_{i_1} \cdots e_{i_k}$ mit $1 \leq i_1 < \ldots < i_k \leq n$ bilden eine K-Vektorraumbasis von $C(q)$.

(ii) Die Elemente $e_1, \ldots, e_n$ erzeugen die Algebra $C(q)$, und für diese Erzeugenden gilt:

$$e_i e_j + e_j e_i = 2b(e_i, e_j) \cdot 1$$

Beweis:

Aus 4.3 folgt (ii). Aus (ii) folgt, dass die 2^n Elemente $e_{i_1} \cdots e_{i_k}$ mit $1 \leq i_1 < \ldots < i_k \leq n$ ein Erzeugendensystem des K-Vektorraumes $C(q)$ bilden. Da dieser nach 4.5 die Dimension 2^n hat, bilden sie sogar eine Basis, und auch (i) ist bewiesen.

Bemerkungen:

(1) Die Aussage 4.6(i) gilt ohne die Voraussetzung $\operatorname{char} K \neq 2$.

(2) Aus 4.6 folgt: Ist q die Nullform $q = 0$, dann ist die Clifford-Algebra $C(q)$ gerade die **Graßmannalgebra**

$$C(0) = \bigoplus_{k=0}^{n} \bigwedge^k V$$

(zur Definition von $\bigwedge^k V$ vergleiche Band I § 10, Aufgabe 43).

Der folgende Satz wird es uns erleichtern, die Clifford-Algebren nicht entarteter quadratischer Formen mit gewissen anderen Algebren zu identifizieren.

Proposition 4.7

Es sei K ein Körper mit $\operatorname{char} K \neq 2$ und $(a_1, \ldots, a_n) \in K^n$ mit $a_1, \ldots, a_n \neq 0$. Es sei A eine 2^n-dimensionale assoziative K-Algebra mit

1, und $e_1, \ldots, e_n \in A$ ein System von Elementen, für welche die folgenden Relationen gelten:

$$
\begin{aligned}
e_i e_j &= -e_j e_i && \text{für } i \neq j \\
e_i^2 &= a_i \cdot 1
\end{aligned}
$$

Falls n ungerade ist, werde zusätzlich vorausgesetzt, dass 1 und $e_1 \cdots e_n$ linear unabhängig sind. Dann erhält man einen K-Algebra-Isomorphismus

$$
A(a_1, \ldots, a_n; K) \xrightarrow{\ \cong\ } A,
$$

indem man den i-ten Standardgenerator von $A(a_1, \ldots, a_n; K)$ auf e_i abbildet.

Beweis:

Aus 4.5 folgt jedenfalls, dass tatsächlich ein K-Algebren-Homomorphismus $\chi : A(a_1, \ldots, a_n; K) \to A$ definiert wird, indem man den i-ten Standardgenerator auf e_i abbildet. Zu zeigen ist lediglich, dass die 2^n Elemente $e_I := e_{i_1} \cdots e_{i_k}$ mit $1 \leq i_1 < \ldots < i_k \leq n$ und $I := \{i_1, \ldots, i_k\}$ linear unabhängig sind, denn dann bilden sie wegen der Dimensionsvoraussetzung eine Basis von A und der Homomorphismus χ ist ein Isomorphismus. Angenommen, es gelte eine lineare Relation

$$
\sum c_I e_I = 0. \tag{+}
$$

Wegen $a_1, \ldots, a_n \neq 0$ sind $e_1, \ldots, e_n$ und daher auch alle e_I invertierbar in A. Durch Multiplikation von mit e_I^{-1} geht die Relation $(+)$ in eine neue Relation über, wobei c_I in den Koeffizienten in den Koeffizienten von $e_\emptyset = 1$ übergeht. Es genügt daher, zu zeigen, dass aus der Relation $(+)$ schon $c_\emptyset = 0$ folgt. Man sieht leicht, dass Folgendes gilt:

$$
e_i e_I e_i^{-1} = \begin{cases} (-1)^{|I|} e_I, & \text{wenn } i \notin I, \\ -(-1)^{|I|} e_I, & \text{wenn } i \in I. \end{cases} \tag{++}
$$

Daher ergeben die Konjugation der Relation (+) mit e_1 und die Addition der so entstehenden Relation zu (+) wegen char $K \neq 2$ die folgende lineare Relation:

$$\sum c_I e_I = 0,$$
$$|I| \equiv 0 \mod 2 \text{ und } 1 \notin I \text{ oder}$$
$$|I| \equiv 1 \mod 2 \text{ und } 1 \in I.$$

Danach konjugiert man diese Relation mit e_2 und addiert, und so weiter, bis man schließlich nach n Schritten folgende Relation erhält:

$$\sum c_I e_I = 0,$$
$$|I| \equiv 0 \mod 2 \text{ und } 1, 2, \ldots, n \notin I \text{ oder}$$
$$|I| \equiv 1 \mod 2 \text{ und } 1, 2, \ldots, n \in I.$$

Je nachdem, ob n gerade oder ungerade ist, ist dies aber eine der beiden folgenden Relationen:

$$c_\emptyset \cdot 1 = 0, \quad \text{wenn } n \text{ gerade,}$$
$$c_\emptyset \cdot 1 + c_{\{1,\ldots,n\}} e_{\{1,\ldots,n\}} = 0, \quad \text{wenn } n \text{ ungerade.}$$

Daraus folgt $c_\emptyset = 0$, im ersten Fall trivialerweise, im zweiten Fall nach Voraussetzung. Damit ist der Satz bewiesen.

Mit Argumenten vom gleichen Typ können wir für char $K \neq 2$ das Zentrum der Clifford-Algebra einer nicht entarteten quadratischen Form bestimmen.

Definition:
Das **Zentrum** einer assoziativen K-Algebra A ist die Unteralgebra

$$Z(A) := \{ c \in A \mid \forall a \in A \quad ac = ca \}.$$

Aus den Relationen (++) im Beweis von 4.7 folgt sofort folgende Proposition.

Proposition 4.8

Die Clifforsche Algebra $A(a_1, \ldots, a_n; K)$ hat für $a_1, \ldots, a_n \neq 0$ und char $K \neq 2$ das folgende Zentrum:

$$Z(A(a_1, \ldots, a_n; K)) = \begin{cases} K \cdot 1, & \text{für } n \equiv 0 \mod 2, \\ K \cdot 1 + Ke_1 \cdots e_n, & \text{für } n \equiv 1 \mod 2. \end{cases}$$

Im Folgenden sei stets char $K \neq 2$ vorausgesetzt.

Als leichte Folgerung aus 4.8 ergibt sich die Bestimmung der invertierbaren Elemente im Zentrum der Clifford-Algebren. Dabei nennen wir allgemein ein Element x in einem Ring R mit 1 **invertierbar**, wenn es Elemente y und z von R mit $xy = 1$ und $zx = 1$ gibt. Es gilt dann $y = z$, und dieses **inverse Element** zu x ist durch $x \in R$ eindeutig bestimmt und wird mit x^{-1} bezeichnet.

Korollar 4.9

Z^* sei die Gruppe der invertierbaren Elemente im Zentrum von $A(a_1, \ldots, a_n; K)$. Dann gilt für $a_1, \ldots, a_n \neq 0$:

$$Z^* = K^* \cdot 1, \quad \text{wenn } n = 2k, \text{ und}$$

$$Z^* = \left\{ a \cdot 1 + be_1 \cdots e_n \mid a^2 - (-1)^k a_1 \cdots a_n b^2 \neq 0, a, b \in K \right\}, \quad \text{wenn } n = 2k + 1.$$

Mit den gleichen Argumenten, die wir bei der Bestimmung des Zentrums gebraucht haben, können wir aber noch viel mehr beweisen. Wir können nämlich alle zweiseitigen Ideale der Clifford-Algebra $C(q)$ einer nichtentarteten quadratischen Form über einem Körper der Charakteristik ungleich 2 bestimmen. Das ist aus mehreren Gründen wichtig. Ein Grund ist der, dass wir damit gleichzeitig alle geometrischen Algebren $\varphi : V \to B$ für q bestimmen, welche vom Bild $\varphi(V)$ erzeugt werden – und das sind natürlich die einzigen, die hier interessieren.

Eine solche Algebra ist ja das Bild eines surjektiven Algebrenhomomorphismus $\chi : C(q) \to B$. Dessen Kern ist ein zweiseitiges Ideal $I \subset C(q)$, so dass χ einen Isomorphismus $C(q)/I \cong B$ induziert. Die vom Bild von V erzeugten geometrischen Algebren für q sind also kanonisch isomorph zu den Quotienten $C(q)/I$ nach den zweiseitigen Idealen $I \subset C(q)$.

Definition:

(i) Ein **echtes** zweiseitiges Ideal einer assoziativen K-Algebra mit 1 ist ein zweiseitiges Ideal in A, das von A und $\{0\}$ verschieden ist.

(ii) Eine endlichdimensionale K-Algebra ohne echte zweiseitige Ideale heißt **einfach**.

(iii) Eine endlichdimensionale K-Algebra A heißt **halbeinfach**, wenn sie direkte Summe $A = A_1 \oplus \ldots \oplus A_m$ von endlich vielen einfachen Algebren ist.

Dabei ist die **direkte Summe** $A_1 \oplus \ldots \oplus A_m$ von K-Algebren A_i als K-Vektorraum die direkte Summe der A_i, und die Multiplikation ist komponentenweise definiert, d. h. $(a_1, \ldots, a_m) \cdot (b_1, \ldots, b_m) = (a_1 b_1, \ldots, a_m b_m)$.

Satz 4.10

K sei ein Körper mit char $K \neq 2$ und $a_1, \ldots, a_n \in K^*$. Dann gilt:

(i) Wenn n gerade ist, ist die Clifford-Algebra $A(a_1, \ldots, a_n; K)$ einfach.

(ii) Wenn n ungerade ist, $n = 2k + 1$, dann ist die Clifford-Algebra halbeinfach. Einfach ist sie genau dann, wenn $(-1)^k a_1 \cdots a_n \notin K^{*2}$.[2]

Zusatz

Es sei $n = 2k + 1$ und $(-1)^k a_1 \cdots a_n \in K^{*2}$. Es seien $\pm c \in K^*$ die beiden Körperelemente mit $c^2 = (-1)^k a_1 \cdots a_n$, und es sei $\varepsilon_1 = \frac{1}{2}(1 + c^{-1} e_1 \cdots e_n)$ sowie $\varepsilon_2 = \frac{1}{2}(1 - c^{-1} e_1 \cdots e_n)$. Schließlich sei $A := A(a_1, \ldots, a_n; K)$ und $A_i := A\varepsilon_i$. Dann gilt: A ist direkte Summe $A = A_1 \oplus A_2$ der einfachen Algebren A_i, und A_1, A_2 sind die einzigen zweiseitigen Ideale von A.

---

[2]Anmerkung der Redaktion: K^{*2} bezeichnet hier nicht etwa das kartesische Produkt $K^* \times K^*$, sondern die Menge der Quadrate in K^*.

Beweis:

Es sei I ein von $\{0\}$ verschiedenes zweiseitiges Ideal in $A := A(a_1, \ldots, a_n; K)$ und $x = \sum c_J e_J \in I$ ein von 0 verschiedenes Element in I. Wegen der Invertierbarkeit der e_J kann man wieder o.B.d.A. $c_\emptyset \neq 0$ voraussetzen. Genau wie im Beweis von 4.7 erzeugt man aus x durch sukzessives Konjugieren mit den Erzeugenden $e_1, \ldots, e_n$ und Addieren zu dem bereits Erzeugten neue Elemente, die, weil I ein zweiseitiges Ideal ist, immer noch in I liegen. Zum Schluss erhält man für gerade n, dass $c_\emptyset \cdot 1 \in I$, also $1 \in I$, also $I = A$, und damit ist (i) bewiesen. Für ungerades $n = 2k + 1$ erhält man $c_\emptyset \cdot 1 + c_{\{1,\ldots,n\}} e_1 \cdots e_n \in I$. Wenn $(-1)^k a_1 \cdots a_n$ kein Quadrat ist, dann ist dieses Element nach 4.9 invertierbar, und es folgt wieder $I = A$ und A ist in diesem Fall einfach. Es sei nun also $(-1)^k a_1 \cdots a_n = c^2$ und $\varepsilon_1, \varepsilon_2$ wie im Zusatz definiert. Dann ist das obige Element wegen 4.9 entweder eine Einheit, oder es geht bei Division durch $2c_\emptyset$ in ε_1 oder in ε_2 über. Daher folgt:

$$\varepsilon_1 \in I \text{ oder } \varepsilon_2 \in I \text{ für } I \neq 0. \tag{1}$$

Ferner prüft man leicht nach, dass für $\varepsilon_1, \varepsilon_2$ Folgendes gilt:

$$1 = \varepsilon_1 + \varepsilon_2, \tag{2}$$

$$\varepsilon_i^2 = \varepsilon_i \text{ und } \varepsilon_1 \varepsilon_2 = 0, \tag{3}$$

$$\varepsilon_1, \varepsilon_2 \in Z(A). \tag{4}$$

Daraus folgt sofort, dass die beiden Multiplikationen mit ε_1 und ε_2 die Projektionsoperatoren $\varepsilon_i : A \to A\varepsilon_i$ einer Zerlegung von A als K-Vektorraum in die direkte Summe von A_1 und A_2 sind, und dass für das Produkt zweier Elemente bei entsprechender Summenzerlegung $(a_1, a_2) \cdot (b_1, b_2) = (a_1 b_1, a_2 b_2)$ gilt. A ist also die direkte Summe von Algebren

$$A = A_1 \oplus A_2. \tag{5}$$

Aus (2) bis (4) folgt ferner leicht für jedes zweiseitige Ideal I von A:

$$I = (I \cap A_1) \oplus (I \cap A_2). \tag{6}$$

Wegen (4) sind A_1 und A_2 zweiseitige Ideale, also gilt dies auch für $I \cap A_1$ und $I \cap A_2$. Wegen (1) gilt daher $I \cap A_j = \{0\}$ oder $I \cap A_j = A_j$. Daher sind wegen (6) 0, A_1, A_2 und A die einzigen zweiseitigen Ideale von A. Insbesondere sind A_1, A_2 einfach, weil jedes zweiseitige Ideal von A_j auch ein zweiseitiges Ideal von A ist.[3] Damit ist (ii) samt Zusatz bewiesen.

Der gerade bewiesene Satz bestimmt bereits weitgehend die Struktur der Clifford-Algebren. Denn die Struktur der einfachen Algebren ist bekannt. Sie wird durch den folgenden Satz von Wedderburn beschrieben, den wir schon in Aufgabe 14 zu Band I § 7 kennengelernt hatten. Bevor wir diesen Satz formulieren, brauchen wir eine

Definition:
Eine endlichdimensionale K-Algebra D mit 1 heißt K-Divisionsalgebra, wenn D als Ring ein Schiefkörper ist.

Satz 4.11   (**Satz von Wedderburn**)
Die einfachen K-Algebren sind bis auf Isomorphie genau die K-Algebren $M_r(D)$ aller $r \times r$-Matrizen mit Koeffizienten in einer K-Divisionsalgebra D. Aus $M_r(D) \cong M_{r'}(D')$ folgt $r = r'$ und $D \cong D'$. Das Zentrum von $M_r(D)$ ist isomorph zum Zentrum von D.

Dieser Satz wurde von Wedderburn 1908 in seiner Arbeit „On hypercomplex numbers" in Proc. London Math. Soc. (2) Band 6 bewiesen. Beweise findet man in Büchern über Algebren oder Algebra-Büchern, z. B. van der Waerden, Algebra II, § 126 [134]. „Hyperkomplexes System" ist ein altmodisches Wort für „K-Algebra".
Wir sind im Folgenden nur an dem Fall interessiert, wo der zugrunde liegende Körper K der Körper $\mathbb{R}$ der reellen Zahlen ist. In diesem Fall kennt man alle Divisionsalgebren.

Satz 4.12
Die einzigen Divisionsalgebren über $\mathbb{R}$ sind die Körper $\mathbb{R}$ und $\mathbb{C}$ der reellen und komplexen Zahlen sowie der Schiefkörper $\mathbb{H}$ der Quaternionen.

---

[3]Anmerkung der Redaktion: Dies gilt wegen der Zerlegung (5) in die direkte Summe und der Tatsache, dass jedes zweiseitige Ideal von A auch ein zweiseitiges Ideal von A_j ist.

Einen Beweis findet man z. B. bei van der Waerden, Algebra II, § 137. Den Schiefkörper $\mathbb{H}$ haben wir schon in Aufgabe 27 zu Band I § 5 eingeführt. Wir werden ihn nachher noch genauer studieren. Zunächst einmal stellen wir jedoch fest, dass die zitierten Sätze zusammen mit Satz 4.10 bereits weitgehend die Struktur der reellen Clifford-Algebren bestimmen. Um die Formeln lesbarer zu machen, ändern wir unsere Notation für Matrizenringe.

Notation: $D(r) := M_r(D)$ ist die K-Algebra der $r \times r$-Matrizen mit Koeffizienten in der K-Divisionsalgebra D.

Satz 4.13

Es sei q eine nichtentartete reelle quadratische Form mit der Signatur (n_+, n_-). Es sei $n = n_+ + n_-$ der Rang und $t = n_+ - n_-$ der Trägheitsindex. $C(q)$ sei die Cliffordalgebra.

(i) Für $n = 2m$ gilt:
$$C(q) \cong \mathbb{R}(2^m) \text{ oder } C(q) \cong \mathbb{H}(2^{m-1}).$$

(ii) Für $n = 2m + 1$ und $t \equiv 3 \mod 4$ gilt:
$$C(q) \cong \mathbb{C}(2^m).$$

(iii) Für $n = 2m + 1$ und $t \equiv 1 \mod 4$ gilt:
$$C(q) \cong \mathbb{R}(2^m) \oplus \mathbb{R}(2^m) \text{ oder } C(q) \cong \mathbb{H}(2^{m-1}) \oplus \mathbb{H}(2^{m-1}).$$

Beweis:

(i) Wegen 4.10 bis 4.12 gilt $C(q) \cong D(r)$ mit $D = \mathbb{R}, \mathbb{C}$ oder $\mathbb{H}$ und $Z(D) = Z(C(q))$. Aus 4.8 folgt daher $Z(D) = \mathbb{R}$, also $D = \mathbb{R}$ oder $D = \mathbb{H}$. Die Ränge $r = 2^m$ bzw. $r = 2^{m-1}$ ergeben sich dann aus $\dim C(q) = 2^n$.

(ii) Aus 4.9 folgt, dass $Z(C(q))$ in diesem Fall eine 2-dimensionale reelle Divisionsalgebra ist, also $Z(C(q)) \cong \mathbb{C}$. Daher folgt $C(q) \cong \mathbb{C}(2^m)$ aus 4.10–4.12.

(iii) In diesem Fall ist $C(q)$ nach 4.10 die direkte Summe von zwei einfachen $\mathbb{R}$-Algebren mit 1. Aus 4.8 folgt, dass beide das Zentrum $\mathbb{R}$ haben. Daher folgt die Behauptung wieder aus 4.11 und 4.12

Wir stellen uns nun natürlich die Aufgabe, herauszufinden, wann in Satz 4.13(i) bzw. (iii) reelle und wann quaternionale Matrizenalgebren auftreten. Die Antwort wird in Satz 4.19 gegeben, in dem die Struktur der reellen Clifford-Algebren vollständig bestimmt wird. Beim Beweis gehen wir wie folgt vor. Da ja im Fall (i) nur zwei Isomorphietypen auftreten können, nämlich $\mathbb{R}(2^m)$ und $\mathbb{H}(2^{m-1})$, leiten wir zunächst durch 4.14 und 4.15 für die $C(q)$ mit $n = 2m$ eine Einteilung in zwei Klassen ab, so dass jeweils alle $C(q)$ in einer Klasse zueinander isomorph sind. Anschließend zeigen wir in 4.16 und 4.17 jeweils für einen Repräsentanten der Klasse, dass er isomorph zu $\mathbb{R}(2^m)$ bzw. $\mathbb{H}(2^{m-1})$ ist. Zum Schluss reduzieren wir in 4.18 den Fall $n = 2m + 1$ auf den Fall $n = 2m$.

<u>Definition:</u>

p und q seien natürliche Zahlen, $p, q \geq 0$.

$$C_{p,q} := A(\underbrace{1, \ldots, 1}_{p}, \underbrace{-1, \ldots, -1}_{q}; K)$$

<u>Proposition 4.14</u>

Für alle $p \geq 0, q \geq 0$ gilt $C_{p+4,q}(K) \cong C_{p,q+4}(K)$.

<u>Beweis:</u>

In $C_{p+4,q}(K)$ seien $e_1, \ldots, e_n$ die Standardgeneratoren, $n = p + q + 4$. Wir definieren neue Generatoren e_i' wie folgt. Wir setzen $e_i' = e_i$ für $i \leq p$ und $i > p + 4$ sowie

$$e_{p+1}' = e_{p+2}\, e_{p+3}\, e_{p+4},$$

$$e_{p+2}' = e_{p+1}\, e_{p+3}\, e_{p+4},$$

$$e_{p+3}' = e_{p+1}\, e_{p+2}\, e_{p+4},$$

$$e_{p+4}' = e_{p+1}\, e_{p+2}\, e_{p+3}.$$

Dann gilt $e_i'^2 = +1$ für $i \leq p$ und $e_i'^2 = -1$ für $i > p$ sowie $e_i' e_j' = -e_j' e_i'$ für $i \neq j$. Außerdem gilt $e_1' \ldots e_n' = e_1 \ldots e_n$. Daher erhält man nach 4.7 einen Isomorphismus $C_{p+4,q}(K) \to C_{p,q+4}(K)$, indem man $e_1', \ldots, e_n'$ auf die Standardgeneratoren von $C_{p,q+4}(K)$ abbildet.

Proposition 4.15

Für alle $p, q \geq 0$ gilt: $C_{p+1,q}(K) \cong C_{q+1,p}(K)$.

Beweis:

In $C_{p+1,q}(K)$ seien $e_1, \ldots, e_n$ die Standardgeneratoren, $n = p + q + 1$.

Wir setzen:

$$e_i' = \begin{cases} e_{p+1}, & \text{für } i = p + 1, \\ e_i e_{p+1}, & \text{für } i \neq p + 1. \end{cases}$$

Dann gilt ${e_i'}^2 = -1$ für $i \leq p$ und ${e_i'}^2 = 1$ für $i > p$ sowie $e_i' e_j' = -e_j' e_i'$ für $i \neq j$. Außerdem sind 1 und $e_1' \ldots e_n'$ linear unabhängig. Daher erhält man nach 4.7 einen Isomorphismus $C_{p+1,q} \to C_{q+1,p}$, indem man e_i' auf den $(n - i + 1)$-ten Standardgenerator von $C_{q+1,p}(K)$ abbildet.

Aus 4.14 und 4.15 ergibt sich leicht Folgendes: Für $n = 2m$ ist jedes $C_{p,q}(K)$ mit $p + q = n$ entweder zu $C_{m,m}(K)$ oder zu $C_{m-1,m+1}(K)$ isomorph. Für $n = 2m + 1$ ist jedes $C_{p,q}(K)$ mit $p + q - n$ entweder zu $C_{m,m+1}(K)$ oder zu $C_{m+1,m}(K)$ oder zu $C_{m-1,m+2}(K)$ isomorph. In den nächsten drei Propositionen bestimmen wir daher die Isomorphieklassen dieser Algebren, wobei $C_{m,m+1}(K) = C(2^m)$ bereits aus 4.13 bekannt ist.

Proposition 4.16

Für alle $m \geq 0$ gilt: $C_{m,m} \cong K(2^m)$.

Beweis:

Wir identifizieren $C_{m,m}(K)$ kanonisch mit der Clifford-Algebra des Standardvektorraums K^{2m} mit der quadratischen Form $x_1^2 + \ldots + x_m^2 - x_{m+1}^2 - \ldots - x_{2m}^2$. In K^{2m} wählen wir eine Bais $e_1, \ldots, e_m, f_1, \ldots, f_m$ wie in Satz II.12.38, das heißt so, dass $\langle e_i, e_j \rangle = 0$ und $\langle f_i, f_j \rangle = 0$ und $\langle e_i, f_j \rangle = \delta_{ij}$ für $i, j = 1, \ldots, m$. Es sei $W \subset K^{2m}$ der von $e_1, \ldots, e_m$ aufgespannte maximale total isotrope Unterraum. Die Beschränkung der quadratischen Form auf W ist identisch mit 0, und die Clifford-Algebra dieser 0-Form ist einfach die Graßmannalgebra $\bigwedge(W)$ von W. Wir können $\bigwedge(W)$ mit der 2^m-dimensionalen Unteralgebra von $C_{m,m}(K)$ identifizieren, welche von $e_1, \ldots, e_m$ erzeugt wird. Sie hat die Basis $e_I := e_{i_1} \ldots e_{i_k}$ mit

$1 \leq i_1 < \ldots < i_k \leq m$ und $I \subset \{1, \ldots, m\}$. Wir beweisen unseren Satz durch Angabe eines Algebrenisomorphismus

$$\rho : C_{m,m} \cong \mathrm{End}_K(\textstyle\bigwedge(W))$$

von $C_{m,m}(K)$ auf die K-Algebra des Vektorraumendomorphismen des 2^m-dimensionalen K-Vektorraums $\bigwedge(W)$, die ja zu $K(2^m)$ isomorph ist. Man kann ρ in invarianter Weise definieren (siehe N. Bourbaki: Algèbre, Chap. 9, Formes sesquilinéaires et formes quadratiques, §9.4, Théorème 2, [107]). Aber um Zeilen zu sparen, beschreiben wir ρ mittels Basen. Da die Algebra $C_{m,m}(K)$ von den e_i und f_i mit $i = 1, \ldots, m$ erzeugt wird und der Vektorraum $\bigwedge(W)$ die Basis e_I mit $I \subset \{1, \ldots, m\}$ hat, genügt es zur Definition von ρ, die Werte $\rho(e_i)(e_I)$ und $\rho(f_i)(e_I)$ anzugeben.

$$\rho(e_i)(e_I) := \begin{cases} (-1)^{\varepsilon(\{i\},\, I)} e_{I \cup \{i\}}, & \text{wenn } i \notin I, \\ 0, & \text{wenn } i \in I. \end{cases}$$

$$\rho(f_i)(e_I) := \begin{cases} 0, & \text{wenn } i \notin I, \\ (-1)^{\varepsilon(\{i\},\, I)} e_{I \setminus \{i\}}, & \text{wenn } i \in I. \end{cases}$$

Man verifiziert leicht, dass folgende Relationen gelten:

$$\rho(e_i)\rho(e_j) + \rho(e_j)\rho(e_i) = 0,$$
$$\rho(f_i)\rho(f_j) + \rho(f_j)\rho(f_i) = 0,$$
$$\rho(e_i)\rho(f_j) + \rho(f_j)\rho(e_i) = 2\delta_{ij} \cdot 1.$$

Nach 4.6 sind dies genau die definierenden Relationen der Clifford-Algebra $C_{m,m}(K)$ zu der Basis $e_1, \ldots, e_m, f_1, \ldots, f_m$ von K^{2m}. Daher wird durch die Zuordnung $e_i \mapsto \rho(e_i)$ und $f_i \mapsto \rho(f_i)$ tatsächlich ein Algebrenhomomorphismus $\rho : C_{m,m}(K) \to \mathrm{End}_K(\bigwedge(W))$ definiert. Wegen 4.10 ist ρ ein Isomorphismus.

Proposition 4.17

Für alle $m > 0$ gilt: $C_{m-1,m+1}(\mathbb{R}) \cong \mathbb{H}(2^{m-1})$.

<u>Beweis:</u>

Wir setzen zur Abkürzung:

$$A = C_{m-1,m+1}(\mathbb{R}).$$

In A seien $e_1, \ldots, e_n$ die Standardgeneratoren, $n = 2m$. Die ersten $n - 2$ Generatoren erzeugen eine Unteralgebra B von A, die wir kanonisch mit der Clifford-Algebra $C_{m-1,m-1}(\mathbb{R})$ identifizieren:

$$B = C_{m-1,m-1}(\mathbb{R}).$$

Das Produkt der ersten $n - 2$ Generatoren $e = e_1 \ldots e_{n-2} \in B$ hat folgende nützliche Eigenschaften: Es gilt $e^2 = 1$ und $e_l e = -e e_l$ für $l \le n - 2$ sowie $e_l e = e e_l$ für $l = n - 1, n$. Mit Hilfe dieses Elementes ersetzen wir die beiden letzten Generatoren wie folgt durch neue Elemente:

$$\varepsilon_1 := e e_{n-1},$$

$$\varepsilon_2 := e e_n.$$

Diese beiden Elemente erzeugen eine 4-dimensionale Unteralgebra C von A mit den Basisvektoren $1, \varepsilon_1, \varepsilon_2$ und $\varepsilon_3 = \varepsilon_1 \varepsilon_2$, also

$$C = \mathbb{R}1 + \mathbb{R}\varepsilon_1 + \mathbb{R}\varepsilon_2 + \mathbb{R}\varepsilon_3.$$

Es gilt $\varepsilon_\rho^2 = -1$ für $\rho = 1, 2, 3$ und $\varepsilon_\rho \varepsilon_\sigma = \varepsilon_\tau = -\varepsilon_\sigma \varepsilon_\rho$ für jede gerade Permutation (ρ, σ, τ) von $\{1, 2, 3\}$. Daher erhält man einen Algebrenisomorphismus

$$C \cong \mathbb{H}$$

durch die Zuordnung

$$\varepsilon_1 \mapsto i, \qquad \varepsilon_2 \mapsto j, \qquad \varepsilon_3 \mapsto k.$$

Aus den Definitionen ergeben sich leicht folgende drei Aussagen über die Unteralgebren B und C der endlichdimensionalen assoziativen $\mathbb{R}$-Algebra A:

(i) A wird als Algebra von B und C erzeugt.

(ii) $\dim A = \dim B \cdot \dim C$.

(iii) B und C kommutieren, das heißt: $bc = cb$ für alle $b \in B$ und $c \in C$.

Wenn die Aussagen (i) bis (iii) für zwei Unteralgebren B und C einer endlichdimensionalen Algebra A erfüllt sind, sagt man, die Algebra A sei das **Tensorprodukt der Algebren** B und C, und man schreibt:

$$A = B \otimes C.$$

Damit folgt aber nun unser Satz aus dem vorher bewiesenen Satz, denn dort haben wir einen Isomorphismus

$$B \xrightarrow{\cong} \mathbb{R}(2^{m-1})$$

konstruiert. Die Inklusion $\mathbb{R} \subset \mathbb{H}$ induziert eine Inklusion der Matrizenalgebren $\mathbb{R}(2^{m-1}) \subset \mathbb{H}(2^{m-1})$. Die Quotientenalgebra $\mathbb{H}$ identifizieren wir mit der Unteralgebra $\mathbb{H} \subset \mathbb{H}(2^{m-1})$, die aus allen Diagonalmatrizen mit lauter gleichen Diagonalelementen besteht. Offensichtlich gilt für die Unteralgebren $\mathbb{R}(2^{m-1})$ und $\mathbb{H}$ von $\mathbb{H}(2^{m-1})$ ebenfalls die Aussage

$$\mathbb{H}(2^{m-1}) = \mathbb{R}(2^{m-1}) \otimes \mathbb{H}.$$

Daher erhalten wir nun insgesamt einen Isomorphismus

$$C_{m-1,m+1}(\mathbb{R}) = B \otimes C \xrightarrow{\cong} \mathbb{R}(2^{m-1}) \oplus \mathbb{H} = \mathbb{H}(2^{m-1}).$$

Denn auf den Unteralgebren B und C von A ist dieser Homomorphismus wie oben definiert. Er lässt sich dann wegen $A = B \otimes C$ auf eine und nur eine Weise als Algebrenhomomorphismus auf ganz A fortsetzen, weil aus $A = B \otimes C$ leicht folgt, dass für eine Basis e_I von B und eine Basis ε_i von C die Elemente $e_I \varepsilon_i$ eine Basis von $B \otimes C$ bilden. Entsprechendes gilt für $\mathbb{R}(2^{m-1}) \otimes \mathbb{H}$. Der Homomorphismus überführt also eine Basis in eine Basis und ist daher ein Isomorphismus.

Mit den vorstehenden Sätzen ist der geradedimensionale Fall erledigt. Der ungeradedimensionale Fall wird durch die folgende Proposition auf den geradedimensionalen Fall reduziert.

Proposition 4.18

(i) Für alle $m \geq 0$ gilt: $C_{m+1,m}(K) \cong C_{m,m}(K) \oplus C_{m,m}(K)$.

(ii) Für alle $m > 0$ gilt: $C_{m-1,m+2}(K) \cong C_{m-1,m+1}(K) \oplus C_{m-1,m+1}(K)$.

Beweis:

Es sei $A = C_{m+1,m}(K)$ im Fall (i) und $A = C_{m-1,m+2}(K)$ im Fall (ii). Ferner sei $e_1, \ldots, e_{2m+1}$ das System der Standardgeneratoren von A und $A = A\varepsilon_1 \oplus A\varepsilon_2$ die direkte Summenzerlegung in zwei einfache Algebren $A_i = A\varepsilon_i$ gemäß Satz 4.10. Lässt man von $\varepsilon_i e_1, \ldots, \varepsilon_i e_{2m+1}$ im Fall (i) das erste bzw. im Fall (ii) das leztte Element weg, dann erhält man nach 4.7 ein System von Generatoren von A_i, und man erhält einen Isomorphismus $A_i \cong C_{m,m}(K)$ bzw. $A_i \cong C_{m-1,m+1}(K)$, wenn man jenen Generatoren die Standardgeneratoren dieser Algebren zuordnet.

Satz 4.19

$C(q)$ sei die Clifford-Algebra einer nichtentarteten reellen quadratischen Form q der Signatur (n_+, n_-). Es sei $t = n_+ - n_-$ der Trägheitsindex und $n = n_+ + n_-$ der Rang. Es sei $n = 2m$, falls $t \equiv 0 \mod 2$, und $n = 2m + 1$, falls $t \equiv 1 \mod 2$. Schließlich sei τ die Restklasse von t modulo 8. Dann ist $C(q)$ als assoziative $\mathbb{R}$-Algebra mit 1 isomorph zu der Algebra, die in der Tabelle auf der folgenden Seite angegeben ist.

Beweis:

Aus 4.14, 4.15 und 4.18 erhält man leicht folgende Implikationen:

$$\tau = 0, 2 \;\Rightarrow\; C(q) \cong C_{m,m}(\mathbb{R}),$$
$$\tau = 4, 6 \;\Rightarrow\; C(q) \cong C_{m-1,m+1}(\mathbb{R}),$$
$$\tau = 1 \;\Rightarrow\; C(q) \cong C_{m,m}(\mathbb{R}) \oplus C_{m,m}(\mathbb{R}),$$
$$\tau = 5 \;\Rightarrow\; C(q) \cong C_{m-1,m+1}(\mathbb{R}) \oplus C_{m-1,m+1}(\mathbb{R}).$$

Daher folgt für diese Fälle die Behauptung des Satzes aus 4.16 und 4.17. In Satz 4.13 (ii) hatten wir bereits

$$\tau = 3, 7 \Rightarrow C(q) \cong \mathbb{C}(2^m)$$

bewiesen, allerdings unter Benutzung des Satzes von Wedderburn. Selbstverständlich hätten wir auch in diesem Fall einen ebenso einfachen und elementaren Beweis geben können wie in den übrigen Fällen. Wir haben den Satz von Wedderburn nur zitiert, um die zu Satz 4.19 führende Argumentationskette zu motivieren und durchsichtig zu machen.

τ	$C(q)$
0, 2	$\mathbb{R}(2^m)$
1	$\mathbb{R}(2^m) \oplus \mathbb{R}(2^m)$
3, 7	$\mathbb{C}(2^m)$
4, 6	$\mathbb{H}(2^m)$
5	$\mathbb{H}(2^m) \oplus \mathbb{H}(2^m)$

Tablelle zu Satz 4.19

Bemerkungen:

(1) Die in Satz 4.19 bewiesene Periodizität modulo 8 für die reellen Clifford-Algebren hängt eng mit dem berühmten von R. Bott 1957 bewiesenen **Bottschen Periodizitätssatz** $\pi_i(O) \cong \pi_{i+8}(O)$ für die Homotopiegruppen $\pi_i(O)$ der unendlichen orthogonalen Gruppe $O = \cup_{n \geq 1} O(n, \mathbb{R})$ zusammen. Dieser Zusammenhang wird von M. F. Atiyah, R. Bott und A. Shapiro in ihrem Artikel „Clifford Modules" [101] in Topology 3, Supplement 1, p. 3–38 (1964) herausgearbeitet. Der erste Teil dieses Artikels ist eine sehr lesenswerte knappe Einführung in die Theorie der Clifford-Algebren und Spin-Gruppen.

(2) Wir weisen ausdrücklich darauf hin, dass Satz 4.19 die reellen Clifford-Algebren nur als abstrakte $\mathbb{R}$-Algebren beschreibt. Um diese Matrizenalgebra A aber mit der Cliffordalgebra $C(q)$ einer reellen quadratischen Form $q : V \to \mathbb{R}$ zu identifizieren, ist zusätzlich die Angabe eines injektiven K-Vektorraumhomomorphismus $V \to A$ erforderlich, so

dass $V \to A$ die universelle Eigenschaft der Clifford-Algebren hat. Am einfachsten geschieht dies durch Angabe eines Systems von Standardgeneratoren $e_i \in A$ gemäß 4.17. In dieser Weise werden wir nachher für einige kleine Werte von n_+, n_- die Clifford-Algebra $C(q)$ explizit beschreiben.

In der folgenden Sequenz von Definitionen führen wir die auch in der Elementarteilchenphysik sehr wichtigen Spin-Gruppen ein.

Definition:

K sei ein Körper und K^* seine multiplikative Gruppe. $q : V \to K$ sei eine quadratische Form auf dem n-dimensionalen K-Vektorraum V, und $C(q)$ sei die Clifford-Algebra von V. Wir identifizieren V kanonisch mit seinem Bild in $C(q)$ und K mit $K \cdot 1 \subset C(q)$

(i) Der **Haupthomomorphismus** von $C(q)$ ist der eindeutig bestimmte Algebrenautomorphismus α von $C(q)$ mit $\alpha(x) = -x$ für $x \in V$.

(ii) Der **Hauptantihomomorphismus** von $C(q)$ ist der eindeutig bestimmte Algebra-Antiautomorphismus β von $C(q)$ mit $\beta(x) = x$ für alle $x \in V$.

(iii) $C(q)^+ := \{x \in C(q) \mid \alpha(x) = x\}$
$C(q)^- := \{x \in C(q) \mid \alpha(x) = -x\}$

(iv) $G(q) \; := \{x \in C(q) \mid x \text{ invertierbar und } xVx^{-1} = V\}$
$G(q)^+ := G(q) \cap C(q)^+$
$G(q)$ heißt die **Clifford-Gruppe** von q.
$G(q)^+$ heißt die **spezielle Clifford-Gruppe** von q.

(v) $N : G(q)^+ \to K^*$ mit $N(x) := \beta(x) \cdot x$ heißt **Spinornorm**.

(vi) $G(q)_0^+ = \operatorname{Kern} N$ heißt reduzierte **Clifford-Gruppe** von q.

(vii) Für $V = K^{p+q}$ und $q(x_1, \ldots, x_{p+q}) = x_1^2 + \ldots + x_p^2 - x_{p+1}^2 - \ldots - x_{p+q}^2$ heißt $G(q)_0^+$ die **Spin-Gruppe** vom Typ (p, q) und wird mit $\operatorname{Spin}(p, q; K)$ bezeichnet, für $q = 0$ auch mit $\operatorname{Spin}(p, K)$, für $K = \mathbb{R}$ auch mit $\operatorname{Spin}(p, q)$ bzw. $\operatorname{Spin}(p)$.

Bemerkungen:

Wir identifizieren $C(q)$ durch Wahl einer Orthogonalbasis mit $A(a_1, \ldots, a_n; K)$. Dann gilt:

(i) $\alpha(e_{i_1}, \ldots, e_{i_k}) = (-1)^k e_{i_1} \cdots e_{i_k}$

(ii) $\beta(e_{i_1}, \ldots, e_{i_k}) = e_{i_k} \cdots e_{i_1}$

(iii) $C(q)^+$ hat die Basis $e_{i_1} \cdots e_{i_k}$, k gerade.

$C(q)^-$ hat die Basis $e_{i_1} \cdots e_{i_k}$, k ungerade.

$C(q) = C(q)^+ \oplus C(q)^-$ als K-Vektorraum, und $C^+ C^+ \subset C^+$, $C^- C^+ \subset C^-$, $C^+ C^- \subset C^-$, $C^- C^- \subset C^+$, das heißt: $C(q) = C(q)^+ \oplus C(q)^-$ ist eine $\{\pm 1\}$-**graduierte Algebra**. Insbesondere ist $C(q)^+$ eine Unteralgebra mit 1 von $C(q)$.

(iv) Für $x \in G(q)$ und $v \in V$ gilt:

$q(xvx^{-1}) = (xvx^{-1})^2 = xv^2 x^{-1} = q(v)$.

Der innere Automorphismus von $C(q)$ zu x induziert also eine orthogonale Transformation $\rho(x)$ von V, und man hat dadurch einen kanonischen Homomorphismus

$$\boxed{\rho : G(q) \to \mathrm{O}(q)}$$

der Clifford-Gruppe $G(q)$ auf die orthogonale Gruppe $\mathrm{O}(q)$ von q.

(v) Dass $N(x) = \beta(x) \cdot x \in K^*$ für alle $x \in G(q)^+$, folgert man aus 4.9, indem man $N(x) \in Z^* \cap C(q)^+$ zeigt. Weil $N(x)$ zentral ist, folgt dann leicht $N(xy) = N(x)N(y)$. Die Spinornorm ist also ein Homomorphismus, und ihr Kern $G(q)_0^+$ eine Gruppe.

Da $\mathrm{O}(q) = \mathrm{Aut}(V, q)$ eine Untergruppe der allgemeinen linearen Gruppe $\mathrm{GL}(V)$ ist, kann man den oben definierten Homomorphismus ρ auch als einen Homomorphismus $G(q) \to \mathrm{GL}(V)$ mit Bild in $\mathrm{O}(q)$ auffassen. Ein Homomorphismus einer Gruppe G in die lineare Gruppe $\mathrm{GL}(V)$ eines Vektorraumes ist natürlich nichts anderes als eine Operation von G auf V durch lineare Transformationen.

Definition:

Eine **Darstellung** einer Gruppe G ist ein Homomorphismus $\rho : G \to \mathrm{GL}(V)$ von G in die allgemeine lineare Gruppe eines Vektorraumes V über irgendeinem Körper. V heißt der **Darstellungsraum** von ρ. Die Darstellung heißt **treu**, wenn ρ injektiv ist.

Definition:

Es sei K ein Körper mit $\operatorname{char} K \neq 2$, V ein endlichdimensionaler K-Vektorraum mit einer symmetrischen Bilinearform $\langle \cdot, \cdot \rangle$ und q die zugehörige quadratische Form mit $q(x) = \langle x, x \rangle$. Wir bezeichnen mit $\mathrm{O}(q) := \mathrm{Aut}(V, q)$ die orthogonale Gruppe von (V, q) und mit $\mathrm{SO}(q)$ die spezielle orthogonale Gruppe, sowie mit $G(q)$ die Clifford-Gruppe von q. Ferner bezeichnen wir mit $V(q) \subset V$ die Teilmenge der nicht-isotropen Vektoren, also $V(q) = \{v \in V \mid q(v) \neq 0\}$. Für $v \in V(q)$ ist die **Spiegelung** $s_v \in \mathrm{O}(q)$ definiert durch

$$s_v(x) := x - 2\frac{\langle x, v \rangle}{\langle v, v \rangle}v.$$

Die **Vektordarstellung der Clifford-Gruppe** ist der Homomorphismus

$$\rho : G(q) \to \mathrm{O}(q),$$
$$\rho(x)(v) = xvx^{-1}.$$

Die für das Verständnis der Vektordarstellung grundlegende Tatsache ist die folgende Verallgemeinerung von Satz 1.15.

Proposition 4.20

Es sei q eine nichtentartete quadratische Form auf einem endlichdimensionalen Vektorraum V über einem Körper K mit $\operatorname{char} K \neq 2$ und $\mathrm{O}(q)$ die zugehörige orthogonale Gruppe. Dann wird $\mathrm{O}(q)$ von den Spiegelungen zu den nicht-isotropen Vektoren erzeugt, d. h. es gilt:

$$\mathrm{O}(q) = \langle s_v \mid v \in V(q) \rangle .$$

Beweis:

Der Beweis erfolgt durch Induktion über $\dim V$. Der Induktionsanfang

$\dim V = 0$ ist trivial. Sei also $\dim V > 0$. Dann ist $V(q)$ nach II.12.24 nicht leer. Wir wählen ein $v \in V(q)$. Nun sei $\varphi \in O(q)$ gegeben. Wir wollen zeigen, dass φ ein Produkt von Spiegelungen ist. Dazu unterscheiden wir drei Fälle, die wir sukzessive auf den ersten reduzieren.

(a) $\underline{\varphi(v) = v}$: Es sei V' das orthogonale Komplement zu Kv und q' die Beschränkung von q auf V'. Dann gilt für die Beschränkung $\varphi' : V' \to V'$ von φ, dass $\varphi' \in O(q')$. Nach Induktionsannahme existieren deshalb $v_1, \ldots, v_k \in V'$, so dass für die zugehörigen Spiegelungen $s'_{v_i} \in O(q')$ gilt: $\varphi' = s'_{v_1} \cdots s'_{v_k}$. Für die zu v_i gehörigen Spiegelungen $s_{v_i} \in O(q)$ gilt dann $\varphi = s_{v_1} \cdots s_{v_k}$.

(b) $\underline{\varphi(v) = -v}$: Dann gilt $s_v \varphi(v) = v$, also $s_v \varphi = s_{v_1} \cdots s_{v_k}$ nach (a), also $\varphi = s_v s_{v_1} \cdots s_{v_k}$.

(c) $\underline{\varphi(v) \neq \pm v}$: Wir setzen $v' = v - \varphi(v)$ und $v'' = v + \varphi(v)$. Man sieht leicht: $q(v') \neq 0$ oder $q(v'') \neq 0$ wegen $q(v) \neq 0$. Wenn $q(v') \neq 0$, gilt $s_{v'} \varphi(v) = v$, und andernfalls gilt $s_{v''} \varphi(v) = -v$. Damit ist (c) auf (a) oder (b) reduziert.

Satz 4.20 gestattet uns, einen Homomorphismus $v : \mathrm{SO}(q) \to K^*/K^{*2}$ zu definieren, den man auch als Spinornorm bezeichnet. Um für $\varphi \in \mathrm{SO}(q)$ die Spinornorm $\nu(\varphi)$ zu definieren, stellen wir φ als Produkt von Spiegelungen dar: $\varphi = s_{v_1} \cdots s_{v_k}$. Da die v_i nicht isotrop sind, gilt $q(v_1) \cdots q(v_k) \in K^*$. Das so erhaltene Element K^* hängt natürlich von der Darstellung von φ als Produkt von Spiegelungen ab. Beim Beweis des nächsten Satzes wird sich jedoch ergeben, dass die Restklasse dieses Elementes in K^*/K^{*2} nur von φ abhängt. Bei Vorwegnahme dieses Ergebnisses ist die folgende Definition zulässig.

Definition:
Unter den gleichen Voraussetzungen wie in der vorhergehenden Definition ist die **Spinornorm** der Homomorphismus

$$\nu : \mathrm{SO}(q) \to K^*/K^{*2},$$

welcher $\varphi = s_{v_1} \cdots s_{v_k}$ die Restklasse $\nu(\varphi)$ des Produktes $q(v_1) \cdots q(v_k)$ zuordnet.

Die reduzierte orthogonale Gruppe $SO(q)_0$ ist definiert als

$$\boxed{SO(q)_0 = \text{Kern}\,\nu.}$$

Bemerkung:

Für $K = \mathbb{R}$ folgt aus dem nächsten Satz und aus der Stetigkeit der Spinor-norm $N : G(q)^+ \to \mathbb{R}^*$, dass die Spinornorm $\nu : SO(q) \to \mathbb{R}^*/\mathbb{R}^{*2} = \{\pm 1\}$ ebenfalls stetig ist und daher die hier gegebene Definition von $SO(q)_0$ mit der in 3.34 (iii) gegebenen übereinstimmt.

<u>Satz 4.21</u>

Es sei q eine nichtentartete quadratische Form mit Witt-Index i auf einem n-dimensionalen Vektorraum V über einem Körper K mit $\text{char}\, K \neq 2$. Es sei $C(q)$ die Clifford-Algebra von q und $Z^*(q)$ die Gruppe der invertierbaren Elemente in ihrem Zentrum. $G(q)$ sei die Clifford-Gruppe und $G(q)^+$ die spezielle Clifford-Gruppe. $O(q)$ sei die orthogonale Gruppe und $SO(q)$ die spezielle orthogonale Gruppe. $N : G(q)^+ \to K^*$ und $\nu : SO(q) \to K^*/K^{*2}$ seien die Spinornormen und $G(q)_0^+$ bzw. $SO(q)_0$ ihre Kerne. $\rho : G(q) \to O(q)$ sei die Vektordarstellung der Clifford-Gruppe und ρ^+ bzw. ρ_0^+ ihre Beschränkung auf $G(q)^+$ bzw. $G(q)_0^+$. Schließlich sei $\mu : K^* \to K^*$ der durch $\mu(z) = z^2$ definierte Homomorphismus und $\pi : K^* \to K^*/K^{*2}$ der Restklassenhomomorphismus. Dann gilt:

(i) $\rho(v_1, \ldots, v_k) = (-1)^k s_{v_1} \ldots s_{v_k}$ für $v_1, \ldots, v_k \in V(q)$.

(ii) $\text{Kern}\,\rho = Z^*(q)$

(iii) $\text{Bild}\,\rho = O(q)$ für $n \equiv 0 \mod 2$.
   $\text{Bild}\,\rho = SO(q)$ für $n \equiv 1 \mod 2$.

(iv) $G(q) = \{x \in C(q) \mid x = zv_1 \cdots v_k, z \in Z^*(q); v_1, \ldots, v_k \in V(q)\}$

(v) $G(q)^+ = \{x \in C(q) \mid x = cv_1 \cdots v_{2m}, c \in K^*; v_1, \ldots, v_{2m} \in V(q)\}$

(vi) $\text{Kern}\,\rho^+ = K^*$

(vii) $\text{Bild}\,\rho^+ = SO(q)$

(viii) $N(cv_1 \cdots v_{2m}) = c^2 q(v_1) \cdots q(v_{2m})$ für $c \in K^*, v_i \in V(q)$.

(ix) $\pi \cdot N = \nu \cdot \rho^+$

(x) $\mathrm{Kern}\, \rho_0^+ = \{\pm 1\}$

(xi) $\mathrm{Bild}\, \rho_0^+ = SO(q)_0$

(xii) $i > 0 \Rightarrow \mathrm{Bild}\, N = K^*$

(xiii) ρ^+, ρ_0^+, π und N, μ, ν bilden zusammen mit den kanonischen Inklusionen das folgende kommutative Diagramm von Gruppenhomomorphismen. In diesem Diagramm sind alle drei Spalten und die erste Zeile exakt. Für $i > 0$ sind sie auch an der dritten Stelle exakt.

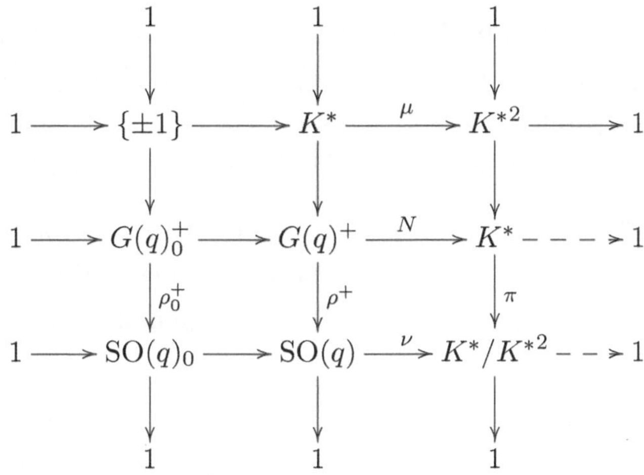

Beweis:

(i) Für $v \in V(q)$ und $w \in V$ gilt wegen 4.3

$$vwv^{-1} = q(v)^{-1} vwv = \frac{1}{\langle v, v \rangle}(-wv + 2\langle v, w \rangle \cdot 1)v$$
$$= -(w - \frac{2\langle v, w \rangle}{\langle v, v \rangle} v) = -s_v(w).$$

Daraus folgt $v \in G(q)$ und $\rho(v) = -s_v$.

(ii) $Z^*(q) \subset \mathrm{Kern}\,\rho$ ist trivial. Die umgekehrte Inklusion folgt daraus, dass $C(q)$ als Algebra von V erzeugt ist.

(iii) Es sei $N \equiv 0 \mod 2$ und $\varphi \in \mathrm{O}(q)$. Nach 4.20 existieren $v_1, \ldots, v_k \in V(q)$ mit $\varphi = s_{v_1} \cdots s_{v_k}$. Ist k gerade, so folgt aus (i) sofort $\varphi = \rho(v_1 \cdots v_k)$. Es sei also k ungerade. Wir wählen eine Orthogonalbasis $w_1, \ldots, w_n$. Dann gilt $s_{w_1} \cdots s_{w_n} = -1$, also $\rho(w_1 \cdots w_n) = -1$ nach (i) und daher $\varphi = \rho(w_1 \cdots w_n v_1 \cdots v_k)$.

Nun sei $n \equiv 1 \mod 2$. Für $\varphi \in \mathrm{SO}(q)$ gilt $\varphi = s_{v_1} \cdots s_{v_k}$ mit geradem k, also $\varphi = \rho(v_1 \cdots v_k)$ nach (i). Insbesondere folgt $\mathrm{SO}(q) \subset \mathrm{Bild}\,\rho$. Die umgekehrte Inklusion gilt auch. Denn sonst gäbe es ein $x \in G(q)$ mit $\rho(x) = -1$. Für dieses x und eine Orthogonalbasis $e_1, \ldots, e_n$ von V würde dann $x e_1 \cdots e_n x^{-1} = -e_1 \cdots e_n$ gelten, im Widerspruch dazu, dass nach 4.9 ja $e_1 \cdots e_n \in Z^*(q)$ gilt.

(iv) Es sei $x \in G(q)$. Im Beweis von (iii) wurde gezeigt, dass es $v_1, \ldots, v_k \in V(q)$ gibt, so dass gilt: $\rho(x) = \rho(v_1 \cdots v_k)$. Nach (ii) folgt daraus $x = z v_1 \cdots v_k$ mit $z \in Z^*(q)$. Dass umgekehrt jedes Element $z v_1 \cdots v_k$ mit $z \in Z^*(q)$ und $v_i \in V(q)$ zu $G(q)$ gehört, ist wegen (i) und (ii) trivial.

(v) Es sei zunächst $n \equiv 0 \mod 2$. Für den Hauptautomorphismus α von $C(q)$ und für $x = z v_1 \cdots v_k \in G(q)$ folgt aus 4.9 sofort $\alpha(z v_1 \cdots v_k) = (-1)^k (z v_1 \cdots v_k)$, und daher $x \in G(q)^+$ genau wenn $k \equiv 0 \mod 2$ und $z \in K^*$.

Nun sei $n \equiv 1 \mod 2$ und $x = z v_1 \ldots v_k \in G(q)$ mit $z \in Z^*(q)$ und $v_i \in V(q)$. Es sei $e_1, \ldots, e_n$ eine Orthogonalbasis von V. Nach 4.9 gilt $z = a \cdot 1 + b e_1 \cdots e_n$ mit $a, b \in K$. Dann gilt $\alpha(z v_1 \cdots v_k) = (-1)^k (a \cdot 1 - b e_1 \cdots e_n) v_1 \cdots v_k$. Also gilt $\alpha(x) = x$ genau wenn $k \equiv 0 \mod 2$ und $b = 0$ oder $k \equiv 1 \mod 2$ und $a = 0$. In beiden Fällen ist x von der Form $x = c w_1 \cdots w_{2m}$ mit $c \in K^*$ und $w_i \in V(q)$. Dass umgekehrt Elemente dieser Form zu $G(q)^+$ gehören, ist wegen (iv) trivial.

(vi) Die Behauptung folgt aus (ii) und 4.9.

(vii) Die Behauptung folgt aus (i), (ii), (v) und 4.20.

(viii) Die Behauptung folgt aus $N(x) = \beta(x) \cdot x$ und $v^2 = q(v) \cdot 1$ für alle $v \in V$.

(ix) Zunächst beweisen wir die früher aufgestellte Behauptung, dass ν wohldefiniert ist. Für $\varphi \in \mathrm{SO}(q)$ folgt nach (i) und (vi) aus $\varphi = s_{v_1} \cdots s_{v_{2m}} = s_{w_1} \cdots s_{w_{2l}}$, dass $v_1 \cdots v_{2m} = c w_1 \cdots w_{2l}$ mit $c \in K^*$, und nach (viii) folgt daraus $q(v_1) \cdots q(v_{2m}) = c^2 q(w_1) \cdots q(w_{2l})$. Die Quadratklasse von $q(v_1) \cdots q(v_{2m})$ ist also durch φ eindeutig bestimmt.

Es sei nun $x = c v_1 \cdots v_{2m} \in G(q)^+$ mit $c \in K^*$ und $v_i \in V(q)$. Nach (i) und (viii) gilt $\pi \cdot N(x) = \pi(q(v_1) \cdots q(v_{2m})) = \nu(s_{v_1} \cdots s_{v_{2m}}) = \nu \cdot \rho^+(x)$, wie behauptet.

(x) Die Behauptung folgt trivial aus (vi) und (viii).

(xi) Die Behauptung folgt leicht durch Diagrammjagd aus (vi), (vii), (ix) und den Definitionen von $G(q)_0^+$ und $\mathrm{SO}(q)_0$.

(xii) Da q nichtentartet ist und der Witt-Index $i > 0$, existieren nach II.12.37 (ii) in V Vektoren e, f mit $q(ae + bf) = 2ab$ für alle $a, b \in K$. Ist $c \in K^*$ beliebig gegeben und setzt man $v = e + \frac{c}{2} f$ sowie $w = e + \frac{1}{2} f$, dann gilt $q(v) = c$ und $q(w) = 1$. Also ist $vw \in G(q)^+$ ein Element mit $N(vw) = c$.

(xiii) Diese Aussage ist eine Zusammenfassung von (vi), (vii) und (ix) bis (xii).

Proposition 4.22

$q : V \to K$ sei eine quadratische Form auf dem endlichdimensionalen K-Vektorraum V und $-q$ die quadratische Form it $(-q)(v) = -(q(v))$. Wir identifizieren V kanonisch mit seinem jeweiligen Bild in der Clifford-Algebra $C(q)$ bzw. $C(-q)$. Dann gilt:

(i) Es gibt einen eindeutig bestimmten Isomorphismus

$$\theta : C(q)^+ \xrightarrow{\;\cong\;} C(-q)^+,$$

so dass für alle $v, w \in V$ gilt: $\theta(vw) = -vw$.

(ii) θ induziert Isomorphismen der speziellen Clifford-Gruppen:

$$G(q)^+ \xrightarrow{\cong} G(-q)^+$$

$$\cup \qquad\qquad \cup$$

$$G(q)_0^+ \xrightarrow[\cong]{} G(-q)_0^+$$

(iii) Diese Isomorphismen sind mit den Vektordarstellungen verträglich, d. h. das folgende Diagramm kommutiert:

$$
\begin{array}{ccc}
G(q)^+ & \xrightarrow{\cong} & G(-q)^+ \\
\downarrow & & \downarrow \\
\mathrm{SO}(q) & =\!=\!= & \mathrm{SO}(-q)
\end{array}
$$

Beweis:

Wir wählen eine Orthogonalbasis in V und bezeichnen mit e_I bzw. e_I' die entsprechenden Basiselemente von $C(q)$ bzw. $C(-q)$, wobei $I \subset \{1,\dots,n\}$ und $n = \dim V$ (vgl. 4.5, 4.6). Dann hat $C(q)^+$ bzw. $C(-q)^+$ die Basis e_I bzw. e_I' mit $|I| \equiv 0 \mod 2$, und $\theta(e_I) = (-1)^{|I|/2} e_I'$ definiert einen Isomorphismus, so dass (i) bis (iii) gelten. Dass θ durch $\theta(vw) = -vw$ eindeutig bestimmt ist, ist klar: $\theta(e_i e_j) = -e_i' e_j'$, und die e_I mit $|I| \equiv 0 \mod 2$ sind Produkte der $e_i e_j$.

Im Folgenden stellen wir einige einfache Definitionen und Aussagen über die reelle Divisionsalgebra $\mathbb{H}$ der Quaternionen zusammen.

Definition:

Die **Quaternionenalgebra** $\mathbb{H}$ ist die reelle Divisionsalgebra, deren zugrunde liegender Vektorraum $\mathbb{R}^4$ ist, und deren Multiplikation wie folgt durch die Produkte der Standardbasisvektoren definiert ist:

$$1 := (1,0,0,0),$$

$$i := (0,1,0,0),$$

$$j := (0, 0, 1, 0),$$

$$k := (0, 0, 0, 1),$$

$$i^2 = j^2 = k^2 = -1,$$

$$ij = k = -ji, \qquad jk = i = -kj, \qquad ki = j = -ik.$$

Die Elemente $q \in \mathbb{H}$ heißen **Quaternionen**. Für $q = (w, x, y, z)$ definieren wir:

$$\overline{q} := (w, -x, -y, -z),$$

die zu q konjugierte **Quaternion** $\|q\| := +\sqrt{w^2 + x^2 + y^2 + z^2}$.

Wir identifizieren den Körper $\mathbb{R}$ mit $\mathbb{R} \cdot 1 \subset \mathbb{H}$ und wir identifizieren den Körper $\mathbb{C}$ mit $\mathbb{R} \cdot 1 \oplus \mathbb{R}i \subset \mathbb{H}$.

$\mathcal{P}(\mathbb{H}) := \mathbb{R}i + \mathbb{R}j + \mathbb{R}k$ ist die Menge der **reinen Quaternionen**.
$S^3(\mathbb{H}) := \{q \in \mathbb{H} \mid \|q\| = 1\}$ ist die Menge der**Einheitsquaternionen**.

Proposition 4.23

(i) Die Konjugation ist ein involutiver Antiautomorphisms auf
$\mathbb{H} = \mathbb{R} \oplus \mathbb{R}i \oplus \mathbb{R}j \oplus \mathbb{R}k$, das heißt:
$$\overline{\overline{q}} = q,$$
$$\overline{q_1 + q_2} = \overline{q}_1 + \overline{q}_2,$$
$$\overline{q_1 q_2} = \overline{q}_2 \cdot \overline{q}_1.$$

(ii) $\mathbb{H} = \mathbb{R} \oplus \mathcal{P}(\mathbb{H})$ ist die Eigenraumzerlegung der Konjugation, d. h.
$$\overline{q} = q \Leftrightarrow q \in \mathbb{R},$$
$$\overline{q} = -q \Leftrightarrow q \in \mathcal{P}(\mathbb{H}).$$

(iii) $\|q\|^2 = q\overline{q} = \overline{q}q$

(iv) $\|q_1 q_2\| = \|q_1\| \cdot \|q_2\|$

(v) $S^3(\mathbb{H})$ ist eine Untergruppe der multiplikativen Gruppe $\mathbb{H}^*$.

(vi) Identifiziert man den Standardvektorraum $\mathbb{R}^3$ mit $\mathcal{P}(\mathbb{H})$ durch $(x, y, z) \mapsto ix + jy + kz$, dann geht das Kreuzprodukt von Vektoren in das Produkt der entsprechenden reinen Quaternionen über:
$$v \times w = v \cdot w.$$

Beweis: Übung.

Definition:

$S^3(\mathbb{H})$ mit der quaternionalen Multiplikation heißt die **Gruppe der Einheitsquaternionen**.

Die folgende Sequenz der Proposition 4.24 bis 4.28 beschreibt im Anschluss an die Bestimmung der reellen Clifford-Algebren $C(q)$ in Satz 4.19 für einige kleine Werte der Signatur (n_+, n_-) auch die Unteralgebra $C(q)^+$, die spezielle Clifford-Gruppe $G(q)^+$, die Norm N und die reduzierte spezielle Clifford-Gruppe $G(q)_0^+$. Dabei ist q die Standardform auf $\mathbb{R}^n$ mit Signatur (n_+, n_-), wobei (n_+, n_-) die Werte $(0,1), (0,2), (0,3), (3,0)$ und $(1,3)$ durchläuft. Entsprechend 4.19 ist $C(q)$ dann isomorph zu $\mathbb{C}$ bzw. $\mathbb{H}$ bzw. $\mathbb{H} \oplus \mathbb{H}$ bzw. $\mathbb{C}(2)$ bzw. $\mathbb{H}(2)$. In den Beweisen zu 4.24–4.28 wird ein derartiger Isomorphismu dadurch fixiert, dass die Bilder der Standardgeneratoren e_i angegeben werden. Außerdem werden der Hauptautomorphismus α und der Hauptantiautomorphismus β angegeben. Dabei werden die e_i sowie α, β und N so angegeben, als ob $C(q)$ durch den konstruierten Isomorphismus mit der entsprechenden Matrizenalgebra identifiziert wäre. Nach Angabe der e_i, α, β und N ist der Rest der Beweise eine triviale Übung wegen 4.7.

Proposition 4.24

Für $q(x) = -x_1^2$ existiert ein Isomorphismus von $C(q)$ mit $\mathbb{C}$ mit folgenden Eigenschaften:

(i) $C(q) \cong \mathbb{C}$

(ii) $C(q)^+ \cong \mathbb{R}$

(iii) $G(q)^+ \cong \mathbb{R}^*$

(iv) $N(x) = x^2$

(v) $G(q)_0^+ \cong S^0 := \{\pm 1\}$.

Beweis: $e_1 = i$ und $\alpha(z) = \overline{z}$ sowie $\beta(z) = z$.

Proposition 4.25

Für $q(x) = -x_1^2 - x_2^2$ existiert ein Isomorphismus von $C(q)$ mit $\mathbb{H}$ mit folgenden Eigenschaften:

(i) $C(q) \cong \mathbb{H}$

(ii) $C(q)^+ \cong \mathbb{C}$

(iii) $G(q)^+ \cong \mathbb{C}^*$

(iv) $N(z) = |z|^2$

(v) $G(q)_0^+ \cong S^1 := \{z \in \mathbb{C} \mid |z| = 1\}$.

Beweis:

$e_1 = j$ und $e_2 = k$ sowie $\alpha(z) = iqi^{-1}$ und $\beta(z) = \overline{\alpha(q)}$.

Proposition 4.26

Für $q(x) = -x_1^2 - x_2^2 - x_3^2$ existiert ein Isomorphismus von $C(q)$ mit der direkten Summe $\mathbb{H} \oplus \mathbb{H}$ von zwei Quaternionenalgebren mit folgenden Eigenschaften: Identifiziert man $\mathbb{H}$ durch die Zuordnung $q \mapsto (q, q)$ mit der Unteralgebra $\{(q, q) \in \mathbb{H} \oplus \mathbb{H} \mid q \in \mathbb{H}\}$, dann gilt:

(i) $C(q) \cong \mathbb{H} \oplus \mathbb{H}$

(ii) $C(q)^+ \cong \mathbb{H}$

(iii) $G(q)^+ \cong \mathbb{H}^*$

(iv) $N(q) = \|q\|^2$

(v) $G(q)_0^+ \cong S^3(\mathbb{H})$.

Beweis:

$e_1 = (i, -i)$, $e_2 = (j, -j)$, $e_3 = (k, -k)$ sowie $\alpha(q_1, q_2) = (q_2, q_1)$ und $\beta(q_1, q_2) = (\overline{q}_2, \overline{q}_2)$.

Proposition 4.27

Für $q(x) = x_1^2 + x_2^2 + x_3^2$ existiert ein Isomorphismus von $C(q)$ mit $\mathbb{C}(2)$ mit folgenden Eigenschaften:

(i) $C(q) \cong \mathbb{C}(2)$

(ii) $C(q)^+ \cong \left\{ \begin{bmatrix} u & -\bar{v} \\ v & \bar{u} \end{bmatrix} \in \mathbb{C}(2) \mid (u,v) \in \mathbb{C}^2 \right\}$

(iii) $G(q)^+ \cong \mathbb{C}(q)^+ \cap \mathrm{GL}(2,\mathbb{C})$

(iv) $N(A) = \det A$

(v) $G(q)_0^+ \cong \mathrm{SU}(2,\mathbb{C})$.

Beweis:

$$e_1 = \begin{bmatrix} 0 & 1 \\ 1 & 0 \end{bmatrix} \qquad e_2 = \begin{bmatrix} 0 & i \\ -i & 0 \end{bmatrix} \qquad e_3 = \begin{bmatrix} 1 & 0 \\ 0 & -1 \end{bmatrix}$$

$$\alpha \begin{bmatrix} a & b \\ c & d \end{bmatrix} = \begin{bmatrix} \bar{d} & -\bar{c} \\ -\bar{b} & \bar{a} \end{bmatrix} \qquad \beta \begin{bmatrix} a & b \\ c & d \end{bmatrix} = \begin{bmatrix} \bar{a} & \bar{c} \\ \bar{b} & \bar{d} \end{bmatrix}$$

Proposition 4.28

Für $q(x) = x_0 - x_1^2 - x_2^2 - x_3^2$ existiert ein Isomorphismus von $C(q)$ mit $\mathbb{H}(2)$ mit folgenden Eigenschaften:

(i) $C(q) \cong \mathbb{H}(2)$

(ii) $C(q)^+ \cong \mathbb{C}(2)$

(iii) $C(q)^+ \cong \{ A \in \mathbb{C}(2) \mid \det A \in \mathbb{R}^* \}$

(iv) $N(A) = \det A$

(v) $G(q)_0^+ \cong \mathrm{SL}(2,\mathbb{C})$.

Beweis:

$$e_0 = \begin{bmatrix} 0 & -j \\ j & 0 \end{bmatrix} \qquad e_1 = \begin{bmatrix} j & 0 \\ 0 & -j \end{bmatrix} \qquad e_2 = \begin{bmatrix} k & 0 \\ 0 & k \end{bmatrix} \qquad e_3 = \begin{bmatrix} 0 & -j \\ -j & 0 \end{bmatrix}$$

$$\alpha(A) = iAi^{-1} \qquad \beta(A) = e_0 \, {}^t\bar{A} e_0^{-1}$$

Wir verdeutlichen die Bedeutung der gerade bewiesenen Sätze für die Matrizen-Darstellung der Spingruppen durch einige Definitionen, Bemerkungen und Zusätze.

Um verständlich zu machen, warum gerade die von uns betrachteten Darstellungen der Spingruppen eine besondere Rolle spielen, brauchen wir erstens einige ganz grundlegende allgemeine Definitionen aus der Darstelungstheorie, und wir brauchen zweitens die Grundtatsachen aus der Darstellungstheorie von $\mathrm{SU}(2,\mathbb{C})$ und $\mathrm{SL}(2,\mathbb{C})$ – nicht als Beweismittel, aber als Hintergrundinformation.

Um möglichst konkret zu bleiben, formulieren wir unsere Definitionen für Darstellungen mit dem Standardvektorraum K^n als Darstellungsraum, d.h. für Homomorphismen $\rho : G \to \mathrm{GL}(r, K)$.

Definition:

G sei eine Gruppe.

(i) Eine **Matrixdarstellung** von G vom **Grad** r über K ist ein Homomorphismus $\rho : G \to \mathrm{GL}(r, K)$.

(ii) Zwei Matrixdarstellunggen $\rho, \rho' : G \to \mathrm{GL}(r, K)$ heißen **äquivalent**, wenn es eine Matrix $A \in \mathrm{GL}(r, K)$ gibt, so dass für alle $g \in G$ gilt: $\rho'(g) = A\rho(g)A^{-1}$.

(iii) Eine Darstellung $\rho : G \to \mathrm{GL}(r, K)$ heißt **reduzibel**, wenn sie einen echten Teilraum $0 \neq V \subsetneq K^r$ invariant lässt. ρ ist genau dann reduzibel, wenn es eine Zahl $0 < s < r$ gibt – nämlich $s = \dim V$ – und eine zu ρ äquivalente Darstellung ρ' durch Blockmatrizen der folgenden Gestalt:

$$\rho'(g) = \begin{array}{c} \left. \begin{array}{|c|c|} \hline A_1(g) & B(g) \\ \hline 0 & A_2(g) \\ \hline \end{array} \right. \begin{array}{l} \}\, s \\[1.2em] \}\, r-s \end{array} \end{array} \quad .$$

$$\underbrace{}_{s} \underbrace{}_{r-s}$$

Andernfalls heißt ρ **irreduzibel**.

(iv) Eine Darstellung $\rho : G \to \mathrm{GL}(r, K)$ ist **zerlegbar**, wenn K^r direkte Summe von zwei echten ρ-invarianten Unterräumen ist. ρ ist genau dann zerlegbar, wenn ρ äquivalent zu einer Darstellung ρ' durch Block-diagonalmatrizen ist:

$$\rho'(g) = \begin{array}{|c|c|} \hline A_1(g) & 0 \\ \hline 0 & A_2(g) \\ \hline \end{array}.$$

Jede zerlegbare Darstellung ist reduzibel. Die Umkehrung gilt im Allgemeinen nicht, wohl aber unter speziellen Voraussetzungen wie z.B. G endlich und char(K)=0.

(v) Eine Darstellung ρ **zerfällt in die Darstellung** $\rho_1, \ldots, \rho_k$, in Zeichen: $\rho = \rho_1 \oplus \ldots \oplus \rho_k$, wenn $K^r = V_1 \oplus \ldots \oplus V_k$ mit ρ-invarianten Teilräumen V_i und $\rho_i = \rho|V_k$.

(vi) Wenn eine Darstelung ρ in lauter irreduzible Darstellungen zerfällt, heißt ρ **vollständig zerlegbar** (oder auch „**voll reduzibel**" oder auch „**halbeinfach**").

Die Darstellungstheorie ist ein weites Feld und führt deutlich über den Rahmen dieses Buches hinaus. Uns interessieren hier nur zwei Beispiele: Die reellen Lieschen Gruppen $G = \mathrm{SU}(2, \mathbb{C})$ und $G = \mathrm{SL}(2, \mathbb{C})$. Noch einmal: $\mathrm{SL}(2, \mathbb{C})$ wird hier nicht als komplexe, sondern als reelle Liesche Gruppe aufgefasst! Wir berichten ohne Beweis einige grundlegende Tatsachen über die Darstellung dieser beiden Gruppen. Einzelheiten und Beweise suche man in den Büchern über Darstellungstheorie, z.B. *M. A. Naimark; A. I. Štern: Theory of Group Representations, p. 208 und p. 297* [125] oder *Weyl, H.: The Classical Groups, Theorem 7.5.C und Theorem 8.11.B* [136]. Unter Darstellungen der hier betrachteten Gruppen G werden im Folgenden stets <u>stetige</u> Homomorphismen $G \to \mathrm{GL}(r, \mathbb{C})$ verstanden. Eine derartige Voraussetzung ist notwendig, denn sonst, erhält man keine brauchbare Theorie, weil der Körper $\mathbb{C}$ überabzählbar viele unstetige Automorphismen hat. Die nachfolgende Beschreibung der stetigen Darstellungen zeigt, dass sie in Warheit sogar reell analytisch sind.Die Darstellungen von $\mathrm{SU}(2, \mathbb{C})$

und $SL(2, \mathbb{C})$ sind vollständig zerlegbar. Es genügt daher, die irreduziblen Darstellungen zu beschreiben. $SU(2, \mathbb{C})$ hat für jeden Grad $r = d + 1$ bis auf Äquivalenz genau eine Darstellung $\delta_d : SU(2, \mathbb{C}) \to GL(r, \mathbb{C})$, nämlich diejenige, welche von der kanonischen Operation von $SU(2, \mathbb{C})$ auf dem r-dimensionalen komplexen Vektorraum der homogenen Polynome $P(z_1, z_2)$ vom Grade d mit komplexen Koeffizienten kommt. δ_d ist die triviale Darstellung, und δ_1 die Inklusion $\rho_1 : SU(2, \mathbb{C}) \hookrightarrow GL(2, \mathbb{C})$. Die Darstellung δ_d ist treu, wenn $d \equiv 1 \mod 2$, und sie hat den Kern $\{\pm 1\}$, wenn $d \equiv 0 \mod 2$, $d > 0$. Die Standdarddarstellung $\delta_1 : SU(2, \mathbb{C}) \to GL(r, \mathbb{C})$ ist also die treue Darstellung vom niedrigsten Grad, und in gewissem Sinne sind alle anderern irreduziblen Darstellung – durch die obige Konstruktion mit den homogenen Polynomen – daraus abgeleitet. Diese Darstellung heißt daher auch die **Fundamentaldarstellung** von $SU(2, \mathbb{C})$.

Für $SL(2, \mathbb{C})$ können wir zunächst einmal die gleiche Konstruktion wie für $SU(2, \mathbb{C})$ ausführen. $SL(2, \mathbb{C})$ operiert auf dem Vektorraum der homogenen Polynome vom Grad d mit komplexen Koeffizienten, und dadurch erhalten wir für jedes $r = d + 1$ eine irreduzible Darstellung $\delta_d : SL(2, \mathbb{C}) \to GL(r, \mathbb{C})$. Man kann zeigen, dass dies bis auf Äquivalenz die einzigen irreduziblen komplex-analytischen Darstellungen der komplexen Liegruppe $SL(2, \mathbb{C})$ sind. Wir betrachten $SL(2, \mathbb{C})$ hier aber als reelle Liegruppe und lassen auch reell-analytische Darstellunge zu. Dann gibt es mehr. Zum Beispiel hat man zu der fundamentalen Darstellung $\delta_1 : SL(2, \mathbb{C}) \hookrightarrow GL(2, \mathbb{C})$ die konjugierte Darstellung $\overline{\delta}_1 : SL(2, \mathbb{C}) \to GL(2, \mathbb{C})$ mit $\overline{\delta}_1(A) = \overline{A}$, wo $\overline{A}$ die zu A konjugierte Matrix bezeichnet. $\overline{\delta}_1$ ist nicht zu δ_1 äquivalent, denn für äquivalente Darstellungen ρ, ρ' gilt $\mathrm{Spur}\rho(g) = \mathrm{Spur}\rho'(g)$. Entsprechend erhalten wir für jedes $d \geq 0$ zu δ_d eine konjugierte Darstellung $\overline{\delta}_d$. Aus den Darstellungen δ_d und $\overline{\delta}_d$ kann man nun weitere Darstellungen durch Bildung aller Tensorprodukte $\delta_d \otimes \delta_{d'}$ gewinnen (dabei ist allgemein das **Tensorprodukt** der Matrix-Darstellungen $\rho : G \to GL(n, K)$ und $\rho' : G \to GL(n', K)$ die Matrix-Darstellung $\rho \otimes \rho' : G \to GL(nn', K)$ mit $\rho \otimes \rho'(g) = \rho(g) \otimes \rho'(g)$, wobei das Tensorprodukt von Matrizen wie in Aufgabe 17 zu Band I § 10 definiert ist).

Man kann beweisen: Die Darstellungen $\delta_d \otimes \delta'_d$ mit $d, d' \geq 0$ sind untereinander paarweise inäquivalent, und sie sind bis auf Äquivalenz genau die stetigen irreduziblen komplexen Matrix-Darstellungen von $SL(2, \mathbb{C})$. Im Fall $SL(2, \mathbb{C})$ sind also alle Darstellungen aus den zwei irreduziblen Darstellungen δ_1 und $\overline{\delta}_1$ gewonnen, die wir daher auch die beiden Fundamentaldarstellungen der reellen Lieschen Gruppe $SL(2, \mathbb{C})$ nennen wollen.

<u>Bemerkung</u>:

In der Literatur ist eine anderen Bezeichnung für diese Darstellungen üblich, nämlich $D^j = \delta_{2j}$, wobei der Index j die halb-ganzzahligen Werte $j = 0, \frac{1}{2}, 1, \frac{3}{2}, \ldots$ durchläuft. Die Darstellung D^j von $SU(2, \mathbb{C})$ bzw. $SL(2, \mathbb{C})$ faktorisiert genau dann über $SO(3, \mathbb{R})$ bzw. $SO(1, 3)_0$, wenn j ganz ist, und die Fundamentaldarstellungen sind $D^{1/2}$ und $\overline{D}^{1/2}$.

<u>Definition</u>:

Die Elemente des Darstellungsraumes der Darstellung $\delta_d \otimes \overline{\delta}_d$ heißen **Spinoren vom Rang** (d, d').

Der Grund für unser Interesse an der Darstellungstheorie von $SU(2, \mathbb{C}$ und $SL(2, \mathbb{C})$ ist das Paar von Isomorphismen

$$\mathrm{Spin}(0, 3) \cong SU(2, \mathbb{C})$$
$$\mathrm{Spin}(1, 3) \cong SL(2, \mathbb{C}),$$

die wir in 4.27 und 4.28 konstruiert haben. Diese Isomorphismen sind nicht nur einfach Isomorphismen von Gruppen, sondern offenbar sogar reell-analytisch, d.h. Isomorphismen reeller Liescher Gruppen, und daher natürlich erst recht Homöomorphismen. Die stetigen Darstellungen von $SU(2, \mathbb{C})$ sind also im wesentlichen das gleiche wie die stetigen Darstellungen von $\mathrm{Spin}(3)$, und die stetigen Darstellungen von $SL(2, \mathbb{C})$ sind im wesentlichen das gleiche wie die stetigen Darstellungen von $\mathrm{Spin}(1, 3)$. Die obigen Aussagen beschreiben also vollständig die endlichdimensionalen komplexen Darstellungen der beiden physikalisch wichtigen reellen Lieschen Gruppen $\mathrm{Spin}(3)$ und $\mathrm{Spin}(1, 3)$. Insbesondere gehören zu $\mathrm{Spin}(3)$ eine und zu

Spin$(1,3)$ zwei fundamentale Darstellungen, deren Beziehung zu den jeweiligen Clifford-Algebren in den beiden folgenden Definitionen herausgestellt wird:

Definition:

Jede Wahl eines $\mathbb{R}$-Algebrenisomorphismus $C_{3,0}(\mathbb{R}) \cong \mathbb{C}(2)$ definiert durch Beschränkung auf $\mathrm{Spin}(3,0) \subset C_{3,0}(\mathbb{R})$ eine treue Darstellung $\mathrm{Spin}(3,0) \to \mathrm{GL}(2,\mathbb{C})$. Alle derartigen Darstellungen sind äquivalent untereinander und insbesondere äquivalent zu der im Beweise von 4.27 definierten treuen Darstellung

$$\boxed{\sigma_{3,0} : \mathrm{Spin}(3,0) \overset{\cong}{\to} \mathrm{SU}(2,\mathbb{C})} \, .$$

Diese bis auf Äquivalenz eindeutig bestimmte Darstellung von $\mathrm{Spin}(3,0,\mathbb{R})$ heißt die **Spin-Darstellung** von $\mathrm{Spin}(3,0)$. Durch Komposition von $\sigma_{3,0}$ mit dem kanonischen Isomorphismus $\mathrm{Spin}(0,3) \cong \mathrm{Spin}(3,0)$ erhält man die **Spin-Darstellung** vo $\mathrm{Spin}(0,3)$

$$\boxed{\sigma_{0,3} : \mathrm{Spin}(0,3) \overset{\cong}{\to} \mathrm{SU}(2,\mathbb{C})} \, .$$

Für die Gruppe $\mathrm{Spin}(1,3)$ liegen die Dinge etwas komplizierter. Im Beweis von 4.28 haben wir einen bestimmten $\mathbb{R}$-Algebrenisomorphismus $C_{1,3}(\mathbb{R}) \cong \mathbb{H}(2)$ konstruiert und folgendes gezeigt. Erstens: Die Beschränkung dieses Isomorphismus auf $C_{1,3}(\mathbb{R})^+$ induziert einen $\mathbb{R}$-Algebrenisomorphismus $C_{1,3}(\mathbb{R})^+ = C(2)$. Zweitens: Dieser Isomorphismus $C_{1,3}(\mathbb{R})^+ \cong \mathbb{C}(2)$ induziert bei Beschränkung auf $\mathrm{Spin}(1,3)$ einen offensichtlich reell-analytischen Gruppenisomorphismus

$$\boxed{\sigma_{1,3} : \mathrm{Spin}(1,3) \overset{\cong}{\to} \mathrm{SL}(2,\mathbb{C})} \, .$$

Die Wahl eines anderen Isomorphismus $C_{1,3}(\mathbb{R}) \cong \mathbb{H}(2)$ würde durch eine analoge Konstruktion wieder zu einer treuen Darstellung von $\mathrm{Spin}(1,3)$ führen. Jedoch würde diese nicht in jedem Fall zu $\sigma_{1,3}$ äquivalent sein. Komponieren wir z.B. den ursprünglich gewählten Isomorphismus $C_{1,3}(\mathbb{R}) \cong \mathbb{H}(2)$ mit dem inneren Automorphismus von $\mathbb{H}(2)$, der x in $j \times j^{-1}$ überführt, dann erhalten wir statt σ die konjugierte Darstellung

$$\boxed{\overline{\sigma}_{1,3} : \mathrm{Spin}(1,3) \to \mathrm{SL}(2,\mathbb{C})}\,,$$

also $\overline{\sigma}_{1,3}(g) = \overline{\sigma_{1,3}(g)}$.

Unabhängig von Wahlen ist hingegen die Konjugationsklasse der Darstellung $\sigma_{1,3} \otimes \overline{\sigma}_{1,3}$ vom Grade 4. Diese Darstellung konstruiert man wie folgt mit Hilfe der Clifford-Algebra. Zunächst wählt man einen Isomorphismus $C_{1,3}(\mathbb{R}) \cong \mathbb{H}(2)$. Dann fasst man $\mathbb{H}^2$ als 4-dimensionalen komplexen Vektorraum auf und identifiziert – durch Wahl einer $\mathbb{C}$-Basis – $\mathbb{H}(2)$ mit einer Unteralgebra von $\mathbb{C}(4)$. Die Komposition der beiden Algebrenisomorphismen liefert bei Beschränkung auf $\mathrm{Spin}(1,3)$ eine Darstellung $\mathrm{Spin}(1,3) \to \mathrm{GL}(4,\mathbb{C})$. Die Äquivalenzklasse dieser Darstellung ist unabhängig von der Wahl der Isomorphismen. Dies folgt – wie man in der Darstellungstheorie der Algebren beweist – aus der Einfachheit der Algebra $C_{1,3}(\mathbb{R})$ (siehe z.B. Hermann, R.: „Spinors, Clifford and Cayley Algebras", [119]).

Um die Äquivalenzklasse der Darstellung $\mathrm{Spin}(1,3) \to \mathrm{GL}(4,\mathbb{C})$ explizit zu bestimmen, wählen wir den Isomorphismus $C_{1,3}(\mathbb{R}) \cong \mathbb{H}(2)$ wie im Beweis von 4.28, und wir identifizieren $\mathbb{H} = \mathbb{C}(2) \otimes j\mathbb{C}(2)$ durch die Zuordnung

$$A + jB \to \begin{bmatrix} A & -\overline{B} \\ B & \overline{A} \end{bmatrix} \qquad A, B \in \mathbb{C}(2)$$

mit der folgenden $\mathbb{R}$-Unteralgebra von $\mathbb{C}(4)$:

$$\left\{ \begin{bmatrix} A & -\overline{B} \\ B & \overline{A} \end{bmatrix} \in \mathbb{C}(4) \;\middle|\; A, B \in \mathbb{C}(2) \right\}.$$

Man rechnet ganz leicht nach, dass sich dann als 4-dimensionale Darstellung von $\mathrm{Spin}(1,3)$ gerade die zerfallende Darstellung $\sigma_{1,3} \otimes \overline{\sigma}_{1,3}$ ergibt.

Definition:

Stellt man die Cliffor-Algebra $C_{1,3}(\mathbb{R})$ als $\mathbb{R}$-Unteralgebra von $\mathbb{C}(4)$ dar, dann induziert die Beschränkung dieser Darstellung auf $\mathrm{Spin}(1,3)$ eine treue Darstellung $\mathrm{Spin}(1,3) \to \mathrm{GL}(4,\mathbb{C})$. Alle derartigen Darstellungen sind untereinander äquivalent und insbesondere äquivalent zu $\sigma_{1,3} \otimes \overline{\sigma}_{1,3}$. Die so bis auf

Äquivalenz eindeutig bestimmte Darstellung heißt die **Spin-Darstellung** von Spin$(1,3)$. Die beiden inäquivalenten irreduziblen Darstrellungen

$$\sigma_{1,3} : \mathrm{Spin}(1,3) \overset{\cong}{\to} \mathrm{SL}(2,\mathbb{C})$$

$$\overline{\sigma}_{1,3} : \mathrm{Spin}(1,3) \overset{\cong}{\to} \mathrm{SL}(2,\mathbb{C}),$$

in welche die Spin-Darstellung zerfällt, heißen die **Halb-Spin-Darstellungen** von Spin$(1,3)$.

Die Elemente des Darstellungsraumes der Spin-Darstellung nennt man auch **Spinoren**, und die Elemente des Darstellungsraumes der Halb-Spin-Darstellung **Halb-Spinoren**.

Zusatz zu 4.25

$\mathcal{P}(\mathbb{H})$ mit dem Lieschen Klammerprodukt $[v,w] = vw - wv$ ist eine Liealgebra und als solche isomorph zur Liealgebra $\mathrm{so}(3,\mathbb{R})$ von $\mathrm{SO}(3,\mathbb{R})$.

Beweis: 4.23 (vi) und Band I § 10, Aufgabe 41, 42.

Bemerkung:

Allgemein gilt: $C_{p,q}(\mathbb{R})$ mit $[v,w] := vw - wv$ ist eine reelle Liealgebra. Bei kanonischer Einbettung des Standardraumes $V = \mathbb{R}^{p+q}$ in $C_{p,q}(\mathbb{R})$ ist $V + [V,V]$ eine Lie-Unteralgebra und als solche isomorph zur Liealgebra $\mathrm{so}(p,q+1;\mathbb{R})$ von $\mathrm{SO}(p,q+1;\mathbb{R})$ (vgl. Hermann [119], p.143–148). Der obige Zusatz ist wegen 4.25 der Spezialfall $(p,q) = (0,2)$.

Zusatz zu 4.26

(i) Identifiziert man $\mathcal{P}(\mathbb{H}) \subset \mathbb{H}$ mit $V \subset C(q)$ durch $v \mapsto (v,-v) \in V$ für $v \in \mathcal{P}(\mathbb{H})$, dann identifiziert sich die Operation von $G(q)^+$ auf V durch die Vektordarstellung $\rho^+ : G(q)^+ \to \mathrm{SO}(q)$ mit der Operation von $\mathbb{H}^*$ auf $\mathcal{P}(\mathbb{H})$ durch innerer Automorphismen, also $\rho^+(x)(v) = xvx^{-1}$ für $x \in \mathbb{H}^*$ und $v \in \mathcal{P}(\mathbb{H})$.

(ii) Durch Komposition des im Beweis von 4.26 definierten Isomorphismus $S^3(\mathbb{H}) \cong G(q)_0^+$ mit der Vektordarstellung ρ_0^+ von Spin$(0,3)$ erhält man den folgenden Homomorphismus $\rho_{0,3}' : S^3(\mathbb{H}) \to \mathrm{SO}(3,\mathbb{R})$,

$$\rho'_{0,3}(w + ix + jy + kz) =$$

$w^2 + x^2 - y^2 - z^2$	$2(xy - wz)$	$2(xz + wy)$
$2(xy + wz)$	$w^2 - x^2 + y^2 - z^2$	$2(yz - wx)$
$2(xz - wy)$	$2(yz + wx)$	$w^2 - x^2 - y^2 + z^2$

.

Bemerkung:

Die Parametrisierung von $SO(3, \mathbb{R})$ durch die Abbildung $S^3 \to SO(3, \mathbb{R})$ wurde bereits 1770 von _Euler_ entdeckt [113] (Novi Comm. Acad. Sci. Petrop., 15, 1770, 75–106 = Opera, (1), 6, 287–315). In dieser Arbeit von Euler werden zum ersten Mal die orthogonalen Koordinatentransformationen durch die Bedingung ${}^t A A = 1$ charakterisiert, natürlich noch nicht in Matrizenschreibweise.

Die Parametrisierung wird nicht mittels der Quaternionen abgeleitet, die erst 1843 von Hamilton entdeckt wurden (Eine solche Ableitung gab erst Cayley). Euler gibt die Parametrisierung einfach ohne Beweis an. Mutmaßlich kam er auf sie durch 20 Jahre zurückliegende Versuche, die von Fermat aufgestellte zahlentheoretische Behauptung zu beweisen, dass jede natürliche Zahl sich als Summe von 4 Quadraten darstellen lässt.

Zusatz zu 4.27

(i) Die Komposition der in 4.26, 4.22 und 4.27 definierten Isomorphismen

$$\mathbb{H} \cong C^+_{0,3} \cong C^+_{3,0} \cong \left\{ \begin{bmatrix} u & -\overline{v} \\ v & \overline{u} \end{bmatrix} \,\middle|\, u, v \in \mathbb{C} \right\}$$

ist der folgende Isomorphismus von $\mathbb{R}$-Algebren

$$H \xrightarrow{\cong} \left\{ \begin{bmatrix} u & -\overline{v} \\ v & \overline{u} \end{bmatrix} \in \mathbb{C}(2) \,\middle|\, u, v \in \mathbb{C} \right\},$$

$$w + ix + jy + zk \mapsto \begin{bmatrix} w + iz & -y + ix \\ y + ix & w - iz \end{bmatrix}.$$

(ii) Dieser Algebrenisomorphismus induziert durch Beschränkung einen Gruppenisomorphismus

$$\boxed{\sigma'_{0,3} : S^3(\mathbb{H}) \overset{\cong}{\to} SU(2,\mathbb{C})}$$

nämlich die Komposition des Isomorphismus $S^3(\mathbb{H}) \cong \mathrm{Spin}(0,3)$ mit der Spindarstellung $\sigma_{0,3}$.

Zusatz zu 4.28

Das auf der nächsten Seite folgende Diagramm von Gruppenhomomorphismen ist kommutativ.

Die mit $\cong$ gekennzeichneten Pfeile bezeichnen Isomorphismen.

Die mit $\hookrightarrow$ gekennzeichneten Pfeile bezeichnen Inklusionen.

Die senkrechten Pfeile der ersten Zeile sind Surjektionen mit Kern $\{\pm 1\}$.

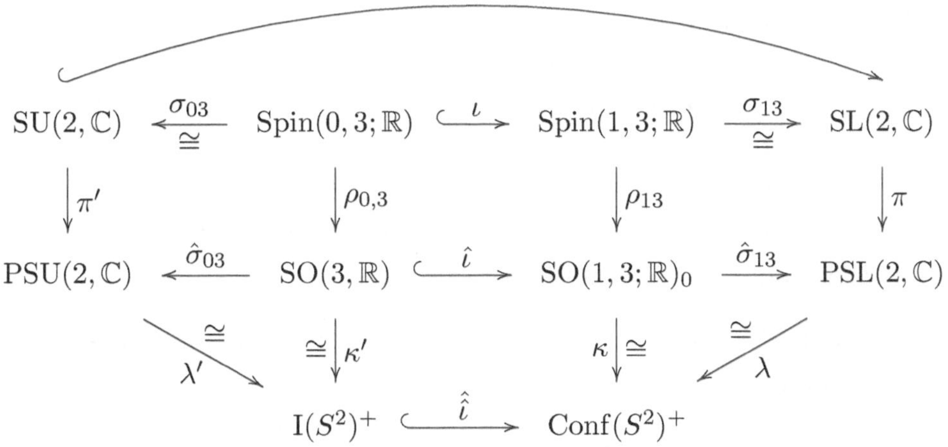

$$
\begin{array}{ccccccc}
SU(2,\mathbb{C}) & \xleftarrow[\cong]{\sigma_{03}} & \mathrm{Spin}(0,3;\mathbb{R}) & \overset{\iota}{\hookrightarrow} & \mathrm{Spin}(1,3;\mathbb{R}) & \xrightarrow[\cong]{\sigma_{13}} & SL(2,\mathbb{C}) \\
\downarrow{\scriptstyle \pi'} & & \downarrow{\scriptstyle \rho_{0,3}} & & \downarrow{\scriptstyle \rho_{13}} & & \downarrow{\scriptstyle \pi} \\
PSU(2,\mathbb{C}) & \xleftarrow{\hat{\sigma}_{03}} & SO(3,\mathbb{R}) & \overset{\hat{\iota}}{\hookrightarrow} & SO(1,3;\mathbb{R})_0 & \xrightarrow{\hat{\sigma}_{13}} & PSL(2,\mathbb{C}) \\
\end{array}
$$

Mit λ' (Isomorphismus $\cong$), κ' ($\cong$), κ ($\cong$), λ ($\cong$):

$$I(S^2)^+ \overset{\hat{\hat{\iota}}}{\hookrightarrow} \mathrm{Conf}(S^2)^+$$

ρ_{13} ist die Vektordarstellung von $\mathrm{Spin}(1,3)$.

ρ_{03} ist die Vektordarstellung von $\mathrm{Spin}(0,3)$.

σ_{13} ist die Halb-Spin-Darstellung von $\mathrm{Spin}(1,3)$ wie oben.

σ_{03} ist die Spin-Darstellung von $\mathrm{Spin}(0,3)$ wie oben.

$\hat{\sigma}_{13}$ ist die von σ_{13} induzierte Abbildung.

$\hat{\sigma}_{03}$ ist die von σ_{03} induzierte Abbildung.

κ ist die Operation auf $Q^{1,3}(\mathbb{R}) \approx S^2$ nach 3.31.

λ ist die Operation auf $\mathbb{C} \cup \{\infty\} \approx S^2$ nach 3.39.

κ' ist die durch κ induzierte Abbildung.

λ' ist die durch λ induzierte Abbildung.

$\iota,\ \hat{\iota},\ \hat{\hat{\iota}}$ sind kanonische Inklusionen.

$\pi,\ \pi'$ sind kanonische Restklassenabbildungen.

Bemerkungen:

(i) Mit diesem Diagramm haben wir unser Versprechen eingelöst, die am Ende von Kapitel 3 angegebenen verschiedenen Beschreibungen der Gruppen $\mathrm{I}(S^2)^+$ und $\mathrm{Conf}(S^2)^+$ in einen allgemeineren Zusammenhang zu bringen. Das Ziel, ein derartiges kommutatives Diagramm zu bekommen, war der Grund für die auf den ersten Blick vielleicht willkürlich erscheinende Wahl der Isomorphismen $C_{3,0}(\mathbb{R}) \cong \mathbb{C}(2)$ und $C_{1,3}(\mathbb{R}) \cong \mathbb{H}(2)$ in 4.27 und 4.28. Die drei Matrizen aus $\mathbb{C}(2)$, auf welche wir die Standardgeneratoren e_1, e_2, e_3 von $C_{3,0}$ abgebildet haben, genauer, die drei Matrizen

$$\sigma_1 = \begin{bmatrix} 0 & 1 \\ 1 & 0 \end{bmatrix}, \quad \sigma_2 = \begin{bmatrix} 0 & -i \\ i & 0 \end{bmatrix}, \quad \sigma_3 = \begin{bmatrix} 1 & 0 \\ 0 & -1 \end{bmatrix}$$

nennt man übrigens **Pauli-Matrizen**. Die Bilder der vier Standardgeneratoren e_0, e_1, e_2, e_3 von $C_{1,3}$ bei der Spindarstellung $C_{1,3}(\mathbb{R}) \to \mathbb{C}(4)$ nennt man **Dirac-Matrizen**.

(ii) Durch $\rho'_{1,3} := \rho_{1,3} \circ \sigma_{1,3}^{-1}$ definieren wir einen Homomorphismus von Gruppen

$$\boxed{\rho'_{1,3} : \mathrm{SL}(2,\mathbb{C}) \to \mathrm{SO}(1,3;\mathbb{R})_0} \ .$$

Es ist nützlich, diesen Homomorphismus explizit zu beschreiben. Durch die von uns gewählte Darstellung $\sigma : C_{1,3}(\mathbb{R}) \to \mathbb{H}(2)$ der Clifford-Algebra geht der Vektor $x = x_0 e_0 + \cdots + x_3 e_3$ in die Matrix $\sigma(x) = X(x) \cdot j$ über, wo $X(x) \in \mathbb{C}(2)$ die folgende Matrix ist:

$$X(x) := \begin{bmatrix} x_1 + ix_2 & -x_0 - x_3 \\ x_0 - x_3 & -x_1 + ix_2 \end{bmatrix} \ .$$

Die Matrix $A \in \mathrm{SL}(2,\mathbb{C})$ operiert auf der Menge der Matrizen $\sigma(x)$ durch $X(x)j \mapsto A \cdot X(x)j \cdot A^{-1} = A \cdot X(x) \cdot \overline{A}^{-1}j$, also auf der Menge der Matrizen $X(x)$ durch

$$X(x) \overset{A}{\mapsto} A \cdot X(x) \cdot A^{-1}.$$

Es ist dann eine triviale Übung, die reelle 4×4-Matrix $\rho'_{1,3}(A)$ explizit hinzuschreiben.

In der physikalischen Literatur wird statt $\rho'_{1,3}$ ein anderer Homomorphismus benutzt, nämlich der Homomorphismus

$$\boxed{\rho''_{1,3} : \mathrm{SL}(2,\mathbb{C}) \to \mathrm{SO}(1,3;\mathbb{R})_0} \ ,$$

der wie folgt definiert wird. Man identifiziert x mittels der Pauli-Matrizen σ_1, σ_2, σ_3 mit der folgenden Hermiteschen Matrix

$$Y(x) := \begin{bmatrix} x_0 + x_3 & x_1 - ix_2 \\ x_1 + ix_2 & x_0 - x_3 \end{bmatrix} = x_0 \cdot 1 + x_1\sigma_1 + x_2\sigma_2 + x_3\sigma_3.$$

$A \in \mathrm{SL}(2,\mathbb{C})$ operiert dann auf diesen Matrizen durch

$$Y(x) \overset{A}{\mapsto} A \cdot Y(x) \cdot {}^t\overline{A}.$$

Man prüft leicht nach, dass zwischen den beiden Homomorphismen $\rho'_{1,3}$ und $\rho''_{1,3}$ die folgende Beziehung besteht

$$\rho''_{1,3}(A) = \rho'_{1,3}(\overline{A}).$$

Wir wollen jetzt die spezielle orthogonale Gruppe $\mathrm{SO}(3,\mathbb{R})$ nicht nur als Gruppe, also als ein algebraisches Objekt betrachten, sondern auch als ein geometrisches Objekt, genauer: als topologischen Raum oder als Mannigfaltigkeit. Die Vektordarstellung $\rho_{0,3}$ der Gruppe $\mathrm{Spin}(0,3;\mathbb{R})$, die wir im Zusatz zu 4.26 explizit als Homomorphismus $\rho'_{0,3} : S^3(\mathbb{H}) \to \mathrm{SO}(3,\mathbb{R})$ beschrieben haben, liefert uns sofort die folgende Beschreibung des topologischen Raumes $\mathrm{SO}(3,\mathbb{R})$.

Proposition 4.29

(i) Der Isomorphismus der Gruppe $\mathrm{Spin}(0,3;\mathbb{R})$ mit der 3-Sphäre $S^3 = S^3(\mathbb{H})$ ist ein Homöomorphismus.

(ii) Dieser Homöomorphismus induziert einen Homöomorphismus von $\mathrm{SO}(3,\mathbb{R}) = \mathrm{Spin}(0,3;\mathbb{R})/\{\pm 1\}$ mit dem 3-dimensionalen projektiven Raum $\mathbb{P}_3(\mathbb{R}) = S^3/\{\pm 1\}$.

(iii) Diese Homöomorphismen bilden zusammen mit der Vektordarstellung $\rho_{0,3}$ und der kanonischen Restklassenabbildung $\rho : S^3 \to \mathbb{P}_3(\mathbb{R})$ das folgende kommutative Diagramm.

$$
\begin{array}{ccc}
\mathrm{Spin}(0,3;\mathbb{R}) & \xrightarrow{\;\approx\;} & S^3 \\
\rho_{0,3}\Big\downarrow & & \Big\downarrow \rho \\
\mathrm{SO}(3,\mathbb{R}) & \xrightarrow{\;\approx\;} & \mathbb{P}_3(\mathbb{R})
\end{array}
$$

Beweis: 4.21 und 4.26.

Die Sätze 4.21 und 4.29 zeigen, dass wir mit der Konstruktion der Spin-Gruppen, d.h. der reduzierten speziellen Clifford-Gruppen genau das geleistet haben, was wir uns in der motivierenden Einleitung dieses Kapitels vorgenommen hatten. Insbesondere ist uns $\mathrm{SO}(3,\mathbb{R})$ als topologischer Raum vollständig bekannt. Das heißt aber nur, dass wir wissen: $\mathrm{SO}(3,\mathbb{R})$ ist der reelle projektive Raum $\mathbb{P}_3(\mathbb{R})$. Die Geometrie dieses Raumes kann man nun unter den verschiedensten Gesichtspunkten untersuchen. Hier an dieser Stelle wollen wir nur eine ganz grundlegende Eigenschaft des topologischen Raumes $\mathbb{P}_3(\mathbb{R})$ hervorheben. Diese geometrische Eigenschaft lässt sich am besten dadurch mathematisch knapp formulieren, dass wir von dem geometrischen Objekt, nämlich dem topologischen Raum $X = \mathbb{P}_3(\mathbb{R})$, wieder zu einem algebraischen Objekt, nämlich der Fundamentalgruppe $\pi_1(X)$ dieses Raumes übergehen.

Dazu folgt jetzt ein ganz knapper Bericht über Fundamentalgruppen und Überlagerungsräume. Alle Einzelheiten und Beweise findet man in Lehrbüchern der algebraischen Topologie, z.B. in der gut lesbaren Einführung „Lecture Notes on Elementary Topology and Geometry" von I.M. Singer und J.A. Thorpe[130], Chapter 3 und Chapter 4.4.

Definition:

X sei ein topologischer Raum, $x_0, x_1 \in X$ und $I = [0,1]$ das Einheitsintervall. Zwei stetige parametrisierte Kurven $f, g : I \to X$ mit dem gemeinsamen Anfangspunkt x_0 und dem gemeinsamen Endpunkt x_1 heißen **homotop**, wenn es eine stetige Abbildung $F : I \times I \to X$ gibt, so dass Folgendes gilt:

$$(i) \quad F(t,0) = f(t)$$
$$(ii) \quad F(t,1) = g(t)$$
$$(iii) \quad F(0,s) = x_0$$
$$(iv) \quad F(1,s) = x_1 \,.$$

Illustration:

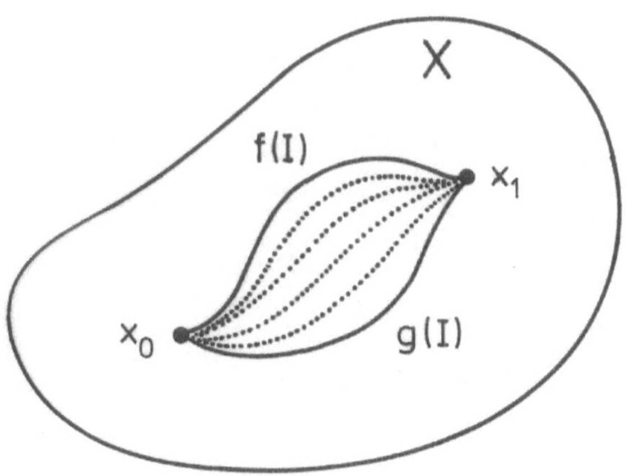

Homotopie ist eine Äquivalenzrelation

Definition:

X sei ein topologischer Raum, $x_0, x_1, x_2 \in X$ und $f : I \to X$ sowie $g : I \to X$ stetig mit $f(0) = x_0$ und $f(1) = x_1$ sowie $g(0) = x_1$ und $g(1) = x_2$. Dann ist das **Produkt** $f \cdot g$ die parametrisierte Kurve $f \cdot g : I \to X$ mit

$$f \cdot g(t) = \begin{cases} f(2t) & \text{für } t \in \left[0, \tfrac{1}{2}\right] \\ g(2t - 1) & \text{für } t \in \left[\tfrac{1}{2}, 1\right] \end{cases} .$$

Die so definierte Komposition zwischen Wegen mit zueinander passenden Anfangs- beziehungsweise Endpunkten ist nicht assoziativ, hat keine neutralen und keine inversen Elemente. Wenn wir jedoch zu Homotopieklassen von parametrisierten Kurven in einem topologischen Raum X übergehen, ändert sich das. Die induzierte Komposition von Homotopieklassen ist dann wohldefiniert und assoziativ.

Illustration zur vorherigen Definition:

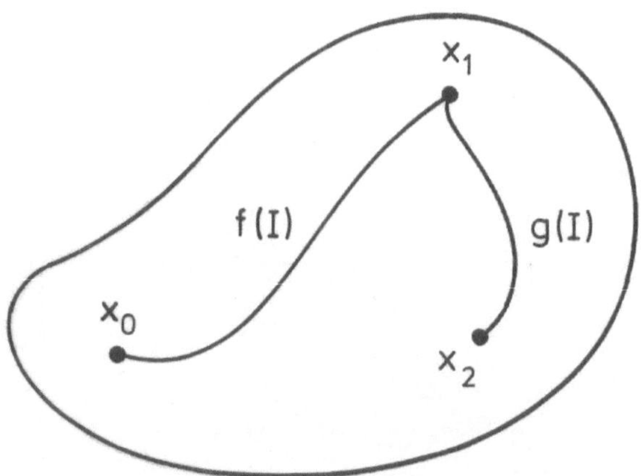

Für jeden Punkt $x \in X$ ist die Homotopieklasse der konstanten Abbildung $[0, 1] \to \{x\}$ ein Einselement für die Klassen der Wege mit Anfangs- und Endpunkt x. Und für alle $x, y \in X$ gilt: Ist $f : [0, 1] \to X$ ein stetiger Weg mit $f(0) = x$ und $f(1) = y$, dann definiert $g(t) = f(1 - t)$ einen stetigen

Weg $g : [0,1] \to X$ mit $g(0) = y$ und $g(1) = x$, so dass $f \cdot g$ und $g \cdot f$ homotop zu den konstanten Wegen in x bzw. y sind. Die Homotopieklasse von g ist also invers zu der von f. Man drückt dies kurz wie folgt aus: Die Menge der Homotopieklassen von Wegen in einem topologischen Raum X bildet ein **Gruppoid**.

Der Begriff des Gruppoids wurde 1926 von H. Brandt eingeführt. Modern gesprochen ist ein Gruppoid eine Kategorie mit folgenden zwei Eigenschaften: (i) Die Objekte bilden eine Menge, (ii) zu jedem Morphismus gibt es einen inversen Morphismus. Die Objekte des **fundamentalen Gruppoids** von X sind die Punkte von X. Die Morphismen von x nach y sind die Homotopieklassen der Wege in X mit Anfangspunkt x und Endpunkt y.

Definition:

X sei ein topologischer Raum, $x_0 \in X$. Die **Fundamentalgruppe** $\pi_1(X, x_0)$ des Raumes X mit **Basispunkt** x_0 ist die Menge der Homotopieklassen $[f]$ geschlossener stetiger parametrisierter Kurven $f : I \to X$ mit Anfangs- und Endpunkt $f(0) = f(1) = x_0$, wobei die Multiplikation wie folgt definiert ist: $[f] \cdot [g] = [f \cdot g]$.

Die Fundamentalgruppe hängt vom Basispunkt ab, aber für wegzusammenhängende Räume X gilt $\pi_1(X, x_0) \cong \pi_1(X, x_1)$ für alle $x_0, x_1 \in X$.

Definition:

$\rho : X \to Y$ sei eine stetige Abbildung, $x \in X$ und $y = \rho(x)$. Der durch ρ **induzierte Homomorphismus**

$$\rho_* : \pi_1(X, x) \to \pi_1(Y, y)$$

ist durch $\rho_*([f]) = [\rho \circ f]$ definiert.

π_1 ist ein covarianter Funktor von der Kategorie der topologischen Räume mit Basispunkt (X, x) in die Kategorie der Gruppen. Mit Hilfe dieses Funktors kann man geometrische Probleme in algebraische transformieren und auch umgekehrt algebraische in geometrische.

Definition:

Ein wegzusammenhängender Raum X heißt **einfach zusammenhängend**, wenn $\pi_1(X, x) = \{1\}$ für alle $x \in X$ gilt.

Beispiele:

(1) $\mathbb{R}^n$ ist einfach zusammenhängend. Dies ist trivial.

(2) Die Sphäre S^n ist einfach zusammenhängend für $n > 1$. Dies ist keineswegs trivial. Da es nämlich stetige Abbildungen $f : I \to S^n$ mit $f(I) = S^n$ gibt (Peanokurven), besteht das Problem darin, für jedes f die Existenz eines zu f homotopen $g : I \to S^n$ mit $g(I) \neq S^n$ zu beweisen. Hat man dies, so ist man fertig, denn für $p \notin g(I)$ reduziert die stereographische Projektion $S^n - \{p\} \to \mathbb{R}^n$ das Problem für g auf den Fall (1). Siehe zur Konstruktion von g z.B. Singer und Thorpe [130], Chapter 4.4, Theorem 6 oder Berger [105] 18.2.2.

Definition:

X und $\widetilde{X}$ seien zusammenhängende topologische Räume. Eine stetige surjektive Abbildung $\rho : \widetilde{X} \to X$ heißt eine **Überlagerung** von X, wenn Folgendes gilt: Zu jedem $x \in X$ existiert eine Umgebung $U \subset X$ von x, so dass $\rho^{-1}(U)$ in disjunkte offene Mengen U_i zerfällt, für welche die Beschränkung $\rho_i = \rho|U_i$ ein Homöomorphismus $\rho_i : U_i \to U$ ist.

Beispiele:

(1) Die kanonische Abbildung $\rho : S^n \to \mathbb{P}_n(\mathbb{R})$ ist eine Überlagerung.

(2) Die zweifache Überlagerung des Möbiusbandes durch den Zylinder aus Kapitel 3 ist eine Überlagerung. Wir haben zu Beginn von Kapitel 4 gesehen, wie dieses Beispiel mit dem vorigen Beispiel zusammenhängt: Den Zylinder können wir als Äquatorzone in S^2 einbetten, und das Möbiusband ist dessen Bild in $\mathbb{P}_2(\mathbb{R})$ bezüglich ρ.

Definition:

Eine Überlagerung $\widetilde{X} \to X$ heißt **universelle Überlagerung**, wenn es für jede andere Überlagerung $Y \to X$ eine Überlagerung $\widetilde{X} \to Y$ gibt, so dass das folgende Diagramm kommutiert:

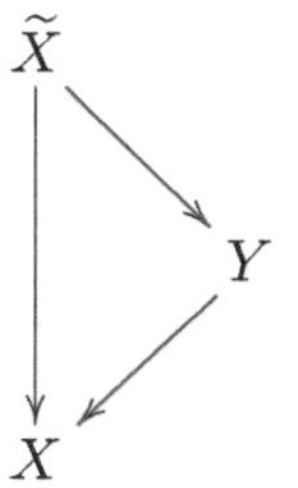

Beispiel:

$\mathbb{R} \to S^1$ mit $t \mapsto e^{2\pi i t}$ ist die universelle Überlagerung von S^1.

Es sei nun X ein wegzusammenhängender, lokal wegzusammenhängender und lokal einfach zusammenhängender Raum und $x \in X$ ein Basispunkt.

Dann kann man Folgendes beweisen:

(1) Es existiert eine universelle Überlagerung $\widetilde{X} \to X$. Sie ist durch X im wesentlichen eindeutig bestimmt und unter allen Überlagerungen dadurch ausgezeichnet, dass $\widetilde{X}$ einfach zusammenhängend ist.

(2) Für jede Überlagerung $\rho : \widetilde{X} \to X$ und $\tilde{x} \in \widetilde{X}$ mit $\rho(\tilde{x}) = x$ ist $\rho_* : \pi_1(\widetilde{X}, \tilde{x}) \to \pi_1(X, x)$ injektiv. Für die Restklassenmenge $\pi_1(X, x)/\rho_*(\pi_1(\widetilde{X}, \tilde{x}))$ erhält man eine bijektive Abbildung dieser Restklassenmenge auf die Faser $\rho^{-1}(x)$, indem man der Restklasse von $[f] \in \pi_1(X, x)$ den Endpunkt $\tilde{f}(1)$ des eindeutig bestimmten durch „**Hochheben**" von f entstehenden Weges $\tilde{f} : I \to \widetilde{X}$ mit $\rho \circ \tilde{f} = f$ und $\tilde{f}(0) = \tilde{x}$ zuordnet.

(3) Insbesondere erhält man so für die universelle Überlagerung $\rho : \widetilde{X} \to X$ eine bijektive Abbildung $\pi_1(X, x) \xrightarrow{\approx} \rho^{-1}(x)$.

Aus dem einfachen Zusammenhang von S^3, aus den obigen Aussagen (1) bis (3) und aus 4.29 folgt sofort der folgende Satz.

<u>Satz 4.30</u>

Die Vektordarstellung $\rho_{0,3} : \mathrm{Spin}(0,3;\mathbb{R}) \to \mathrm{SO}(3,\mathbb{R})$ ist die universelle Überlagerung von $\mathrm{SO}(3,\mathbb{R})$. Insbesondere ist die Spin-Gruppe $\mathrm{Spin}(0,3;\mathbb{R})$ einfach zusammenhängend, und die Fundamentalgruppe von $\mathrm{SO}(3,\mathbb{R})$ ist zyklisch von der Ordnung 2

$$\boxed{\pi_1(\mathrm{SO}(3,\mathbb{R}),e) \cong \mathbb{Z}/2\mathbb{Z}} \ .$$

e bezeichnet das Einselement von $\mathrm{SO}(3,\mathbb{R})$.

<u>Satz 4.31</u>

Die Vektordarstellung $\rho_{1,3} : \mathrm{Spin}(1,3;\mathbb{R}) \to \mathrm{SO}(1,3;\mathbb{R})_0$ ist die universelle Überlagerung von $\mathrm{SO}(1,3;\mathbb{R})_0$. Insbesondere ist $\mathrm{Spin}(1,3;\mathbb{R}) \cong \mathrm{SL}(2,\mathbb{C})$ einfach zusammenhängend, und für die Fundamentalgruppe gilt:

$$\boxed{\pi_1(\mathrm{SO}(1,3;\mathbb{R})_0,e) \cong \mathbb{Z}/2\mathbb{Z}} \ .$$

<u>Beweis:</u>

Der Zusatz zu 4.28 identifiziert die Vektordarstellung mit dem kanonischen Homomorphismus $\pi : \mathrm{SL}(2,\mathbb{C}) \to \mathrm{PSL}(2,\mathbb{C})$. Die Iwasawa-Zerlegung nach II.12.54 identifiziert $\mathrm{SL}(2,\mathbb{C})$ mit $\mathrm{SU}(2,\mathbb{C}) \times \mathbb{R}^{+2} \times \mathbb{C}$ sowie $\mathrm{PSL}(2,\mathbb{C})$ mit $\mathrm{PSU}(2,\mathbb{C}) \times \mathbb{R}^{+2} \times \mathbb{C}$, und π mit $\pi' \times \mathrm{id}$. Daher identifiziert man schließlich wegen 4.28 und 4.29 die Vektordarstellung $\rho_{1,3}$ mit der Abbildung

$$\rho \times \mathrm{id} : S^3 \times \mathbb{R}^3 \to \mathbb{P}_3(\mathbb{R}) \times \mathbb{R}^3 .$$

Dies ist eine zweiblättrige Überlagerung, und $\pi_1(S^3 \times \mathbb{R}^3) \cong \pi_1(S^3) = \{1\}$. Damit folgen alle Behauptungen aus den obigen Aussagen (1)–(3).

<u>Bemerkung:</u>

Die obige Aussage (2) macht auch klar, wie man einen Repräsentanten f für das nicht triviale Element von $\pi_1(\mathrm{SO}(3,\mathbb{R}),e)$ finden kann. Man braucht dazu nur eine stetige Abbildung $f : I \to \mathrm{SO}(3,\mathbb{R})$ mit $f(0) = f(1) = e$ anzugeben, so dass für die hochgehobene Kurve $\tilde{f} : I \to \mathrm{Spin}(0,3;\mathbb{R})$ mit $\tilde{f}(0) = 1$ gilt: $\tilde{f}(1) = -1$.

Die folgende Abbildung f hat diese Eigenschaft:

$$f(t) := \begin{pmatrix} \cos 2\pi t & -\sin 2\pi t & 0 \\ \sin 2\pi t & \cos 2\pi t & 0 \\ 0 & 0 & 1 \end{pmatrix}.$$

Beweis:
Identifiziert man $\mathrm{Spin}(0,3)$ nach 4.26 mit der Gruppe der Einheitsquaternionen $S^3(\mathbb{H})$, dann folgt aus dem Zusatz von 4.26 und dem Additionstheorem 3.15

$$\tilde{f}(t) = \cos \pi t + k \sin \pi t.$$

Die Sätze „$\pi_1(\mathrm{SO}(3, \mathbb{R})) \cong \mathbb{Z}/2\mathbb{Z}$" und „$\pi_1(\mathrm{SO}(1,3; \mathbb{R})_0) \cong \mathbb{Z}/2\mathbb{Z}$" drücken fundamentale geometrische Eigenschaften des euklidischen 3-dimensionalen Raumes bzw. des Minkowskischen 4-dimensionalen Raumes der speziellen Relativitätstheorie aus. Um 1927/28 erkannten die theoretischen Physiker, insbesondere <u>Pauli</u> und <u>Dirac</u>, dass diese Tatsache grundlegend für die quantenmechanische Behandlung von Elementarteilchen mit Spin ist.

Dirac dachte sich auch einfache makroskopische Experimente aus, um diese Eigenschaft des euklidischen Raumes zu illustrieren. Ein solches Experiment besteht in dem Versuch, ein mit der Hand gehaltenes Objekt, zum Beispiel einen japanischen Teekessel, durch Armbewegungen um eine feste Achse rotieren zu lassen, ohne die Position des übrigen Körpers dabei zu ändern. Es ist möglich, dies so auszuführen, dass nach einer Rotation um $2 \cdot 2\pi$ die Ausgangsposition in allen Teilen vollständig wieder hergestellt ist, während es unmöglich ist, nach einer Rotation um $1 \cdot 2\pi$ die Ausgangsposition zu erreichen. Die folgende Bildseite zeigt eine Serie von Momentaufnahmen dieses Experimentes.

Wir wollen das Experiment durch ein mathematisches Modell beschreiben und durch $\pi_1(\mathrm{SO}(3, \mathbb{R})) = \mathbb{Z}/2\mathbb{Z}$ „erklären".

In einer ersten Phase der Modellbildung machen wir uns durch Betrachtung der vorstehenden vier Zeichnungen klar, dass das Experiment mit dem Teekessel im wesentlichen Äquivalent zu dem folgenden Experiment ist.

Wir betrachten eine Hohlkugelschale, d.h. den Raum zwischen zwei konzentrischen Sphären im 3-dimensionalen euklidischen Raum. Durch radiale Projektion entspricht jeder Punkt der inneren Randsphäre einem Punkt der äußeren Randsphäre. In der Hohlkugelschale befindet sich ein elastisches Band, das mit einem Ende entlang einem Großkreisbogen an der inneren Randsphäre befestigt ist und mit dem anderen Ende entlang dem emtsprechenden Bogen an der äußeren Randsphäre.

In der Anfangslage soll das Band so verlaufen, dass es die beiden Bögen radial miteinander verbindet. Relativ zu dieser Anfangslage wird das Band nun zweifach verdrillt, indem man das innere Ende festhält, das äußere löst und das Band radial von innen nach außen verlaufend zunehmend um seine Mittellinie verdrillt, bis am äußeren Ende eine Drehung um 4π erreicht ist. Dann wird das äußere Ende wieder befestigt.

Der Autor spinnt

Das Experiment besteht in dem Versuch, das verdrillte Band durch Herumführen im Inneren der Hohlkugelschale bei festgehaltenen Enden in die unverdrillte Ausgansposition zu überführen. Dies ist tatsächlich möglich. Die nächsten 8 Zeichnungen illustrieren dies.

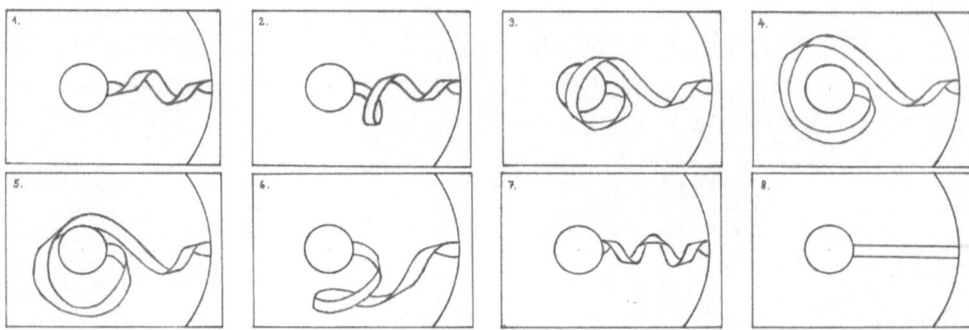

Die zweite Phase ist die Übersetzung in ein mathematisches Modell. Die Hohlkugelschale wird durch $S^2 \times [0,1]$ modelliert, das Band in unverdrillter Ausgangsposition durch $J \times [0,1]$, wo $J \subset S^2$ ein Großkreisbogen mit Mittelpunkt $(0,0,1)$ ist. Das zweimal verdrillte Band ist das Bild der folgenden Abbildung

$$J \times [0,1] \;\to\; S^2 \times [0,1]$$
$$(x,t) \;\mapsto\; \big(f(t)^2(x), t\big)$$

Dabei ist $f : [0,1] \to \mathrm{SO}(3,\mathbb{R})$ die oben definierte Abbildung, und $f(t)^2$ das Quadrat des Gruppenelementes $f(t) \in \mathrm{SO}(3,\mathbb{R})$. Andererseits können wir für den geschlossenen Weg f auch das Quadrat $f^2 = f \circ f$ bilden. Es gilt $f^2(t) = f(t)^2$. Die Homotopieklasse $[f]$ ist das von 1 verschiedene Element von $\pi_1(\mathrm{SO}(3,\mathbb{R}))$. Für das Quadrat gilt aber wegen$[f]^2 = [f^2] = 1$ wegen $\pi_1(\mathrm{SO}(3,\mathbb{R})) \cong \mathbb{Z}/2\mathbb{Z}$. Also existiert eine Homotopie von f^2 zur konstanten Abbildung auf e, d.h. eine Abbildung

$$F : [0,1] \times [0,1] \to \mathrm{SO}(3,\mathbb{R})$$

mit folgende Eigenschaften:

(i) $F(t, 0) = f^2(t)$

(ii) $F(t, 1) = e$

(iii) $F(0, s) = F(1, s) = e$

Mit Hilfe von F definieren wir für $0 \leq s \leq 1$ die folgende 1-parametrige Familie von Einbettungen:

$$G_s : J \times [0, 1] \quad \to S^2 \times [0, 1]$$
$$(x, t) \quad \mapsto \big(f(t)^2(x), t\big)$$

Das Bild von G_0 ist das zweifach verdrillte Band, das Bild von G_1 ist das unverdrillte Band, und die Bilder von G_s mit $0 \leq s \leq 1$ bilden eine 1-parametrige Familie von Bändern, durch welche das Bild von G_0 stetig in das Bild von G_1 überführt wird, wobei wegen (iii) die Enden festgehalten werden. Damit ist erklärt, dass und wie das zweifach verdrillte Band in das unverdrillte überführt werden kann. Dass etwas Analoges für das einfach verdrillte Band nicht möglich ist, folgt auf dieselbe Weise, aber mit mehr technischem Aufwand, aus $[f] \neq 1$.

Die Rolle der Clifford-Algebren und der Spin-Gruppen für die quantenmechanische Behandlung von Systemen mit Spin will ich – soweit mir das mit meinen geringen physikalischen Kenntnissen möglich ist – am Beispiel der Dirac-Gleichung für das freie relativistische Elektron aufzeigen. Einem physikalischen System kann ein inneres, von einer Bewegung unabhängiges Drehmoment eigen sein, der **Spin**. Der Spin ist eine nicht-klassische Observable quantenmechanischer Systeme, die nur diskrete Werte $0, \frac{1}{2}, 1, \frac{3}{2}, \ldots$ annehmen kann. Die Notwendigkeit der Einführung einer solchen Observablen zeigte sich zuerst bei Versuchen zur theoretischen Erklärung des Stern-Gerlach-Versuchs von 1922 und des Zeeman-Effekts. So beschrieb Pauli 1927 in einem Artikel *„Zur Quantenmechanik des magnetischen Elektrons“* (Zeitschrift f. Physik 23 (1927), 601-623 [126]) das nicht-relativistische Elektron durch eine Differentialgleichung für eine spinorwertige Wellenfunktion mit Werten im Darstellungsraum $\mathbb{C}^2$ der Spin-Darstellung von Spin(3), natürlich ohne dies so auszudrücken. Er weis selbst auf die Unvollkommenheit der nicht-relativistischen Behandlung hin. 1928 stellte Dirac dann die Wellengleichung für das relativistische freie Elektron auf.

In der speziellen Relativitätstheorie wird die Menge aller Raum-Zeit-Punkte durch einen 4-dimensionalen **affinen Minkowski-Raum** modelliert, d.h. einen 4-dimensionalen reellen affinen Raum X, auf dessen Translationsvektorraum V eine quadratische Form $q : v \to \mathbb{R}$ mit der Signatur $(n_+, n_-) = (1, 3)$ gegeben ist. Als Standard-Modell $X_{1,3}$ eine solchen Raumes benutzen wir den affinen Raum $\mathbb{R}^4$ mit den Koordinaten x_0, x_1, x_2, x_3, dessen Translationsvektorraum $\mathbb{R}^4$ die quadratische Form $\zeta_0^2 - \zeta_1^2 - \zeta_2^2 - \zeta_3^2$ trägt. Ein Koordinatensystem in X ist ein Isomorphismus affiner Minkowski-Räume $X \cong X_{1,3}$. Der Wechsel von einem Koordinatensystem zu einem anderen wird durch einen Automorphismus von $X_{1,3}$ beschrieben, d.h. durch eine Transformation $x \mapsto Ax + b$ mit $A \in \mathrm{O}(1, 3; \mathbb{R})$ und $b \in \mathbb{R}^4$. Die Gruppe dieser Transformationen heißt die **inhomogene Lorentzgruppe** $G_{1,3}$. Die Zusammenhansgkomponente der 1 von $G_{1,3}$ ist die **eingeschränkte inhomogene Lorentzgruppe** $G_{1,3}^\circ$. Sie besteht aus allen Transformationen $x \mapsto Ax + b$ mit $A \in \mathrm{SO}(1, 3; \mathbb{R})_\circ$. Man hat also eine spaltende exakte Sequenz

$$O \to \mathbb{R}^4 \to G_{1,3}^\circ \xrightleftharpoons{\quad\lambda\quad} \mathrm{SO}(1, 3; \mathbb{R})_\circ \to 1,$$

wobei λ der Transformation $x \mapsto Ax + b$ den Linearteil A zuordnet. Wir betrachten im Folgenden nur Koordinatenwechsel durch Transformationen $g \in G_{1,3}^\circ$. Physikalisch bedeutet die Wahl eines Koordinatensystems in X die Wahl eines Inertialsystems, in welchem ein Beobachter ein gegebenes physikalisches System $\mathcal{S}$ beobachtet und beschreibt, und der Koordinatenwechsel bedeutet den Übergang zu einem anderen Beobachter.

Freie relativistische Elementarteilchen sind besonders einfache physikalische Systeme. Ein solches System – wie z.B. das Elektron – hat viele mögliche Zustände, genauer: dynamische Zustände. Diese Zustände ζ werden von allen Beobachtern des Systems $\mathcal{S}$ durch die von 0 verschiedenen Vektoren Ψ eines durch $\mathcal{S}$ eindeutig bestimmen unendlich-dimensionalen komplexen Hilbertraumes $\mathcal{H}$ beschrieben. Für einen bestimmten Beobachter beschreiben zwei Vektoren Ψ, Ψ' den gleichen Zustand ζ, wenn es eine komplexe Zahl $c \neq 0$ mit $\Psi' = c\Psi$ gibt. Die Zuordnung $\Psi \mapsto \zeta$ definiert also für einen bestimmten Beobachter eine bijektive Abbildung $\mathbb{P}(\mathcal{H}) \to \mathcal{Z}$ von dem projektiven Raum $\mathbb{P}(\mathcal{H})$ auf die Menge $\mathcal{Z}$ aller möglichen Zustände von $\mathcal{S}$. Ein anderer Beobachter benutzt eine andere Bijektion $\mathbb{P}(\mathcal{H}) \to \mathcal{Z}$. Beim Übergang von einem Beobachter zu einem anderen durch $g \in G_{1,3}^\circ$ erhält man daher eine bijektive Abbildung $\mathbb{P}(\mathcal{H}) \to \mathbb{P}(\mathcal{H})$. Diese ist durch einen unitären Operator $\mathcal{H} \to \mathcal{H}$ induziert, der allerdings durch g nicht eindeutig bestimmt ist. Man erhält auf diese Weise eine Operation von $G_{1,3}^\circ$ auf $\mathbb{P}(\mathcal{H})$. Diese Operation lässt sich jedoch im Allgemeinen nicht zu einer Operation von $G_{1,3}^\circ$ auf $\mathcal{H}$ hochheben. Deshalb geht man zu der universellen Überlagerung $\tilde{G}_{1,3}^\circ$ von $G_{1,3}^\circ$ über. Man hat das folgende kommutative Diagramm von spaltenden exakten Sequenzen:

$$
\begin{array}{ccccccccc}
0 & \longrightarrow & \mathbb{R}^4 & \longrightarrow & \tilde{G}_{1,3}^0 & \underset{\tilde{\lambda}}{\rightleftarrows} & \mathrm{Spin}(1,3;\mathbb{R}) & \longrightarrow & 1 \\
& & \Big\| & & \Big\downarrow{\scriptstyle\rho} & & \Big\downarrow{\scriptstyle\rho_{1,3}} & & \\
0 & \longrightarrow & \mathbb{R}^4 & \longrightarrow & G_{1,3}^0 & \underset{\lambda}{\rightleftarrows} & \mathrm{SO}(1,3;\mathbb{R})_0 & \longrightarrow & 1
\end{array}
$$

$\tilde{G}_{1,3}^\circ$ ist das semidirekte Produkt von $\mathbb{R}^4$ und $\mathrm{Spin}(1,3;\mathbb{R})$, bei dem $\mathrm{Spin}(1,3;\mathbb{R})$ auf $\mathbb{R}^4$ durch die Vektordarstellung $\rho_{1,3}$ operiert. Man kann dann beweisen, dass die Operation von $G_{1,3}^\circ$ auf $\mathbb{P}(\mathcal{H})$ durch eine Operation von $\tilde{G}_{1,3}^\circ$ auf $\mathcal{H}$ induziert wird, und zwar durch eine Operation durch unitäre Operatoren. Zu dem betrachteten System $\mathcal{S}$ gehört also eine unitäre Darstellung von $\tilde{G}_{1,3}^\circ$ in $\mathcal{H}$, d.h. ein Homomorphismus

$$
\tilde{G}_{1,3}^\circ \to U(\mathcal{H})
$$

in die Gruppe $U(\mathcal{H})$ der unitären Operatoren von $\mathcal{H}$. Außerdem gehören dazu die Observablen des Systems. Das sind gewisse hermitesche Operatoren von $\mathcal{H}$, auf die wir aber nicht weiter eingehen wollen, obwohl wir das müssten, wenn wir den Spin eines bestimmten quantenmechanischen Systems mittels bestimmter Observablen definieren wollten. Wir wollen jetzt für das freie relativistische Elektron des Hilbertraum $\mathcal{H}$ und die Darstellung $\tilde{G}_{1,3}^\circ \to U(\mathcal{H})$ explizit beschreiben. Es gibt eine mathematisch völlig befriedigende Beschreibung, bei der keine Koordinaten benutzt werden. Bei dieser werden die Elemente Ψ von $\mathcal{H}$ als **Spinorfelder** auf X beschrieben, für welche ein gewisser Differentialoperator D, der **Dirac-Operator**, verschwindet: $D(\Psi) = 0$.

Da uns für eine solche Beschreibung nötigen Begriffe aus der Theorie der Faserbündel mit Strukturgruppen fehlen, müssen wir auf diese koordinatenfreie Beschreibung verzichten. Wir wählen also einen Isomorphismus $X \cong X_{1,3}$. Dadurch gehen die Spinorfelder in spinorwertige Funktionen $\Psi = \Psi(x_0, x_1, x_2, x_3)$ auf $X_{1,3}$ über und die Gleichung $D(\Psi) = 0$ in eine lineare partielle Differentialgleichung erster Ordnung für diese Funktionen Ψ. Der Hilbertraum $\mathcal{H}$ wird also jetzt ein gewisser Raum von Lösungen Ψ dieser Differentialgleichung. Wir beginnen damit, dass wir eine Spin-Darstellung für die Clifford-Algebra $C_{1,3}(\mathbb{R})$ wählen, d.h. einen injektiven Algebrenhomomorphismus

$$
\sigma : C_{1,3}(\mathbb{R}) \to \mathbb{C}(4).
$$

e_0, e_1, e_2, e_3 seien die Standardgeneratoren von $C_{1,3}(\mathbb{R})$. Ihnen entsprechen die vier $4 \times 4-$ Matrizen

$$\gamma_\nu := \sigma(e_\nu).$$

Sie heißen **Dirac-Matrizen** zu σ. Die Elemente des Darstellungsraumes $\mathbb{C}^4$ nennen wir σ-**Spinoren**. Unter einer **spinorwertigen Funktion** verstehen wir eine Abbildung $\Psi : X_{1,3} \to \mathbb{C}^4$. Diese Funktionen sind also Funktionen $\Psi = \Psi(x_0, x_1, x_2, x_4)$ von vier reellen Variablen, und zwar Funktionen mit vier komplexen Komponenten: $\Psi = (\Psi_1, \Psi_2, \Psi_3, \Psi_4)$. Das Wort „Funktion" ist dabei *cum grano salis* zu verstehen; wir lassen nämlich als Lösungen unserer Differentialgleichung nicht nur differenzierbare Funktionen zu, sondern allgemeiner temperierte Distributionen, d.h. Elemente des Dualraumes zum Raum der schnell abnehmenden differenzierbaren Funktionen. Schließlich ist zur genauen Definition der Elemente Ψ des Hilbertraumes eine gewisse Normbedingung notwendig, auf die wir aber hier nicht eingehen wollen.

Wir können jetzt die **Diracsche Wellengleichung** für ein freies relativistisches Elementarteilchen mit positiver Masse m und Spin $\frac{1}{2}$ hinschreiben. Sie lautet:

$$\sum_{\nu=0}^{3} \gamma_\nu \frac{\partial \Psi}{\partial x} + im\Psi = 0. \qquad (*)$$

Der zu diesem physikalischen System gehörige Hilbertraum $\mathcal{H}$ ist ein gewisser Hilbertraum temperierter spinorwertiger Distributionen Ψ auf $X_{1,3}$, welche Lösungen der Diracschen Wellengleichung $(*)$ sind.

Wir beschreiben nun auch die Darstellung $\tilde{G}_{1,3}^\circ \to U(\mathcal{H})$. Zu diesem Zweck müssen wir ausgehend von der anfangs gewählten Spindarstellung

$$\sigma : \mathrm{Spin}(1,3;\mathbb{R}) \to \mathrm{GL}(4,\mathbb{C})$$

eine bestimme andere, zu σ äquivalente Spindarstellung

$$\breve{\sigma} : \mathrm{Spin}(1,3;\mathbb{R}) \to \mathrm{GL}(4,\mathbb{C})$$

definieren. Dazu bemerken wir zunächst, dass die kontragrediente Zuordnung $A \mapsto \breve{A} = {}^tA^{-1}$ für $A \in \mathbb{R}^4$ einen Gruppenautomorphismus $\mathrm{SO}(1,3;\mathbb{R})_0 \overset{\vee}{\to} \mathrm{SO}(1,3;\mathbb{R})_0$ induziert. Dieser lässt sich eindeutig zu einem Automorphismus $\mathrm{Spin}(1,3;\mathbb{R}) \overset{\vee}{\to} \mathrm{Spin}(1,3;\mathbb{R})$ hochheben, so dass das folgende Diagramm kommutiert. Das Bild von $g \in \mathrm{Spin}(1,3;\mathbb{R})$ hierbei bezeichnen wir mit $\breve{g}$.

$$\begin{array}{ccc}
\mathrm{Spin}(1,3;\mathbb{R}) & \xrightarrow{\ \vee\ } & \mathrm{Spin}(1,3;\mathbb{R}) \\
{\scriptstyle \rho_{1,3}}\downarrow & & {\scriptstyle \rho_{1,3}}\downarrow \\
\mathrm{SO}(1,3;\mathbb{R}) & \xrightarrow{\ \vee\ } & \mathrm{SO}(1,3;\mathbb{R})
\end{array}$$

Eine konkrete Beschreibung des hochgehobenen Automorphismus erhält man, wenn man $\mathrm{Spin}(1,3;\mathbb{R})$ mit $\mathrm{SL}(2,\mathbb{C})$ identifiziert Wählt man dafür die Isomorphismen, die wir in Bemerkung (2) nach dem Zusatz 4.28 angaben, z.B. $\sigma_{1,3}$, dann gilt $\breve{B} = {}^{t}B^{-1}$ für $B \in \mathrm{SL}(2,\mathbb{C})$. Wir definieren jetzt die neue Spindarstellung $\breve{\sigma}$ durch die Gleichung

$$\breve{\sigma}(g) = \sigma(\breve{g}).$$

Damit können wir nun die Operation von $\tilde{G}^0_{1,3}$ auf den Hilbertraum $\mathcal{H}$ durch unitäre Operatoren explizit hinschreiben. Das Element $g \in \tilde{G}^0_{1,3}$ überführt $\Psi \in \mathcal{H}$ in das folgende Element $g\Psi \in \mathcal{H}$:

$$g\Psi(x) := \sigma(\lambda(g))\Psi(\rho(g)^{-1}x). \qquad (**)$$

Es ist eine leichte Übung, nachzurechnen, dass für jede Lösung Ψ der Diracschen Wellengleichung auch $g\Psi$ eine Lösung ist.

Die Wellengleichung $(*)$ und die Transformationsgleichung für Spinorfelder $(**)$ wurden 1928 von **Dirac** gefunden: *The Quantum Theory of the Electron* in *Proc. of the Royal Soc. of London, Ser. A, Vol. CXVII, p.610–624 [111]*. Sie waren der erste große Schritt in der quantenmechanischen Behandlung relativistischer Systeme. Dass die Verwendung der nicht-kommutativen Clifford-Algebren wirklich etwas Neuartiges war, sieht man aus einem Kommentar von **C. G. Darwin** im nächsten Band der gleichen Zeitschrift:

There are probably readers who will share the present writer's feeling that the methods of non-commutative algebra are harder to follow, and certainly much more difficult to invent, than are operations of types long familiar to analysis. Wherever it is possible to do so, it is surely better to present the theory in a mathematical form that dates from the time of Laplace and Legendre...

Inzwischen haben sich die Physiker an die Clifford-Algebren und Spin-Gruppen gewöhnt. Die Wellengleichung der freien relativistischen Elementarteilchen können in einer mathematisch befriedigenden Weise aus wenigen physikalischen Grundprinzipien und aus der Darstellungstheorie der inhomogenen Lorentzgruppe abgeleitet werden. Eine solche Ableitung, die vor allem auf den bahnbrechenden Arbeiten von **E. P. Wigner** aufbaut, findet man in dem Buch von **V. S. Varadarajan**: *Geometry of Quantum Theory, Vol. II, Chapter XII [135]*.

Kapitel 5

Die Klassifikation der Isometrien

Unser Ziel in diesem Kapitel ist die Klassifikation der Isometrien der euklidischen affinen Räume. Das Prinzip der Klassifikation erklären wir ganz allgemein für Räume beliebiger Dimension. Bei der Durchführung der Klassifikation in allen Einzelheiten beschränken wir uns dann auf Räume, deren Dimension höchstens drei ist.

Klassifikation der Isometrien eines euklidischen affinen Raumes X – das bedeutet für mich nicht einfach nur eine Aufzählung irgendwelcher Typen von Isometrien. Wer nur das will, studiere gleich die Tabelle zu Satz 5.11. Ich will mehr. Ich will in einsichtiger Weise die Prinzipien entwickeln, die der Klassifikation zugrunde liegen. Dazu gehört auch, dass ich die Isometriegruppe $\mathrm{I}(X)$ nicht einfach nur als Gruppe auffasse, also als algebraisches Objekt, sondern darüberhinaus auch als geometrisches Objekt. Ich will wissen, in welcher Weise dieses $\mathrm{I}(X)$ sich in die noch zu definierenden Klassen zerlegt.

Als was für ein geometrisches Objekt wollen wir $\mathrm{I}(X)$ auffassen? Identifizieren wir X mit dem euklidischen affinen Standardraum, dann identifiziert sich $\mathrm{I}(X)$ nach 1.6 als Menge mit $\mathbb{R}^n \times \mathrm{O}(n, \mathbb{R})$. Daher hat $\mathrm{I}(X)$ die

215

Struktur einer Mannigfaltigkeit der Dimension $n(n+1)/2$, und da die Gruppenstruktur mit dieser Mannigfaltigkeitsstruktur verträglich ist, ist $I(X)$ sogar eine Liesche Gruppe.

Daher ist es angemessen, zu erwarten, dass die noch zu definierenden Klassen von Isometrien nicht nur einfach Teilmengen von $I(X)$ sind, sondern sogar Untermannigfaltigkeiten der Mannigfaltigkeit $I(X)$.

Die feinsten Zerlegungen von $I(X)$, deren Betrachtung geometrisch sinnvoll ist, sind die Zerlegungen in Konjugationsklassen von $I(X)$ bzw. in solche von $I(X)^+$. Diese Konjugationsklassen sind jedenfalls Untermannigfaltigkeiten, und ihre Bestimmung ist natürlich eine unserer Aufgaben. Aber: Ist das eine in jeder – auch in geometrischer – Hinsicht befriedigende Klassifikation?

Betrachten wir den einfachsten Fall $\dim X = 1$. Dann besteht $I(X)^-$, die Komponente der orientierungsumkehrenden Isometrien, aus allen Inversionen. Diese bilden eine einzige Konjugationsklasse, so dass wir also $I(X)^-$ in eine einzige Untermannigfaltigkeit „zerlegt" haben, die zu $\mathbb{R}$ diffeomorph ist. So weit, so gut. Nun zu $I(X)^+$. Diese Komponente besteht aus der Identität und den davon verschiedenen Translationen τ. Die Konjugationsklasse von τ ist das Paar $\{\tau, \tau^{-1}\}$. Also haben wir $I(X)^+$ in unendlich viele, ja sogar überabzählbar viele Konjugationsklassen zerlegt, von denen eine nur aus einem Punkt besteht und alle anderen aus zwei. Diese Zerlegung ist für sich allein genommen ist zu fein, um übersichtlich zu sein. Übersichtlicher wäre es in diesem Fall, $I(X)^+$ in zwei Untermannigfaltigkeiten zu zerlegen, nämlich die nur aus einem Punkt bestehende Klasse $\{id\}$ und die zu $\mathbb{R} \setminus \{0\}$ diffeomorphe Menge aller echten Translationen τ_v. Die in dieser Untermannigfaltigkeit enthaltenen unendlich vielen Konjugationsklassen kann man dann mittels $\|v\|$ durch die positiven reellen Zahlen parametrisieren.

Gesucht ist also eine Vergröberung der „zu feinen" Zerlegung von $I(X)$ in Konjugationsklassen: $I(X)$ soll in endlich viele Untermannigfaltigkeiten zer-

legt werden, wobei jede dieser Untermannigfaltigkeiten eine Vereinigungsmenge von Konjugationsklassen ist. Natürlich möchte man auch, dass bei
der Zerlegung die einzelnen Untermannigfaltigkeiten in $I(X)$ relativ zueinander eine kontrollierbare Lage haben. Eine Bedingung, die dies präzisiert,
ist die, dass die Zerlegung eine Stratifikation ist.

Definition:

Eine **Stratifikation** einer Mannigfaltigkeit M ist eine disjunkte Zerlegung
von M in endlich viele Untermannigfaltigkeiten $M_j, j \in J$, welche **Strata**
genannt werden, so dass die abgeschlossene Hülle $\overline{M}_j$ jedes **Stratums** eine
Vereinigung von Strata[1] ist.

Beispiel:

Die Konjugationsklassen in jeder einzelnen Faser der charakteristischen
Abbildung $m(n \times n, K) \to K^n$ für $K \in \{\mathbb{R}, \mathbb{C}\}$ haben die charakteristische
Eigenschaft einer Startifikation: Aus II.11.49 und II.11.50 folgt, dass jede
Faser in endlich viele Konjugationsklassen C zerfällt, und dass jedes $\overline{C}$
eine Vereinigung von Konjugationsklassen ist. Allerdings sind hier nicht
alle Fasern glatte Mannigfaltigkeiten, sondern sie sind Varietäten mit
Singularitäten – siehe auch die Beispiele in II § 11.7. Aber auch für solche
singulären Varietäten kann man Stratifikationen definieren, und die sind
dann ein wesentliches Hilfsmittel zur Untersuchung der Singularitäten.

Eine sehr große Vergröberung der Zerlegung von $I(X)$ in Konjugationskla-
sen ist die im Folgenden definierte Zerlegung in Schichten, welche durch
die in 1.13 eingeführte kanonische Zerlegung der Isometrien nahegelegt wird.

Definition:

X sei ein n-dimensionaler euklidischer affiner Raum mit Translationsvektorraum V und $\lambda : I(X) \to O(V)$ der kanonische Homomorphismus, der jeder
Isometrie φ ihren linearen Anteil $\lambda\varphi$ zuordnet.

---

[1] *Stratum* kommt von lateinisch *sternere, sterno, stravi, stratus* mit der indogermani-
schen Wurzel „ster" = streuen, ausbreiten, bedecken. Die Bedeutung hier ist also: etwas,
das die Mannigfaltigkeit M glatt ausbreitet und überdeckt.

(i) Für $\chi \in OG(V)$ sei $n_+(\chi)$ bzw. $n_-(\chi)$ die Dimension des Eigenraumes von χ zum Eigenwert 1 bzw. -1.

(ii) Für $\varphi \in I(X)$ mit der kanonischen Zerlegung $\varphi = \tau \circ \psi = \psi \circ \tau$ in eine Translation τ und eine Isometrie ψ mit Fixpunkt sei $m(\varphi) = \dim \mathrm{Fix}\,(\psi)$ die Dimension des maximalen Translationsunterraumes von φ.

(iii) $O(V)_k := \{\chi \in O(V) \mid n_+(\chi) = k\}$ für $k = 0, \ldots, n$.

(iv) $I(X)_k := \{\varphi \in I(X) \mid m(\varphi) = k\}$ für $k = 0, \ldots, n$.

Für $O(V)_k$ bzw. $I(X)_k$ führen wir ad hoc die Namen k-**Schicht** von $O(V)$ bzw. von $I(X)$ ein.

Nach 1.8 gilt $(m\varphi) = n_+(\lambda\varphi)$, und daher induziert λ für $k = 0, \ldots, n$ Abbildungen

$$\lambda_k : I(X)_k \to O(V)_k,$$

die man durch Wahl einer Spaltung gemäß 1.4 mit der Projektion $V \times O(V)_k \to O(V)_k$ identifizieren kann. Wir untersuchen diese Abbildungen später noch genauer. Man kann beweisen, dass die Zerlegung in Schichten eine Stratifikation von $O(V)$ bzw. $I(X)$ ist, welche die Zerlegung in Konjugationsklassen vergröbert. Allerdings ist diese Stratifikation für unsere Zwecke noch zu grob, da eine einzelne Schicht Konjugationsklassen von ganz verschiedener Art enthält.

Durch die folgende Überlegung gelangen wir zu einer Zerlegung in Strata, die aus gleichartigen Orbits bestehen. Es sei ganz allgemein G irgendeine Gruppe. G operiert auf sich selbst von links durch **innere Automorphismen**. Man hat also einen Gruppenhomomorphismus

$$\rho : G \to \mathrm{Aut}(G)$$
$$\rho(g)(x) = gxg^{-1}.$$

Der Kern dieses Homomorphismus ist das **Zentrum** $Z(G)$, und das Bild $\overline{G} = \rho(G)$ ist die **Gruppe der innerern Automorphismen** von G und heißt auch die **adjungierte** Gruppe zu G. Natürlich induziert ρ einen kanonischen Isomorphismus

$$\overline{G} = G/Z(G).$$

Die Orbits der Operation von G auf G sind natürlich die gleichen wie die Orbits der Operation von $\overline{G}$ auf G. Sie sind einfach die Konjugationsklassen von G. Der Orbitraum $G/\overline{G}$ ist also gerade die Menge der Konjugationsklassen von G, und wir haben $\overline{G}$ hier gerade dazu eingeführt, dass wir die Notation $G/\overline{G}$ für die Menge der Konjugationsklassen zur Verfügung haben. Denn die auch mögliche Notation G/G ist auf Grund früherer Konventionen aus Band I § 3 leider doppeldeutig: G/G bezeichnet zum einen den Orbitraum der Operation von G auf sich durch innere Automorphismen, also die Menge der Konjugationsklassen, zum anderen aber die triviale Quotientengruppe.

Für jedes $x \in G$ ist der $\overline{G}$-Orbit $\overline{G} \cdot x$ die Konjugationsklasse von x. Der **Zentralisator** von x in G ist die Untergruppe

$$Z_G(x) = \{g \in G \mid gxg^{-1} = x\},$$

also die Isotropiegruppe von x in G bezüglich der Operation von G auf sich selbst durch innere Automorphismen. Die Zuordnung $g \mapsto gxg^{-1}$ induziert eine kanonische bijektive Abbildung

$$G/Z_G(x) \to \overline{G} \cdot x$$

von der Menge der Linksnebenklassen von $Z_G(x)$ auf die Konjugationsklasse $\overline{G} \cdot x$. Es ist klar, dass für Elemente x, y im gleichen G-Orbit die Zentralisatoren konjugiert sind: Aus $y = axa^{-1}$ folgt $Z_G(y) = aZ_G(x)a^{-1}$. Die Umkehrung gilt jedoch im Allgemeinen nicht. Es kann durchaus verschiedene $\overline{G}$-Orbits geben, zu denen die gleiche Konjugationsklasse von Zentralisatoren gehört. Wählt man in zwei derartigen $\overline{G}$-Orbits Repräsentanten x und y mit $Z_G(x) = Z_G(y)$, dann hat man für die Orbits offenbar eine kanonische bijektive Abbildung

$$\overline{G} \cdot x \xrightarrow{\ \cong\ } \overline{G} \cdot y.$$

Es liegt nahe, solche gleichartigen Orbits zu einem Stratum zusammenzufassen. Die zu einem Zentralisator $Z \subset G$ gehörige Klasse von zu Z konjugierten Gruppen bereichnen wir mit (Z), also

$$(Z) := \{Z' \subset G \mid \exists a \in G : Z' = aZa^{-1}\}.$$

Definition:

G sei eine Gruppe. Elemente $x, y \in G$ haben den gleichen **Zentralisator-typ**, wenn ihre Zentralisatoren $Z_G(x)$ und $Z_G(y)$ in G konjugiert sind. Ist $Z \subset G$ ein Zentralisator, dann ist die zugehörige Z-**Klasse** in G die Menge

$$G_Z := \{x \in G \mid Z_G(x) \in (Z)\}.$$

Natürlich hängt G_Z nur von (Z) ab.

Satz 5.1

Für eine kompakte Liesche Gruppe G sind alle Z-Klassen G_Z differenzierbare Untermannigfaltigkeiten von G.

Beweis: K. Jänich: Differenzierbare G-Mannigfaltigkeiten, 1.4

Wir können diesen Satz auf die orthogonalen Gruppen $O(V)$ anwenden und erhalten so, dass die Z-Klassen von $O(V)$ differenzierbare Untermannigfaltigkeiten sind. Für die Fälle dim $V = 1, 2, 3$ können wir das auch ganz leicht direkt einsehen, indem wir die Z-Klassen explizit beschreiben (vgl. 5.10). Allerdings ist die Zerlegung von $O(V)$ in Z-Klassen für unsere Zwecke noch ein klein wenig zu grob. Das liegt daran, dass die Multiplikation mit dem zentralen Element -1 zwar die Z-Klassen in sich überführt, nicht aber die für uns auch wichtigen k-Schichten. Wir führen daher die gemeinsame Verfeinerung dieser beiden Zerlegungen ein.

Definition:

V sei ein n-dimensionaler euklidischer Vektorraum, $O(V)$ seine orthogonale Gruppe, $Z \subset O(V)$ ein Zentralisator und k eine Zahl $0 \leq k \leq n$, so dass die k-Schicht $O(V)_k$ die Z-Klasse $O(V)_Z$ trifft. Dann ist die zugehörige (Z, k)-**Klasse** die Menge

$$O(V)_{Z,k} := O(V)_Z \cap O(V)_k.$$

Wir werden später in 5.9 sehen, dass jede Z-Klasse in $O(V)$ in genau ein oder zwei (Z, k)-Klassen zerfällt, und dass diese ebenfalls Untermannigfaltigkeiten von $O(V)$ sind.

Die Liesche Gruppe $I(X)$ ist nicht kompakt, und deswegen kann man den Satz 4.31 nicht direkt anwenden. Trotzdem werden wir zeigen (5.7), dass die (Z, k)-Klassen von $I(X)$ Untermannigfaltigkeiten von $I(X)$ sind. Mit dem Wort „Mannigfaltigkeit" gehen wir hier absichtlich etwas großzügig um. Alle hier auftretenden Mannigfaltigkeiten sind differenzierbar, und die meisten Abbildungen zwischen Mannigfaltigkeiten, die wir konstruieren, sind auch differenzierbar. Um Zeilen zu sparen, behaupten und beweisen wir aber weniger und geben uns mit Aussagen über stetige Abbildungen bzw. Homöomorphismen usw. zufrieden. Nach all diesen Definitionen können wir nun genauer sagen, in welchem Sinne wir die Isometrien eines euklidischen affinen Raumes X klassifizieren wollen. Ziele:

- Bestimmung der Z-Klassen in $I(X)$ durch diskrete Invarianten der Z-Klassen.

- Parametrisierung der Konjugationsklassen in einer Z-Klasse durch kontinuierliche Invarianten der Konjugationsklassen.

- Geometrische Beschreibung der Stratifikation von $I(X)$ durch Z-Klassen und der Zerlegung der Z-Klassen in Konjugationsklassen.

Der Weg zur Erreichung dieser Ziele ist die Aufspaltung der Probleme in Teilprobleme für Translationen und orthogonale Transformationen mit Hilfe der kanonischen Zerlegung, deren Existenz und Eindeutigkeit wir in 1.13 bewiesen haben. Die folgenden Propositionen geben zwei weitere Charakterisierungen dieser kanonischen Zerlegung. Die erste führt die kanonische Zerlegung auf die multiplikative Jordanzerlegung zurück, und zwar mit Hilfe der treuen Darstellung

$$\rho : I(n, \mathbb{R}) \to \mathrm{GL}(n + 1, \mathbb{R}),$$

die wir bereits in Aufgabe 2 zu Band I § 8 kennengelernt haben. Sie ordnet der Isometrie

$$x \mapsto Ax + b, \quad x \in \mathbb{R}^n$$

die folgende Matrix A_b zu:

$$A_b := \begin{bmatrix} A & b \\ 0 & 1 \end{bmatrix} \in \mathrm{GL}(n+1, \mathbb{R}).$$

Proposition 5.2

Die treue Darstellung $\rho : \mathrm{I}(n, \mathbb{R}) \to \mathrm{GL}(n+1, \mathbb{R})$ überführt die kanonische Zerlegung in die multiplikative Jordanzerlegung.

Beweis: ρ Überführt die Translationen in die Matrizen 1_b, und diese sind offenbar unipotent. Die Transformationen mit nicht-leerer Fixpunktmenge sind nach 1.4(ii) konjugiert zu den orthogonalen Transformationen. Ihre Bilder unter ρ sind daher konjugiert zu den Matrizen A_O mit $A \in \mathrm{O}(n, \mathbb{R})$, also halbeinfach nach II.12.58. Damit folgt: Ist $\phi = \tau \cdot \psi = \psi \cdot \tau$ die kanonische Zerlegung von $\phi \in \mathrm{I}(n, \mathbb{R})$ in eine Translation τ und eine Isometrie ψ mit Fixpunkt, dann gilt $\rho(\phi) = \rho(\tau) \cdot \rho(\psi) = \rho(\psi) \cdot \rho(\tau)$, wobei $\rho(\psi)$ halbeinfach und $\rho(\tau)$ unipotent ist. Wegen der in 11.26(2)(ii) bewiesenen Eindeutigkeit der multiplikativen Jordanzerlegung folgt also:

$$\rho(\psi) = \rho(\phi)_s \qquad \rho(\tau) = \rho(\phi)_u.$$

Die Identifikation von kanonischer Zerlegung und Jordanzerlegung erlaubt es uns, das Klassifikationsproblem für $\mathrm{I}(n, \mathbb{R})$ im Lichte unserer Ergebnisse aus II § 11.6 über die Klassifikation von Matrizen in $\mathrm{GL}(n+1, \mathbb{R})$ zu sehen. Wir überlassen dies dem Leser und beschränken uns auf die Bemerkung, dass unsere früheren Ergebnisse über die Jordanzerlegung, insbesondere 11.19, uns die konstruktive Ausführung der kanonischen Zerlegung ermöglichen.

Beispiel:

Für eine beliebige Isometrie des $\mathbb{R}^3$ aus der 1-Schicht $\mathrm{I}(3, \mathbb{R})_1$ lässt sich die kanonische Zerlegung wie folgt berechnen. $P_s(\zeta)$ sei das folgende Polynom in ζ mit Koeffizienten im rationalen Funktionenkörper $\mathbb{R}(s)$

$$
\begin{aligned}
P_s(\zeta) = {} & \frac{1}{2(s-3)}[(-s+l)\zeta^5 + (2s^2 - 2s - 2)\zeta^4 + (-s^3 - s^2 + 5s + 3)\zeta^3 \\
& + (2s^3 - 3s^2 - 4s - 1)\zeta^2 + (-s^3 + s^2 + 6s - 4)\zeta + (s^2 - 2s - 3)].
\end{aligned}
$$

Ist nun $\varphi \in I(3, \mathbb{R})$ und $\varphi = \psi \cdot \tau = \tau \cdot \psi$ die kanonische Zerlegung sowie $\lambda(\varphi)$ der lineare Anteil, dann lässt sich ψ und damit auch τ wie folgt rational berechnen:

$$\rho(\psi) = P_s(\rho(\varphi)) \text{ mit } s = \text{Spur } \lambda(\varphi).$$

Insbesondere sieht man, dasss für alle φ aus dieser Schicht die kanonische Zerlegung stetig von φ abhängt, während sie beim Übergang von dieser Schicht zur 3-Schicht einen Sprung macht. Durch die folgenden Konstruktionen werden wir zeigen, dass ganz allgemein die Jordanzerlegung in den einzelnen Schichten stetig ist.

Definition:

V sei ein n-dimensionaler euklidischer Vektorraum und $O(V)$ seine orthogonale Gruppe. In $V \times O(V)$ definieren wir die folgenden Teilmengen:

$$
\begin{aligned}
E &:= \{(v, \psi) \in V \times O(V) \mid v \in \text{Fix } \psi\} \\
F &:= \{(v, \psi) \in V \times O(V) \mid v \in (\text{Fix } \psi)^{\perp}\} \\
E_k &:= E \cap V \times O(V)_k \\
F &:= F \cap V \times O(V)_k \quad .
\end{aligned}
$$

Die folgenden Abbildungen seien durch die Projektion $V \times O(V) \to O(V)$ induziert:

$$
\begin{aligned}
p &: E \to O(V) & q &: F \to O(V) \\
p_k &: E_k \to O(V)_k & q_k &: F_k \to O(V) \quad .
\end{aligned}
$$

Die Abbildungen p bzw. q sind reelle Vektorraumbündel mit typischer Faser $\mathbb{R}^k$ bzw. $\mathbb{R}^{n-k}$. Der grundlegende Begriff „Vektorraumbündel" ist wie folgt definiert.

Definition:

Ein stetiges reelles **Vektorraumbündel** mit **typischer Faser** $\mathbb{R}^k$ ist eine stetige Abbildung $p : E \to B$ zusammen mit einer reellen Vektorraumstruktur auf jeder **Faser** $E_x = p^{-1}(x), x \in B$, die **lokal-trivial** von x abhängt. **Lokale Trivialität** bedeutet Folgendes: Zu jedem Punkte von B existiert eine offene Umgebung $U \subset B$ und ein fasertreuer Homöomorphismus $p^{-1}(U) \to \mathbb{R}^k \times U$, der auf jeder Faser $E_x, x \in U$ einen Vektorraumisomorphis $E_k \cong \mathbb{R}^k \times \{x\}$ induziert. B heißt der **Basisraum** des Vektorraumbündels und E der **Totalraum**.

Ein Vektorraumbündel $p : E \to B$ ist also eine durch die Punkte $x \in B$ stetig parametrisierte Familie von Vektorräumen E_x von fester Dimension. Lokal, d.h. über genügend kleinen Umgebungen U eines jeden Punktes von B ist das Bündel trivial, d.h. es sieht so aus wie das Produkt $\mathbb{R}^k \times U$. Global jedoch braucht das Bündel nicht trivial zu sein.

Beispiel:

Für $V = \mathbb{R}^2$ ist $O(V)_1$ die Menge der Spiegelungen an Geraden durch den Nullpunkt und identifiziert sich daher kanonisch mit der Menge dieser Geraden, also mit $\mathbb{P}_1(\mathbb{R})$. Die Faser von $p_1 : E_1 \to O(V)_1$ über dem Punkt $x \in \mathbb{P}_1(\mathbb{R})$ ist gerade der x entsprechende 1-dimensionale Untervektorraum von $\mathbb{R}^2$. Das eben beschriebene Vektorraumbündel nennt man auch das **Hopf-Bündel** über $\mathbb{P}(\mathbb{R})$. Der Totalraum ist offenbar fasertreu homöomorph zum Möbiusband, während der Totalraum des trivialen Bündels $\mathbb{R} \times \mathbb{P}_1(\mathbb{R})$ homöomorph zum Zylinder $\mathbb{R} \times S^1$ ist.

Die oben definierten $p_k : E_k \to O(V)_k$ und $q_k : F_k \to O(V)_k$ sind tatsächlich Vektorraumbündel. Die Fasern haben eine Vektorraumstruktur, denn sie sind als gewisse Untervektorräume von V definiert. Und die Bedingung der lokalen Trivialität ist erfüllt. Wir beweisen das zum Beispiel für $q_k : F_k \to O(V)$. Man sieht leicht, dass für $A \in O(V)_k$, die Faser $q_k^{-1}(A)$ gleich Bild$(A - 1)$ ist. Gegeben sei ein $A \in O(V)_k$. Da $A - 1$ den Rang $n - k$ hat, kann man $n - k$ linear unabhängige Spalten von $A - 1$ auswählen. Es gibt dann eine Umgebung U von A in $O(V)_k$, so dass die gleichen $n - k$ Spalten auch für alle $B \in U$ linear unabhängig sind. Diese Spalten sind aber gerade eine Basis von $q_k^{-1}(B) = $ Bild$(B - 1)$. Bildet man diese Basis auf die Standardbasis von $\mathbb{R}^{n-k}$ ab, dann erhält man einen Isomorphismus $\phi_B : q_k^{-1}(B) \to \mathbb{R}^{n-k}$. Die Abbildung $q_k^{-1}(U) \to \mathbb{R}^{n-k} \times U$ mit $(v, B) \mapsto (\phi_B(v), B)$ ist dann ein fasertreuer Homöomorphismus, der auf jeder Faser einen Vektorraumisomorphismus induziert. Damit ist die lokale Trivialität bewiesen.

Die Vektorraumbündel $E_k \to \mathrm{O}(V)_k$ und $F_k \to \mathrm{O}(V)_k$ sind Untervektorraumbündel des trivialen Vektorraumbündels $V \times \mathrm{O}(V)_k$. Für die Fasern über jedem Punkt $x \in \mathrm{O}(V)_k$ gilt $v \times \{x\} = (E_k)_x \oplus (F_k)_x$. Das triviale Vektorraumbündel $V \times \mathrm{O}(V)_k \to \mathrm{O}(V)_k$ ist also die „direkte Summe" der Vektorraumbündel $E_k \to \mathrm{O}(V)_k$ und $F_k \to \mathrm{O}(V)_k$. Allgemein definiert man die **direkte Summe von Vektorraumbündeln** $E \to B$ und $F \to B$ als das Vektorraumbündel $E \oplus F \to B$ mit den Fasern $(E \oplus F)_x = E_x \oplus F_x$ für alle $x \in B$. In ähnlicher Weise kann man übrigens fast alle wichtigen Funktoren der linearen Algebra von der Kategorie der $\mathbb{R}$-Vektorräume auf die Kategorie der Vektorraumbündel über einem festen Basisraum übertragen, z.B. Hom, $\otimes$, $\wedge^p$.

Wir haben also das triviale Bündel in die direkte Summe $E \oplus F$ gespalten. Indem wir faserweise auf die beiden orthogonalen Summanden projizieren, erhalten wir zwei stetige fasertreue Projektionsoperatoren

$$\pi_{E,k} \;:\; V \times \mathrm{O}(V)_k \to E_k,$$
$$\pi_{F,k} \;:\; V \times \mathrm{O}(V)_k \to F_k.$$

Natürlich sind dies einfach die Beschränkungen der entsprechend definierten Abbildungen

$$\pi_E \;:\; V \times \mathrm{O}(V) \to E,$$
$$\pi_F \;:\; V \times \mathrm{O}(V) \to F.$$

Aber E und F sind keine Untervektorraumbündel von $V \times \mathrm{O}(V)$, weil ihre Faserdimension von einer Schicht zur anderen ja springt, und π_E, π_F sind nicht stetig.

Jetzt sei X ein euklidischer affiner Raum mit Translationsvektorraum V. Wir betrachten die kanonische exakte Sequenz

$$1 \to V \to \mathrm{I}(X) \overset{\lambda}{\to} \mathrm{O}(V) \to 1$$

Die Fasern von X sind in kanonischer Weise affine Räume mit Translationsvektorraum V. Die Abbildung $\lambda : \mathrm{I}(X) \to \mathrm{O}(V)$ ist also an sich kein Vektorraumbündel, sondern nur ein lokal triviales Bündel von affinen Räumen. Wir können aber daraus ein triviales Vektorraumbündel machen, indem wir in dem affinen Raum X einen Punkt x wählen und die zugehörige Spaltung der kanonischen exakten Sequenz betrachten:

$$1 \to V \to \mathrm{I}(X) \underset{\mu_x}{\overset{\lambda}{\rightleftarrows}} \mathrm{O}(V) \to 1.$$

Dies gibt uns für jeden Punkt $\psi \in \mathrm{O}(V)$ des Basisraumes $\mathrm{O}(V)$ einen Punkt $\mu_x(\psi)$ in der Faser $\lambda^{-1}(\psi)$, und diesen nehmen wir als Nullvektor in dieser Faser. Dadurch wird das affine Bündel $\lambda : \mathrm{I}(X) \to \mathrm{O}(V)$ zu einem Vektorraumbündel, und zwar zu einem trivialen Vektorraumbündel, weil alle Fasern den gleichen Translationsvektorraum V haben. Wir trivialisieren dies Vektorraumbündel dementsprechend durch die folgende bijektive Abbildung

$$V \times \mathrm{O}(V) \xrightarrow{\phi_x} I(X)$$
$$(v, \psi) \mapsto \tau_v \cdot \mu_x(\psi).$$

Bei dieser Abbildung wird $V \times \mathrm{O}(V)_k$ gerade auf die k-Schicht $\mathrm{I}(X)_k$ abgebildet, und wir erhalten so die schon erwähnte Trivialisierung von λ_k:

$$
\begin{array}{ccc}
V \times \mathrm{O}(V)_k & \longrightarrow & I(X)_k \\
\downarrow & & \downarrow{\lambda_k} \\
\mathrm{O}(V)_k & =\!\!=\!\!= & \mathrm{O}(V)_k
\end{array}
$$

Man könnte einwenden, dies alles sei nichts anderes als eine komplizierte Umschreibung mit vielen neuen Worten und Begriffen für die wohlbekannte und einfache Tatsache, dass sich jede Isometrie des $\mathbb{R}^n$ eindeutig durch $x \mapsto Ax + b$ mit $A \in \mathrm{O}(n, \mathbb{R})$ und $b \in \mathbb{R}^n$ beschreiben läßt. Trotzdem ist es wahr, dass die Sprache der lokal trivialen Faserbündel für die Art von Situationen, die wir hier betrachten – Operationen von Liegruppen auf Mannigfaltigkeiten – adäquat ist. Ein Hinweis darauf ist schon die Tatsache, dass die Vektorraumbündel $E_k \to \mathrm{O}(V)_k$ und $F_k \to \mathrm{O}(V)_k$ nicht trivial sind. Wir geben jetzt unsere zweite Charakterisierung der kanonischen Zerlegung an.

Proposition 5.3

Es sei $\mathcal{F} = \{\varphi \in \mathrm{I}(X) \mid \mathrm{Fix}\ \varphi \neq 0\}$ und $\kappa : \mathrm{I}(X) \to \mathcal{F}$ die Abbildung, welche $\varphi \in \mathrm{I}(X)$ mit der kanonischen Zerlegung $\varphi = \psi \cdot \tau = \tau \cdot \psi$ das Element $\psi \in \mathcal{F}$ zuordnet. Diese Abbildung lässt sich wie folgt durch die Projektion $\pi_F : V \times \mathrm{O}(V) \to F$ beschreiben. Man wähle ein $x \in X$. Dann ist das folgende Diagramm kommutativ:

$$
\begin{array}{ccc}
V \times \mathrm{O}(V) & \xrightarrow{\ \phi_x\ } & \mathrm{I}(X) \\[2pt]
\pi_F \big\updownarrow & & \big\updownarrow \kappa \\[2pt]
F & \longrightarrow & \mathcal{F}
\end{array}
$$

Beweis: Übung.

In Matrizensprache kann man den wesentlichen Gehalt von 5.3 wie folgt ausdrücken.

Korollar 5.4

Die Isometrie $\varphi(x) = Ax + b$ von $\mathbb{R}^n$ hat die folgende kanonische Zerlegung $\varphi = \psi \cdot \tau = \tau \cdot \psi$:

$$
\begin{aligned}
\tau(x) &= x + c \\
\psi(x) &= Ax + d
\end{aligned}
$$

Dabei ist $b = c + d$ die Zerlegung von b zu der orthogonalen Zerlegung $\mathbb{R}^n = \mathrm{Fix}\,(A) \oplus (\mathrm{Fix}\,A)^{\perp}$ in den Eigenraum von A zum Eigenwert 1 und sein orthogonales Komplement.

Bemerkung:

Aus 5.3 und der Stetigkeit von $\pi_{F,k}$ folgt, dass die kanonische Zerlegung bei Beschränkung auf die Schichten $\mathrm{I}(X)_k$ stetig ist.

Wir definieren jetzt diejenige Invariante – genauer: diejenige unter Konjugation invariante Funktion auf $\mathrm{I}(X)$ – welche den Translationsanteil in der kanonischen Zerlegung beschreibt.

Definition:

$t : \mathrm{I}(X) \to \mathbb{R}^+$ ist die folgendermaßen definierte Abbildung von der Isometriegruppe $\mathrm{I}(X)$ auf die Menge $\mathbb{R}^+$ der nicht negativen reellen Zahlen. Hat

$\varphi \in I(X)$ die kanonische Zerlegung $\varphi = \tau_v \cdot \psi = \psi \cdot \tau_v$, dann gilt (vgl. Zusatz zu 1.13):

$$t(\varphi) := \|v\| = \min\{d(x, \varphi(x)) \mid x \in X\}.$$

Bemerkung:

Aus der vorhergehenden Bemerkung folgt: Die Beschränkung von t auf die Schichten $I(X)_k$ ist stetig.

Definition:

(i) Die <u>kanonische Abbildung</u> $I(X) \to E \subset V \times O(V)$ ordnet $\varphi \in I(X)$ mit der kanonischen Zerlegung $\varphi = \tau_v \cdot \psi = \psi \cdot \tau_v$ und dem Linearteil λ_φ das Element $(v, \lambda_\varphi) \in E$ zu.

(ii) $O(V)$ operiert kanonisch auf $E \subset V \times O(V)$. Das Element $\chi \in O(V)$ überführt dabei $(v, \psi) \in V \times O(V)$ in $(\chi(v), \chi\psi\chi^{-1})$.

Proposition 5.5

(i) Die kanonische Abbildung $I(X) \to E$ induziert eine kanonische bijektive Abbildung $I(X)/\overline{I(X)} \to E/O(V)$.

(ii) Die disjunkte Zerlegung $E = \cup E_k$ induziert eine disjunkte Zerlegung $E/O(V) = \cup E_k/O(V)$.

(iii) Für $k = 0$ induziert die Abbildung $p_k : E \to O(V)_k$ eine kanonische bijektive Abbildung

$$E_0/O(V) \xrightarrow{\simeq} O(V)_0/\overline{O(V)}.$$

(iv) Für $k > 0$ induziert das Paar von Abbildungen (t, p_k) eine kanonische bijektive Abbildung

$$E_k/O(V) \xrightarrow{\simeq} \mathbb{R}^x \times O(V)_k/\overline{O(V)}.$$

Beweis:

(i) Wir wählen einen Punkt $x \in X$ und identifizieren $I(X)$ durch die Abbildung $\phi : V \times O(V) \to I(X)$ mit $V \times O(V)$. Die Operation von

I(X) auf sich selbst durch innere Automorphismen geht dadurch in die Operation des semidirekten Produktes $V \cdot O(V)$ auf $V \times O(V)$ über. Dabei operiert $O(V)$ kanonisch wie oben, und bei der Operation von V ist $w \in V$ die Transformation $(v, \psi) \mapsto (v + w - \psi(w), \psi)$. Nun gilt aber

$$\text{Bild}(\psi - 1) = \text{Kern}(\psi - 1)^{\perp} = E_{\psi}^{\perp} = F_{\psi}.$$

Für den Orbitraum bezüglich der normalen Untergruppe V von $V \cdot O(V)$ induziert π_E daher eine kanonische bijektive Abbildung

$$V \times O(V)/V \xrightarrow{\simeq} E.$$

Diese Abbildung ist mit der Operation von $O(V)$ verträglich. Daher erhält man schließlich die folgenden bijektiven Abbildungen von Orbiträumen.

$$\text{I}(X)/\overline{\text{I}(X)} \xrightarrow{\simeq} V \times O(V)/V \cdot O(V) \xrightarrow{\simeq} E/O(V).$$

(ii) ist trivial.

(iii) ist trivial.

(iv) Die Abbildung $E_k/O(V) \to \mathbb{R}^+ \times O(V)_k/\overline{O(V)}$ ist offensichtlich wohldefiniert. Sie ist surjektiv, denn $E_k \to \mathbb{R}^+ \times O(V)_k$ ist surjektiv. Zum Nachweis der Injektivität genügt es, zu zeigen, dass Elemente (v, ψ) und (w, ψ) mit $\|v\| = \|w\|$ im gleichen $O(V)$-Orbit liegen. Wegen $\|v\| = \|w\|$ existiert ein $\chi \in O(V)$ mit $\chi(\text{Fix }\psi) = \text{Fix }\psi$ und $\chi(v) = w$ derart, dass X auf $(\text{Fix }\psi)^{\perp}$ als Identität operiert. Daraus folgt $(\chi(v), \chi\psi\chi^{-1}) = (w, \psi)$.

Proposition 5.5 reduziert die Bestimmung der Konjugationsklassen in I(X), d.h. der Elemente des Orbitraumes $\text{I}(X)/\overline{\text{I}(X)}$, auf die Bestimmung der Konjugationsklassen in $O(V)$, d.h. der Elemente von $O(V)/\overline{O(V)}$. Diese Aufgabe haben wir aber in Satz 12.64* erledigt. Auch die Bestimmung der Zentralisatoren von Elementen aus I(X) lässt sich mit Hilfe der kanonischen Zerlegung auf das entsprechende Problem für $O(V)$ reduzieren. Das geschieht durch die folgende Proposition.

Proposition 5.6

Es sei $\varphi \in I(X)$ eine Isometrie mit kanonischer Zerlegung $\varphi = \tau \circ \psi = \psi \circ \tau$ und mit linearem Anteil $\lambda(\varphi) \in O(V)$, und es sei $F_\varphi := (\mathrm{Fix}\,\lambda(\varphi))^\perp$. Dann gibt es einen kanonischen Gruppenisomorphismus

$$Z_{I(\mathrm{Fix}\,\psi)}(\tau) \times Z_{O(F_\varphi)}(\lambda(\varphi)\,|\,F_\varphi) \to Z_{I(X)}(\varphi).$$

Er ordnet dem Paar (χ_1, χ_2) die folgende Isometrie χ von X zu:

$$\chi(x) = \chi_1(\pi(x)) + \chi_2(\overrightarrow{\pi(x)x}).$$

Dabei ist π die kanonische orthogonale Parallelprojektion von X auf Fix ψ.

Beweis:

Man verifiziert leicht, dass der Homomorphismus in der umgekehrten Richtung, welcher $\chi \in Z_{I(X)}(\varphi)$ das Paar $(\chi\,|\,\mathrm{Fix}\,\psi, \lambda(\chi)\,|\,F_\varphi)$ zuordnet, rechts- und linksinvers zu dem im Satz definierten Homomorphismus ist.

Der Zentralisator $Z_{I(\mathrm{Fix}\,\psi)}(\tau)$ wird durch den folgenden Zusatz berechnet.

Zusatz zu 5.6:

$Z_{I(Y)}(\tau)$ sei der Zentralisator einer Translation τ des euklidischen affinen Raumes Y. Für $\tau = \mathrm{id}$ gilt $Z_{I(Y)}(\tau) = I(Y)$. Die anderen Zentralisatoren für die $T \neq id$ sind alle zueinander konjugiert und isomorph zu $I(k-1, \mathbb{R}) \times I(1, \mathbb{R})$, wo $k = \dim Y$.

Beweis: Übung.

Proposition 5.7

Der kanonische Homomorphismus $\lambda : I(X) \to O(V)$ bildet die Z-Klassen von $I(X)$ surjektiv auf die (Z, k)-Klassen von $O(V)$ ab. Das Urbild einer (Z, k)-Klasse von $O(V)$ besteht für $k = 0$ aus einer Z-Klasse von $I(X)$. Für $k > 0$ zerfällt das Urbild in zwei Z-Klassen. Die eine Klasse enthält die Elemente im Urbild, die einen Fixpunkt haben, und die andere die Elemente ohne Fixpunkt. Insbesondere sind die Z-Klassen Untermannigfaltigkeiten von $\mathrm{I}(X)$.

Beweis:

φ und φ' seien Elemente von $\mathrm{I}(X)$ in der gleichen Z-Klasse. Es ist zu zeigen, dass $\lambda\varphi$ und $\lambda\varphi'$ in der gleichen (Z,k)-Klasse liegen. O.B.d.A. nehmen wir an, dass φ und φ' den gleichen Zentralisator Z in $\mathrm{I}(X)$ haben. Aus 5.6 folgt für den Durchschnitt von Z mit dem Vektorraum V der Translationen

$$\mathrm{Fix}\ \lambda\varphi = Z \cap V = \mathrm{Fix}\ \lambda\varphi'.$$

Daraus folgt erstens, dass $\lambda\varphi$ und $\lambda\varphi'$ in der gleichen k - Schicht von $\mathrm{O}(V)$ liegen. Ferner folgt daraus $F_\varphi = F_{\varphi'}$, und wegen 5.6 folgt dann

$$Z_{\mathrm{O}(F_\varphi)}(\lambda\varphi \,|\, F_\varphi) = Z_{\mathrm{O}(F_{\varphi'})}(\lambda\varphi' \,|\, F_{\varphi'}).$$

Dass die Z-Klassen Untermannigfaltigkeiten sind, folgt nun aus 5.3 und daraus, das die (Z,k)-Klassen nach 5.9 Untermannigfaltigkeiten von $\mathrm{O}(V)$ sind.

Wir bestimmen jetzt die Zentralisatoren und die (Z,k)-Klassen in $\mathrm{O}(V)$. Dazu erinnern wir daran, dass man nach Proposition II.12.52 die unitäre Gruppe $\mathrm{U}(m,\mathbb{C})$ als Untergruppe von $\mathrm{SO}(2m,\mathbb{C})$ darstellen kann. Leicht von der Darstellung in 12.52 abweichend wollen wir das hier so machen, dass wir $\mathbb{C}^m$ mit $\mathbb{R}^{2m}$ durch die Abbildung

$$(x_1 + iy_1, \ldots, x_m + iy_m) \mapsto (x_1, y_1, \ldots, x_m, y_m)$$

identifizieren. Wir erhalten so:

$$\mathrm{U}(m,\mathbb{C}) \subset \mathrm{SO}(2m,\mathbb{R}).$$

Behauptung:

$g \in \mathrm{SO}(2m,\mathbb{R})$ sei ein Element in orthogonaler Normalform, und zwar mit

m gleichen Diagonalblocks

$$\begin{bmatrix} a & -b \\ b & a \end{bmatrix} \qquad b > 0$$

Dann gilt: $Z_{\mathrm{O}(2m,\mathbb{R})}(g) = \mathrm{U}(m,\mathbb{C})$.

Beweis: Übung. Hinweis: Identifiziere $\mathbb{R}^{2m}$ mit $\mathbb{C}^m$. Dann gilt $g(z) = (a + ib)\cdot z$. Für $h \in Z_{\mathrm{O}(2m,\mathbb{R})}(g)$ folgt daraus $h \in \mathrm{GL}(m,\mathbb{C}) \cap \mathrm{O}(2m,\mathbb{R}) = \mathrm{U}(m,\mathbb{C})$.

Satz 5.8

$g \in \mathrm{O}(n,\mathbb{R})$ habe die nicht reellen verschiedenen Eigenwerte $\lambda_1, \ldots, \lambda_r$, $\overline{\lambda}, \ldots, \overline{\lambda_r}$ mit den Multiplizitäten $n_1 \geq \cdots \geq n_r > 0$ und die Eigenwerte $+1$ bzw. -1 mit den Multiplizitäten $n_+ \geq 0$ bzw. $n_- \geq 0$. Dann ist der Zentralisator $Z_{\mathrm{O}(n,\mathbb{R})}(g)$ konjugiert zu der Gruppe von Block-Diagonalmatrizen

$$\mathrm{O}(n_+) \times \mathrm{O}(n_-) \times \mathrm{U}(n_1) \times \cdots \times \mathrm{U}(n_r).$$

Beweis:

Wegen der obigen Behauptung und wegen Satz II.12.64* ist der Beweis eine Übung, denn die Elemente aus dem Zentralisator von g lassen die Eigenräume von g invariant.

Definition:

Für $g \in \mathrm{O}(n,\mathbb{R})$ wie oben sei $\zeta(g) := (n_+, n_-, n_1, \ldots, n_r)$.

Korollar 5.9

Die (Z,k)-Klassen von $\mathrm{O}(n,\mathbb{R})$ werden durch die Invariante ζ klassifiziert, d.h. die Funktion ζ ist auf jeder (Z,k)-Klasse konstant und nimmt auf verschiedenen (Z,k)-Klassen verschiedene Werte an. Die (Z,k)-Klassen sind Untermannigfaltigkeiten von $\mathrm{O}(n,\mathbb{R})$.

Beweis:

$Z \subset \mathrm{O}(n,\mathbb{R})$ sei ein Zentralisator. Nach 5.8 können wir o.B.d.A. annehmen, dass es Zahlen $p, q \geq 0$ und $n_1, \ldots, n_r > 0$ gibt, so dass

$$Z = \mathrm{O}(p) \times \mathrm{O}(q) \times \mathrm{U}(n_1) \times \cdots \times U(n_r).$$

Jedes hinreichend allgemein gewählte Element aus dem Zentrum von Z ist dann eine Block-Diagonalmatrix von folgender Art: Die ersten zwei Diagonalblöcke sind $\pm 1 \in O(p)$ bzw. $\pm 1 \in O(q)$, und dann kommen r Diagonalblöcke, die jeweils ein einziges Paar von konjugiert komplexen Eigenwerten $\lambda_i.\overline{\lambda_i}$ haben, $i = l, \ldots, r$, und zwar so, dass diese r Paare $\{\lambda_i.\overline{\lambda_i}\}$ paarweise verschieden sind. Das Tupel $(n_1, \ldots, n_r)$ und das ungeordnete Paar $\{p, q\}$ sind also durch Z eindeutig bestimmt. Wegen 5.8 folgt hieraus: Für g mit $Z_{O(V)}(g) = Z$ gilt

$$\zeta(g) = (p, q, n_1, \ldots, n_r) \text{ oder } \zeta(g) = (q, p, n_1, \ldots, n_r).$$

Daraus folgt:

$$O(V)_Z = \begin{cases} O(V)_{Z,p} \cup O(V)_{Z,q} & \text{wenn } p \neq q \\ O(V)_{Z,p} & \text{wenn } p = q \end{cases}$$

Insbesondere ist ζ auf den ein oder zwei (Z, k)-Klassen, in die $O(V)$ zerfällt, konstant, und es nimmt auf verschiedenen (Z, k)-Klassen verschiedene Werte an. Ferner ist ζ auf $O(V)_Z$ lokal konstant, da die Funktionen n_+ und n_- offenbar beide oberhalbstetig sind und $n_+ + n_- = p + q$ auf $O(V)_Z$ konstant ist. ζ ist also konstant auf den Zusammenhangskomponenten von $O(V)_Z$. Also sind $O(V)_{Z,p}$ und $O(V)_{Z,q}$ Vereinigungen von Zusammenhangskomponenten von $O(V)_Z$ und daher insbesondere Untermannigfaltigkeiten von $O(V)$.

Für $n \leq 3$ wird die Bestimmung der (Z, k)-Klassen in $O(n, \mathbb{R})$ besonders einfach:

Proposition 5.10

- Für $n \leq 3$ sind die (Z, k)-Klassen von $O(n, \mathbb{R})$ durch (n_+, n_-) eindeutig bestimmt. Die beigefügte Tabelle gibt die möglichen Werte von (n_+, n_-) an sowie für jedes (n_+, n_-) einen Typnamen und eine Beschreibung der (Z, k)-Klasse als Untermannigfaltigkeit von $O(n, \mathbb{R})$. Dabei wird $O(2, \mathbb{R})^+$ mit $S^1 \subset \mathbb{C}$ identifiziert, $O(2, \mathbb{R})^-$ mit $P_1(\mathbb{R})$ und $O(3, \mathbb{R})^+$ bzw. $O(3, \mathbb{R})^-$ mit zwei Exemplaren $P_3^+(\mathbb{R})$ und $P_3^-(\mathbb{R})$ von $P_3(\mathbb{R})$.

- Die Zerlegung in (Z, k)-Klassen ist eine Stratifikation.

- Die Konjugationsklassen sind durch Spur und Determinante eindeutig bestimmt. Die Menge der Klassen in einem (Z, k)-Stratum wird durch die Spur bijektiv auf einen Punkt oder ein offenes Intervall abgebildet, wie es in der Spalte s der Tabelle angegeben ist.

Beweis: Übung.

n	(n_+, n_-)	Typ	$\mathrm{O}(n, \mathbb{R})_{Z,k}$	s
1	$(1, 0)$	Identität	$\{1\}$	1
	$(0, 1)$	Inversion	$\{-1\}$	-1
2	$(2, 0)$	Identität	$\{1\}$	2
	$(0, 2)$	Inversion	$\{-1\}$	-2
	$(0, 0)$	Drehung	$S^1 \setminus \{\pm 1\}$	$]-2, 2[$
	$(1, 1)$	Spiegelung	$P_2^+(\mathbb{R})$	0
3	$(3, 0)$	Identität	$\{1\}$	3
	$(1, 2)$	Geraden-Symmetrie	$P_2^{(}\mathbb{R})$	-1
	$(1, 0)$	Drehung	$P_3^+(\mathbb{R}) - P_2^+(\mathbb{R}) \setminus \{1\}$	$]-1, 3[$
	$(0, 3)$	Inversion	$\{-1\}$	-3
	$(2, 1)$	Spiegelung	$P_2^-(\mathbb{R})$	1
	$(0, 1)$	Drehspiegelung	$P_3^-(\mathbb{R}) - P_2^-(\mathbb{R}) \setminus \{-1\}$	$]-3, 1[$

Tabelle zu Proposition 5.10

Nach all diesen Vorbereitungen kommen wir jetzt endlich zur Beschreibung der Z-Klassen in $\mathrm{I}(X)$ für $\dim X \leq 3$. Dazu benutzen wir die folgenden Invarianten.

Es sei $\varphi \in \mathrm{I}(X)$ mit linearem Anteil $\lambda\varphi \in \mathrm{O}(V)$ und mit kanonischer Zerlegung $\varphi = \tau_v \circ \psi = \psi \circ \tau_v$.

Invarianten der Z-Klasse von φ:

$$n_+ = n_+(\lambda\varphi)$$

$$n_- = n_-(\lambda\varphi)$$

$$\varepsilon = \begin{cases} 0 & \text{wenn Fix } \varphi \neq \emptyset \\ 1 & \text{wenn Fix } \varphi = \emptyset \end{cases}$$

$$\kappa = \begin{cases} 2 & \text{wenn } n_+ = \varepsilon \text{ und } n_- = 0 \\ 1 & \text{sonst.} \end{cases}$$

$$\lambda = \frac{1}{2}\left[n^2 - n_+^2 - n_- (n_- - 2) \right] + \varepsilon(n_+ - 1)$$

$$\mu = \frac{1}{2}\left[n - n_+ - n_- \right] + \varepsilon$$

$$\nu = \frac{1}{2}\left[n(n+1) - n_+ (n_+ + 1) - n_- (n_- - 1) \right] + \varepsilon n_+$$

Die geometrische Bedeutung von $\kappa, \lambda, \mu, \nu$ erklärt Satz 5.11. Hier sei dazu nur soviel gesagt:

$$\kappa = \begin{cases} 2 & \text{wenn } Z \subset \mathrm{I}(X)^+ \\ 1 & \text{wenn } Z \not\subset \mathrm{I}(X)^+ \end{cases}$$

$$\lambda = \dim \mathrm{I}(X) - \dim Z$$

$$\nu = \lambda + \mu$$

Invarianten der Konjugationsklasse von φ:

$d = \mathrm{Det}(\lambda \varphi),$

$s = \mathrm{Spur}(\lambda \varphi),$

$t = \|v\|.$

Zu jeder Z-Klasse definieren wir einen **Wertebereich** D_Z für (s,t) wie folgt:

$$D_Z = \left\{ (x,y) \in \mathbb{R}^2 \,\middle|\, \begin{array}{l} x = n_+ - n_- \text{ wenn } n_+ + n_- = n, \ |x - (n_+ - n_-)| < 2 \text{ sonst.} \\ y = 0 \text{ wenn } \varepsilon = 0, \ y > 0 \text{ wenn } \varepsilon = 1. \end{array} \right\}$$

Zentralisatoren

geben wir gemäß 5.8 als direkte Produkte der folgenden Gruppen an:

$$\mathrm{I}(m) := \mathrm{I}(m, \mathbb{R}) \qquad\qquad \mathrm{U}(m) := \mathrm{U}(m, \mathbb{C})$$

$$\mathrm{I}(m)^+ := \mathrm{I}(m, \mathbb{R})^+ \qquad\qquad \mathrm{O}(m) := \mathrm{O}(m, \mathbb{R}).$$

Satz 5.11

$I(X)$ sei die Isometriegruppe eines euklidischen affinen Raumes X der Dimension $n \leq 3$. Die Liesche Gruppe $I(X)$ operiert auf sich selbst durch innere Automorphismen und zerfällt dadurch in die Orbits dieser Operation, die $I(X)$-Konjugationsklassen. Andererseits zerfällt $I(X)$ in die Z-Klassen $I(X)_Z$, d.h. die Klassen der Elemente mit gleichem Zentralisatortyp. Diese beiden Zerlegungen von $I(X)$ lassen sich mit Hilfe der oben definierten Invarianten und mit der beigefügten Tabelle wie folgt beschreiben.

(i) $I(x)$ zerfällt in endlich viele Z-Klassen $I(X)_Z$.

(ii) Jede Z-Klasse ist durch die Invariante (n_+, n_-, ε) eindeutig bestimmt. Die Tabelle zeigt in jeder Zeile den zu (n_+, n_-, ε) gehörigen Zentralisator Z und außerdem die dadurch bestimmten Invarianten $\kappa, \lambda, \mu, \nu$ und einen Typ-Namen.

(iii) Jede Z-Klasse hat κ Zusammenhangskomponenten, $\kappa = 1$ oder $\kappa = 2$. Falls $\kappa = 2$, vertauscht die Konjugation mit Elementen aus $I(X)^+$ die Komponenten nicht, während die Konjugation mit Elementen aus $I(X)^-$ sie vertauscht.

(iv) Jede Z-Klasse ist eine Mannigfaltigkeit. Ihre Komponenten haben alle die Dimension ν.

(v) Die Zerlegung von $I(X)$ in Z-Klassen ist eine Stratifikation.

(vi) Jede Z-Klasse $I(X)_Z$ ist invariant unter Konjugation. Sie ist also die Vereinigungsmenge der in ihr enthaltenen Konjugationsklassen. Der Orbitraum $I(X)_Z / I(X)$ ist die Menge dieser Konjugationsklassen. Er wird mit der Quotententopologie versehen. Die Fasern der kanonischen Abbildung $I(X)_Z \to I(X)_Z / I(X)$ sind die Konjugationsklassen, die in $I(X)_Z$ enthalten sind.

(vii) Die Konjugationsklassen in $I(X)_Z$ sind zu $I(X)/Z$ homöomorphe Mannigfaltigkeiten. Ihre Zusammenhangskomponenten haben alle die Dimension λ.

(viii) Die Konjugationsklassen in $\mathrm{I}(X)_Z$ haben κ Zusammenhangskomponenten. Diese sind die Durchschnitte der Konjugationsklassen mit den κ Zusammenhangskomponenten von $\mathrm{I}(X)_Z$.

(ix) Eine $\mathrm{I}(X)$-Konjugationsklasse mit $\kappa = 1$ ist zugleich eine $\mathrm{I}(X)^+$-Konjugationsklasse. Eine $\mathrm{I}(X)$-Konjugationsklasse mit $\kappa = 2$ zerfällt in zwei $\mathrm{I}(X)^+$-Konjugationsklassen, nämlich ihre beiden Zusammenhangskomponenten.

(x) Die Invarianten (s, t) definieren eine stetige Abbildung $\mathrm{I}(X)_Z \to \mathbb{R}^2$ mit Bild D_Z, und dieses ist homöomorph zu $\mathbb{R}^\mu$. Die Abbildung induziert einen Homöomorphismus $\mathrm{I}(X)_Z / \mathrm{I}(X) \to D_Z$.

(xi) Für die kanonische Abbildung $\mathrm{I}(X)_Z \to \mathrm{I}(X)_Z / \mathrm{I}(X)$ gibt es einen Homöomorphismus $\mathrm{I}(X)_Z / \mathrm{I}(X) \to \mathbb{R}^\mu$ und einen $\mathrm{I}(X)$-äquivarianten Homöomorphismus $\mathrm{I}(X)_Z \to \mathrm{I}(X)/Z \times \mathbb{R}^\mu$, so dass das folgende Diagramm kommutiert:

$$
\begin{array}{ccc}
\mathrm{I}(X)_Z & \xrightarrow{\approx} & \mathrm{I}(X)/Z \times \mathbb{R}^\mu \\
\downarrow & & \downarrow \\
\mathrm{I}(X)_Z / \mathrm{I}(X) & \xrightarrow{\approx} & \mathbb{R}^\mu
\end{array}
$$

Beweis:

(i) und (ii) folgen aus 5.6 und 5.8.

(iii) folgt aus dem ersten Satz von (viii) zusammen mit (vii), (ix), (xi).

(iv) Aus 5.7 und 5.3 folgt, dass jede Z-Klasse $\mathrm{I}(X)_Z$ ein lokal triviales Faserbündel über der entsprechenden (Z, k)-Klasse von $\mathrm{O}(V)$ ist. Die Fasern sind dabei affine Räume der Dimension $n-n_+$, wenn $\varepsilon = 0$, und sie sind die Komplementmengen solcher Räume in einem n-dimensionalen affinen Raum, wenn $\varepsilon = 1$. Die Faserdimension ist also $n + (\varepsilon - 1)n_+$. Die Basisräume der Faserung, d.h. die (Z, k)-Klassen von $\mathrm{O}(V)$ sind nach 5.10 Untermannigfaltigkeiten von $\mathrm{O}(V)$, deren Komponenten alle die Dimension $\frac{1}{2}[n(n-1)-n_+(n_+-1)-n_-(n_--1)]$ haben. Daraus folgt, dass $I(X)_Z$ eine Untermannigfaltigkeit von $I(X)$ mit lauter gleichdimensionalen Komponenten ist, und dass ihre Dimension die Summe der Dimensionen von Faser und Basis ist. Diese Summe ist gleich ν.

(v) Dies folgt aus 5.4, 5.7 und 5.10.

(vi) Dies ist trivial.

(vii) Aus 5.6 und 5.8 folgt $\lambda = \dim I(X) - \dim Z$. Daraus folgt die Behauptung.

(viii) Aus 5.6 und 5.8 folgt $\kappa = 2$ genau wenn $Z \subset I(X)^+$, und sonst $\kappa = 1$. Wenn $\kappa = 1$, trifft jede Z-Nebenklasse $I(X)^+$, und daher ist $I(X)^+/Z \cap I(X)^+ \to I(X)/Z$ surjektiv, also $I(X)/Z$ zusammenhängend, weil $I(X)^+$ zusammenhängend ist. Hingegen ist für $\kappa = 2$ jede Nebenklasse entweder ganz in $I(X)^+$ oder in $I(X)^-$ enthalten, und $I(X)/Z$ hat zwei Zusammenhangskomponenten, die aus den Nebenklassen in $I(X)^+$ bzw. $I(X)^-$ bestehen. Der zweite Satz der Behauptung folgt dann aus (xi).

(ix) Nach (viii) ist dies trivial, weil die $I(X)^+$-Klassen in einer $I(X)$-Klasse Zusammenhangskomponenten der letzteren sein müssen.

(x) s ist stetig auf ganz $I(X)$, und t auf den Schichten $I(X)_k$. Also ist (s,t) sicher stetig auf $I(X)_Z$. Dass das Bild D_Z ist, folgt aus 5.5 und 5.7 und 5.10. Dass die induzierte stetige Abbildung $I(X)_Z/I(X) \to D_Z$ nicht nur surjektiv, sondern auch injektiv ist, folgt aus 5.5 und 5.10. Dass die Umkehrabbildung auch stetig ist, folgt z.B. daraus, dass man für jede Z-Klasse leicht einen stetigen Schnitt $D_Z \to I(X)_Z$ angeben kann, d.h. eine stetige Abbildung, deren Komposition mit $I(X)_Z \to D_Z$ die Identität von D_Z ist. Dass D_Z homöomorph zu $\mathbb{R}^\mu$ ist, ist trivial.

(xi) Die Existenz eines Homöomorphismus $I(X)_Z/I(X) \xrightarrow{\sim} \mathbb{R}^\mu$ haben wir schon in (x) nachgewiesen, und wir wählen einen solchen Homöomorphismus. Durch Komposition mit $I(X)_Z \to I(X)_Z/I(X)$ erhalten wir eine stetige Abbildung $\pi : \mathrm{I}(X)_Z \to \mathbb{R}^\mu$ auf die Basis des trivialen Faserbündels $\mathrm{I}(X)/Z \times \mathbb{R}^\mu \to \mu$. Wir konstruieren jetzt auch eine stetige Abbildung $\omega : \mathrm{I}(X)_Z \to \mathrm{I}(X)/Z$ auf die Faser.

Wenn $\mu = 0$ ist, besteht $\mathrm{I}(X)_Z$ aus einem einzigen Orbit, und nach Wahl eines $x \in \mathrm{I}(X)_Z$ mit Zentralisator Z haben wir wie früher eine kanonische Abbildung $\omega : \mathrm{I}(X)_Z \to \mathrm{I}(X)/Z$. Nun sei $\mu > 0$. Wir wählen zunächst einen Orbit beliebig aus und bilden diesen wie eben auf $\mathrm{I}(X)/Z$ ab. Alle übrigen Orbits bilden wir nun in geeigneter Weise auf den ausgezeichneten Orbit ab. Dazu unterscheiden wir drei Fälle.

<u>1. Fall</u>: $\mu = 1$ und $\varepsilon = 1$.

t_0 sei der t-Parameterwert des ausgezeichneten Orbits. Dann ordnen wir jedem $\varphi \in \mathrm{I}(X)_Z$ mit der kanonischen Zerlegung $\varphi = \tau_v \circ \psi = \psi \circ \tau_v$ das Element $\varphi' \in \tau_w \circ \psi = \psi \circ \tau_w$ zu mit $w = t_0 \cdot v/\|v\|$.

<u>2. Fall</u>: $\mu = 1$ und $\varepsilon = 0$.

s_0 sei der s-Parameterwert des ausgezeichneten Orbits. Dann sind die Elemente φ von $\mathrm{I}(X)_Z$ Drehungen, und wir ordnen jedem φ diejenige Drehung φ' mit der gleichen Drehachse Fix $\varphi' = $ Fix φ und mit der Spur s_0 zu, für welche $\lambda\varphi'|\overrightarrow{\mathrm{Fix}\ \varphi^\perp}$ in der gleichen Komponente von $\mathrm{O}(\overrightarrow{\mathrm{Fix}\ \varphi^\perp}) \setminus \{1, -1\}$ liegt wie $\lambda\varphi|\overrightarrow{\mathrm{Fix}\ \varphi^\perp}$.

<u>3. Fall</u>: $\mu = 2$.

In diesem Fall sind die Elemente von $\mathrm{I}(X)_Z$ Schraubungen, und wir kombinieren die Methoden von Fall 1 und 2: Wir normieren die Länge des Translationsanteils auf t_0, und wir normieren die Spur auf s_0.

In jedem Fall erhalten wir durch Komposition der Abbildung von $\mathrm{I}(X)_Z$ auf den ausgezeichneten Orbit und der Abbildung dieses Orbits auf $\mathrm{I}(X)/Z$ eine stetige Abbildung $\omega : \mathrm{I}(X)_Z \to \mathrm{I}(X)/Z$. Wir definieren dann eine Abbildung $\mathrm{I}(X)_Z \to \mathrm{I}(X)/Z \times \mathbb{R}^\mu$ durch $\varphi \mapsto (\omega(\varphi), \pi(\varphi))$, und dies ist der gesuchte, mit der Operation von $\mathrm{I}(X)$ verträgliche Homöomorphismus.

Damit ist alles bewiesen.

d	(n_+, n_-, ε)	Z	Typ	$\kappa\ \lambda\ \mu\ \nu$
			$n = 1$	
1	(1,0,0)	I(1)	Indentität	1 0 0 0
	(1,0,1)	I(1)$^+$	Translation	2 0 1 1
-1	(0,1,0)	O(1)	Inversion	1 1 0 1
			$n = 2$	
1	(2,0,0)	I(2)	Indentität	1 0 0 0
	(2,0,1)	I(1)$^+$ × I(1)	Translation	1 1 1 2
	(0,2,0)	O(2)	Inversion	1 2 0 2
	(0,0,0)	U(1)	Drehung	2 2 1 3
-1	(1,1,0)	I(1) × O(1)	Spiegelung	1 2 0 2
	(1,1,1)	I(1)$^+$ × O(1)	Gleitspiegelung	1 2 1 3
			$n = 3$	
1	(3,0,0)	I(3)	Indentität	1 0 0 0
	(3,0,1)	I(1)$^+$ × I(2)	Translation	1 2 1 3
	(1,2,0)	I(1) × O(2)	Geraden-Symmetrie	1 4 0 4
	(1,2,1)	I(1)$^+$ × O(2)	Geraden-Gleitsymmetrie	1 4 1 5
	(1,0,0)	I(1) × U(1)	Drehung	1 4 1 5
	(1,0,1)	I(1)$^+$ × U(1)	Schraubung	2 4 2 6
-1	(2,1,0)	I(2) × O(1)	Spiegelung	1 3 0 3
	(2,1,1)	I(1)$^+$ × I(1) × O(1)	Gleitspiegelung	1 4 1 5
	(0,3,0)	O(3)	Inversion	1 3 0 3
	(0,1,0)	U(1) × O(1)	Drehspiegelung	1 5 1 6

Zerlegungen von I(X), Tabelle zu Satz 5.11

Bemerkungen:

Die obige Klassifikation der Isometrien mag vielleicht auf den ersten Blick
kompliziert erscheinen. Trotzdem sollte klar sein, dass das Prinzip der Klassifikation einfach ist: Die Klassifikation vollzieht sich in zwei Schritten. Der
erste Schritt ist die Zerlegung von I(X) in Z-Klassen, der zweite Schritt
die Zerlegung der Z-Klassen in I(X)-Orbits. Die folgenden Bemerkungen
haben einen doppelten Zweck: Zum einen sollen sie die Geometrie dieser
beiden Zerlegungen noch weiter konkretisieren, und zum anderen sollen sie
zeigen, dass dieser Ansatz zur Klassifikation wirklich der Natur der Sache
angemessen ist.

Bemerkung 1:

Über die Stratifikation von $I(X)$ durch Z-Klassen kann man zusätzlich zu den Aussagen von Satz 5.11 aus 5.3, 5.7 und 5.10 noch weitere interessante Informationen gewinnen. Insbesondere ergibt sich daraus, aus welchen Strata die abgeschlossene Hülle eines jeden Stratums besteht. Wir kodieren diese Information – ganz ähnlich wie früher im Anschluss an Proposition II.11.50 – durch einen gerichteten Graphen. Die Punkte p des Graphen entsprechen bijektiv den Strata und sind mit dem zugehörigen Tripel (n_+, n_-, ε) bezeichnet. Das Stratum zu p bezeichnen wir für den Moment mit C_p und seinen Abschluss mit $\bar{C}_p$. Wir definieren eine Partialordnung auf den Strata durch $C_p \geq C_q \Leftrightarrow \bar{C}_p \subset C_q$. Wir verbinden Punkte p und q des Graphen durch eine von p nach q gerichtete Strecke, wenn $C_p > C_q$ gilt und es kein r mit $C_p > C_r > C_q$ gibt. Für jedes n zerfällt dann der gerichtete Graph in zwei Komponenten, eine für $d = +1$ und eine für $d = -1$, die wir Adjazenzdiagramme nennen wollen.

Die beigefügte Tabelle auf der kommende Seite zeigt die sechs Adjazenzdiagramme für $n = 1, 2, 3$ und $d = \pm 1$. Punkte eines Graphen auf gleicher Zeile haben die gleiche Dimension ν des entsprechenden Stratums.

Bemerkung 2:

In jedem der sechs Fälle $n = 1, 2, 3$ und $d = \pm 1$ gibt es ein absolut maximales Stratum, das offen und dicht in der entsprechenden Zusammenhangskomponente von $I(n, \mathbb{R})$ ist. Den $I(X)$-Orbittyp dieses Stratums nennen wir den **Hauptorbittyp**. Beispielsweise haben für $n = 3$ und $d = 1$ die Schraubungen den Hauptorbittyp. Die Orbits des Haupttyps haben – in ihrer Zusammenhangskomponente von $I(X)$ – maximale Dimension, z.B. $\lambda = 4$ für die Schraubungen. Außer den **Hauptorbits** kann es noch andere Orbits maximaler Dimension geben. Diese nennen wir **Ausnahmeorbits**. Beispiel: Für $n = 3$ und $d = 1$ bilden die Geraden-Gleitsymmetrien, die Drehungen und die Geradensymmetrien Ausnahmeorbits. Schließlich bleiben noch die Orbits niedriger Dimension übrig. Wir nennen sie **singuläre Orbits**. Für $n = 3$ und $d = 1$ sind dies die Translationen und die Identität.

$n=1 \quad d=1$	$n=1 \quad d=-1$	ν
101 → 100	010	1 / 0
$n=2 \quad d=1$	$n=2 \quad d=-1$	
000, 201, 020, 200	111 → 110	3 / 2 / 0
$n=3 \quad d=1$	$n=3 \quad d=-1$	
101, 100, 121, 120, 301, 300	010, 211, 210, 030	6 / 5 / 4 / 3 / 0

Adjazenzdiagramme der Z-Stratifikation von $\mathrm{I}(n, \mathbb{R})$

Bemerkung 3:

Die Aussagen von Satz 5.11 über die Zusammenhangskomponenten der Z-Strata bzw. der $\mathrm{I}(X)$-Orbits gestatten uns, auf einem orientierten euklidischen affinen Raum X für gewisse Arten von Isometrien von X Rechts-Typen und Links-Typen zu unterscheiden. Dies ist genau für die Strata mit $\kappa = 2$ der Fall, d.h. für die Drehungen in der Ebene und die Schraubungen im Raum.

Drehungen in der Ebene

X sei eine orientierte euklidische affine Ebene, $\varphi \in \mathrm{I}(X)$ sei eine Drehung und $o \in X$ ihr Fixpunkt. $x_1 \in X$ sei ein beliebig gewählter anderer Punkt und $x_2 = \varphi(x_1)$. Es seien S_1 und S_2 die Strahlen mit Ausgangspunkt o durch x_1 bzw. x_2 und $0 < \alpha < \pi$ die Bogenlänge des nicht orientierten Winkels S_1, S_2. Ferner seien v_1 und v_2 die Vektoren $v_i = \overrightarrow{ox_i}$. Sie bilden eine Basis (v_1, v_2) des Translationsvektorraumes V von X.

Definition:

(o) o heißt **Drehpunkt** von φ

(i) α heißt der **Drehwinkel** von φ

(ii) Die Drehung φ hat **positiven Drehsinn**, wenn die Basis (v_1, v_2) die Orientierung von V repräsentiert, andernfalls **negativen Drehsinn**.

Eine ebene Drehung ist durch Drehpunkt, Drehwinkel und Drehsinn eindeutig bestimmt. Die Drehungen mit positivem Drehsinn bilden die eine Komponente des Stratums der Drehungen, die mit negativem Drehsinn die andere.

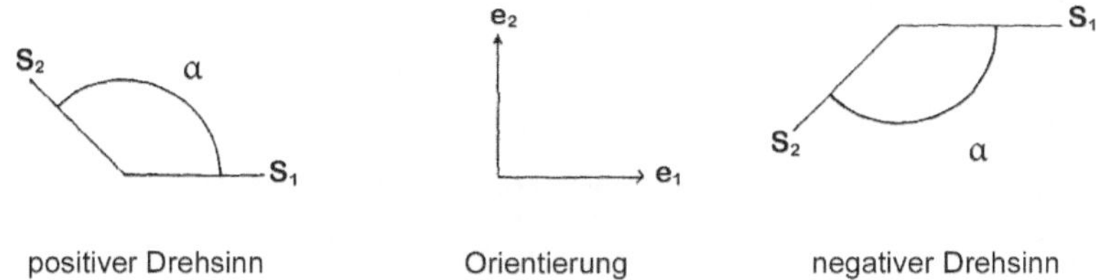

Identifiziert man X mit der euklidischen Standardebene, dann werden die Drehungen analytisch wie folgt beschrieben:

$$\text{positiver Drehsinn:} \quad \begin{pmatrix} x \\ y \end{pmatrix} \mapsto \begin{pmatrix} \cos\alpha & -\sin\alpha \\ \sin\alpha & \cos\alpha \end{pmatrix} \begin{pmatrix} x \\ y \end{pmatrix} + \begin{pmatrix} a \\ b \end{pmatrix} \quad 0 < \alpha < \pi$$

$$\text{negativer Drehsinn:} \quad \begin{pmatrix} x \\ y \end{pmatrix} \mapsto \begin{pmatrix} \cos\alpha & \sin\alpha \\ -\sin\alpha & \cos\alpha \end{pmatrix} \begin{pmatrix} x \\ y \end{pmatrix} + \begin{pmatrix} a \\ b \end{pmatrix} \quad 0 < \alpha < \pi.$$

Drehungen im Raum

X sei ein 3-dimensionaler orientierter euklidischer affiner Raum und $\psi \in \mathrm{I}(X)$ eine Drehung.

Definition:

Die affine Gerade Fix ψ heißt Drehachse von ψ.

Da das Stratum der räumlichen Drehungen nur eine Zusammenhangskomponente hat, ist es definitiv sinnlos, einer Drehung einen Drehsinn zuordnen zu wollen, wenn weiter nichts gegeben ist als die Drehung. Das ist auch anschaulich klar: Blickt man für eine gegebene Drehung in Richtung der Drehachse, so erscheint die Drehung je nach Wahl einer der beiden möglichen Richtungen als Linksdrehung oder Rechtsdrehung. Ein Drehsinn lässt sich erst dann bestimmen, wenn eine Richtung ausgezeichnet wird. Das geschieht durch Wahl einer Orientierung der Drehachse.

φ sei eine räumliche Drehung mit orientierter Drehachse L. Wir wählen eine zu L orthogonale affine Ebene H. Mittels der Orientierungen von X und L wird eine Orientierung von H bestimmt, und zwar durch die folgende Bedingung: Ist (v_1, v_2) eine positiv orientierte Basis von $\overrightarrow{H}$ und v_3 eine positiv orientierte Basis von $\overrightarrow{L}$, dann ist (v_1, v_2, v_3) eine positiv orientierte Basis von $\overrightarrow{X}$. Da φ die Ebene H invariant lässt und $\varphi|H$ eine Drehung ist, können wir nun Folgendes definieren.

Definition:

Eine räumliche Drehung ψ **mit orientierter Drehachse** L heißt **Rechtsdrehung**, wenn die Beschränkung $\psi|H$ auf eine zu L orthogonale wie oben orientierte Ebene H positiven Drehsinn hat. ψ heißt **Linksdrehung**, wenn $\psi|H$ negativen Drehsinn hat. Der Drehwinkel von ψ ist der Drehwinkel von $\psi|H$.

Eine Drehung ist durch orientierte Drehachse, Drehwinkel und Drehsinn eindeutig bestimmt. Aber diese Beschreibung ist nicht eineindeutig. Vielmehr gibt es zu einer Drehung zwei Orientierungen der Drehachse, und zu diesen gehört ein unterschiedlicher Drehsinn, während der Drehwinkel eindeutig bestimmt ist. Man muss daher zwischen einer Drehung einerseits und einer Drehung mit Orientierung der Drehachse andererseits deutlich unterscheiden. Letztere wollen wir deswegen bei Verwechslungsgefahr lieber polarisierte Drehung nennen, und der Deutlichkeit halber polarisierte Rechtsdrehung bzw. polarisierte Linksdrehung sagen, denn für eine nicht-polarisierte Drehung hat die Unterscheidung zwischen rechts und links keinen Sinn.

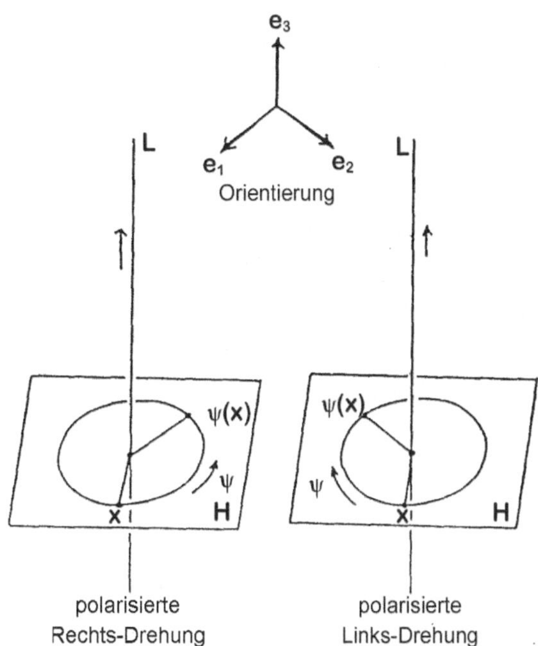

Was bedeutet der Übergang von Drehungen zu polarisierten Drehungen? Um diese Frage zu beantworten, beschränken wir uns auf die Drehungen, deren Achsen durch einen festen Punkt gehen, d.h. auf die Drehungen aus $SO(3, \mathbb{R})$. Und dann lautet unsere Antwort: Der Übergang zu polarisierten Drehungen entspricht dem Übergang zu der zweifachen Überlagerung $\mathrm{Spin}(3, \mathbb{R}) \to SO(3, \mathbb{R})$. Dies lässt sich wie folgt präzisieren:

2. Zusatz zu 4.25

$\mathbb{R}^3 = \mathcal{P}(\mathbb{H})$ sei der euklidische Vektorraum der reinen Quaternionen. Dabei wird $\mathbb{R}^3$ durch $(x, y, z) \mapsto ix + jy + kz$ mit $\mathcal{P}(\mathbb{H})$ identifiziert. $\pi : \mathbb{H} \to \mathcal{P}(\mathbb{H})$ sei die Projektion $\pi(q) = \frac{1}{2}(q - \bar{q})$. Ferner sei $S^3 := S^3(\mathbb{H})$ die 3-Sphäre der Einheitsquaternionen, $1 \in S^3$ der Nordpol, $-1 \in S^3$ der Südpol und $S^2 := S^3 \cap \mathcal{P}(\mathbb{H})$ der Äquator. Ferner sei $\beta(q) \in [0, \pi/2]$ für $q \in S^3$ das Minimum der Abstände von Nord- und Südpol. Schließlich sei $\rho : S^3 \to SO(3, \mathbb{R})$ die

Darstellung $\rho(q)(x) = qxq^{-1}$. Dann lässt sich $\rho(q)$ wie folgt charakterisieren.

(i) $\rho(1) = \rho(-1) = \mathrm{id}$

(ii) Für $q \in S^2$ ist $\rho(q)$ die Geradensymmetrie mit Zentrum $\mathbb{R}_q$.

(iii) Für $q \in S^3 \setminus S^2 \setminus \{\pm 1\}$ gilt:

   (a) $\rho(q)$ ist eine Drehung mit Drehachse $\mathbb{R}\pi(q)$ und Drehwinkel $2\beta(q)$.

   (b) $\rho(q)$ mit der durch $\pi(q)$ gegebenen Polarisierung ist eine Rechtsdrehung, wenn q auf der Nordhalbkugel liegt, und eine Linksdrehung, wenn q auf der Südhalbkugel liegt.

Beweis: Übung unter Benutzung des ersten Zusatzes zu 4.25.

Schraubungen

X sei ein 3-dimensionaler orientierter euklidischer Raum und φ eine Schraubung. Es sei $\varphi = \tau_v \circ \psi = \psi \circ \tau_v$ die kanonische Zerlegung und $L = \mathrm{Fix}\ \psi$ der maximale Translationsunterraum. Die Gerade L ist durch $v \in \overrightarrow{L}$ orientiert, die Drehung mit Drehachse L also polarisiert.

Definition:

φ sei eine Schraubung mit kanonischer Zerlegung $\varphi = \tau_v \circ \psi = \psi \circ \tau_v$

(i) Die orientierte affine Gerade $L = \mathrm{Fix}\ \psi$ heißt die Schraubachse von φ

(ii) Der Schraubungswinkel von φ ist der Drehwinkel von ψ

(iii) Der Translationsmodul von φ ist die Länge $t = \|v\|$

(iv) φ heißt Rechtsschraubunq bzw. Linksschraubung, wenn die polarisierte Drehung ψ eine Rechtsdrehung bzw. Linksdrehung ist.

Offensichtlich ist eine Schraubung durch ihre orientierte Schraubachse, Schraubungswinkel, Translationsmodul und Schraubungssinn (rechts-links) eindeutig bestimmt. Die eine Komponente des Stratums der Schraubungen besteht aus den Rechtsschraubungen, die andere aus den Linksschraubungen.

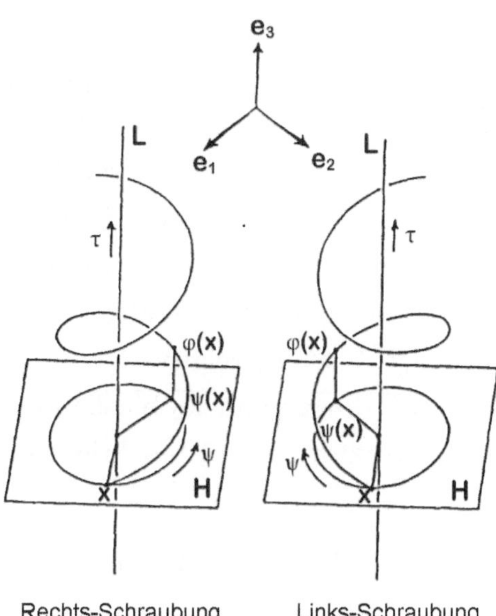

Rechts-Schraubung   Links-Schraubung

Bemerkung 4

Ein schönes Beispiel für das Verhältnis der Ausnahmeorbits zu den Orbits vom Haupttyp ist der Fall $n = 2$, $d = 1$. In diesem Fall gibt es zwei Orbittypen: die Gleitspiegelungen als Haupttyp und die Spiegelungen als Ausnahmetyp. Die Einbettung dieser Orbits in $\mathrm{I}(2, \mathbb{R})^-$ analysieren wir wie folgt. Wir identifizieren $\mathrm{I}(2, \mathbb{R})^- = \mathrm{I}(2, \mathbb{R})_1$ mit $\mathbb{R}^2 \times \mathrm{O}(V)^-$. Dann identifizieren wir $\mathrm{O}(V)^-$ mit $P_1(\mathbb{R})$, indem wir jedem Element aus $\mathrm{O}(V)^-$ seinen Eigenraum zum Eigenwert 1 zuordnen. Also identifizieren wir $\mathrm{I}(2, \mathbb{R})^-$ mit $\mathbb{R}^2 \times P_1(\mathbb{R})$. Das triviale Vektorraumbündel $\mathbb{R}^2 \times P_1(\mathbb{R})$ ist die orthogonale direkte Summe $E_1 \oplus F_1$ der beiden früher definierten Vektorraumbündel $E_1 \to P_1(\mathbb{R})$ und $F_1 \to P_1(\mathbb{R})$ mit typischer Faser $\mathbb{R}$. E_1 ist, wie schon früher bemerkt, das Hopf-Bündel. Das Bündel F_1 ist isomorph zu E_1 – eine Drehung um $\pi/2$ in $\mathbb{R}^2$ überführt F_1 in E_1. Also sind die Totalräume E_1 und F_1 beide homöomorph zum Möbiusband. F_1 ist aber nach 5.3 gerade das Stratum aller Spiegelungen und besteht aus einem einzigen Orbit. Der Ausnahmeorbit F_1 ist also ein Möbiusband, das so in $\mathbb{R}^2 \times P_1(\mathbb{R})$ eingebettet ist, wie wir es früher im Anschluss an Proposition 3.11 durch Figur 1 beschrieben haben. Das Komplement $\mathbb{R}^2 \times P_1(\mathbb{R}) - F_1$ zerfällt in eine 1-parametrige Familie von

Orbits vom Haupttyp, d.h. Orbits von Gleitspiegelungen. Der Parameter, der die Orbits parametrisiert, ist $t > 0$, die Länge des Translationsanteils der kanonischen Zerlegung. Für jeden Punkt $x \in P_1(\mathbb{R})$ schneidet der Orbit zu t die Faser $\mathbb{R}^2 \times \{x\}$ in den zwei zu $F_{1,x}$ parallelen affinen Geraden mit Abstand t von $F_{1,x}$. Daraus folgt, dass jeder Hauptorbit homöomorph zu einem Zylinder $\mathbb{R} \times S^1$ ist, dass er durch die Projektion $\pi_{F,1}$ als zweifache Überlagerung auf den Ausnahme-Orbit F_1 abgebildet wird, und dass die Lage jedes Hauptorbits in $\mathbb{R}^2 \times P_1(\mathbb{R})$ relativ zu dem Ausnahmeorbit genau die gleiche ist wie die von Zylinder und Möbiusband, die wir früher durch Figur 4 im Anschluss an Proposition 3.11 beschrieben haben.

Bemerkung 5

Wir betrachten jetzt die abgeschlossenen Hüllen der Z-Strata von $\mathrm{I}(n, \mathbb{R})^{\pm}$. Die Strata, die schon selber abgeschlossen sind, sind die relativen Minima bezüglich der oben definierten Partialordnung. Für die nicht abgeschlossenen Strata entsteht der Abschluss durch Vereinigung mit den kleineren Strata. Welche das sind, entnimmt man sofort aus den Adjazenzdiagrammen. Beispielsweise ist für $n = 3$ und $d = 1$ und $(n_+, n_-, \varepsilon) = (1, 0, 0)$, also das Stratum der räumlichen Drehungen, die abgeschlossene Hülle die Vereinigung der vier Strata $(1, 0, 0)$, $(1, 2, 0)$, $(3, 0, 1)$ und $(3, 0, 0)$. Dieses Stratum $\mathrm{I}(X)_Z$ der räumlichen Drehungen ist aus dem folgenden Grunde das interessanteste Stratum. Während für jedes andere Stratum in $\mathrm{I}(n, \mathbb{R})$, $n = 1, 2, 3$, die abgeschlossene Hülle des Stratums wieder eine Untermannigfaltigkeit von $\mathrm{I}(n, \mathbb{R})$ ist, ist dies für das Stratum $\mathrm{I}(3, \mathbb{R})_Z$ der räumlichen Drehungen nicht der Fall. Die abgeschlossene Hülle dieses Stratums hat in $1 \in \mathrm{I}(3, \mathbb{R})_Z$ eine Singularität.

Diese Singularität wollen wir bestimmen. Wir behaupten, dass die abgeschlossene Hülle des Stratums in einer Umgebung von 1 genau so aussieht wie die 5-dimensionale Hyperfläche

$$\{(x_1, \ldots, x_6) \in \mathbb{R}^6 \,|\, x_1 x_4 + x_2 x_5 + x_3 x_6 = 0\},$$

also wie der isotrope Kegel einer nicht entarteten quadratischen Form der Signatur $(3, 3)$.

Behauptung:

X sei ein 3-dimensionaler euklidischer affiner Raum mit Translationsvektorraum V und $I(X)_Z$ das Stratum der Drehungen. Dann gibt es eine Umgebung U von $1 \in I(X)$ und einen analytischen Diffeomorphismus $U \to V \times V$, der $\overline{I(X)}_Z \cap U$ auf den Kegel $C = (x, y) \in V \times V \mid x \perp y$ abbildet.

Beweis:

Wir benutzen die in den beiden Zusätzen zu 4.25 beschriebene universelle Überlagerung $S^3(\mathbb{H}) \to SO(3, \mathbb{R})$. Wir identifizieren V mit $\mathbb{R}^3$ und $\mathbb{R}^3$ mit $\mathcal{P}(\mathbb{H})$, dem Raum der reinen Quaternionen. Dann bilden wir $\mathcal{P}(\mathbb{H})$ bijektiv auf den Tangentialraum $T_1(S^3)$ von $S^3(\mathbb{H})$ in 1 ab, und zwar durch die Abbildung $\tau : \mathcal{P}(\mathbb{H}) \to \mathbb{H}^*$ mit $\tau(p) = 1 + p$. Schließlich bilden wir $\mathbb{H}^*$ durch die Darstellung $\rho : \mathbb{H}^* \to SO(V)$ mit $\rho(q)(x) = qxq^{-1}$ auf $SO(V)$ ab. Mit der Komposition $\phi = \rho \circ \tau$ erhalten wir dann eine Abbildung $\phi : V \to SO(V)$, für die man leicht die folgenden Aussagen beweist:

(a) $\phi(V) = \{\psi \in SO(V) \mid \mathrm{Spur}\, \psi \neq -1\}$ ist offen in $SO(V)$.

(b) $\phi : V \to \phi(V)$ ist ein analytischer Diffeomorphismus.

(c) Fix $\phi(v) = \mathbb{R}(v)$ für alle $v \in V \setminus \{0\}$.

Nun identifizieren wir $I(X)^+$ wie üblich mit $V \times SO(V)$ und definieren eine Abbildung $\Psi : V \times V \to V \times SO(V) = I(X)^+$ durch $\Psi(v, w) = (v, \phi(w))$. Ferner setzen wir $U := V \times \phi(v)$. Dann folgen aus (a), (b), (c) und 5.3 leicht die folgenden Aussagen:

(d) $U = \Psi(V \times V)$ ist eine offene Umgebung von 1 in $I(X)^+$.

(e) $\Psi : V \times V \to U$ ist ein analytischer Diffeomorphismus.

(f) $\Psi(C) = \overline{I(X)}_Z \cap U$.

Damit ist die Behauptung bewiesen. Insbesondere ist damit für $\dim X \leq 3$ auch gezeigt, dass die abgeschlossene Hülle jedes Z-Stratums eine algebraische Untervarietät von $I(X)$ ist.

Bemerkung 6

Wir haben gesehen, dass für jedes Z-Stratum $I(X)_Z$ der Raum der Konjugationsklassen in diesem Stratum homöomorph zu $D_Z \approx \mathbb{R}^\mu$ ist. Die Homöomorphie wird durch die stetige Abbildung $\pi_Z : I(X)_Z \to D_Z$ induziert, die durch das Paar von Funktionen (s, t) gegeben ist. Die Konjugationsklassen in $I(X)_Z$ werden also durch die Parameterwerte $(s, t) \in D_Z$ parametrisiert. Darüber hinaus impliziert die letzte Aussage von Satz 5.11, dass es einen stetigen Schnitt $\nu_Z : D_Z \to I(X)_Z$ gibt, d.h. eine stetige Abbildung, so dass die Komposition $\pi_Z \circ \nu_Z$ die Identität von D_Z ist. Jedem Parameterwert $(s, t) \in D_Z$ ist dadurch eine bestimmte Isometrie $\nu(s, t)$ in der zu (s, t) gehörigen Konjugationsklasse $\pi_Z^{-1}(\{(s, t)\})$ zugeordnet. Dieses $\nu_Z(s, t)$ können wir per definitionem als die **Normalform** für die Isometrien dieser Konjugationsklasse ansehen, und diese Normalform $\nu_Z(s, t)$ hängt stetig von dem Parameter (s, t) ab. Wichtig ist nun, dass darüber hinaus auch die Abbildung $\nu_Z \circ \pi_Z$ stetig ist, also die Abbildung $I(X)_Z \to I(X)_Z$, die jeder Isometrie ihre Normalform zuordnet.

Wir fragen uns nun, ob sich diese getrennte Behandlung der einzelnen Strata nicht zu einer einheitlichen Behandlung aller Strata in einer Komponente in $I(X)$, etwa in $I(X)^+$, zusammenfügt. Als Beispiel betrachten wir für $X = \mathbb{R}^3$ die Strata in $I(X)^+$, wobei $I(X) = I(3, \mathbb{R})$ wie früher als Untergruppe von $GL(4, \mathbb{R})$ dargestellt ist. Zu jedem Stratum $I(X)_Z$ gehört ein Bereich $D_Z \subset \mathbb{R}^2$. Diese Bereiche sind disjunkt, und ihre Vereinigung ist die folgende Teilmenge $D \subset \mathbb{R}^2$:

$$D = \{(s, t) \in \mathbb{R}^2 \mid -1 \leq s \leq 3, 0 \leq t\}$$

Die Zerlegung von D in die D_Z wird durch die folgende Skizze beschrieben, wobei die D_Z der 6 Strata durch die entsprechenden Tripel (n_+, n_-, ε) indiziert sind.

Da $I(X)^+$ die disjunkte Vereinigung seiner Strata $I(X)_Z$ ist und D die disjunkte Vereinigung der D_Z, definiert das Paar von Funktionen (s, t) eine Abbildung $\pi : I(X)^+ \to D$, die auf den Strata die Abbildungen π_Z induziert.

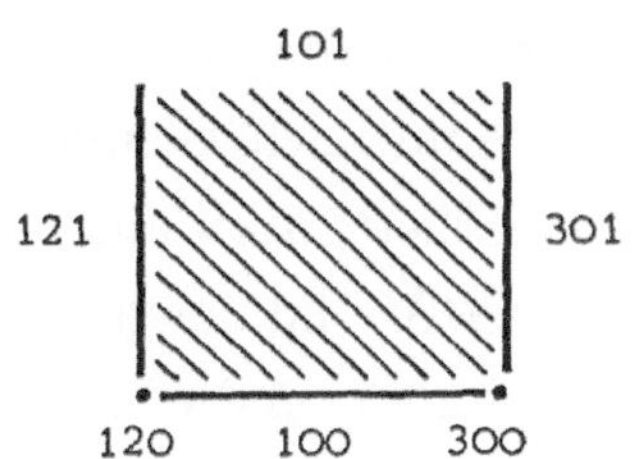

101 Schraubungen
100 Drehungen
301 Translationen
121 Geraden-Gleitsymmetrien
120 Geraden-Symmetrien
300 Identität

Wir definieren jetzt eine stetige Abbildung $\nu : D \to I(X)^+$ in der umgekehrten Richtung durch $\nu(s,t) := A(s,t)$, wo $A(s,t) \in I(3,\mathbb{R})^+ \subset GL(4,\mathbb{R})$ die folgende Matrix ist:

$$A(s,t) = \begin{pmatrix} a(s) & -b(s) & 0 & 0 \\ b(s) & a(s) & 0 & 0 \\ 0 & 0 & 1 & t \\ 0 & 0 & 0 & 1 \end{pmatrix} \qquad \begin{aligned} a(s) & := & \tfrac{s-1}{2} \\ b(s) & := & \sqrt[+]{1 - a(s)^2} \end{aligned}$$

Offenbar gilt $\pi \circ \nu = id_D$. Daher definiert die Beschränkung von ν auf die Strata stetige Schnitte $\nu_Z : D_Z \to I(X)_Z$ von der oben beschriebenen Art.

Es stellt sich die Frage: Warum fassen wir nicht die durch π induzierte bijektive Abbildung $\bar{\pi} : I(X)^+ / I(X) \to D$ als Parametrisierung aller Konjugationsklassen in $I(X)^+$ auf? Warum fassen wir nicht $\nu : D \to I(X)^+$ als Familie von Normalformen für alle Isometrien in $I(X)^+$ auf?

Bevor wir die Antwort geben, sehen wir ein Beispiel an. Wir betrachten die für $-1 \le s \le 3$ definierte stetige Familie von Isometrien

$$B(s) := \begin{pmatrix} a(s) & -b(s) & 0 & 0 \\ b(s) & a(s) & 0 & 1 \\ 0 & 0 & 1 & 0 \\ 0 & 0 & 0 & 1 \end{pmatrix}$$

Man sieht leicht: Die „Normalform" $\nu\pi B(s)$ von $B(s)$ ist $A(s,0)$ für $s < 3$, aber $A(3,1)$ für $s = 3$. Die „Normalform" $\nu\pi(B)$ von B hängt also nicht stetig von B ab! Da ν stetig ist, kann dies nur daran liegen, dass π nicht stetig ist, und dies liegt natürlich an der Unstetigkeit der kanonischen Zerlegung, auf die wir schon früher hingewiesen haben. Da aber die kanonische Abbildung $I(X)^+ \to I(X)^+/I(X)$ auf den Orbitraum nach Definition der Quotiententopologie stetig ist und π über $\bar{\pi}$ faktorisiert, folgt aus der Unstetigkeit von π, dass auch $\bar{\pi}$ nicht stetig ist. Die Abbildungen ν und π induzieren also zueinander inverse Abbildungen $\bar{\nu}$ und $\bar{\pi}$, und es gilt:

$$\bar{\nu} : D \to I(X)^+/I(X) \text{ ist stetig.}$$
$$\bar{\pi} : I(X)^+/I(X) \to D \text{ ist nicht stetig.}$$

D ist also nicht homöomorph zum Orbitraum $I(X)^+/I(X)$. Während D ein Raum mit einer „ordentlichen" Struktur ist, kann man dies von $I(X)^+/I(X)$ nicht behaupten. Insbesondere zeigt das obige Beispiel, dass dieser Raum nicht einmal das Hausdorffsche Trennungsaxiom erfüllt: Jede Umgebung einer Translationsklasse hat mit jeder Umgebung der Klasse $\{id\}$ nichtleeren Durchschnitt.

Damit dürfte die Antwort auf die obige Frage klar sein: $\bar{\pi}$ ist nicht stetig, und deswegen wäre es problematisch, D als Parameterraum für die Konjugationsklassen in $I(X)^+$ aufzufassen, $\nu \circ \pi$ ist nicht stetig, und deswegen wäre es problematisch, $\nu \circ \pi$ als Normalformenabbildung aufzufassen. Dagegen sind die Beschränkungen auf die Strata stetig, und dies ist einer der Gründe für die Einführung der Z-Stratifikation. Ginge es nur um die Stetigkeit, so würde allerdings schon die Zerlegung in k-Schichten genügen. Aber dann wären die durch Vereinigung der entsprechenden D_Z entstehenden Parameterräume nicht mehr Mannigfaltigkeiten:

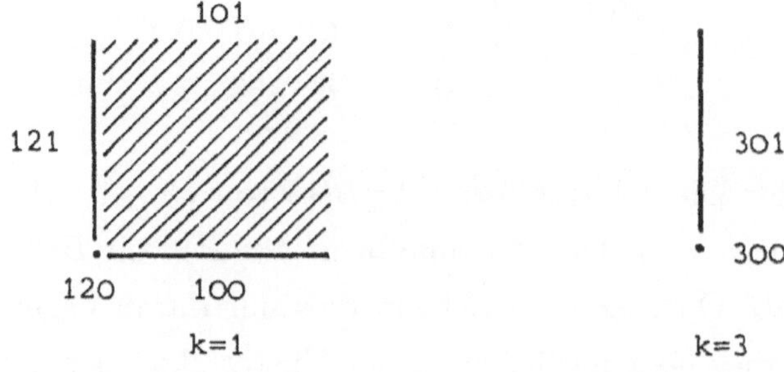

Bemerkung 7

Die Parametrisierung der Konjugationsklassen ist ein Beispiel aus einer großen Vielzahl von mathematischen Problemen, bei denen es darum geht, eine gewisse Menge von Objekten in Äquivalenzklassen einzuteilen und die Menge der Äquivalenzklassen in geeigneter Weise zu parametrisieren. In dieser letzten Bemerkung geht es uns darum, gemeinsame Züge solcher Probleme hervorzuheben. Die Diskussion ist dabei notwendigerweise nicht formalisierbar.

Das Wort **Parameter** kommt vom griechischen $\pi\alpha\rho\acute{\alpha} - \mu\acute{\varepsilon}\tau\rho o\nu$. Es bedeutet etwa soviel wie „Neben-Maß", eine veränderliche Größe, die gegenüber anderen Veränderlichen des betrachteten Problems relativ festgehalten wird. Welche Größen man als Parameter ansieht, hängt von der jeweiligen Situation und von der Betrachtungsweise des Mathematikers ab, der die Situation analysiert.

Das Wort Parameter wird heutzutage in einem ziemlich allgemeinen Sinne verwendet. Häufig z.B. hat man eine Situation von folgender Art. Gegeben ist eine Menge X von Objekten und eine Menge S von Parameterwerten und eine Abbildung $\pi : X \to S$, die jedem Objekt $x \in X$ einen Parameterwert $\pi(x)$ zuordnet. Zu jedem $s \in S$ gehört dann die Menge $X_s = \pi^{-1}(s)$ der Objekte mit dem Parameterwert s. Man hat also ein System von Mengen $(X_s)_{s\in S}$. Jedoch meint man mit einer „Parametrisierung" im Allgemeinen mehr als nur eine Abbildung $\pi : X \to S$ oder ein System von Mengen $(X_s)_{s\in S}$ im rein mengentheoretischen Sinne. Gewöhnlich haben der Objektbereich X oder auch die Objekte $x \in X$ oder die Mengen X_s und auch der Parameterbereich S zusätzliche Strukturen, und es wird von $\pi : X \to S$ bzw. $(X_s)_{s\in S}$ verlangt, dass diese Strukturen in sinnvoller Weise aufeinander bezogen sind. Bei den hier interessierenden Klassifikationsproblemen gehört meist zu den Objekten $x \in X$ eine bestimmte geometrische Struktur, aus der sich eine Äquivalenzrelation auf X ergibt, und es wird von der Parametrisierung verlangt, dass die X_s die Äquivalenzklassen dieser Äquivalenzrelation sind.

Selbstverständlich handelt es sich dabei nicht um die Produktion mengentheoretischer Tautologien – sonst könnte man als Parametermenge S einfach die Menge der Äquivalenzklassen nehmen – sondern oft um viel mehr. Oft handelt es sich bei den Objekten $x \in X$ um Objekte ziemlich gleichartiger Struktur. Es geht dann darum, ein Maß für die Variation dieser Struktur zu finden, wenn x in X variiert. Ein einfaches Beispiel: X sei die Menge der orientierten ebenen Winkel, die Äquivalenzrelation auf X sei die Kongruenz, S das Intervall $[0, 2\pi]$ und $X \to S$ die Abbildung, die jedem Winkel sein Bogenmaß zuordnet. Ein anderes Beispiel wäre die in Bemerkung 6 diskutierte Abbildung $\pi : \mathrm{I}(3, \mathbb{R})^+ \to D$. Hier ist $X = \mathrm{I}(3, \mathbb{R})^+$ die Menge der orientierungserhaltenden Isometrien von $\mathbb{R}^3$, die Äquivalenzrelation ist die Konjugation, $S = D$ ist eine Teilmenge von $\mathbb{R}^2$, und π ist die Abbildung, die durch (s, t) gegeben wird. Hier werden also die Konjugationsklassen durch $(s, t) \in D$ parametrisiert. Allerdings ist diese Parametrisierung, wie wir gesehen haben, unstetig.

In gewissen besonderen Situationen stellt man an die Parametrisierung einer Familie von Objekten besonders hohe Anforderungen. In solchen Situationen sind die Objekte bezüglich einer genau bestimmten Struktur weitgehend von gleicher Art, und der Parameter ist ein charakteristisches Maß für die Variation dieser Struktur beim Durchlaufen der Äquivalenzklassen. S hat eine dem Problem angepasste Struktur, und von $\pi : X \to S$ wird verlangt, dass diese Parameterabbildung mit den Strukturen von X und S in einer ganz bestimmten Weise verträglich ist. In derartigen Situationen nennt man den Parameter $s \in S$ nicht einfach Parameter, sondern **Modul** (von lateinisch modulus, der Verkleinerungsform von modus=Maß). Man nennt dann den Parameterraum S einen **Modulraum**, und gegebenenfalls nennt man seine Dimension die **Anzahl der Moduln**. Das Problem des Auffindens einer solchen Parametrisierung mit guten Eigenschaften nennt man ein **Modulproblem**. Was Moduln sind, lässt sich selbstverständlich nicht allgemein in formaler Weise definieren. Um ein Modulproblem genau und richtig zu formulieren, muss man jeweils eine bestimmte konkrete Situation ganz genau studieren. Genau das haben wir für die Isometrien getan. Unser Ergebnis können wir folgendermaßen zusammenfassen: Für jedes Z-Stratum $\mathrm{I}(X)_Z$ ist D_Z ein Modulraum für die Isometrien in diesem Stratum. Die Anzahl der Moduln ist μ. Die

Abbildung $\pi_Z : I(X)_Z \to D_Z$ wird durch die Moduln (s,t) beschrieben. Die Konstruktion des Homöomorphismus $\bar{\pi}_Z : I(X)_Z / I(X) \to D_Z$ löst ein „grobes" Modulproblem, und die Konstruktion der stetigen Familie von Normalformen $\nu_Z : D_Z \to I(X)_Z$ löst ein „feines" Modulproblem.

Die bei der Klassifikation der Isometrien eingeführte Terminologie mit Namen wie „Drehung" oder „Schraubung" für gewisse Typen von Isometrien könnte suggerieren, dass dabei von Bewegungen im Raume die Rede ist. Das ist jedoch nicht so. Wir haben bereits früher in Abschnitt 1 darauf hingewiesen, dass der mathematische Begriff „orientierungserhaltende Isometrie" nicht den physikalischen Begriff der **Bewegung** mathematisch fasst, sondern den Begriff der **Lageänderung**. Durch eine Lageänderung wird ein beliebiger im Raum befindlicher Körper in eine andere Lage überführt. Mathematisch: Durch eine Isometrie $\varphi \in I(X)$ wird eine beliebige Teilmenge $Y \subset X$ auf eine zu Y kongruente Teilmenge $Z = \varphi(Y)$ abgebildet. Der physikalische Begriff der Bewegung im Sinne der stetigen zeitabhängigen Lageänderung von im Raume befindlichen starren Körpern wird mathematisch durch den Begriff der **parametrisierten Kurve** in $I(X)$ gefasst. Darunter verstehen wir hier eine stetige Abbildung $\varphi : J \to I(X)$ eines offenen oder abgeschlossenen Intervalls $J \subset \mathbb{R}$ in die Liesche Gruppe $I(X)$ der Isometrien des euklidischen Raumes X. Im Folgenden sei stets das Intervall $J = \mathbb{R}$ zugrundegelegt. Es sei also $\varphi : \mathbb{R} \to I(X)$ eine stetige Abbildung von $\mathbb{R}$ nach $I(X)$ und es sei $\varphi(0) = 1$. Für alle $t_1, t_2 \in \mathbb{R}$ ist dann $\varphi(t_2)\varphi(t_1)^{-1}$ diejenige Lageänderung, welche die durch $\varphi(t_1)$ herbeigeführte Lage in die durch $\varphi(t_2)$ herbeigeführte Lage überführt. Die einfachste Annahme über die Bewegung φ ist nun zweifellos die, dass diese Lageänderung $\varphi(t_2)\varphi(t_1)^{-1}$ nur von der Zeitdifferenz $t_2 - t_1$ abhängt. Diese Bedingung ist zusammen mit der Bedingung $\varphi(0) = 1$ offensichtlich äquivalent zu der Bedingung

$$\varphi(s + t) = \varphi(s) \cdot \varphi(t).$$

Die einfachsten Bewegungen in einem euklidischen affinen Raum X sind also die stetigen Homomorphismen $\varphi : \mathbb{R} \to I(X)$.

Definition:

G sei eine Liesche Gruppe. Eine **einparametrige Untergruppe** von G ist ein stetiger Gruppenhomomorphismus $\varphi : \mathbb{R} \to \mathrm{I}(X)$.

Für $G = \mathrm{GL}(n, \mathbb{R})$ und $G = \mathrm{GL}(n, \mathbb{C})$ hatten wir diesen Begriff schon früher in Band II § 11.7 eingeführt. Die dort gewählte Bezeichnung „1-Parametergruppe in G" wäre eigentlich besser als „einparametrige Untergruppe von G", denn die Abbildung $\varphi : \mathbb{R} \to G$ ist ja keine Untergruppe von G und ist wohl zu unterscheiden von ihrem Bild $\varphi(\mathbb{R})$, welches wirklich eine Untergruppe von G ist. Da sich diese Terminologie aber nun einmal eingebürgert hat, benutzen wir sie auch.

Die einparametrigen Untergruppen von $\mathrm{GL}(n, \mathbb{R})$ und $\mathrm{GL}(n, \mathbb{C})$ haben wir in Satz II.11.56 mit Hilfe der Exponentialabbildung beschrieben, und mit Hilfe von Satz II.12.69 und Satz II.12.71 ergibt sich daraus im Prinzip auch eine Beschreibung der einparametrigen Untergruppen von $\mathrm{U}(n, \mathbb{C})$ und $\mathrm{O}(n, \mathbb{R})$. Ferner haben wir in Band II § 11.7 für $\mathrm{GL}(2, \mathbb{R})$ eine Tabelle aufgestellt, in der die einparametrigen Untergruppen in 14 Typen eingeteilt wurden. Jetzt ist es unser Ziel, die einparametrigen Untergruppen der Isometriegruppe $\mathrm{I}(X)$ eines euklidischen Raumes X zu bestimmen, weil sie die einfachsten Bewegungen in X beschreiben. Der Schlüssel dazu ist wieder die kanonische Zerlegung, durch die wir das Problem auf die Bestimmung der einparametrigen Untergruppen von $\mathrm{O}(n, \mathbb{R})$reduzieren. Vor der dies darlegenden Proposition beweisen wir noch die folgende

Behauptung:

Für die multiplikative Jordanzerlegung von kommutierenden Automorphismen φ, φ' eines endlichdimensionalen Vektorraums über einem perfekten Körper gilt

(a) $(\varphi \cdot \varphi')_s = \varphi_s \cdot \varphi'_s$ und $(\varphi \cdot \varphi')_u = \varphi_u \cdot \varphi'_u$.

(b) $\varphi_s, \varphi_s, \varphi_u$ und φ'_u kommutieren paarweise.

Beweis:

(b) folgt daraus, dass die Jordanzerlegung eindeutig und konjugationsinvariant ist.

(a) folgt aus (b) und daraus, dass das Produkt kommutierender Automorphismen halbeinfach bzw. unipotent ist, wenn beide Faktoren es sind.

Proposition 5.12

X sei ein euklidischer affiner Raum und $\varphi : \mathbb{R} \to \mathrm{I}(X)$ eine einparametrige Untergruppe der Isometriegruppe $\mathrm{I}(X)$. Für jedes $t \in \mathbb{R}$ sei $\varphi(t) = \tau(t) \circ \psi(t) = \psi(t) \circ \tau(t)$ die kanonische Zerlegung in eine Translation $\tau(t)$ und eine Isometrie $\psi(t)$ mit Fixpunkt. Für die dadurch definierten Abbildungen $\tau : \mathbb{R} \to \mathrm{I}(X)$ und $\psi : \mathbb{R} \to \mathrm{I}(X)$ gelten folgende Aussagen:

(i) Für alle $s, t \in \mathbb{R}$ kommutieren $\tau(s), \tau(t), \psi(s), \psi(t)$ paarweise.

(ii) Fix $\psi := \cap_{t \in \mathbb{R}} \mathrm{Fix}\, \psi(t) \neq \emptyset$.

(iii) $\psi : \mathbb{R} \to \mathrm{I}(X)_x$ ist eine einparametrige Untergruppe der Isotropiegruppe $I(X)_x$ von $x \in \mathrm{Fix}\, \psi$.

(iv) $\tau : \mathbb{R} \to T(X)$ ist eine einparametrige Untergruppe der Translationsuntergruppe, die Fix ψ invariant lässt.

Beweis:

(i) Die kanonische Zerlegung ist nach 5.2 ein Spezialfall der multiplikativen Jordan-Zerlegung. Daher folgt die zu beweisende Aussage aus der vorhergehenden Behauptung.

(ii) Wir beweisen zunächst die schwächere Aussage, dass für endlich viele $t_1, \ldots, t_k \in \mathbb{R}$ stets Fix $\psi(t_1) \cap \cdots \cap$ Fix $\psi(t_k) \neq \emptyset$ gilt per Induktion über k. Für $k = 1$ gilt Fix $\psi(t_1) \neq \emptyset$ nach Voraussetzung. Für den Schluss von k auf $k + 1$ sei $x \in$ Fix $\psi(t_1) \cap \cdots \cap$ Fix $\psi(t_k)$ und $y \in$ Fix $\psi(t_{k+1})$ der eindeutig bestimmte Punkt in Fix $\psi(t_{k+1})$ mit minimalem Abstand von x. Weil die $\psi(t_i)$ wegen (i) paarweise kommutieren, ist Fix $\psi(t_{k+1})$ invariant unter allen $\psi(t_i)$, und es gilt $\psi(t_i)(x) = x$ für $i = 1, \ldots, k$. Daraus folgt $\psi(t_i)(y) = y$ wegen der Eindeutigkeit von y, also $y \in$ Fix $\psi(t_1) \cap \cdots \cap$ Fix $\psi(t_{k+1})$.

Nun zur Hauptaussage. Die Durchschnitte Fix $\psi(t_1) \cap \ldots \cap$ Fix $\psi(t_k)$ sind also nichtleer und daher affine Teilräume. Es sei $m = \min \{\dim (\text{Fix } \psi(t_1) \cap \ldots \cap \text{Fix } \psi(t_k)) \mid t_1, \ldots, t_k \in \mathbb{R}\}$. Wir wählen $t_1, \ldots, t_k \in \mathbb{R}$ so, dass $\dim (\text{Fix } \psi(t_1) \cap \ldots \cap \text{Fix } \psi(t_k)) = m$. Aus der abgeschwächten Behauptung und der Minimalität von m ist dann auch Fix $\psi(t) \cap$ Fix $\psi(t_1) \cap \cdots \cap$ Fix (t_k) ein affiner Raum der Dimension m. Aber daraus folgt Fix $\psi(t) \supset$ Fix $\psi(t_1) \cap \cdots \cap$ Fix (t_k) für alle t, also Fix $\psi = $ Fix $\psi(t_1) \cap \cdots \cap$ Fix $\psi(t_k) \neq \emptyset$.

(iii) Wegen (i) und (ii) ist klar, dass es ein $x \in$ Fix ψ gibt, und dass dann ψ ein Gruppenhomomorphismus $\psi : \mathbb{R} \to \mathrm{I}(X)_x$ ist. Die Stetigkeit von ψ folgt dann aus der Stetigkeit von φ, der Stetigkeit von $\lambda : \mathrm{I}(X) \to \mathrm{O}(V)$, der Stetigkeit der zu x gehörigen Spaltung $\mu_x : \mathrm{O}(V) \to \mathrm{I}(X)$ mit Bild $\mathrm{I}(X)_x$ und aus $\psi = \mu_x \circ \lambda \circ \varphi$.

(iv) Wegen (i) ist τ ein Gruppenhomomorphismus $\tau : \mathbb{R} \to T(X)$. Die Stetigkeit von τ folgt aus der Stetigkeit von φ und ψ und aus $\tau(t) = \varphi(t)\psi(t)^{-1}$. Da ferner $\tau(t)\psi(s) = \psi(s)\tau(t)$ für alle s und t gilt, lässt $\tau(s)$ alle Fix $\psi(t)$ invariant, also auch Fix ψ.

<u>Definition:</u>

Die Zerlegung $\varphi = \tau\psi = \psi\tau$ einer einparametrigen Untergruppe φ von $\mathrm{I}(X)$ im Sinne von 5.12 in die miteinander kommutierenden einparametrigen Untergruppen τ und ψ von $\mathrm{I}(X)$ heißt die **kanonische Zerlegung** von φ. Die einparametrigen Untergruppen τ und ψ nennen wir die **Translationskomponente** von φ und die **Rotationskomponente** von φ.

Durch die folgende Definition erhalten wir eine grobe Typeneinteilung der einparametrigen Untergruppen von $\mathrm{I}(X)$.

<u>Notation:</u>

$\varphi \equiv 1 \quad \Leftrightarrow \quad \forall t \quad \varphi(t) = 1$

$\varphi \not\equiv 1 \quad \Leftrightarrow \quad \exists t \quad \varphi(t) \neq 1$

<u>Definition:</u>

φ sei eine einparametrige Untergruppe von $\mathrm{I}(X)$ mit Translationskomponente τ und Rotationskomponente ψ. φ ist **trivial**, wenn $\varphi \equiv 1$.

Für $\varphi \not\equiv 1$ definieren wir:

(i) φ ist eine **Translationsbewegung** $\quad \Leftrightarrow \quad \tau \not\equiv 1, \psi \equiv 1$

(ii) φ ist eine **Rotationsbewegung** $\quad \Leftrightarrow \quad \tau \equiv 1, \psi \not\equiv 1$

(iii) φ ist eine **Schraubenbewegung** $\quad \Leftrightarrow \quad \tau \not\equiv 1, \psi \not\equiv 1$

Für $\dim X \geq 3$ ist diese Typeneinteilung – gemessen an der Z-Stratifikation von $\mathrm{I}(X)$ – zu grob. Hingegen werden wir für $\dim X \leq 3$ sehen, dass sie fein genug ist: Die Typen entsprechen bijektiv den Z-Strata $\mathrm{I}(X)_Z$ mit $1 \in \overline{\mathrm{I}(X)_Z}$.

Korollar 5.13

$\psi : \mathbb{R} \to \mathrm{SO}(n, \mathbb{R})$ und $\tau : \mathbb{R} \to \mathbb{R}^n$ seien einparametrige Untergruppen, und es sei $T(\mathbb{R}) \subset \mathrm{Fix}\,\psi = \cap\,\mathrm{Fix}\,\psi(t)$. Es sei $\varphi : \mathbb{R} \to \mathrm{I}(n, \mathbb{R})$ definiert durch $\varphi(t) = \tau(t)\psi(t)$. Dann ist φ eine einparametrige Untergruppe von $\mathrm{I}(n, \mathbb{R})$ mit Translationskomponente τ und Rotationskomponente ψ. Man erhält so alle einparametrigen Untergruppen von $\mathrm{I}(n, \mathbb{R})$, deren Rotationskomponente $0 \in \mathbb{R}^n$ als Fixpunkt hat, und durch Konjugation mit Translationen erhält man daraus alle einparametrigen Untergruppen von $\mathrm{I}(n, \mathbb{R})$.

Proposition 5.14

Die einparametrigen Untergruppen von $\mathbb{R}^n$ sind genau die Vektorraumhomomorphismen $\tau : \mathbb{R} \to \mathbb{R}^n$. Sie sind also die Abbildungen τ_v mit $\tau_v(t) = tv$ und $v \in \mathbb{R}^n$.

Beweis: Übung.

Definition:

Der Vektor v heißt die **Geschwindigkeit** der Translationsbewegung τ_v.

Proposition 5.15

Es sei $n = 2k$ oder $n = 2k + 1$ und es sei $\mathrm{SO}(2, \mathbb{R})^k = \mathrm{SO}(2, \mathbb{R}) \times \cdots \times \mathrm{SO}(2, \mathbb{R}) \subset \mathrm{SO}(n, \mathbb{R})$ der maximale Torus, der aus allen Blockdiagonalmatrizen mit k Diagonalblöcken aus $\mathrm{SO}(2, \mathbb{R})$ an den ersten k Stellen besteht. Dann ist jede einparametrige Untergruppe von $\mathrm{SO}(n, \mathbb{R})$ konjugiert zu einer einparametrigen Untergruppe von $\mathrm{SO}(2, \mathbb{R})^k$.

Beweis:

Dies folgt aus einer Verallgemeinerung von 12.63: Jedes kommutierende System von orthogonalen Matrizen lässt sich durch eine Konjugation simultan in orthogonale Normalform überführen. (Siehe z.B. Gantmacher, Band 1, §15, Satz 12).

Proposition 5.16

$\psi : \mathbb{R} \to SO(2,\mathbb{R})^k$ sei eine einparametrige Untergruppe des maximalen Torus, $\pi_i : SO(2,\mathbb{R})^k \to SO(2,\mathbb{R})$ die Projektion auf den i-ten Faktor und $\psi_i := \pi_i \circ \psi$. Dann sind die $\psi_i : \mathbb{R} \to SO(2,\mathbb{R})$ einparametrige Untergruppen von $SO(2,\mathbb{R})$, und es gilt $\psi(t) = \psi_1(t) \times \cdots \times \psi_k(t)$. Umgekehrt gehört auf diese Weise zu jedem k-Tupel $(\psi_1, \ldots, \psi_k)$ von einparametrigen Untergruppen von $SO(2,\mathbb{R})$ eine einparametrige Untergruppe von $SO(2,\mathbb{R})^k$.

Beweis: trivial.

Proposition 5.17

Die einparametrigen Untergruppen von $SO(2,\mathbb{R})$ sind genau die folgenden Abbildungen: $\psi_\omega : \mathbb{R} \to SO(2,\mathbb{R})$:

$$\psi_\omega(t) = \begin{bmatrix} \cos(\omega t) & -\sin(\omega t) \\ \sin(\omega t) & \cos(\omega t) \end{bmatrix} \omega \in \mathbb{R}$$

Identifiziert man $SO(2,\mathbb{R})$ mit $S^1(\mathbb{C})$, dann gilt also:

$$\boxed{\psi_\omega(t) = e^{i\omega t)}}$$

Beweis: Übung.

Definition:

Für $\omega \neq 0$ heißt $\omega \in \mathbb{R}$ die **Winkelgeschwindigkeit** der ebenen Drehbewegung ψ_ω. Der **Drehsinn** von ψ_ω ist **positiv** für $\omega > 0$ und **negativ** für $\omega < 0$.

Proposition 5.18

Jede einparametrige Untergruppe von $SO(3,\mathbb{R})$ ist in $SO(3,\mathbb{R})$ konjugiert zu einer eindeutig bestimmten einparametrigen Untergruppe ψ_ω von folgender Form:

$$\psi_\omega(t) = \begin{bmatrix} \cos(\omega t) & -\sin(\omega t) & 0 \\ \sin(\omega t) & \cos(\omega t) & 0 \\ 0 & 0 & 1 \end{bmatrix} \quad \omega \geq 0$$

Beweis: Prop. 5.15 – 5.17.

Notation:

$\omega = \omega(\psi) \Leftrightarrow \psi$ ist konjugiert zu ψ_ω.

Definition:

Die **Winkelgeschwindigkeit** der räumlichen Drehbewegung $\psi : \mathbb{R} \to \mathrm{SO}(3,\mathbb{R})$ ist der eindeutig bestimmte Vektor $w \in \mathbb{R}^3$ mit folgenden Eigenschaften:

(i) $\mathbb{R}w = \mathrm{Fix}\ \psi$

(ii) $\|w\| = \omega(\psi)$

(iii) Mit der durch w repräsentierten Orientierung von Fix ψ ist $\psi(t)$ für hinreichend kleine positive t eine Rechtsdrehung im orientierten Standardraum $\mathbb{R}^3$.

Unsere früheren Aussagen über die universelle Überlagerung $\rho : \mathrm{Spin}\,(3,\mathbb{R}) \to \mathrm{SO}(3,\mathbb{R})$ der orthogonalen Gruppe durch die Spingruppe gestatten uns eine schöne und sehr anschauliche Beschreibung der einparametrigen Untergruppen von $\mathrm{SO}(3,\mathbb{R})$. Jede solche einparametrige Untergruppe lässt sich nämlich eindeutig zu einer einparametrigen Untergruppe $\tilde{\psi} : \mathbb{R} \to \mathrm{Spin}(3,\mathbb{R})$ von $\mathrm{Spin}(3,\mathbb{R})$ hochheben, d.h. es gibt genau ein solches $\tilde{\psi}$ mit $\psi = \rho \circ \tilde{\psi}$, so dass das folgende Diagramm kommutiert:

$$
\begin{array}{ccc}
 & & \mathrm{Spin}(3,\mathbb{R}) \\
 & \overset{\tilde{\psi}}{\nearrow} & \downarrow \rho \\
\mathbb{R} & \underset{\psi}{\longrightarrow} & \mathrm{SO}(3,\mathbb{R})
\end{array}
$$

Wir erinnern an die Zusätze zu 4.25 und an 4.28. Dort haben wir die Überlagerung ρ mit der universellen Überlagerung $S^3 \to P_3(\mathbb{R})$ des projektiven Raumes durch die 3-Sphäre $S^3 = S^3(\mathbb{H})$ der Einheitsquaternionen identifiziert und den euklidischen Standardvektorraum $\mathbb{R}^3$ mit dem Raum $\mathcal{P}(\mathbb{H}) \subset \mathbb{H}$ der reinen Quaternionen. Wir fassen $\mathcal{P}(\mathbb{H}) \subset \mathbb{H}$ als Äquatorebene für $S^3(\mathbb{H})$ auf, $S^2 = \mathcal{P}(\mathbb{H}) \cap S^3$ als Äquator und $+1$ bzw. -1 als Nordpol bzw. Südpol. Die Großkreise durch Nord- und Südpol nennen wir **Längenkreise**.

Proposition 5.19

Die nichttrivialen einparametrigen Untergruppen $\tilde{\psi}$ von $\mathrm{Spin}(3,\mathbb{R})$ und ψ von $\mathrm{SO}(3,\mathbb{R})$ lassen sich geometrisch wie folgt beschreiben.

(i) Die Zuordnung $\tilde{\psi} \mapsto \psi = \rho \circ \tilde{\psi}$ definiert eine Bijektion zwischen einparametrigen Untergruppen von $\mathrm{Spin}(3,\mathbb{R})$ und $\mathrm{SO}(3,\mathbb{R})$.

(ii) Die Bilder $\tilde{\psi}(\mathbb{R})$ sind genau die Längenkreise in S. Die Bilder $\psi(\mathbb{R})$ sind genau die projektiven Geraden durch 1 in $P_3(\mathbb{R})$.

(iii) $\tilde{\psi}$ parametrisiert den Längenkreis durch ein konstantes Vielfaches der Bogenlänge, nämlich $l(\tilde{\psi}[0,t]) = \frac{1}{2}\omega(\psi)t$.

(iv) Der Längenkreis $\tilde{\psi}(\mathbb{R})$ schneidet den Äquator S in den beiden Punkten $\tilde{(} \pm \pi/\omega(\psi))$, und $\pi/\omega(\psi)$ ist das kleinste positive t mit $\tilde{\psi}(t) \in S^2$.

(v) Die Drehachse $\mathrm{Fix}\psi$ von ψ ist der Durchschnitt der Äquatorebene mit der Ebene durch den Längenkreis $\tilde{\mathbb{R}}$.

(vi) Die Winkelgeschwindigkeit von ψ ist der Vektor $w = \omega(\psi)\tilde{\psi}(\pi/\omega(\psi))$.

Die Propositionen 5.13 und 5.12 enthalten im Prinzip eine Bestimmung aller einparametrigen Untergruppen von $\mathrm{I}(n,\mathbb{R})$. Sie zeigen insbesondere, dass jede einparametrige Untergruppe $\varphi : \mathbb{R} \to I(n,\mathbb{R})$ nicht nur stetig, sondern sogar differenzierbar ist. Deswegen kann man der differenzierbar parametrisierten Kurve φ in $\mathrm{I}(n,\mathbb{R})$ den Tangentialvektor $\dot{\varphi}(0)$ zuordnen. Dies ist ein Tangentialvektor an die Mannigfaltigkeit $\mathrm{I}(n,\mathbb{R})$ im Punkte $1 \in \mathrm{I}(n,\mathbb{R})$. Der Tangentialraum von $\mathrm{I}(n,\mathbb{R})$ im Punkte 1 ist per definitionem die Lie-algebra $i(n,\mathbb{R})$ von $\mathrm{I}(n,\mathbb{R})$. Stellt man $\mathrm{I}(n,\mathbb{R})$ wie früher als Untergruppe von $\mathrm{GL}(n+1,\mathbb{R})$ dar, dann wird $i(n,\mathbb{R})$ eine Lie-Unteralgebra der Liealgebra $\mathrm{gl}(n+1,\mathbb{R}) = \mathrm{M}((n+1)\times(n+1),\mathbb{R})$ mit der Lieklammer $[A,B] = AB - BA$, und zwar

$$i(n,\mathbb{R}) = \left\{ \left[\begin{array}{c|c} X & v \\ \hline 0 & 0 \end{array}\right] \in \mathrm{gl}(n+1,\mathbb{R}) \mid {}^{t}X = -X \right\}.$$

Dabei bilden die antisymmetrischen $n \times n$–Matrizen gerade die Liealgebra $\mathrm{so}(n,\mathbb{R})$ von $\mathrm{SO}(n,\mathbb{R})$, also:

$$\mathrm{so}(n,\mathbb{R}) = \{ X \in \mathrm{M}(n \times n,\mathbb{R}) \mid {}^{t}X = -X \}.$$

Jeder einparametrigen Untergruppe φ von $\mathrm{I}(n,\mathbb{R})$ bzw. von $\mathrm{O}(n,\mathbb{R})$ ist also ein Element $X_{\varphi} = \dot{\varphi}(0)$ aus $i(n,\mathbb{R})$ bzw. aus $\mathrm{so}(n,\mathbb{R})$ zugeordnet. Umgekehrt gehört zu jedem Element $X \in i(n,\mathbb{R})$ bzw. $X \in \mathrm{so}(n,\mathbb{R})$ eine einparametrige Untergruppe φ_X von $\mathrm{I}(n,\mathbb{R})$ bzw. $\mathrm{O}(n,\mathbb{R})$, nämlich

$$\varphi_X(t) := \exp(tX)$$

Aus den Sätzen 11.56 und 12.71 folgt, dass diese Zuordnungen zueinander invers sind.

Proposition 5.20

Die Zuordnungen $X \mapsto \varphi_X$ und $\varphi \mapsto X_{\varphi}$ definieren zueinander inverse bijektive Abbildungen zwischen den Liealgebren $i(n,\mathbb{R})$ bzw. $\mathrm{so}(n,\mathbb{R})$ und den Mengen der einparametrigen Untergruppen von $\mathrm{I}(n,\mathbb{R})$ bzw. $\mathrm{SO}(n,\mathbb{R})$.

Die Liegruppen $\mathrm{I}(n,\mathbb{R})$ bzw. $\mathrm{O}(n,\mathbb{R})$ operieren auf ihren jeweiligen Liealgebren durch Konjugation. Dabei überführt die Matrix A aus der Gruppe die Matrix X aus der Liealgebra in die Matrix AXA^{-1} aus der Liealgebra. Dieser Operation entspricht natürlich die Operation der Gruppe auf der Menge ihrer einparametrigen Untergruppen durch Konjugation: $X_{AXA^{-1}} = AX_{\varphi}A^{-1}$. Dadurch wird das Problem der Klassifikation der einparametrigen Untergruppen von $I(n,\mathbb{R})$ zu einem Klassifikationsproblem für die Orbits der „adjungierten Darstellung", d.h. der Operation von $\mathrm{I}(n,\mathbb{R})$ auf $i(n,\mathbb{R})$ durch Konjugation.

Dieses Problem kann man nun ganz ähnlich behandeln wie vorher das Problem der Klassifikation der Orbits der Operation von $I(n, \mathbb{R})$ auf sich selbst durch Konjugation. Das neue Problem ist sogar, wie wir sehen werden, noch etwas einfacher, weil wir es jetzt mit einer linearen Darstellung von $I(n, \mathbb{R})$ zu tun haben. Das Klassifikationsproblem wird wieder in zwei Schritten gelöst. Man zerlegt $i(n, \mathbb{R})$ zunächst in Strata mit gleichem **Orbittyp**, wobei Elemente von $i(n, \mathbb{R})$ gleichen Orbittyp haben, wenn ihre Isotropiegruppen in $I(n, \mathbb{R})$ konjugiert sind. Anschließend zerlegt man die Strata in $I(n, \mathbb{R})$-Orbits. Die Menge der $I(n, \mathbb{R})$-Orbits kann man dann durch die Punkte eines „Modulraums" in geeigneter Weise stetig parametrisieren und das Stratum selbst als Faserbündel über diesem Modulraum mit dem typischen Orbit als Faser darstellen. Dabei gewinnt man die Moduln aus der kanonischen Zerlegung der einparametrigen Gruppen. Dieser kanonischen Zerlegung entspricht dabei in der Liealgebra genau die additive Jordanzerlegung.

Proposition 5.21

Hat $X \in i(n, \mathbb{R})$ die additive Jordanzerlegung $X = X_s + X_n$ in halbeinfachen Anteil X_s und nilpotenten Anteil X_n, dann hat die zugehörige einparametrige Untergruppe φ_X von $I(n, \mathbb{R})$ die kanonische Zerlegung in die Translationskomponente $\tau = \varphi_{X_n}$ und die Rotationskomponente $\psi = \varphi_{X_s}$.

Wir führen dieses Programm für die Klassifikation der einparametrigen Untergruppen von $I(n, \mathbb{R})$ jetzt für $n = 3$ aus, während wir die Fälle $n = 1$ und $n = 2$ dem Leser überlassen. Das Besondere am Fall $n = 3$ besteht aus dieser Sicht darin, dass man $so(3, \mathbb{R})$ mit $\mathbb{R}^3$ identifizieren kann, also die Liealgebra von $SO(3, \mathbb{R})$ mit dem Raum $\mathbb{R}^3$, auf dem die Gruppe $SO(3, \mathbb{R})$ operiert. Für $\zeta = (\zeta_1, \zeta_2, \zeta_3) \in \mathbb{R}^3$ definieren wir (vgl. Aufgabe 42 zu Band I § 10):

$$x(\zeta) := \begin{bmatrix} 0 & -\zeta_3 & \zeta_2 \\ \zeta_3 & 0 & -\zeta_1 \\ -\zeta_2 & \zeta_1 & 0 \end{bmatrix} \in so(3, \mathbb{R})$$

Dann gilt $X(\zeta \times \eta) = [X(\zeta), X(\eta)]$. Die Zuordnung $\zeta \mapsto X(\zeta)$ definiert also einen Isomorphismus von Liealgebren $\mathbb{R}^3 \to so(3, \mathbb{R})$, wenn wir die Lieklammer für $\zeta, \eta \in \mathbb{R}^3$ durch $[\zeta, \eta] := \zeta \times \eta$ definieren. Ferner gilt

$X(\zeta) \cdot \eta = [\zeta, \eta]$ für das Produkt der Matrix $X(\zeta)$ mit dem Spaltenvektor η, und für $A \in O(3, \mathbb{R})$ gilt $A\,X(\zeta)\,A^{-1} = X(\det A \cdot A\zeta)$. Nunmehr ist klar, was die Bedeutung der oben definierten Winkelgeschwindigkeit ist.

Proposition 5.22

Für jede Drehbewegung $\psi : \mathbb{R} \to SO(3, \mathbb{R})$ sei $w(\psi)$ die Winkelgeschwindigkeit, und für $\psi \equiv 1$ sei $w(\psi) = 0$. Für $X \in so(3, \mathbb{R})$ sei ψ_X die zugehörige einparametrige Untergruppe von $SO(3, \mathbb{R})$, also $\psi_X(t) = \exp(tX)$. Für $\zeta \in \mathbb{R}^3$ sei $X(\zeta) \in so(3, \mathbb{R})$ wie oben definiert. Dann gilt: Die Zuordnungen $\zeta \mapsto X(\zeta)$ und $X \mapsto w(\psi_X)$ definieren zueinander inverse Isomorphismen von Liealgebren

$$\boxed{\mathbb{R}^3 \overset{\cong}{\rightleftarrows} SO(3, \mathbb{R})}$$

Wir wenden uns nunmehr den einparametrigen Untergruppen von $I(3, \mathbb{R})$ zu, also den Elementen von $i(3, \mathbb{R})$. Diese Liealgebra können wir folgendermaßen beschreiben. Auf $\mathbb{R}^3 \times \mathbb{R}^3$ definieren wir eine Lieklammer wie folgt:

$$[(\zeta, v), (\eta, w)] := (\zeta \times \eta, \zeta \times w, -\eta \times v).$$

Wir ordnen der Matrix $(\eta, v) \in \mathbb{R}^3 \times \mathbb{R}^3$ die folgende Matrix $X(\zeta, v) \in i(3, \mathbb{R}) \subset gl(4, \mathbb{R})$ zu:

$$X(\zeta, v) := \left[\begin{array}{c|c} X(\zeta) & v \\ \hline 0 & 0 \end{array} \right]$$

Die Zuordnung definiert einen Isomorphismus von Liealgebren:

$$\mathbb{R}^3 \times \mathbb{R}^3 \overset{\cong}{\to} i(3, \mathbb{R})$$

Die additive Jordanzerlegung, die ja nach 5.21 der kanonischen Zerlegung der einparametrigen Untergruppen entspricht, können wir in $\mathbb{R}^3 \times \mathbb{R}^3$ wie folgt beschreiben.

$(\zeta, v)_s = (\zeta, v - \frac{\langle v, \zeta \rangle}{\langle \zeta, \zeta \rangle} \zeta)$	$(0, v)_s = (0, 0)$
$(\zeta, v)_n = (0, \frac{\langle v, \zeta \rangle}{\langle \zeta, \zeta \rangle} \zeta)$	$(0, v_n) = (0, v)$
für $\zeta \neq 0$.	für $\zeta = 0$.

Man sieht: Die additive Jordanzerlegung und damit auch die kanonische Zerlegung einparametriger Untergruppen ist für $\zeta \lim 0$ ebenfalls unstetig. Die adjungierte Operation von $\mathrm{I}(3,\mathbb{R})$ auf $i(3,\mathbb{R})$ lässt sich in $\mathbb{R}^3 \times \mathbb{R}^3$ wie folgt beschreiben. Für $A \in \mathrm{O}(3,\mathbb{R})$ und $b \in \mathbb{R}^3$ sei $A_b(x) \in \mathrm{I}(3,\mathbb{R})$ die Transformation $A_b(x) = Ax + b$. Dann gilt:

$$A_b(\zeta, v)A_b^{-1} = (\det A \cdot A\zeta, \, Av + \det A \cdot X(b)A\zeta).$$

Hieraus ergibt sich leicht die Zerlegung von $i(3,\mathbb{R}) = \mathbb{R}^3 \times \mathbb{R}^3$ in Strata gleichen Orbittyps. Sie wird durch die folgende Tabelle beschrieben, die in der Spalte Z die Isotropiegruppen zeigt.

STRATUM	Z	BEWEGUNGSTYP
$C_1 := \{(0,0)\}$	$\mathrm{I}(3)$	Identität
$C_t := \{(0,v) \in \mathbb{R}^3 \times \mathbb{R}^3 \mid v \neq 0\}$	$\mathrm{I}(1)^+ \times \mathrm{I}(2)$	Translation
$C_r := \{(\zeta,v) \in \mathbb{R}^3 \times \mathbb{R}^3 \mid \langle \zeta, v \rangle = 0, \zeta \neq 0\}$	$\mathrm{I}(1) \times \mathrm{U}(1)$	Rotation
$C_s := \{(\zeta,v) \in \mathbb{R}^3 \times \mathbb{R}^3 \mid \langle \zeta, v \rangle \neq 0\}$	$\mathrm{I}(1)^+ \times \mathrm{U}(1)$	Schraubung

Isotropiegruppen bei Strata gleichen Orbittyps

Ein Vergleich mit der Tabelle zu Satz 5.11 auf Seite 240 zeigt: Die Isotropiegruppen der Strata in $i(3,\mathbb{R})$ sind die gleichen wie die Zentralisatoren der Strata $\mathrm{I}_Z \subset i(3,\mathbb{R})$ mit $1 \in \bar{\mathrm{I}}_Z$. Für das entsprechende Stratum C_Z von $i(3,\mathbb{R})$ gilt $\exp(\overline{C}_Z) = \bar{\mathrm{I}}_Z$. Insbesondere wird der Kegel

$$\overline{C}_r = \{(\zeta, v) \in \mathbb{R}^3 \times \mathbb{R}^3 \mid \langle \zeta, v \rangle = 0\}$$

durch die Exponentialabbildung auf den Abschluss $\bar{\mathrm{I}}_Z$ des Stratums der Drehungen abgebildet, den wir oben in Bemerkung 5 untersucht haben.

Wir wenden uns jetzt der Aufgabe zu, für jedes der vier Strata die Orbits in diesem Stratum durch einen „**Modul**" zu parametrisieren und die Elemente in einem Orbit durch einen „**orbitalen**" **Parameter**. Dazu gehört die Beschreibung des Wertebereichs des „Moduls", den wir „Modulraum" nennen, und die Beschreibung des typischen Orbits als Wertebereich des „orbitalen Parameters".

Translationsbewegungen:

Jede Translationsbewegung τ ist durch ihre **Geschwindigkeit** $v(\tau) \in \mathbb{R}^3 \setminus \{0\}$ eindeutig bestimmt. Der Modul ist $\|v(\tau)\|$, der Modulraum $\mathbb{R}^+$, die Menge der positiven reellen Zahlen. Der typische Orbit ist S^2, der orbitale Parameter $v(\tau)/\|v(\tau)\|$. Zu $(0, v) \in C_t$ gehört die Translationsbewegung mit der Geschwindigkeit v.

Rotationsbewegungen:

$\psi : \mathbb{R} \to \mathrm{I}(3, \mathbb{R})$ sei eine Rotationsbewegung. Durch Komposition mit dem kanonischen Homomorphismus $\lambda : \mathrm{I}(3, \mathbb{R}) \to \mathrm{O}(3, \mathbb{R})$ erhält man eine einparametrige Untergruppe $\lambda \cdot \psi$ von $\mathrm{SO}(3, \mathbb{R})$. Diese ist durch ihre Winkelgeschwindigkeit $w(\lambda \cdot \psi)$ eindeutig bestimmt. Wir definieren: Die **Winkelgeschwindigkeit** von ψ ist $w(\psi) := w(\lambda \cdot \psi) \in \mathbb{R}^3 \setminus \{0\}$. Die Winkelgeschwindigkeit der zu $(\zeta, w) \in C_r$ gehörigen Rotationsbewegung ψ ist $w(\psi) = \zeta$. Als Modul benutzen wir den **Betrag der Winkelgeschwindigkeit** $\omega(\psi) = \|w(\psi)\|$. Der Modulraum ist $\mathbb{R}^+$. Der Vektor $\overrightarrow{w(\psi)}$ ist eine Basis von Fix ψ und definiert daher eine Orientierung der affinen Geraden Fix ψ. Wir bezeichnen diese **orientierte Drehachse**rehachse!orientiert mit Fix $\psi \uparrow$. Sie ist der orbitale Parameter. Ihr Wertebereich – der typische Orbit – ist die Menge aller orientierten affinen Geraden in $\mathbb{R}^3$. Diese Menge kann man mit dem **Tangentialbündel der 2-Sphäre** $T(S^2)$ identifizieren. $T(S^2) \to S^2$ ist ein nichttriviales Vektorraumbündel mit Basisraum S^2 und typischer Faser $\mathbb{R}^2$.

Der Totalraum ist der Folgende:

$$T(S^2) = \{(\zeta, v) \in \mathbb{R}^3 \times \mathbb{R}^3 \mid \|\zeta\| = 1, \langle \zeta, v \rangle = 0\}.$$

Die Zuordnung $(\zeta, v) \mapsto v + \mathbb{R}\zeta$ definiert eine bijektive Abbildung von $T(S^2)$ auf die Menge der orientierten affinen Geraden in $\mathbb{R}^3$, durch die wir $T(S^2)$ mit der Menge dieser Geraden identifizieren. Der zu $(\zeta, v)' in C_r$ gehörige orbitale Parameter ist:

$$\boxed{\mathrm{Fix} \ \psi \uparrow = \left(\frac{\zeta}{\|\zeta\|}, \frac{\zeta \times v}{\langle \zeta, \zeta \rangle} \right) \in T(S^2)}$$

Schraubenbewegungen:

Eine Schraubenbewegung $\varphi = \tau\psi = \psi\tau$ mit Translationskomponente τ und Rotationskomponente ψ ist natürlich durch $v(\tau), \omega(\psi)$ und Fix $\psi \uparrow$ eindeutig bestimmt. Die Angabe dieser Daten ist jedoch redundant, da $v(\tau)$ und $w(\psi)$ beide den Translationsvektorraum von Fix ψ erzeugen. Wir setzen $\varepsilon = +1$, wenn beide die gleiche Orientierung von Fix ψ repräsentieren, und $\varepsilon = -1$, wenn sie entgegengesetzte Orientierungen repräsentieren. Das Stratum $C_s = \mathbb{R}^3 \times \mathbb{R}^3 - \overline{C_r}$ zerfällt in zwei Zusammenhangskomponenten, die durch $\langle \zeta, v \rangle > 0$ und $\langle \zeta, v \rangle < 0$ beschrieben werden. Für $\langle \zeta, v \rangle > 0$ ist $\varepsilon = 1$, für $\langle \zeta, v \rangle < 0$ ist $\varepsilon = -1$. Wir nennen die Schraubenbewegungen mit $\varepsilon = 1$ **Rechtsschraubenbewegungen**, die mit $\varepsilon = -1$ **Linksschraubenbewegungen**. Als Modul wählen wir das Paar $(\omega(\psi), \|v(\tau)\|)$. Der zugehörige Modulraum ist $\mathbb{R}^+ \times \mathbb{R}^+$. Als orbitalen Parameter wählen wir (Fix $\psi \uparrow, \varepsilon$). Der zugehörige typische Orbit ist $T(S^2) \times \{\pm 1\}$. Durch diese Daten ist eine Schraubenbewegung eindeutig bestimmt, und für die zu $(\zeta, v) \in C_s$ gehörige Schraubenbewegung $\varphi = \tau\psi = \psi\tau$ lassen sich die Daten wie folgt berechnen:

$$\boxed{\begin{aligned}
&\text{Fix } \psi \uparrow = \left(\frac{\zeta}{\|\zeta\|}, \frac{\zeta \times v}{\langle \zeta, \zeta \rangle} \right) \in T(S^2)\\
&\omega(\psi) = \|\zeta\|\\
&\|v(\tau)\| - \frac{|\langle \zeta, v \rangle|}{\|\zeta\|}\\
&\varepsilon = \operatorname{sign} \langle \zeta, v \rangle
\end{aligned}}$$

Wir fassen unsere Ergebnisse zur Klassifikation der einparametrigen Untergruppen von $I(3, \mathbb{R})$ zusammen.

Proposition 5.23

(i) Die einparametrigen Untergruppen von $I(3, \mathbb{R})$ entsprechen bijektiv den Elementen der Liealgebra $i(3, \mathbb{R})$.

(ii) Bezüglich der adjungierten Operation von $I(3, \mathbb{R})$ auf $i(3, \mathbb{R})$ zerfällt $i(3, \mathbb{R})$ in 4 Strata gleichen Orbittyps: C_1, C_t, C_r, C_s.

(iii) Diese Strata entsprechen den folgenden Typen von einparametrigen Untergruppen: triviale Gruppe, Translationsbewegungen, Rotationsbewegungen, Schraubenbewegungen.

(iv) Jedem Stratum C_1, C_t, C_r, C_s von $i(3, \mathbb{R})$ entspricht ein Z-Stratum $\mathrm{I}(3, \mathbb{R})_Z$ von $\mathrm{I}(3, \mathbb{R})$ und zwar so, dass die Konjugationsklasse der Isotropiegruppen des Stratums von $i(3, \mathbb{R})$ gleich der Konjugationsklasse der Zentralisatoren des Stratums von $\mathrm{I}(3, \mathbb{R})$ ist.

(v) Die Zahlen $\kappa, \lambda, \mu, \nu$, die für die Z-Strata von $\mathrm{I}(n, \mathbb{R})$ definiert wurden, haben für die 4 entsprechenden Strata von $i(3, \mathbb{R})$ die gleiche Bedeutung: κ ist die Zahl der Zusammenhangskomponenten des Stratums, λ die Dimension des typischen Orbits, μ die Dimension des Modulraumes und ν die Dimension des Stratums.

(vi) In der beigefügten Tabelle sind für jedes Stratum der Typ der zugehörigen Bewegungsgruppen, Modul, Modulraum, orbitaler Parameter und typischer Orbit angegeben. Der Modul definiert einen Homöomorphismus des zu dem Stratum C gehörigen Orbitraums auf den Modulraum, der zu $\mathbb{R}^\mu$ homöomorph ist. Das Paar aus Modul und orbitalem Parameter definiert einen analytischen Diffeomorphismus des Stratums auf das kartesische Produkt von Modulraum und typischem Orbit.

	TYP	MODUL	MODUL-RAUM	ORBITALER PARAMETER	TYPISCHER ORBIT
C_1	Identität	0	$\{0\}$	1	$\{1\}$
C_t	Translation	$\|v(\tau)\|$	$\mathbb{R}^+$	$\frac{v(\tau)}{\|v(\tau)\|}$	S^2
C_r	Rotation	$\omega(\psi)$	$\mathbb{R}^+$	Fix $\psi \uparrow$	$T(S^2)$
C_s	Schraubung	$(\omega(\psi), \|v(\tau)\|)$	$\mathbb{R}^+ \times \mathbb{R}^+$	(Fix $\psi \uparrow, \varepsilon$)	$T(S^2) \times \{\pm 1\}$

Tabelle zu Proposition 5.23

Bemerkungen:

(1) Setzt man $\omega = 0$ auf C_1 und C_t sowie $\|v(\tau)\| = 0$ auf C_1 und C_r, dann definiert $(\omega(\psi), \|v(\tau)\|)$ eine bijektive Abbildung des Orbitraumes $i(3, \mathbb{R})/\mathrm{I}(3, \mathbb{R})$ auf $D = \{(\omega, v) \in \mathbb{R} \times \mathbb{R} \mid \omega \geq 0, v \geq 0\}$. Diese Menge zerfällt in die Bilder $\overline{C}_i$ der Strata C_i, d.h. die Modulräume wie in der Skizze auf der folgenden Seite dargestellt. Die bijektive Abbildung $i(3, \mathbb{R})/\mathrm{I}(3, \mathbb{R}) \to D$ ist jedoch nicht stetig, während die

Umkehrabbildung stetig ist. Sie induziert Homöomorphismen bei Beschränkung auf $\overline{C}_1 \cup \overline{C}_t$ bzw. $\overline{C}_r \cup \overline{C}_s$.

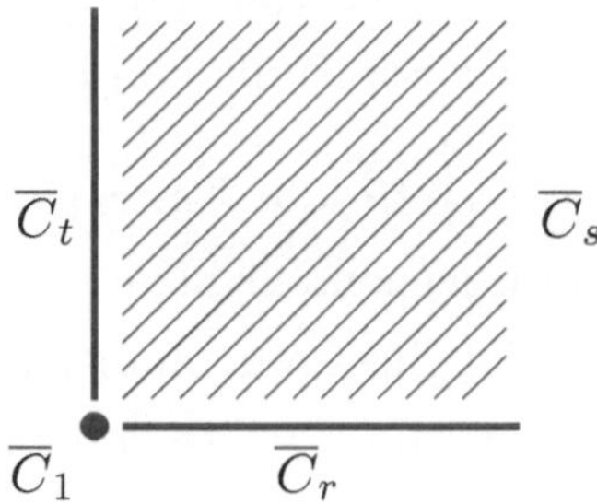

(2) Das Hauptorbitstratum C_s der Schraubenbewegungen ist offen und dicht in $i(3, \mathbb{R})$. Das Ausnahmestratum C_r der Drehbewegungen und die singulären Strata C_1 und C_t der trivialen Gruppe und der Translationsbewegungen liegen in der abgeschlossenen Hülle $\overline{C}_s$ von C_s. Mit der nach Bemerkung (1) gebotenen Vorsicht kann man diese Bewegungen deshalb alle als „Grenzfälle von Schraubenbewegungen" auffassen.

(2) Die Exponentialabbildung $\exp : i(3, \mathbb{R}) \to \mathrm{I}(3, \mathbb{R})$ ist surjektiv. Das folgt z.B. aus den Sätzen 5.11 und 5.23. Zu jeder Isometrie $\varphi_0 \in \mathrm{I}(3, \mathbb{R})$ existiert also eine – nicht eindeutig bestimmte – einparametrige Untergruppe φ von $\mathrm{I}(3, \mathbb{R})$ und ein – durch φ und φ_0 im Allgemeinen nicht eindeutig bestimmter – Parameterwert $t_0 \in \mathbb{R}$ mit $\varphi_0 = \varphi(t_0)$. Um Eindeutigkeit zu erzwingen, müsste man einen Injektivitätsbereich für die Exponentialabbildung in $i(3, \mathbb{R})$ auszeichnen. Das kann nicht ohne Künstlichkeiten ausgehen, und wir wollen es deswegen gar nicht erst versuchen. Wir wollen aber die Surjektivität der Exponentialabbildung als Satz festhalten, und zwar in einer ein wenig altertümlichen Ausdrucksweise, die dem geometrischen Gehalt und der Historie angemessen ist.

Satz 5.24

Jede Lageänderung im dreidimensionalen euklidischen Raum lässt sich durch eine Schraubenbewegung herbeiführen oder durch einen Grenzfall von Schraubenbewegungen.

Dieser Satz ist – wie ich bei Schoenflies gelesen habe – auf Giulio Mozzi (1756) zurückzuführen, und er wurde 1830 von Chasles neu entdeckt (vgl. dazu Giorgini, Memorie di mat. della soc. ital. delle Scienze, Modena 1836, p.47). Ich finde es bemerkenswert, dass die allgemeinste unter den einfachen Bewegungen, die Schraubenbewegung, so früh erkannt wurde, und dass man erst sehr viel später die singuläre Rolle der Translationen begriffen hat, von denen man heute beim analytischen Aufbau der euklidischen Geometrie ausgeht.

Kapitel 6

Kegelschnitte

Die einfachsten Kurven in der euklidischen Ebene sind – nach den Geraden und Kreisen – die Ellipsen, Parabeln und Hyperbeln. Die Griechen kannten und untersuchten diese Kurven seit den Zeiten von **Menaechmus**, der ein Schüler von Plato und Eudixus war und etwa in der Mitte des vierten Jahrhunderts vor Christus lebte. Seine Arbeiten gingen verloren. Erhalten geblieben sind jedoch die Untersuchungen von **Archimedes** über „Konoide und Sphaeroide", von **Diocles** „über Brennspiegel" und von **Apollonius** das „$K\Omega NIK\Omega N$". Das Werk von Apollonius ist der krönende Abschluß dieses Kapitels der griechischen Geometrie.

Die griechischen Mathematiker definierten Ellipsen, Hyperbeln und Parabeln als **Kegelschnitte**. Schneidet man einen Kegel mit einer Ebene, die nicht durch die Spitze des Kegels geht, dann ergibt sich als Schnittlinie je nach Lage der Ebene eine Ellipse, eine Parabel oder eine Hyperbel. Und zwar ergibt sich eine Ellipse, wenn die zur schneidenden Ebene parallele Ebene durch die Kegelspitze den Kegel nur in der Spitze trifft. Wenn hingegen diese Parallelebene den Kegel in einem Paar von Geraden trifft, ergibt sich als Schnittlinie eine Hyperbel. In dem noch übrig bleibenden Grenzfall schließlich, in dem die Parallelebene durch die Spitze den Kegel in einer Graden berührt, ergibt sich als Schnittlinie eine Parabel. Siehe hierzu auch die Bilder auf der folgenden Seite.

273

© Springer Fachmedien Wiesbaden GmbH, ein Teil von Springer Nature 2019
E. Brieskorn, *Lineare Algebra und Analytische Geometrie III*

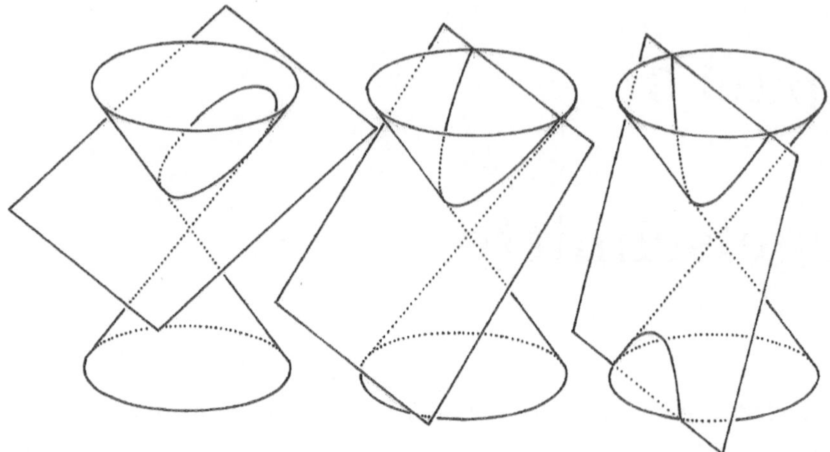

Aus dieser einheitlichen räumlich-geometrischen Definition der drei Arten
von ebenen Kurven leiteten die Griechen alsbald für jede Art eine charakteristische Beziehung zwischen Bestimmungsgrößen für die Kurvenpunkte
ab, die $\sigma\acute{v}\mu\pi\tau\omega\mu\alpha$ genannt wurde, und die dann an Stelle der räumlichen
Definition zur Grundlage der weiteren Untersuchung der Eigenschaften
dieser Kurven wurde. Bei Apollonius wird diese charakteristische Beziehung
in den Sätzen 11, 12 und 13 von Buch I des Konikon formuliert, in denen
auch die Namen „Parabel", „Hyperbel" und „Ellipse" eingeführt werden.
Die Erklärung dieser Namen findet man in den historischen Bemerkungen
am Ende des Kapitels. Das **Symptoma** einer Kurve war eine Beziehung
zwischen variablen geometrischen Bestimmungsstücken für die Punkte der
Kurve – in heutiger Sprache: zwischen Abszissen und Ordinaten eines rechtwinkligen oder auch nicht rechtwinkligen Koordinatensystems. Außerdem
gingen in diese Beziehung aus der geometrischen Konstruktion gewonnene
Größen ein, die von Kurve zu Kurve variierten, aber für eine einzelne Kurve
konstant waren – die **Parameter** der Kurve. In heutiger Sprache würde
man sagen: Das Symptoma jeder der drei Kurvenfamilien war eine von
Parametern abhängende quadratische Gleichung für die ebenen cartesischen
Koordinaten der Kurvenpunkte.

In diesem Kapitel wollen wir die Analoga der Kegelschnitte für beliebige Dimensionen definieren. Diese Gebilde nennt man, weil sie durch quadratische Gleichungen beschrieben werden, **Quadriken**. Unser Ziel ist die Klassifikation dieser Quadriken, eine Klassifikation ähnlich der klassischen Einteilung der Kegelschnitte in Ellipsen, Hyperbeln und Parabeln. Dabei verstehen wir diese Aufgabe unserem analytisch-geometrischen Standpunkt gemäß so, dass wir eine geometrisch relevante Klassifikation der quadratischen Gleichungen finden wollen.

Die Klassifikation der quadratischen Gleichungen werden wir aus immanenten analytischen Kriterien gewinnen. Die geometrische Relevanz demonstrieren wir nur dadurch, dass wir für die Quadriken in der Ebene und im Raum Bilder für die Nullstellengebilde der verschiedenen Typen quadratischer Gleichungen zeigen, soweit dies geometrisch sinnvoll ist.

Die letztgenannte Einschränkung betrifft ein prinzipielles Problem der reellen algebraischen Geometrie, das sich am besten durch einen Vergleich mit der entsprechenden Situation in der komplexen algebraischen Geometrie verdeutlichen lässt. Das Problem besteht darin, dass in der komplexen algebraischen Geometrie eine ganz enge Beziehung zwischen Gleichungen und ihren Nullstellenmengen besteht, die durch den Hilbertschen Nullstellensatz beschrieben wird, während in der reellen algebraischen Geometrie die Dinge viel komplizierter liegen.

Um das zu sehen, betrachten wir den einfachsten Fall, die Geometrie in der Dimension 1, also in der komplexen Geraden $\mathbb{C}$ bzw. auf der reellen Geraden $\mathbb{R}$. Gegeben sei eine Menge von verschiedenen Punkten $\xi_1, \ldots, \xi_k \in \mathbb{C}$ bzw. $\xi_1, \ldots, \xi_k \in \mathbb{R}$. In beiden Fällen können wir diese Punktmenge als Nullstellenmenge einer ganzrationalen Funktion f auf $\mathbb{C}$ bzw. auf $\mathbb{R}$ beschreiben, die genau diese Punkte als Nullstellen hat, und zwar als einfache Nullstellen. Denn $f(x) = c(x - \xi_1) \cdots (x - \xi_k)$ ist eine solche Funktion. Im komplexen Fall sind diese bis auf die Konstante $c \neq 0$ eindeutig bestimmten Funktionen die einzigen derartigen Funktionen.

Anders im reellen Fall: Ist $g(x)$ irgendeine reelle ganzrationale Funktion ohne reelle Nullstelle, z.B. $g(x) = x^2 + 1$, dann ist $h(x) = f(x) \cdot g(x)$ eine ganz andere rationale Funktion mit der gleichen Nullstellenmenge wie f.

Für die reellen Quadriken werden wir diese Problem später weitgehend klären (Proposition 6.19). Vorläufig ziehen wir aus unserer simplen Betrachtung den Schluss, dass im reellen Fall die Gleichungen mehr Informationen enthalten als ihre Nullstellenmengen, und dass wir deswegen lieber die quadratischen Funktionen selbst klassifizieren wollen.

Es ist bemerkenswert, dass die Griechen zur Definition von Ellipsen, Hyperbeln und Parabeln nicht die Symptomata verwandten – also die algebraischen Gleichungen dieser Kurven in der Ebene – sondern die räumlich-geometrische Kegelschnittkonstruktion. Es mag sein, dass der historische Grund dafür der war, dass dem geometrischen Denken der Griechen nur eine geometrische Definition gerechtfertigt erschien – dies ist die These von **Zeuthen** in seinem klassischen Buch „Die Lehre von den Kegelschnitten im Altertum" [137]. Darüber hinaus aber entsprach dieser Ansatz der griechischen Mathematiker im Prinzip vollkommen der Natur der Sache, so wie wir sie heute sehen. Dies wird sich bei der im Folgenden entwickelten Klassifikation der höherdimensionalen Quadriken bestätigen.

Wir interpretieren zunächst die Kegelschnittkonstruktion in unserer analytisch-geometrischen Sprache. Die in der Konstruktion benutzten Kegel beschreiben wir als isotrope Kegel einer nicht entarteten quadratischen Form $\hat{q}$ auf einem dreidimensionalen Vektorraum W. Damit sich wirklich ein Kegel im klassischen Sinn ergibt, muss die quadratische Form den Wittindex 1 haben. Die isotropen Geraden der quadratischen Form sind dann die erzeugenden Geraden des Kegels. Ihr gemeinsamer Schnittpunkt, die Spitze des Kegels, ist der Nullpunkt des Vektorraumes. Die Ebene, mit welcher der Kegel zum Schnitt gebracht wird, ist eine affine Ebene $X \subset W$, die nicht durch den Nullpunkt geht. Für ihre Lage relativ zu dem Kegel gibt es drei qualitativ verschiedene Möglichkeiten.

Sie unterscheiden sich durch den Typ der quadratischen Form $\bar{q} = \hat{q}|V$, die durch Beschränkung von $\hat{q}$ auf den zu X parallelen 2-dimensionalen Vektorunterraum $V \subset W$ entsteht. Diese Form $\bar{q}$ hat den Rand 2 oder 1. Wenn $\bar{q}$ den Rang 1 hat, ist die Schnittlinie von X mit dem Kegel eine Parabel. Wenn $\bar{q}$ den Rang 2 hat, ist der Wittindex von $\bar{q}$ gleich 0 oder 1. Im ersten Fall ist die Schnittlinie von X mit dem Kegel eine Ellipse, im zweiten Fall eine Hyperbel. In allen Fällen hat die „quadratische Funktion" $q = \hat{q}|X$, die durch Beschrh(=—e)nkung von $\hat{q}$ auf X entsteht, als Nullstellenmenge gerade den Kegelschnitt. Sie ist also das analytische Analogon des Symptoma, und $q(x) = 0$ ist eine Gleichung des Kegelschnitts.

Nun kann ein und dieselbe Ellipse in einer Ebene X offenbar auf viele verschiedene Weisen als Schnitt von X mit einem Kegel entstehen, und zwar so, dass sich trotzdem jedesmal die gleiche quadratische Funktion q auf X ergibt. Es ist deswegen sinnvoll, bei der Untersuchung der Kegelschnitte von der quadratischen Funktion q auf X auszugehen, so wie die Griechen ja auch das Symptoma zur Grundlage ihrer Untersuchung gemacht haben. Als erste Aufgabe entsteht dann das Problem, für beliebige affine Räume X quadratische Funktionen f auf X zu definieren und dann in Umkehrung der obigen Konstruktion quadratische Formen $\hat{f}$ und $\bar{f}$. Dieses Problem kann man natürlich schlicht und einfach dadurch lösen, dass man auf X irgendwelche affinen Koordinaten einführt und q als quadratische Funktion der Koordinaten beschreibt. Das ist konkret und nützlich, und Proposition 6.4 gibt eine solche Beschreibung. Ich halte es jedoch für richtiger, das Problem ohne Benutzung von Koordinaten begrifflich zu analysieren. Die nachfolgenden Überlegungen hierzu ließen sich ohne weiteres für affine Räume über Körpern der Charakteristik $\neq 2$ durchführen. Wir beschränken uns aber auf reelle affine Räume, denn wir entwickeln ja die euklidische Geometrie.

Definition:

X sei ein n-dimensionaler reeller affiner Raum. Ferner sei W ein $(n+1)$-dimensionaler reeller Vektorraum und $\mathbb{A}(W)$ der zugehörige $(n+1)$-dimensionale affine Raum. Eine **vektorielle Einbettung** von X in W ist eine Abbildung $X \to W$, die einen Isomorphismus des affinen Raumes X mit einem affinen Unterraum X' von $\mathbb{A}(W)$ induziert, für den $0 \notin X'$ gilt.

Wenn $X \to W$ eine vektorielle Einbettung ist, identifizieren wir X kanonisch mit seinem Bild, fassen also X als Teilmenge $X \subset W$ auf, und wir identifizieren den Translationsvektorraum von X mit dem zu $X \subset W$ parallelen Untervektorraum $V \subset W$.

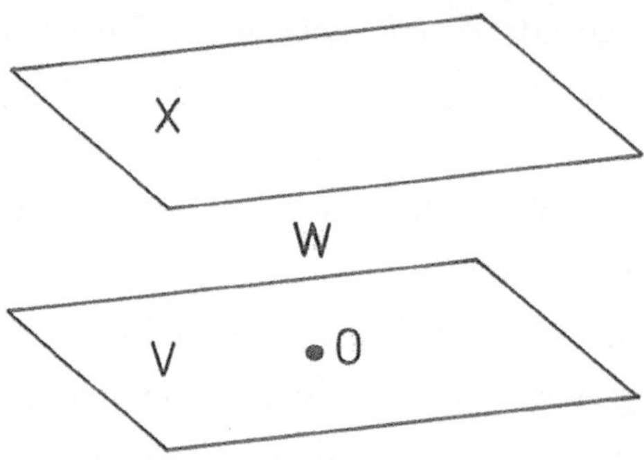

Beispiel:
Die **vektorielle Standardeinbettung** des affinen Standardraumes $\mathbb{R}^n$ ist die Abbildung $\mathbb{R}^n \to \mathbb{R}^{n+1}$, welche durch die Zuordnung $(x_1, \ldots, x_n) \mapsto (x_1, \ldots, x_n, 1)$ definiert wird.

Proposition 6.1
Sind $X \to W'$ und $X \to W''$ vektorielle Einbettungen eines affinen Raumes X, dann gibt es einen eindeutig bestimmten Vektorraumisomorphismus $W' \to W''$, so dass das folgende Diagramm kommutiert:

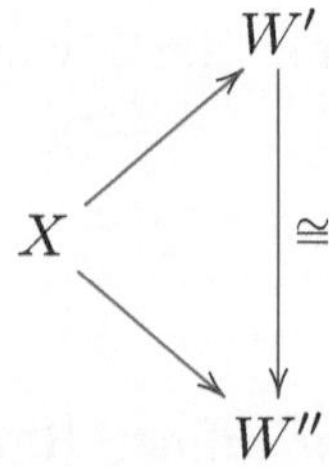

<u>Beweis:</u>

Für den Translationsvektorraum V von X induzieren die beiden Einbettungen Isomorphismen $V \to V'$ und $V \to V''$ mit 1-codimensionalen Untervektorräumen $V' \subset W'$ bzw. $V'' \subset W''$. Dazu gehört ein eindeutig bestimmter Isomorphismus $V' \to V''$, so dass das folgende Diagramm kommutiert:

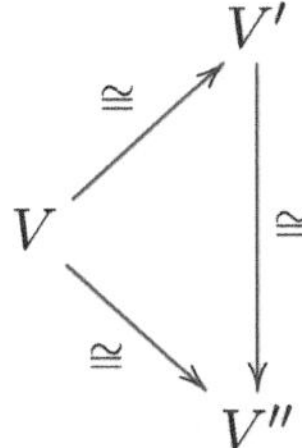

Man wähle ein $x \in X$. Die zugehörigen Vektoren $x' \in W'$ und $x'' \in W''$ spannen Komplemente zu V' bzw. V'' auf. Der Isomorphismus $V' \to V''$ erweitert sich daher eindeutig zu einem Vektorraumisomorphismus $W' \to W''$ mit $x' \mapsto x''$. Dies ist der gesuchte Isomorphismus.

<u>Korollar 6.2</u>

$X \to W$ sein eine vektorielle Einbettung des affinen Raumes X in den Vektorraum W, und es sei

$$\mathrm{STAB}(X) = \{\varphi \in \mathrm{GL}(W) \mid \varphi(X) = X\}$$

die Stabilisatorgruppe von X in $\mathrm{GL}(W)$. Dann definiert die Beschränkung der $\varphi \in \mathrm{STAB}(X)$ auf X einen Isomorphismus der Stabilisatorgruppe auf die affine Gruppe von X:

$$\boxed{\mathrm{STAB}(X) \xrightarrow{\;\cong\;} \mathrm{GA}(X)}$$

<u>Zusatz zu 6.2</u>

Für die vektorielle Standardeinbettung des affinen Standardraumes $\mathbb{R}^n$ ist der obige Isomorphismus gerade der schon früher eingeführte Isomorphismus der affinen Standardgruppe $A(n, \mathbb{R})$ mit der Untergruppe der Blockmatrizen in $\mathrm{GL}(n+1, \mathbb{R})$ von der folgenden Gestalt:

$$
\begin{array}{|c|c|}
\hline
A & a \\
\hline
0 & 1 \\
\hline
\end{array}
\qquad A \in \mathrm{GL}(n, \mathbb{R}), \qquad a \in \mathbb{R}^n.
$$

Proposition 6.3

$X \to W$ sei eine vektoriellen Einbettung des affinen Raumes X in den Vektorraum W und $V \subset W$ der Translationsvektorraum von X. Es sei $\hat{f}$ eine quadratische Form auf W, und es seien f und $\bar{f}$ die Beschränkungen $f = \hat{f}|X$ und $\bar{f} = \hat{f}|V$. Dann gilt:

(i) $\hat{f}$ ist durch f und die Einbettung $X \subset W$ eindeutig bestimmt.

(ii) $\hat{f}$ hängt funktoriell von der vektoriellen Einbettung ab. Das heißt Folgendes: Sind $X \subset W'$ und $X \subset W''$ vektorielle Einbettungen und $\hat{f}'$ bzw. $\hat{f}''$ quadratische Formen auf W' bzw. W'' mit $\hat{f}'|X = \hat{f}''|X$ und ist $\varphi : W' \to W''$ der kanonische Isomorphismus, dann gilt $\hat{f}' = \hat{f}'' \circ \varphi$.

(iii) Die quadratische Form $\bar{f}$ auf V ist durch die Funktion $f : X \to \mathbb{R}$ eindeutig bestimmt.

Beweis:

(iii) Für $v \in V$ und ein beliebig gewähltes $x_0 \in X$ gilt
$$2\bar{f}(v) = f(x_0 + 2v) - 2f(x_0 + v) + f(x_0).$$

(i) Für $w \in W \setminus V$ gilt $w = tx$ mit $x \in X$ und $t \in \mathbb{R}$, also $\hat{f}(w) = t^2 f(x)$. Daraus und aus (iii) folgt die Behauptung.

(ii) Dies folgt trivial aus (i).

Definition:

X sei ein reeller affiner Raum mit Translationsvektorraum V. Eine **quadratische Funktion** auf X ist eine reellwertige Funktion $f : X \to \mathbb{R}$, für die es eine vektorielle Einbettung $X \hookrightarrow W$ und eine quadratische Form $\hat{f}$ auf W mit $\hat{f}|X = f$ gibt. Die Form $\hat{f}$ heißt die **Homogenisierung** von f bezüglich der vektoriellen Einbettung $X \hookrightarrow W$. Die durch f eindeutig bestimmte quadratische Form $\bar{f} = \hat{f}|V$ auf V heißt der **Hauptteil** von f.

Proposition 6.4

Die quadratischen Funktionen auf dem affinen Standardraum $\mathbb{R}^n$ sind die Funktionen, die in der folgenden Form darstellbar sind:

$$f(x_1, \ldots, x_n) = \sum_{i,j=1}^{n} a_{ij} x_i x_j + 2 \sum_{k=1}^{n} b_k x_k + c$$

Dabei ist $A = (a_{ij})$ eine reelle symmetrische $n \times n$-Matrix, $b = (b_1, \ldots, b_n) \in \mathbb{R}^n$ ein reeller Spaltenvektor und $c \in \mathbb{R}$ eine Konstante. Diese Darstellung von f ist eindeutig. A ist die Matrix des Hauptteils $\bar{f}$. Die Matrix der Homogenisierung $\hat{f}$ bezüglich der vektoriellen Standardeinbettung ist die folgende Matrix:

$$\begin{array}{|c|c|} \hline A & b \\ \hline {}^t b & c \\ \hline \end{array} \qquad A \in \mathrm{GL}(n, \mathbb{R}).$$

Beweis: trivial.

Bemerkung:

Mit dieser Darstellung haben wir wieder einmal die historische Entwicklung auf den Kopf gestellt. Natürlich waren für Euler die quadratischen Funktionen gerade so wie in der obigen Proposition definiert. Die homogene Beschreibung kam erst später, bei O. Hesse 1844 und bei dem Bonner Mathematiker Julius Plücker in seinem wichtigen Werk „System der Geometrie des Raumes in neuer analytischer Behandlungsweise, insbesondere die Theorie der Flächen zweiter Ordnung und Classe enthaltend", Düsseldorf 1846 [127].

Proposition 6.3 zeigt, dass man die quadratischen Funktionen f auf einem affinen Raum X nach Wahl einer vektoriellen Einbettung $X \subset W$ eindeutig durch die quadratischen Formen $\hat{f}$ auf W beschreiben kann, und dass diese Beschreibung im Wesentlichen unabhängig von der Wahl der vektoriellen Einbettung ist. Allerdings ist diese Beschreibung eben doch nicht ganz unabhängig von Wahlen, weil ja eben eine vektorielle Einbettung gewählt werden muss. Es ist deshalb um der begrifflichen Klarheit willen wünschenswert, eine nur vom affinen Raum X abhängende kanonische vektorielle Einbettung $X \subset \hat{X}$ zu konstruieren.

Wir konstruieren jetzt für jeden affinen Raum X eine solche Einbettung $X \subset \hat{X}$. Dazu betrachten wir in der affinen Gruppe $\mathrm{GA}(X)$ die Untergruppe $\mathrm{G}(X)$ derjenigen Affinitäten ϕ von X, deren linearer Anteil $\lambda(\varphi)$ im Zentrum $Z(\mathrm{GL}(V))$ der linearen Gruppe des Translationsvektorraumes V von X liegt, also:

$$\mathrm{G}(X) = \{\varphi \in \mathrm{GA}(X) \mid \lambda(\varphi) \in Z(\mathrm{GL}(V))\}.$$

Wenn X der affine Standardraum $\mathbb{R}^n$ ist und $\mathrm{GA}(X)$ durch die Standarddarstellung wie im Zusatz zu 6.2 als Untergruppe von $\mathrm{GL}(n+1, \mathbb{R})$ dargestellt wird, ist $\mathrm{G}(X)$ die Gruppe der Matrizen von der folgenden Gestalt:

$$\left(\begin{array}{ccc|c} z & \cdots & 0 & x_1 \\ \vdots & \ddots & \vdots & \vdots \\ 0 & \cdots & z & x_n \\ \hline 0 & \cdots & 0 & 1 \end{array}\right) \qquad z \in \mathbb{R}^*, \ (x_1, \ldots, x_n) \in \mathbb{R}^n.$$

$\mathrm{G}(X)$ ist das semidirekte Produkt der zu $\mathbb{R}^n$ isomorphen Translationsgruppe $\mathrm{T}(X) \subset \mathrm{GA}(X)$ und der zu $\mathbb{R}^*$ isomorphen Untergruppe der Homothetien mit einem beliebig gewählten festen Zentrum. Die Menge $\mathrm{G}(X) \setminus T(X)$ ist gerade die Menge aller nichttrivialen Homothetien von X.

Nun betrachten wir die Liealgebra $\hat{X}$ von $\mathrm{G}(X)$. Für $X = \mathbb{R}^n$ ist dies, bezogen auf die Standarddarstellung von $\mathrm{A}(n, \mathbb{R})$ in $\mathrm{GL}(n+1, \mathbb{R})$, die Liesche Unteralgebra in der Liealgebra aller $(n+1) \times (n+1)$-Matrizen, die aus allen Matrizen der folgenden Gestalt besteht:

$$\left(\begin{array}{ccc|c} x & \cdots & 0 & x_1 \\ \vdots & \ddots & \vdots & \vdots \\ 0 & \cdots & x & x_n \\ \hline 0 & \cdots & 0 & 0 \end{array}\right) \qquad x \in \mathbb{R}, \ (x_1, \ldots, x_n) \in \mathbb{R}^n.$$

Die Exponentialabbildung ist eine bijektive Abbildung

$$\exp : \hat{X} \to \mathrm{G}(X).$$

Das kann man leicht nachrechnen, indem man $X = \mathbb{R}^n$ setzt. Der Translationsvektorraum V identifiziert sich kanonisch mit der Liealgebra von $\mathrm{T}(X) \subset \mathrm{G}(X)$, und die Exponentialabbildung induziert einen Isomorphismus

$$\exp : V \to \mathrm{T}(X)$$

der additiven Gruppe von V auf die Gruppe $\mathrm{T}(X)$. Für $X = \mathbb{R}^n$ ist dies die Zuordnung

$$\begin{pmatrix} 0 & \cdots & 0 & x_1 \\ \vdots & \ddots & \vdots & \vdots \\ 0 & \cdots & 0 & x_n \\ 0 & \cdots & 0 & 0 \end{pmatrix} \longmapsto \begin{pmatrix} 1 & \cdots & 0 & x_1 \\ \vdots & \ddots & \vdots & \vdots \\ 0 & \cdots & 1 & x_n \\ 0 & \cdots & 0 & 1 \end{pmatrix}.$$

Das Komplement $\hat{X} \setminus V$ wird durch $\exp$ bijektiv auf die Menge $\mathrm{G}(X) \setminus \mathrm{T}(X)$ der nichttrivialen Homothetien von X abgebildet. Für $X = \mathbb{R}^n$ ist dies die folgende Zuordnung:

$$\begin{pmatrix} x & \cdots & 0 & x_1 \\ \vdots & \ddots & \vdots & \vdots \\ 0 & \cdots & x & x_n \\ 0 & \cdots & 0 & 0 \end{pmatrix} \longmapsto \begin{pmatrix} e^x & \cdots & 0 & x_1' \\ \vdots & \ddots & \vdots & \vdots \\ 0 & \cdots & e^x & x_n' \\ 0 & \cdots & 0 & 1 \end{pmatrix} \quad x \neq 0$$

mit $x_i' = \frac{e^x - 1}{x} x_i$. Die rechts stehende Matrix beschreibt die Homothetie von $\mathbb{R}^n$ mit Zentrum $-x^{-1}(x_1, \ldots, x_n)$ und mit Ähnlichkeitsverhältnis e^x. Das Urbild der Menge aller Homothetien mit einem fest gewählten Ähnlichkeitsverhältnis $e^x = c$ ist also ein affiner Unterraum der Liealgebra $\hat{X}$, und man hat einen kanonischen Isomorphismus dieses affinen Unterraumes auf den affinen Raum X, indem man jedem Element y aus diesem Unterraum das Zentrum der entsprechenden Homothetie $\mathrm{Fix}(\exp(y))$ zuordnet. Zu jedem Ähnlichkeitsverhältnis $c \neq 1$ haben wir damit eine vektorielle Einbettung $X \to \hat{X}$ konstruiert, die nur von X und c abhängt. Für $X = \mathbb{R}^n$ wird diese Einbettung besonders einfach für das Ähnlichkeitsverhältnis $c = e^{-1}$, denn sie ist dann die Abbildung $\mathbb{R}^n \to \hat{\mathbb{R}}^n$, die durch die folgende Zuordnung definiert wird:

$$(x_1, \ldots, x_n) \quad \longmapsto \quad \left[\begin{array}{ccc|c} -1 & \cdots & 0 & x_1 \\ \vdots & \ddots & \vdots & \vdots \\ 0 & \cdots & -1 & x_n \\ \hline 0 & \cdots & 0 & 0 \end{array}\right].$$

Damit kommen wir schließlich zu der folgenden

Definition:

X sei ein reeller affiner Raum, und $\hat{X}$ die Liealgebra der aus allen Translationen und Homothetien bestehenden Untergruppe $\mathrm{G}(X)$ der affinen Gruppe $\mathrm{GA}(X)$. Bezüglich der Exponentialabbildung $\exp : \hat{X} \to \mathrm{G}(X)$ ist das Urbild der Menge aller Homothetien mit Ähnlichkeitsverhältnis $\frac{1}{e}$ ein affiner Unterraum $Y \subset \hat{X}$, und die Zuordnung $y \mapsto \mathrm{Fix}(\exp(y)) \in X$ definiert einen Isomorphismus von affinen Räumen $Y \to X$. Sein Inverses ist eine vektorielle Einbettung $X \to \hat{X}$. Dies ist die **kanonische vektorielle Einbettung** von X. Sie identifiziert den Translationsvektorraum V von X mit der zur Translationsgruppe $\mathrm{T}(X) \subset \mathrm{G}(X)$ zugehörigen Lieschen Unteralgebra von $\hat{X}$.

Da wir jetzt eine kanonische vektorielle Einbettung $X \mapsto \hat{X}$ zur Verfügung haben, können wir auch die Homogenisierung quadratischer Funktionen auf X kanonisch vollziehen.

Definition:

X sei ein affiner Raum, V sein Translationsvektorraum und $X \subset \hat{X}$ die kanonische vektorielle Einbettung. Ist dann f eine quadratische Funktion auf X und $\hat{f}$ die eindeutig bestimmte quadratische Form auf $\hat{X}$ mit der Beschränkung $\hat{f}|X = f$, so heißt $\hat{f}$ die **kanonische Homogenisierung** von f. Der **Hauptteil** von f ist die Beschränkung $\bar{f} = \hat{f}|V = f$.

Notation:

Die Bezeichnungen $X, \hat{X}, V$, sowie $f, \hat{f}, \bar{f}$ behalten wir in diesem ganzen Kapitel 6 bei, und wir verwenden stets die folgenden Bezeichnungen für die

Räume der quadratischen Funktionen bzw. Formen auf X bzw. $\hat{X}$ und V:

$$
\begin{aligned}
Q(X) &:= \{f \mid f \text{ quadratische Funktion auf } X\} \\
Q(\hat{X}) &:= \{\hat{f} \mid \hat{f} \text{ quadratische Form auf } \hat{X}\} \\
Q(V) &:= \{\bar{f} \mid \bar{f} \text{ quadratische Form auf } V\}.
\end{aligned}
$$

Wir haben ein kanonisches kommutatives Diagramm von Abbildungen:

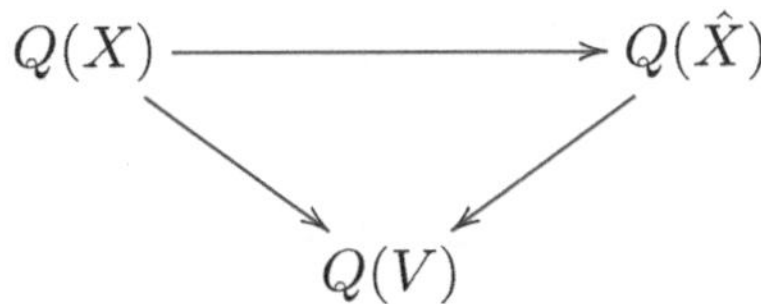

Es ist durch die folgenden Zuordnungen definiert:

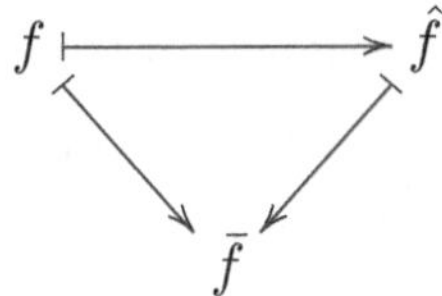

Die Homogenisierungsabbildung $f \mapsto \hat{f}$ ist bijektiv. Die Umkehrabbildung ist $\hat{f} \mapsto \hat{f}|X$.

Wir führen jetzt verschiedene Äquivalenzrelationen für quadratische Funktionen ein, die wir der Klassifikation zugrunde legen wollen.

Definition:

(i) X sein ein affiner Raum. Die affine Gruppe $\mathrm{GA}(X)$ operiert von rechts auf dem Vektorraum $Q(X)$ der quadratischen Funktionen f durch $f \mapsto f \circ \varphi$ für $\varphi \in \mathrm{GA}(X)$. Quadratische Funktionen im gleichen Orbit heißen **affin rechtsäquivalent**.

(ii) X sei ein euklidischer affiner Raum. Die Isometriegruppe $I(X) \subset \mathrm{GA}(X)$ operiert auf $Q(X)$. Quadratische Funktionen im gleichen Orbit heißen **affin-euklidisch rechtsäquivalent**.

Die gerade eingeführten Äquivalenzrelationen für quadratische Funktionen sind sehr naheliegend, aber sie sind durchaus nicht die einzig sinnvollen Äquivalenzrelationen. Fasst man beispielsweise die quadratischen Funktionen als Abbildungen $f : X \to \mathbb{R}$ des affinen Raumes X in den affinen Raum $\mathbb{R}$ auf, dann ist es sinnvoll, die affine Gruppe $\mathrm{A}(1, \mathbb{R})$ von links auf $Q(X)$ operieren zu lassen, und zwar durch $f \mapsto \psi \circ f$ für $\psi \in \mathrm{A}(1, \mathbb{R})$. Elemente im gleichen Orbit dieser Operation heißen **affin linksäquivalent**. Schließlich nennt man $f, f' \in Q(X)$ **affin rechts-links-äquivalent**, wenn es $\varphi \in \mathrm{GA}(X)$ und $\psi \in \mathrm{A}(1, \mathbb{R})$ gibt, so dass $f' = \psi \circ f \circ \varphi$ gilt.

Die Rechts-Links-Äquivalenz ist angemessen für die Klassifikation von Funktionen. Sie ist jedoch nicht mehr angemessen, wenn man die Nullstellenmengen der Funktionen untersuchen will, wie wir das ja gerade beabsichtigen. Denn die Funktionen $f(x)$ und $cf(x) + d$ mit $c \in \mathbb{R}^*$ und $d \in \mathbb{R}$ haben im Allgemeinen nur für $d = 0$ die gleiche Nullstellenmenge. Die führt dazu, bei der Operation von links nicht die ganze Gruppe $A(1, \mathbb{R})$ zuzulassen, sondern nur die lineare Gruppe $\mathrm{GL}(1, \mathbb{R}) = \mathbb{R}^*$. Damit kommen wir schließlich zu der folgenden

Definition:

X sei ein affiner Raum. Die Gruppe $\mathbb{R}^* \times \mathrm{GA}(X)$ operiert von rechts auf dem Vektorraum $Q(X)$ der quadratischen Funktionen durch $f \mapsto cf \circ \varphi$ für $c \in \mathbb{R}^*$ und $\varphi \in \mathrm{GA}(X)$. Ist X ein euklidischer affiner Raum, dann wird eine Operation von $\mathbb{R}^* \times \mathrm{I}(X)$ induziert.

(i) Quadratische Funktionen auf X heißen **affin äquivalent**, wenn sie im gleichen Orbit von $\mathbb{R}^* \times \mathrm{GA}(X)$ liegen.

(ii) Quadratische Funktionen auf X heißen **affin-euklidisch äquivalent**, wenn sie im gleichen Orbit von $\mathbb{R}^* \times \mathrm{I}(X)$ liegen.

Unser Ziel ist die Beschreibung der zugehörigen Mengen von Äquivalenzklassen, d.h. der Orbiträume $Q(X)/(\mathbb{R}^* \times \mathrm{GA}(X))$ bzw. $Q(X)/(\mathbb{R}^* \times I(X))$, wobei wir uns über die Art der Beschreibung noch werden Gedanken machen müssen. Wir können diese Aufgabe auch so auffassen, dass wir zunächst einen Quotienten von $\mathbb{R}^*$ bilden, darauf $\mathrm{GA}(X)$ bzw. $I(X)$ operieren lassen und dann Quotienten bezüglich dieser Operation bilden. Aber die Operation von $\mathbb{R}^*$ auf einem reellen Vektorraum durch skalare Multiplikation hat keinen vernünftigen Quotienten. Hingegen erhält man einen sehr schönen Orbitraum, nämlich einen projektiven Raum, wenn man den Nullpunkt entfernt und dann durch $\mathbb{R}^*$ teilt. Dies führt uns zunächst einmal dazu, den projektiven Raum $PQ(X) = (Q(X) \setminus \{0\}) / \mathbb{R}^*$ zu betrachten. Zusätzlich wollen wir aber auch für die Hauptteile $\bar{f}$ der quadratischen Funktionen zu Restklassen modulo $\mathbb{R}^*$ übergehen und auch dabei den projektiven Raum $PQ(V) = (Q(V) \setminus \{0\}) / \mathbb{R}^*$ betrachten. Daher muss man nicht nur $f \neq 0$ voraussetzen, sondern $\bar{f} \neq 0$. Schlicht und einfach: Die quadratischen Funktionen f auf X sollen wirklich quadratisch sein und nicht etwa linear oder konstant.

Definition:

X sei ein affiner Raum, $Q(X)$ der Vektorraum der quadratischen Funktionen auf X, und $\widetilde{Q}(X)$ sei die wie folgt definierte Teilmenge des projektiven Raumes $PQ(X)$:

$$\begin{aligned} Q(X)^* &= \{f \in Q(X) \mid \bar{f} \neq 0\}. \\ \widetilde{Q}(X) &= Q(X)/\mathbb{R}^*. \end{aligned}$$

Ein Element von $\widetilde{Q}(X)$ heißt eine **affine Quadrik** in X.

Definition:

Die kanonische Operation der affinen Gruppe $\mathrm{GA}(X)$ eines affinen Raumes X bzw. der Isometriegruppe $I(X)$ eines euklidischen affinen Raumes auf $Q(X)$ induziert eine Operation auf $\widetilde{Q}(X)$. Zwei affine Quadriken heißen **affin äquivalent** bzw. **affin-euklidisch äquivalent**, wenn sie im gleichen Orbit von $\mathrm{GA}(X)$ bzw. $I(X)$ liegen.

Proposition 6.5

Die Restklassenabbildung $Q(X)^* \to \widetilde{Q}(X)$ induziert kanonische bijektive Abbildungen

$$Q(X)^*/(\mathbb{R}^* \times \mathrm{GA}(X)) \;\to\; \widetilde{Q}(X)/\mathrm{GA}(X)$$
$$Q(X)^*/(\mathbb{R}^* \times \mathrm{I}(X)) \;\to\; \widetilde{Q}(X)/\mathrm{I}(X).$$

<u>Beweis:</u> trivial.

Die Klassifikation von Quadriken bis auf affine Äquivalenz ist also im Wesentlichen das gleiche wie die Klassifikation der quadratischen Funktionen bis auf affine Äquivalenz. Da nun aber die Gruppen $\mathbb{R}^*$ und $\mathrm{GA}(X)$ in $\mathbb{R}^* \times \mathrm{GA}(X)$ kommutieren, kann man die Reihenfolge der Quotientenbildung auch umkehren, d.h. zuerst die Orbiträume $Q(X)^*/\mathrm{GA}(X)$ bzw. $Q(X)^*/I(X)$ bestimmen und dann zu Restklassen modulo $\mathbb{R}^*$ übergehen. Diese Vorgehen ist übersichtlicher, und wir werden daher nachher zuerst die Rechts-Äquivalenzklassen quadratischer Funktionen bestimmen.

Mit diesen – zugegebenermaßen recht zahlreichen – Definitionen haben wir einen adäquaten begrifflichen Rahmen geschaffen, um die Klassifikation der quadratischen Funktionen auf einem reellen affinen Raum auf die Klassifikation der reellen quadratischen Formen zu reduzieren, die wir in Band II § 12 ausgeführt haben. Wir erinnern daran, dass wir dort für eine reelle quadratische Form q auf einem Vektorraum V die folgenden Invarianten eingeführt haben.

$$
\begin{aligned}
r(q) &= \mathrm{rang}(q)\\
i(q) &= \max\{\dim U \mid q|U = 0\} = \text{Wittindex von } q\\
n_+(q) &= \max\{\dim U \mid q|U \text{ positiv definit}\}\\
n_-(q) &= \max\{\dim U \mid q|U \text{ negativ definit}\}\\
n_0(q) &= \dim V_V^{\top}\\
\mathrm{rad}\, q &= V_V^{\top}.
\end{aligned}
$$

Im Folgenden haben wir gleichzeitig die quadratischen Formen $\hat{f}$ auf $\hat{X}$ und $\bar{f}$ auf V zu betrachten. Die zugehörigen Bilinearformen bezeichnen wir mit $b_{\hat{f}}$ bzw. $b_{\bar{f}}$ oder, falls keine Verwechslung zu befürchten ist, mit $\langle \cdot, \cdot \rangle$. Die zugehörigen Orthogonalitätsrelation bezeichnen wir mit $\perp$. Bei der Betrachtung von Unterräumen $U \subset \hat{X}$ bezeichnet $U^{\perp}$ das orthogonale Komplement in $\hat{X}$ bezüglich $\hat{f}$, soweit nichts anderes festgelegt wird. Dies gilt auch dann, wenn $U \subset V \subset \hat{X}$ gilt. $U_1 \perp U_2$ bezeichnet die orthogonale direkte Summe von U_1 und U_2.

Lemma 6.6

Für jede quadratische Funktion f auf einem affinen Raum X mit Translationsvektorraum V gelten die beiden folgenden alternativen Ketten von Äquivalenzen:

$$V^{\perp} \not\subset V \qquad \Leftrightarrow \qquad \mathrm{rad}\,\hat{f} \subseteq \mathrm{rad}\,\hat{f} \qquad \Leftrightarrow \qquad r(\hat{f}) \leq r(\bar{f}) + 1$$
$$V^{\perp} \subset V \qquad \Leftrightarrow \qquad \mathrm{rad}\,\hat{f} \subsetneq \mathrm{rad}\,\hat{f} \qquad \Leftrightarrow \qquad r(\hat{f}) > r(\bar{f}) + 1$$

Beweis:

Es genügt, alle Implikationen in der Richtung „$\Rightarrow$" zu beweisen. Diese sind trivial bis auf die erste Implikation der zweiten Zeile, die wir wie folgt beweisen: Offensichtlich gilt $\mathrm{rad}\,\hat{f} = \hat{X}^{\perp} \subset V^{\perp} = \mathrm{rad}\,\bar{f}$, letzteres wegen der Voraussetzung $V^{\perp} \subset V$. Wäre $\mathrm{rad}\,\hat{f} = \mathrm{rad}\,\bar{f}$, dann würde für ein Komplement $\bar{V}$ von $\mathrm{rad}\,\bar{f}$ in V gelten: $X \cap V^{\perp} = X \cap \bar{V}^{\perp} \neq \emptyset$ im Widerspruch zu $V^{\perp} \subset V$.

Proposition 6.7

f sei eine quadratische Funktion auf X mit Hauptteil $\bar{f}$ und kanonischer Homogenisierung $\hat{f}$. Dann besteht zwischen den quadratischen Formen $\hat{f}$ auf $\hat{X}$ und $\bar{f}$ auf V eine der beiden folgenden Beziehungen.

(i) Wenn $r(\hat{f}) \leq r(\bar{f}) + 1$, gilt

    (a) $X \cap V^{\perp} \neq \emptyset$

    (b) $f | X \cap V^{\perp} \equiv c,\, c \in \mathbb{R}$

    (c) $\forall e \in X \cap V^{\perp} : \hat{X} = V \perp \mathbb{R}\, e$ und $\hat{f}(e) = c$.

(ii) Wenn $r(\hat{f}) > r(\bar{f}) + 1$, gilt

    (a) $\mathrm{rad}\,\bar{f} \setminus \mathrm{rad}\,\hat{f} \neq \emptyset$.

(b) Für alle $e_1 \in \operatorname{rad}\bar{f} \setminus \operatorname{rad}\hat{f}$ existiert ein $e_2 \in X$ mit den folgenden Eigenschaften:

(α) $U := \mathbb{R}e_1 \oplus \mathbb{R}e_2$ ist eine hyperbolische Ebene in $\hat{X}$ bezüglich $\hat{f}$, d.h. es gibt ein reelles $b \neq 0$, so dass gilt:

$$\begin{bmatrix} \langle e_1, e_1 \rangle & \langle e_1, e_2 \rangle \\ \langle e_2, e_1 \rangle & \langle e_2, e_2 \rangle \end{bmatrix} = \begin{bmatrix} 0 & b \\ b & 0 \end{bmatrix}$$

(β) $\hat{X} = U^{\perp} \perp U$

 $V = U^{\perp} \perp \mathbb{R}e_1.$

Beweis:

(i) Aussage (a) folgt aus 6.6, und (b) und (c) sind trivial.

(ii) Aussage (a) folgt wieder aus Lemma 6.6. Zum Beweis von (b) wähle man ein $e \in X$ mit $b := \langle e, e_1 \rangle \neq 0$ und setze $e_2 = -e(\langle e, e \rangle / 2b)e_1$. Dann sind ($\alpha$) und ($\beta$) erfüllt.

Zusatz 1 zu 6.7:

Für ein f auf einem euklidischen affinen Raum X mit $r(\hat{f}) > r(\bar{f}) + 1$ ist die Konstante b in (ii) durch f eindeutig bestimmt, wenn zusätzlich folgende Bedingungen erfüllt werden: $b > 0$ und für die euklidische Norm von $e_1 \in V$ gilt $\|e_1\| = 1$.

Definition:

(i) Für eine quadratische Funktion f auf einem affinen Raum X mit $r(\hat{f}) \leq r(\bar{f}) + 1$ ist die Invariante $c(f) \in \mathbb{R}$ definiert durch $f|X \cap V^{\top} \equiv c(f)$.

(ii) Für eine quadratische Funktion f auf einem euklidischen affinen Raum X mit $r(\hat{f}) > r(\bar{f}) + 1$ ist die Invariante $b(f) \in \mathbb{R}^+$ definiert durch $b(f) = |b_{\hat{f}}(e_1, e_2)|$, wo $e_1 \in \operatorname{rad}\bar{f} \setminus \operatorname{rad}\hat{f}$ mit $\|e_1\| = 1$ und $e_2 \in X$.

Zusatz 2 zu 6.7:

(i) Für f mit $r(\hat{f}) \leq r(\bar{f}) + 1$ gilt:
$$r(\hat{f}) = r(\bar{f}) \Leftrightarrow c(f) = 0$$
$$r(\hat{f}) = r(\bar{f}) + 1 \Leftrightarrow c(f) \neq 0$$

(ii) Für f mit $r(\hat{f}) > r(\bar{f}) + 1$ gilt: $r(\hat{f}) = r(\bar{f}) + 2$

Die vorstehenden Ergebnisse führen zu einer ersten, sehr groben Klassenein-
teilung der quadratischen Funktionen, nämlich zu einer disjunkten Zerlegung

$$Q(X) = Q(X)^0 \cup Q(X)' \cup Q(X)''$$

in drei Mengen, die wie folgt definiert sind:

Definition:
$$Q(X)^0 = \{f \in Q(X) \mid r(\hat{f}) = r(\bar{f})\}$$
$$Q(X)' = \{f \in Q(X) \mid r(\hat{f}) = r(\bar{f}) + 1\}$$
$$Q(X)'' = \{f \in Q(X) \mid r(\hat{f}) = r(\bar{f}) + 2\}$$

Durch Proposition 6.7 ist die Klassifikation der quadratischen Funktionen
bis auf Rechtsäquivalenz auf die bereits früher durchgeführte Klassifikation
der reellen quadratischen Formen reduziert.

<u>Satz 6.8</u>   (affine Rechtsäquivalenz quadratischer Funktionen)
X sei ein n-dimensionaler affiner Raum und $\mathcal{Q}(X) = \mathcal{Q}(X)^\circ \cup \mathcal{Q}(X)' \cup \mathcal{Q}(X)''$
der Raum der quadratischen Funktionen auf X. Dann gilt:

(i) Für $f \in \mathcal{Q}(X)^\circ \cup \mathcal{Q}(X)'$ ist die affine Rechtsäquivalenzklasse von f
eindeutig durch die Invariante $(n_+(\bar{f}), n_-(\bar{f}), c(f))$ bestimmt. Dabei
durchläuft $(n_+(\bar{f}), n_-(\bar{f}))$ alle Paare (r, s) von natürlichen Zahlen mit
$0 \leq r, s \leq n$ mit $r + s \leq n$ und $c(f)$ alle reellen Zahlen.

(ii) Für $f \in \mathcal{Q}(X)''$ ist die affine Rechtsäquivalenzklasse von f eindeutig
durch die Invariante $(n_+(\bar{f}), n_-(\bar{f}))$ bestimmt. Diese durchläuft alle
Paare (r, s) von natürlichen Zahlen mit $0 \leq r, s < n$ und $r + s < n$.

<u>Beweis:</u>
Es ist klar, dass $n_+(\bar{f})$, $n_-(\bar{f})$ und $c(f)$ Invarianten der affinen Rechtsäquivalenzklassen sind, und dass sie gerade die angegebenen Werte annehmen
können. Dass die Rechtsäquivalenzklassen durch diese Invarianten bestimmt
sind, folgt unmittelbar aus Proposition 6.7 und Satz II.12.50, da man im Fall
(ii) von 6.7 den Vektor e_1 so wählen kann, dass die Konstante b gleich 1 wird.

Der konkrete Gehalt von Satz 6.8 wird deutlich, wenn wir ihn als Satz über Normalformen quadratischer Funktionen auf dem affinen Standardraum formulieren.

Satz 6.9 **(Normalformen für affine Rechtsäquivalenz)**

(i) Die quadratischen Funktionen f auf $\mathbb{R}^n$ mit $r(\hat{f}) \leq r(\bar{f}) + 1$ sind zu genau einer der folgenden quadratischen Funktionen affin rechtsäquivalent:

$$\boxed{\sum_{i=1}^{r} x_i^2 - \sum_{j=r+1}^{r+s} x_j^2 + c} \qquad , \ 0 \leq r + s \leq n, \quad c \in \mathbb{R}$$

(ii) Die quadratischen Funktionen f auf $\mathbb{R}^n$ mit $r(\hat{f}) > r(\bar{f}) + 1$ sind zu genau einer der folgenden quadratischen Funktionen affin rechtsäquivalent:

$$\boxed{\sum_{i=1}^{r} x_i^2 - \sum_{j=r+1}^{r+s} x_j^2 + 2x_n} \qquad , \ 0 \leq r + s < n.$$

Beweis:　　　Der Satz folgt unmittelbar aus Satz 6.8 und Proposition II.12.48.

Definition:

Die **affine Normalform** einer quadratischen Funktion f bezüglich affiner Rechtsäquivalenz ist die zu f rechtsäquivalente quadratische Funktion von der in 6.9 angegebenen Form.

Die in (i) in der Normalform vorkommende Konstante c ist selbstverständlich die Invariante $c(f)$. Wir wollen diese Invariante aus den Koeffizienten der quadratischen Funktion f berechnen. Dazu erinnern wir daran, dass für eine $m \times m$-Matrix A die Koeffizienten $c_k(A)$ des charakteristischen Polynoms von A wie folgt definiert sind:

$$\det(\xi \cdot 1 - A) = \sum_{k=0}^{m} c_k \xi^{m-k} .$$

Zusatz zu 6.9

f sei eine quadratische Funktion auf $\mathbb{R}^n$ mit $r(\hat{f}) \leq r(\bar{f}) + 1$. Es seien $\hat{A}$ und $\bar{A}$ die symmetrischen Matrizen zu den quadratischen Formen $\hat{f}$ und $\bar{f}$ und $\rho = r(\bar{f})$ der Rang von $\bar{A}$. Dann gilt:

$$\boxed{c(f) = -\frac{c_{\rho+1}(\hat{A})}{c_\rho(\bar{A})}}$$

Beweis:

Nach II.12.74 existiert eine Matrix $B \in I(n, \mathbb{R}) \subset GL(n+1, \mathbb{R})$ und eine Diagonalmatrix $\hat{D}$, so dass $\hat{A} =^t B\hat{D}B$ gilt. B hat eine Produktzerlegung $B = B_1 \cdot B_2$, wo B_1 eine Translation von $\mathbb{R}^n$ beschreibt und B_2 eine orthogonale Transformation. Für $\hat{A}' =^t B_1\hat{D}B_1$ verifiziert man die Formel leicht durch geeignete Entwicklung der entsprechenden Determinanten. Aber dann folgt die Formel auch für $\hat{A}$, denn wegen $\hat{A} = B_2^{-1}\hat{A}'B_2$ gilt $\det(\xi \cdot 1 - \hat{A}) = \det(\xi \cdot 1 - \hat{A}')$, und eine entsprechende Identität gilt für die beiden $n \times n$-Hauptminoren.

Auf ganz analoge Weise wird auch die Klassifikation quadratischer Funktionen bezüglich affin-euklidischer Rechtsäquivalenz durch 6.7 auf die früheren Aussagen zur Hauptachsentransformation quadratischer Formen auf einem euklidischen Vektorraum reduziert.

Satz 6.10   (**Normalformen für affin-euklidische Rechtsäquivalenz**)

(i) Jede quadratische Funktion f auf dem euklidischen affinen Standardraum $\mathbb{R}^n$ mit $r(\hat{f}) \leq r(\bar{f}) + 1$ ist affin-euklidisch rechtsäquivalent zu einer quadratischen Funktion der folgenden Form:

$$\boxed{\sum_{i=1}^{n} a_i x_i^2 + c} \quad , (a_1, \ldots, a_n) \in \mathbb{R}^n, \ c \in \mathbb{R}.$$

Zwei derartige Funktionen sind genau dann affin-euklidisch rechtsäquivalent, wenn die Konstante c für beide Funktionen gleich ist und die n-Tupel $(a_1, \ldots, a_n)$ durch eine Permutation ineinander übergehen.

(ii) Jede quadratische Funktion f auf $\mathbb{R}^n$ mit $r(\hat{f}) > r(\bar{f}) + 1$ ist affin-euklidisch rechtsäquivalent zu einer quadratischen Funktion der folgenden Form:

$$\boxed{\sum_{i=1}^{n-1} a_i x_i^2 + 2bx_n} \quad , (a_1, \ldots, a_{n-1}) \in \mathbb{R}^{n-1}, \ b \in \mathbb{R}^+.$$

Zwei derartige Funktionen sind genau dann affin-euklidisch rechtsäquivalent, wenn die Konstante $b > 0$ für beide Funktionen gleich ist und die $(n-1)$-Tupel $(a_1, \ldots, a_{n-1})$ durch eine Permutation ineinander übergehen.

<u>Zusatz:</u>

$\hat{A}$ bzw. $\bar{A}$ seien die symmetrischen Matrizen zu den quadratischen Formen $\hat{f}$ bzw. $\bar{f}$, und $\rho = r(\bar{f})$ der Rang von $\bar{A}$. Dann sind die f durch 6.10 zugeordneten Normalformen wie folgt durch $\hat{A}$ und $\bar{A}$ bestimmt:

(i) Wenn $r(\hat{f}) \leq r(\bar{f}) + 1$, sind $a_1, \ldots, a_n$ die Wurzeln des charakteristischen Polynoms von $\bar{A}$, und es ist $c = c(f)$,

$$\boxed{c(f) = -\frac{c_{\rho+1}(\hat{A})}{c_\rho(\bar{A})}} \ .$$

(ii) Wenn $r(\hat{f}) > r(\bar{f}) + 1$, sind $a_1, \ldots, a_{n-1}, 0$ die Wurzeln des charakteristischen Polynoms von $\bar{A}$, und es ist $b = b(f)$,

$$\boxed{b(f) = \sqrt[+]{-\frac{c_{\rho+2}(\hat{A})}{c_\rho(\bar{A})}}} \ .$$

<u>Beweis:</u>

Der Satz folgt unmittelbar aus Proposition 6.7 und dem Satz II.12.74 über die Hauptachsentransformation. Die Konstante $b = b(f) > 0$ im Fall (ii) kommt daher, dass man bei der Transformation auf Normalform im euklidischen Fall entsprechend dem Zusatz 1 zu 6.7 den Vektor e_1 als Vektor der Länge $\|e_1\| = 1$ wählen muss. Da man dann e_1 noch durch $-e_1$ ersetzen kann, kann man stets $b > 0$ erreichen. Den Zusatz beweist man auf die gleiche Weise wie den Zusatz zu 6.9.

Definition:

Die einer quadratischen Funktion f durch Satz 6.10 zugeordneten und bis auf Permutation der Koeffizienten a_i bestimmten quadratischen Funktionen nennen wir **affin-euklidische Normalformen** von f bezüglich affin-euklidischer Rechtsäquivalenz.

Bemerkungen:

(1) Man kann die Sätze 6.9 und 6.10 auch ganz leicht direkt in einer naiv rechnerischen Manier beweisen: Zuerst diagonalisiert man $\bar{f}$ entsprechend II.12.48 und II.12.50 bzw. II.12.74, und dann transformiert man die linearen Terme auf die Normalform von 6.9. Die erforderlichen Koordinatentransformationen liegen auf der Hand, und diesen ganz elementaren Beweis kann jeder selbst finden. Bei dem hier vorgetragenen Beweis haben wir zuerst den Reduktionsschritt 6.7 vorgenommen und erst dann diagonalisiert. Dies erscheint mir sachgemäßer.

(2) In Satz 6.9 (i) bilden für jedes Paar (r, s) die Normalformen eine durch $c \in \mathbb{R}$ stetig parametrisierte Familie von Funktionen. Der Zusatz zeigt, dass die Reduktion auf diese Normalformen für festes (r, s) stetig ist, und dass daher der Raum der affinen Rechtsäquivalenzklassen quadratischer Funktionen $f \in \mathcal{Q}(X)^\circ \cup \mathcal{Q}(X)'$ mit $(n_+(f), n_-(f)) = (r, s)$ homöomorph zu $\mathbb{R}$ ist. Die Funktion $f \mapsto c(f)$ ist jedoch nicht stetig auf $\mathcal{Q}(X)^\circ \cup \mathcal{Q}(X)'$. Beispiel: Für $f_t(x) = t^2 x^2 + 2tx + 1$ gilt $c(f_0) = 1$, aber $c(f_t) = 0$ für $t \neq 0$.

(3) Ebenso ist im euklidischen Fall $b(f)$ außer für $n = 1$ i.A. keine stetige Funktion auf $\mathcal{Q}(X)''$. Beispiel: Es sei $f_t(x, y) = t^3 x^2 + 2t^2 xy + ty^2 + 2y$. Dann gilt $b(f_0) = 1$, aber für $t \neq 0$ gilt $\lim b(f_t) = 0$, wenn t gegen 0 strebt.

Die vorstehenden Bemerkungen zeigen, dass die Reduktion auf Normalformen ein unstetiger Prozess ist. Bei kontinuierlicher Änderung der Koeffizienten einer quadratischen Funktion kann sich die Normalform sprunghaft ändern. Dies ist eine analytische Widerspiegelung eines analogen geometrischen Phänomens: Bei stetiger Änderung der quadratischen Funktionen kann sich die geometrische Gestalt ihrer Nullstellenmenge sprunghaft qualitativ ändern. *Unser Ziel ist es, dieses dialektische Verhältnis von kontinuierlicher und diskreter Veränderung, diesen Umschlag von Quantität in Qualität exakt begrifflich zu fassen.* Dazu genügt es gerade nicht, sich mit der Angabe von Normalformen zu begnügen. Vielmehr ist es erstens notwendig, zu einer in der Natur der Sache begründeten diskreten Typeneinteilung dieser Normalformen zu kommen, und es ist zweitens notwendig, genau zu beschreiben, wie bei stetiger Änderung der quadratischen Funktionen diese Typen ineinander übergehen. Das ist kein triviales Problem, und der ganze Rest dieses langen Kapitels 6 dient der Lösung dieser Aufgabe.

Wir diskutieren zunächst in vorläufiger Weise das Problem der Parametrisierung der Menge aller Rechtsäquivalenzklassen. Für affine Rechtsäquivalenzklassen ist die Antwort auf diese Frage in Satz 6.9 enthalten, denn die dort angegebenen Normalformen sind eindeutig. Für affin-euklidische Rechtsäquivalenzklassen hingegen sind die in Satz 6.10 angegebenen Normalformen nicht eindeutig, sondern nur bis auf Permutationen der Tupel $(a_1, \ldots, a_n)$ bzw. $(a_1, \ldots, a_{n-1})$ bestimmt. Um eine eindeutige Parametrisierung der Menge der affin-euklidischen Rechtsäquivalenzklassen zu erreichen, hat man zwei verschiedene Möglichkeiten. Die erste Möglichkeit ist die, die Koeffizienten a_i der Größe nach zu ordnen, und die zweite Möglichkeit ist, statt der Koeffizienten ihre elementarsymmetrischen Funktionen $\sigma_k(a_1, \ldots, a_n)$ zu betrachten, $k = 1, \ldots, n$. Wir wollen diese beiden Möglichkeiten diskutieren.

Definition:

    (i) $\tilde{D}_n := \{(a_1, \ldots, a_n) \in \mathbb{R}^n \mid a_1 \geq a_2 \geq \ldots \geq a_n\}$

    (ii) $D_n := \{(c_1, \ldots, c_n) \in \mathbb{R}^n \mid \xi^n + c_1 \xi^{n-1} + \ldots + c_n \text{ hat } n$
        reelle Nullstellen$\}$

(iii) $\sigma : \tilde{D}_n \to D_n$ ist definiert durch $\sigma(a, \ldots, a_n) = (c_1, \ldots, c_n)$

mit $c_i = (-1)^i \sigma_i(a_1, \ldots, a_n)$

(iv) $\chi : \mathcal{Q}(\mathbb{R}^n) \to D_n$ ist definiert durch $\chi(A) = (c_1, \ldots, c_n)$

mit $\det(\xi \cdot 1 - A) = \xi^n + c_1 \xi + \ldots + c_n$.

(v) $\tilde{\chi} : \mathcal{Q}(\mathbb{R}^n) \to \tilde{D}_n$ ist definiert durch $\tilde{\chi}(A) = (a_1, \ldots, a_n)$

mit $\det(\xi \cdot 1 - A) = (\xi - a_1) \ldots (\xi - a_n)$ und $a_1 \geq \ldots \geq a_n$.

Wir wollen uns erst einmal eine anschauliche geometrische Vorstellung von den Bereichen D_n und $\tilde{D}_n$ verschaffen. Dazu betrachten wir die Fälle $n = 1, 2, 3$. Für $n = 1$ ist $\tilde{D}_1 = \mathbb{R}$ und $D_1 = \mathbb{R}$ und $\sigma(a) = -a$.

Für $n = 2$ ist $\tilde{D}_2 = \{(a_1, a_2) \in \mathbb{R}^2 \mid a_1 \geq a_2\}$ eine Halbebene, $D_2 = \{(c_1, c_2) \in \mathbb{R}^2 \mid 4c_2 < c_1^2\}$ der Bereich unterhalb einer Parabel, und $\sigma(a_1, a_2) = (-(a_1 + a_2), a_1 a_2)$.

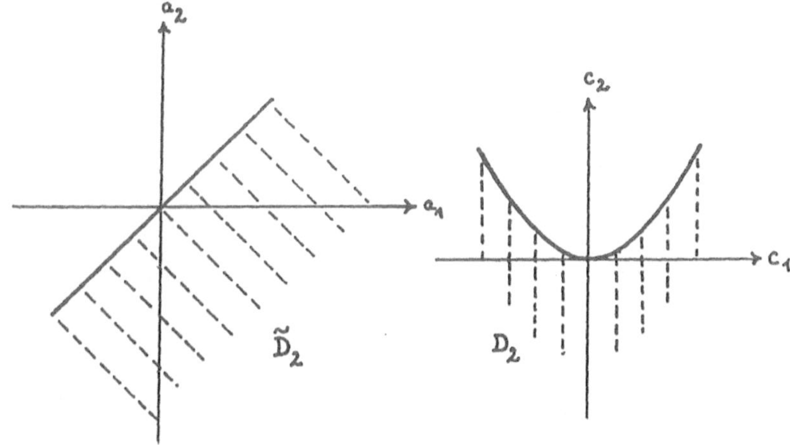

Für $n = 3$ ist $\tilde{D}_3 = \{(a_1, a_2, a_3 \in \mathbb{R}^3 \mid a_1 \geq a_2 \geq a_3\}$ der Durchschnitt von zwei Halbräumen, ein keilförmiger Bereich mit zwei Seitenflächen und einer Kante $a_1 = a_2 = a_3$. Der Bereich D_3 lässt sich mit Hilfe der Diskriminante Δ_3 beschreiben, die wir schon im Abschnitt II § 11.5 definiert und im Anschluss an Satz II.11.45* analysiert haben. Es gilt:

$$\Delta_3(c) = -c_1^2 c_2^2 + 4c_2^3 + 4c_1^3 c_3 + 27c_3^2 - 18c_1 c_2 c_3$$

$$D_3 = \{(c_1, c_2, c_3) \in \mathbb{R}^3 \mid \Delta_3(c) \leq 0\}.$$

Wir haben schon früher ein Bild der Diskriminantenfläche $\Delta_3(c) = 0$ gezeichnet. Es ist eine Fläche mit einer sogenannten „Rückkehrkante", die natürlich das σ−Bild der Kante $a_1 = a_2 = a_3$ ist. Die Diskriminantenfläche zerlegt $\mathbb{R}^3$ in zwei Zusammenhangskomponenten, $\Delta_3(c) < 0$ und $\Delta_3(c) > 0$, und D_3 ist die abgeschlossene Hülle der Komponente $\Delta_3(c) < 0$.

Die folgenden beiden Zeichnungen zeigen noch einmal unser früheres Bild der Diskriminantenfläche, wobei der Bereich D_3 auf dem Bild links von der Fläche liegt, und außerdem das von zwei Halbebenen begrenzte keilförmige Gebiet $\tilde{D}_3$. Dabei sind zur Veranschaulichung einer später definierten Stratifikation die Schnitte von $\tilde{D}_3$ mit den drei Koordinatenebenen $a_i = 0$ eingezeichnet. Sie zerlegen $\tilde{D}_3$ in vier Zusammenhangskomponenten, nämlich $a_1 \geq a_2 \geq a_3 > 0$ und $a_1 \geq a_2 > 0 > a_3$ und $a_1 > 0 > a_2 \geq a_3$ und $0 > a_1 \geq a_2 \geq a_3$. Das Bild der drei Koordinatenebenen bei der Abbildung $\sigma : \tilde{D}_3 \to D_3$ ist der Schnitt von D_3 mit der Ebene $c_3 = 0$, der D_3 ebenfalls in 4 Komponenten zerlegt. Um die Zeichnung nicht zu überladen, wird dies nicht dargestellt.

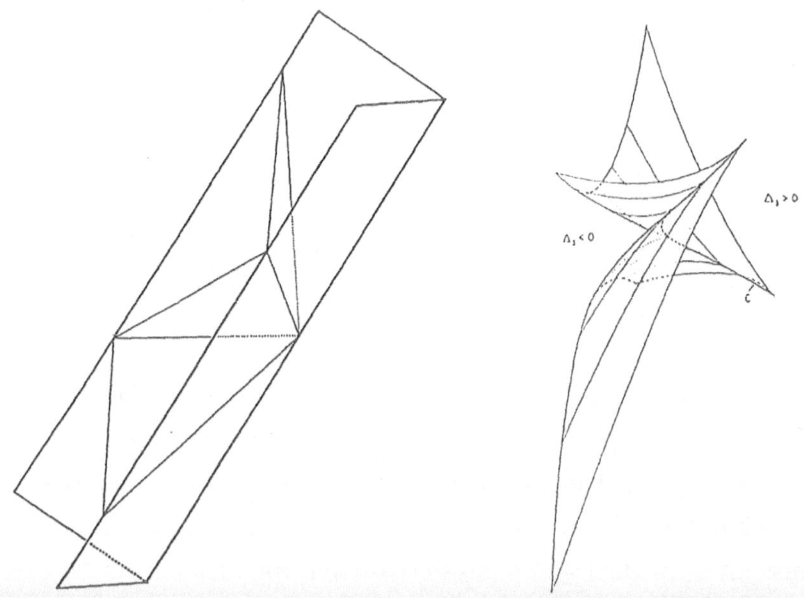

Proposition 6.11
Die Abbildung $\sigma : \tilde{D}_n \to D_n$ ist ein Homöomorphismus.

Beweis:

σ ist offensichtlich bijektiv und stetig. Die Umkehrabbildung σ^{-1} bildet jede in D_n konvergente Folge auf eine in $\tilde{D}_n$ beschränkte Folge ab, denn es gilt $a_1^2 + \ldots + a_n^2 = c_1^2 - 2c_2$. Dann muss die Bildfolge in $\tilde{D}_n$ aber sogar konvergent sein, denn sonst enthielte sie eine konvergente Teilfolge, deren Limes durch σ nicht auf den Limes der Urbildfolge abgebildet würde, im Widerspruch zur Stetigkeit von σ. Also ist σ^{-1} auch stetig.

Proposition 6.12

$\mathcal{Q}(\mathbb{R}^n)$ sei der Vektorraum der reellen symmetrischen $n \times n$-Matrizen. Die orthogonale Gruppe $O(n, \mathbb{R})$ operiert von rechts auf $\mathcal{Q}(\mathbb{R}^n)$, und zwar durch $\bar{A} \to {}^t B \bar{A} B$ für $\bar{A} \in \mathcal{Q}(\mathbb{R}^n)$ und $B \in O(n, \mathbb{R})$. Dann faktorisieren die oben definierten charakteristischen Abbildungen $\tilde{\chi} : \mathcal{Q}(\mathbb{R}^n) \to \tilde{D}_n$ und $\chi : \mathcal{Q}(\mathbb{R}^n) \to D_n$ den Orbitraum $\mathcal{Q}(\mathbb{R}^n)/O(n, \mathbb{R})$, und man erhält dadurch das folgende kommutative Diagramm von Homöomorphismen:

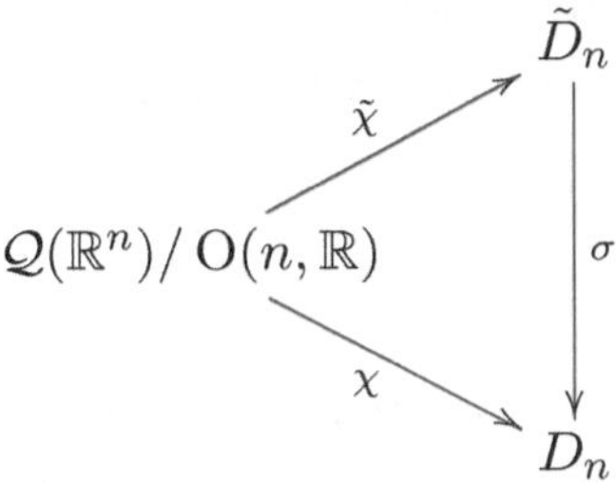

Beweis:

Das Diagramm ist nach Konstruktion kommutativ. Wegen des Satzes II.12.74 über die Hauptachsentransformation sind $\tilde{\chi}$ und χ bijektiv. χ ist offensichtlich stetig. Ordnet man $a = (a_1, \ldots, a_n) \in \tilde{D}_n$ die Diagonalmatrix D_a mit den Diagonalkoeffizienten $a_1, \ldots, a_n$ zu, dann ist die Abbildung $\tilde{D}_n \to \mathcal{Q}(\mathbb{R}^n)$ mit $a \mapsto D_a$ stetig, und es gilt $\tilde{\chi}(D_a) = a$. Also ist $\tilde{X}^{-1}$ stetig. Damit folgt aus 6.11, dass $\tilde{\chi}$ und χ Homöomorphismen sind.

Bemerkung:

Wir können die orthogonalen Äquivalenzklassen reeller quadratischer Formen also wahlweise durch das geordnete Tupel $(a_1, \ldots, a_n)$ der Eigenwerte oder durch die Koeffizienten $(c_1, \ldots, c_n)$ des charakteristischen Polynoms der zugehörigen symmetrischen Matrizen parametrisieren. Beides hat Vor- und Nachteile. Vorteile der Eigenwerte: Der Parameterbereich $\tilde{D}_n$ ist ein leicht beschreibbarer Durchschnitt von Halbräumen, und man kann explizit und einfach die Normalformen in Abhängigkeit von den Parametern $(a_1, \ldots, a_n)$ hinschreiben. Nachteil: Die Eigenwerte einer Matrix sind aus ihren Koeffizienten nicht durch rationale Operationen berechenbar. Beim übergang zu den Koeffizienten $(c_1, \ldots, c_n)$ des charakteristischen Polynoms verkehren sich die Vorteile in Nachteile und umgekehrt. Nachteile: Der Parameterbereich D_n ist eine nicht einfach beschreibbare semianalytische Menge, und es gibt keine Familie von Normalformen, deren Koeffizienten rational von den Parametern abhängen. Vorteil: Die Parameter $(c_1, \ldots, c_n)$ sind aus den Koeffizienten der Matrix rational berechenbar. Der gleichen Dichotomie sind wir schon früher begegnet, z.B. in Kapitel 3 bei der Beschreibung der Kongruenzklassen von Dreiecken.

Proposition 6.12 führt zu der folgenden, nur partiell stetigen bijektiven Parametrisierung der affin-euklidischen Rechtsäquivalenzklassen quadratischer Funktionen.

Proposition 6.13

Die Isometriegruppe $\mathrm{I}(n, \mathbb{R})$ des euklidischen affinen Standardraumes $\mathbb{R}^n$ operiert kanonisch von rechts auf der Menge $\mathcal{Q}(\mathbb{R}^n)$ der quadratischen Funktionen und lässt die Zerlegung $\mathcal{Q}(\mathbb{R}^n) = \mathcal{Q}(\mathbb{R}^n)^\circ \cup \mathcal{Q}(\mathbb{R}^n)' \cup \mathcal{Q}(\mathbb{R}^n)''$ invariant. Die zugehörigen Orbiträume lassen sich wie folgt bijektiv parametrisieren:

(i) Für $f \in \mathcal{Q}(\mathbb{R}^n)^\circ \cup \mathcal{Q}(\mathbb{R}^n)'$ definiert die Zuordnung $f \mapsto (\chi(\bar{f}), c(f))$ eine bijektive Abbildung

$$\mathcal{Q}(\mathbb{R}^n)^\circ \cup \mathcal{Q}(\mathbb{R}^n)' / \mathrm{I}(n, \mathbb{R}) \to D_n \times \mathbb{R} .$$

(ii) Für $f \in \mathcal{Q}(\mathbb{R}^n)''$ definiert die Zuordnung $f \mapsto (\chi''(\bar{f}), b(f))$ mit $(\chi''(\bar{f}) = (c_1(\bar{f}), \ldots, c_{n-1}(\bar{f}))$ eine bijektive Abbildung

$$\mathcal{Q}(\mathbb{R}^n)'' / \mathrm{I}(n, \mathbb{R}) \to D_{n-1} \times \mathbb{R}^+ .$$

(iii) Mit Ausnahme des Falles (ii) für $n = 1$ sind die in (i) und (ii) definierten Abbildungen nicht stetig, während ihre Umkehrabbildungen stetig sind. Jedoch werden diese Abbildungen bei Beschränkung auf die Orbiträume der quadratischen Funktionen f mit konstantem Rang $p = r(\bar{f})$ des Hauptteils stetig, und zwar für jedes ρ.

<u>Beweis:</u>

Die Aussagen folgen leicht aus 6.10, dem Zusatz hierzu, aus 6.12 und aus den Bemerkungen (2) und (3).

Die Unstetigkeit der obigen Parametrisierung der Rechtsäquivalenzklassen ist ein Indiz dafür, dass die Zerlegung $\mathcal{Q}(\mathbb{R}^n) = \mathcal{Q}(\mathbb{R}^n)^\circ \cup \mathcal{Q}(\mathbb{R}^n)' \cup \mathcal{Q}(\mathbb{R}^n)''$ noch viel zu grob ist. Damit erhebt sich die Frage, wie denn die quadratischen Funktionen auf einem affinen Raum in Typen einzuteilen sind. Die Antwort auf diese Frage hängt vom Ziel und von der Methode der jeweiligen Untersuchung ab. Ist man beispielsweise an den quadratischen Funktionen unter dem Gesichtspunkt der Rechtsäquivalenz interessiert, dann könnte man zwei Funktionen vom gleichen Typ nennen, wenn sie den gleichen Orbittyp in $\mathrm{GA}(X)$ haben, d.h. wenn ihre Isotropiegruppen in $\mathrm{GA}(X)$ konjugiert sind. Für $\dim X = 1$ würde dies zu einer Einteilung in drei Typen führen: konstante Funktionen, lineare nicht-konstante Funktionen und quadratische nichtlineare Funktionen. Da wir uns für die Nullstellen quadratischer Funktionen interessieren, wäre diese Einteilung für uns sicher zu grob. Sie unterscheidet z.B. bei den echt quadratischen Funktionen für $\dim X = 1$ nicht zwischen Funktionen mit zwei verschiedenen reellen Nullstellen, solchen mit einer zweifachen Nullstelle und solchen ohne reelle Nullstelle.

Besser, aber auch noch nicht befriedigend, wäre die Einteilung nach Orbittypen in $\mathbb{R}^* \times \mathrm{GA}(X)$. Sie unterscheidet z.B. für $\dim X = 1$ bei den echt quadratischen Funktionen zwischen solchen mit und solchen ohne zweifache Nullstelle. Noch besser aber ist es, $\mathcal{Q}(X)$ einfach in die Orbits von $\mathbb{R}^* \times \mathrm{GA}(X)$ zu zerlegen. Für $\dim X = 1$ liefert dies bei den echt quadratischen Funktionen gerade die oben erwähnte Unterscheidung in drei Typen. Diese Orbitzerlegung der quadratischen Funktionen führt bei den Quadriken zur Klassifikation bis auf affine Äquivalenz und liefert für die Quadriken vom affinen Standpunkt aus eine sehr brauchbare Typeneinteilung. Für die quadratischen Funktionen hingegen erweist es sich als richtig, noch einen kleinen Schritt weiter zu gehen und $\mathcal{Q}(X)$ in die Orbits von $\mathbb{R}^+ \times \mathrm{GA}(X)$ zu zerlegen, wo $\mathbb{R}^+$ die multiplikative Gruppe der positiven reellen Zahlen bezeichnet. Dies ergibt eine besonders übersichtliche Stratifikation von $\mathcal{Q}(X)$, die sehr gut zu unserem Ansatz der Behandlung quadratischer Funktionen f durch die quadratischen Formen $\hat{f}$ und $\bar{f}$ passt. Wir werden diese Stratifikation nun auf verschiedene Weisen beschreiben.

Definition:

$$\mathcal{Q}^\circ_{rs} := \{f \in \mathcal{Q}^\circ \mid n_+(\bar{f}) = r,\ n_-(\bar{f}) = s\}$$

$$\mathcal{Q}^+_{rs} := \{f \in \mathcal{Q}' \mid n_+(\bar{f}) = r,\ n_-(\bar{f}) = s,\ c(f) > 0\}$$

$$\mathcal{Q}^-_{rs} := \{f \in \mathcal{Q}' \mid n_+(\bar{f}) = r,\ n_-(\bar{f}) = s,\ c(f) < 0\}$$

$$\mathcal{Q}''_{rs} := \{f \in \mathcal{Q}'' \mid n_+(\bar{f}) = r,\ n_-(\bar{f}) = s\}$$

Dabei sind r und s nichtnegative ganze Zahlen, und es gilt in den ersten drei Zeilen $r + s \leq n$, in der vierten Zeile $r + s < n$, wobei $n = \dim X$. Um die Symbole für die so definierten Teilmengen von $\mathcal{Q}(X)$ nicht zu überladen, haben wir den Buchstaben X unterdrückt, und bei allen weiteren noch zu definierenden Stratifikationen von $\mathcal{Q}(X)$ werden wir das gleiche tun.

Proposition 6.14

Die Menge $\mathcal{Q}(X)$ der quadratischen Funktionen auf einem n-dimensionalen affinen Raum X zerfällt bezüglich der kanonischen Operation von $\mathbb{R}^+ \times \mathrm{GA}(X)$ in die $2n^2 + 5n + 3$ Orbits $Q^\circ_{rs},\ Q^+_{rs},\ Q^-_{rs},\ Q''_{rs}$.

Zusatz:

In jedem $\mathbb{R}^+ \times \mathrm{A}(n, \mathbb{R})$-Orbit von $\mathcal{Q}(\mathbb{R}^n)$ gibt es genau eine quadratische Funktion aus der folgenden Liste von $\mathbb{R}^+ \times \mathrm{A}(n, \mathbb{R})$-Normalformen:

$$\sum_{i=1}^{r} x_i^2 - \sum_{j=r+1}^{r+s} x_j^2 \qquad\qquad \text{in } \mathcal{Q}^\circ_{rs}$$

$$\sum_{i=1}^{r} x_i^2 - \sum_{j=r+1}^{r+s} x_j^2 + 1 \qquad\qquad \text{in } \mathcal{Q}^+_{rs}$$

$$\sum_{i=1}^{r} x_i^2 - \sum_{j=r+1}^{r+s} x_j^2 - 1 \qquad\qquad \text{in } \mathcal{Q}_{rs}^-$$

$$\sum_{i=1}^{r} x_i^2 - \sum_{j=r+1}^{r+s} x_j^2 + 2x_n \qquad\qquad \text{in } \mathcal{Q}_{rs}''$$

Beweis: Die Behauptung folgt unmittelbar aus Satz 6.9.

Die vorstehende Proposition indiziert die Orbits von $\mathbb{R}^+ \times \mathrm{GA}(X)$ in $\mathcal{Q}(X)$ in einer Weise, die den Normalformen angepasst ist. Im Folgenden definieren wir eine elegantere Indizierung, die besser der Ordnungsstruktur dieser Stratifikation entspricht.

Definition:

Für quadratische Funktionen $f \in \mathcal{Q}(X)$ definieren wir mit Hilfe der Invarianten n_+, n_- der zugehörigen quadratischen Formen $\hat{f}$ und $\bar{f}$ die folgenden Invarianten bezüglich der kanonischen Operation von $\mathbb{R}^+ \times \mathrm{GA}(X)$:

$$\begin{array}{|l|}
\hline
\alpha_+(f) := n_+(\hat{f}) + n_+(\bar{f}) \\
\alpha_-(f) := n_-(\hat{f}) + n_-(\bar{f}) \\
\hline
\alpha(f) := \min\{\alpha_+(f), \alpha_-(f)\} \\
\beta(f) := \max\{\alpha_+(f), \alpha_-(f)\} \\
\gamma(f) := \alpha_+(f) + \alpha_-(f) \\
\hline
\end{array}$$

Natürlich sind α, β, γ sogar Invarianten von $\mathbb{R}^* \times \mathrm{GA}(X)$, und es gilt

$$\alpha + \beta = \gamma.$$

Definition:

X sei ein n-dimensionaler affiner Raum, $\mathcal{Q}(X)$ die Menge der quadratischen Funktionen auf X und $\widetilde{\mathcal{Q}}(X)$ die Menge der affinen Quadriken in X. Dann definieren wir folgende Teilmengen von $\mathcal{Q}(X)$ bzw. $\widetilde{\mathcal{Q}}(X)$.

$$\mathcal{Q}^{\alpha\beta} = \{f \in \mathcal{Q}(X) \mid \alpha_+(f) = \alpha,\ \alpha_-(f) = \beta\}$$

$$\widetilde{\mathcal{Q}}^{\alpha\beta} = \{[f] \in \widetilde{\mathcal{Q}}(X) \mid \alpha(f) = \alpha,\ \beta(f) = \beta\}$$

Dabei sind α, β ganze Zahlen, $0 \le \alpha, \beta \le 2n + 1$ mit $\alpha + \beta \le 2n + 1$, und für $\widetilde{Q}^{\alpha\beta}$ gilt außerdem $\alpha \le \beta$ sowie $(\alpha, \beta) \ne (0,0), (0,1), (1,1)$.

Proposition 6.15

Die $Q^{\alpha\beta}$ sind die $\mathbb{R}^+ \times \mathrm{GA}(X)$ – Orbits in $\mathcal{Q}(X)$. Es gilt:

$$Q^\circ_{rs} = Q^{2r,2s}$$

$$Q^+_{rs} = Q^{2r+1,2s}$$

$$Q^-_{rs} = Q^{2r,2s+1}$$

$$Q''_{rs} = Q^{2r+1,2s+1}$$

Beweis: Die Proposition folgt trivial aus dem Zusatz zu 6.14.

<u>**Satz 6.16**</u>

X sei ein n-dimensionaler reeller affiner Raum, $\mathrm{GA}(X)$ seine affine Gruppe und $\mathcal{Q}(X)$ der reelle Vektorraum der quadratischen Funktionen auf X. Die Gruppe $\mathbb{R}^* \times \mathrm{GA}(X)$ operiert kanonisch auf $\mathcal{Q}(X)$ durch $f \mapsto cf \circ \varphi$ für $f \in \mathcal{Q}(X)$ und $c \in \mathbb{R}^*$ sowie $\varphi \in \mathrm{GA}(X)$. Für diese Operation gilt:

(i) Die Orbits von $\mathbb{R}^+ \times \mathrm{GA}(X)$ sind die $2n^2 + 5n + 3$ Mengen $Q^{\alpha\beta}$. Die Orbits von $\mathbb{R}^* \times \mathrm{GA}(X)$ sind die Mengen $Q^{\alpha\beta} \cup Q^{\beta\alpha}$.

(ii) $Q^{\alpha\beta}$ ist eine Mannigfaltigkeit. $Q^{\alpha\beta}$ ist zusammenhängend mit Ausnahme von Q^{11} für $n = 1$, das zwei Zusammenhangskomponenten hat. Es gilt:

$$\dim Q^{\alpha\beta} = \begin{cases} \frac{k}{2}(2n - k + 3) & \text{für } \alpha + \beta = 2k \\ \frac{k}{2}(2n - k + 3) + 1 & \text{für } \alpha + \beta = 2k + 1 \end{cases}$$

(iii) Die Zerlegung $\mathcal{Q}(X) = \cup Q^{\alpha\beta}$ ist eine Stratifikation. Es gilt:

$$\boxed{\overline{Q^{\alpha\beta}} \supset Q^{\alpha'\beta'} \iff \alpha \ge \alpha' \text{ und } \beta \ge \beta'}$$

Beweis:

(i) Die Aussage folgt sofort aus 6.14 und 6.15.

(ii) Man beweist die Behauptung leicht durch Berechnung der Isotropiegruppen in $\mathbb{R}^+ \times A(n, \mathbb{R})$ für die in 6.14 angegebenen Normalformen.

(iii) Es ist klar, dass die Bedingung $\alpha \geq \alpha'$ und $\beta \geq \beta'$ für $\overline{Q^{\alpha\beta}} \supset Q^{\alpha'\beta'}$
notwendig ist. Denn $n_+(\hat{f})$ und $n_-(\hat{f})$ bzw. $n_+(\bar{f})$ und $n_-(\bar{f})$ sind
offensichtlich unterhalb-stetige Funktionen auf $Q(\hat{X})$ bzw. $Q(V)$, und
da die Zuordnungen $f \mapsto \hat{f}$ bzw. $f \mapsto \bar{f}$ stetige Abbildungen $Q(X) \to$
$Q(\hat{X})$ bzw. $Q(X) \to Q(V)$ sind, sind $\alpha_+(f)$ und $\alpha_-(f)$ unterhalb-
stetige Funktionen auf $Q(X)$. Um nun zu zeigen, dass die Bedingung
auch hinreichend ist, genügt es, zu zeigen: $\overline{Q^{\alpha\beta}} \supset Q^{\alpha-1,\beta}, Q^{\alpha,\beta-1}$. Da
die Multiplikation mit -1 die Strata $Q^{\alpha\beta}$ und $Q^{\beta\alpha}$ vertauscht, genügt
es, nur die Hälfte dieser Relationen zu beweisen. Und da die $Q^{\alpha\beta}$ die
Orbits einer stetigen Gruppenoperation sind, genügt es, zu zeigen:
$\overline{Q^{\alpha\beta}} \cap Q^{\alpha-1,\beta} \neq \emptyset$, bzw. $\overline{Q^{\alpha\beta}} \cap Q^{\alpha,\beta-1} \neq \emptyset$. Wir tun dies durch Angabe
einer stetig von einem reellen Parameter t abhängigen Familie von
quadratischen Funktionen f_t auf $\mathbb{R}^n$, wobei $f_t \in Q^{\alpha\beta}$ für $t \neq 0$ und
wobei f_0 die Normalform in $Q^{\alpha-1,\beta}$ bzw. $Q^{\alpha,\beta-1}$ ist.

(α, β)	(α', β')	f_t
$(2r, 2s)$	$(2r, 2s - 1)$	$x_1^2 + \ldots + x_r^2 - x_{r+1}^2 - \ldots - x_{r+s-1}^2$ $\quad -(tx_{r+s} + 1)^2$
$(2r + 1, 2s + 1)$	$(2r + 1, 2s)$	$x_1^2 + \ldots + x_r^2 - x_{r+1}^2 - \ldots - x_{r+s}^2$ $\quad +2tx_n + 1$
$(2r + 1, 2s)$	$(2r, 2s)$	$x_1^2 + \ldots + x_r^2 - x_{r+1}^2 - \ldots - x_{r+s}^2$ $\quad +t^2$
$(2r + 1, 2s)$	$(2r + 1, 2s - 1)$	$x_1^2 + \ldots + x_r^2 - x_{r+1}^2 - \ldots - x_{r+s-1}^2$ $\quad -t^2 x_n^2 + 2x_n$

<u>Bemerkung:</u>

$\hat{X}^*$ sei der duale Vektorraum zu $\hat{X}$. Durch Beschränkung der Linearformen $u \in \hat{X}^*$ auf $X \subset \hat{X}$ erhält man einen kanonischen Homomorphismus
$\hat{X}^* \to Q(X)$ in den reellen Vektorraum der quadratischen Funktionen auf
X. Zusammen mit dem Homomorphismus $Q(X) \to Q(V)$, der $f \in Q(X)$
den Hauptteil $\bar{f} \in Q(V)$ zuordnet, erhält man so eine kanonische kurze
exakte Sequenz

$$\boxed{0 \to \hat{X}^* \to Q(X) \to Q(V) \to 0.}$$

Mittels dieser Sequenz kann man das Stratum $Q^{\alpha\beta}$ als Faserbündel über dem Stratum der $q \in \mathcal{Q}(V)$ mit $n_+(q) = [\alpha/2]$ und $n_-(q) = [\beta/2]$ beschreiben. Analoges gilt für die noch zu definierenden feineren Stratifikationen im euklidischen Fall, für die wir dies in Satz 6.26 ausführen.

Beispiel:

Wir beschreiben die Stratifikation $\mathcal{Q}(X) = \cap Q^{\alpha\beta}$ explizit für den einfachsten Fall $\dim X = 1$, d.h. $X = \mathbb{R}$. Dann ist $\mathcal{Q}(\mathbb{R})$ die Menge der quadratischen Funktionen $f(x) = ax^2 + 2bx + c$, und durch die Zuordnung $f \mapsto (a, b, c)$ identifizieren wir $\mathcal{Q}(\mathbb{R})$ mit dem $\mathbb{R}^3$ mit den Koordinaten (a, b, c). Im $\mathbb{R}^3$ betrachten wir den Kegel mit der Gleichung $ac - b^2 = 0$ und die Ebene mit der Gleichung $a = 0$, die den Kegel in der Geraden $a = b = 0$ berührt. Die Vereinigung von Kegel und Ebene zerlegt $\mathbb{R}^3$ in 4 Zusammenhangskomponenten. Dieses sind die 4 höchstdimensionalen Strata $Q^{\alpha\beta}$ mit $\alpha + \beta = 3$. Die Berührgerade zerlegt die Ebene in die beiden Zusammenhangskomponenten von Q^{11}, und sie zerlegt den Kegel in zwei Zusammenhangskomponenten, die Strata Q^{02} und Q^{20}. Die Kegelspitze zerlegt die Berührgerade in zwei Zusammenhangskomponenten, die Strata Q^{01} und Q^{10}, und die Spitze selbst ist natürlich das Stratum Q^{00}. Das folgende Bild illustriert diese Stratifikation.

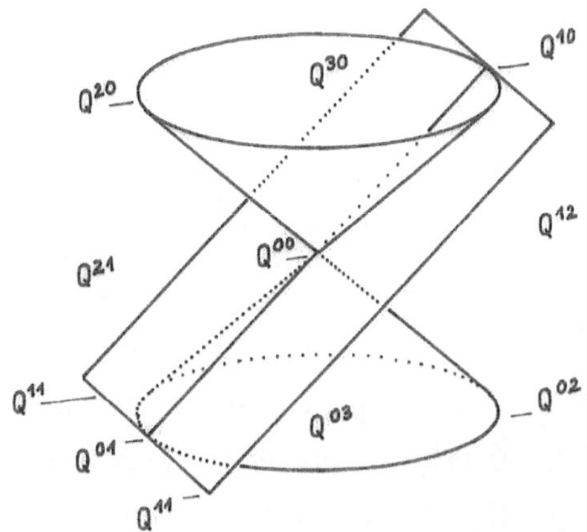

Bei diesem Beispiel kann man die Adjazenzrelationen der Stratifikation direkt aus der Figur ablesen. Wir beschreiben sie durch einen gerichteten Graphen.

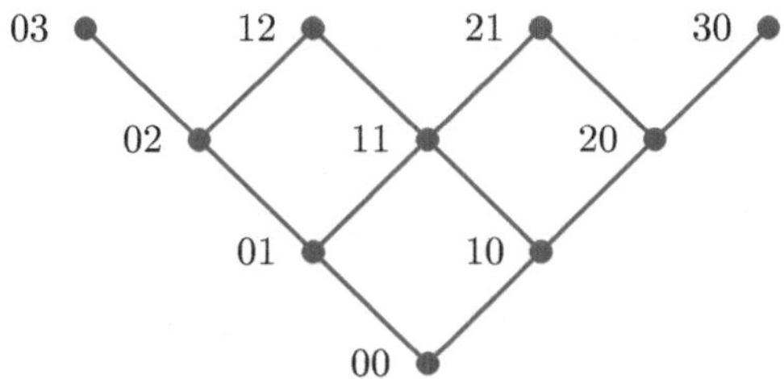

Die mit (α, β) bezeichnete Ecke entspricht dem Stratum $\mathcal{Q}^{\alpha\beta}$, und jede Ecke ist durch einen gerichteten Pfeil mit ihren Nachfolgern in der Ordnungsrelation verbunden, die durch $(\alpha, \beta) \geq (\alpha', \beta') \Leftrightarrow \alpha \geq \alpha'; \beta \geq \beta'$ definiert wird. Die Nachfolger sind $(\alpha - 1, \beta)$ und $(\alpha, \beta - 1)$, wenn $\alpha, \beta > 0$; bzw. $(\alpha - 1, 0)$, wenn $\alpha > 0, \beta = 0$; und $(0, \beta - 1)$, wenn $\alpha = 0, \beta > 0$. Das nächste Bild zeigt für jedes der 10 Strata den Graphen einer Funktion $y = f(x)$ aus diesem Stratum, wobei die horizontale Linie die Gerade $y = 0$ markiert. Die Anordnung der 10 Einzelbilder entspricht dem obigen Adjazenzgraphen.

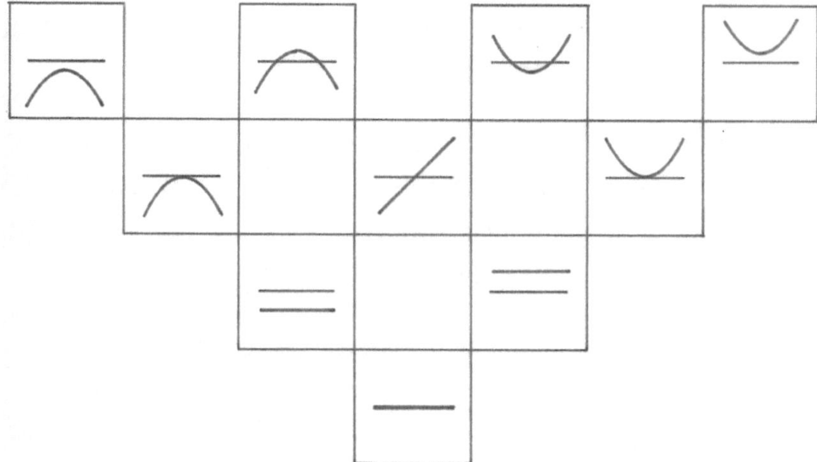

Während für $\dim X = 1$ also die Stratifikation von $\mathcal{Q}(X)$ noch geometrisch-anschaulich gut vorstellbar ist, scheint es mir schwierig zu sein, sich für $\dim X > 1$ die Stratifikation von $\mathcal{Q}(X)$ noch anschaulich vorzustellen. Was uns dann bleibt, ist der Adjazenzgraph, der beschreibt, welche Strata in der abgeschlossenen Hülle eines gegebenen Stratums liegen. Und dieser Graph hat für alle Dimensionen die gleiche einfache Struktur.

Zum Beispiel zeigt das nächste Bild den Graphen für $\dim X = 3$.

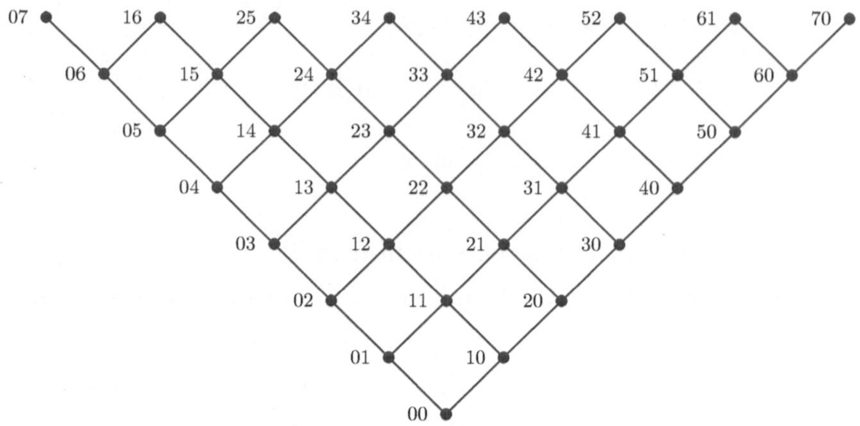

Aus Satz 6.16 ergibt sich wegen Proposition 6.5 sofort die Klassifikation der Quadriken bis auf affine Äquivalenz.

Satz 6.17   (Affine Äquivalenz von Quadriken)

X sei ein n-dimensionaler reeller affiner Raum und $\widetilde{\mathcal{Q}}(X)$ der Raum der affinen Quadriken in X. Dann gilt:

(i) $\widetilde{\mathcal{Q}}(X)$ zerfällt in $n^2 + 3n - 1$ affine Äquivalenzklassen, die Orbits der kanonischen Operation der affinen Gruppe $\mathrm{GA}(X)$ auf $\widetilde{\mathcal{Q}}(X)$. Diese Orbits sind die Mengen $\widetilde{\mathcal{Q}}^{\alpha\beta}$, wobei $O \le \alpha \le \beta$ und $\alpha + \beta \le 2n + 1$ sowie $(\alpha, \beta) \ne (0,0), (0,1), (1,1)$.

(ii) $\widetilde{\mathcal{Q}}^{\alpha\beta}$ ist eine zusammenhängende Mannigfaltigkeit.

$$\dim \widetilde{\mathcal{Q}}^{\alpha\beta} = \begin{cases} \frac{k}{2}(2n - k + 3) & \text{für } \alpha + \beta = 2k + 1 \\ \frac{k}{2}(2n - k + 3) - 1 & \text{für } \alpha + \beta = 2k \end{cases}$$

(iii) Die Zerlegung $\widetilde{\mathcal{Q}}(X) = \cup \widetilde{\mathcal{Q}}^{\alpha\beta}$ ist eine Stratifikation. Es gilt

$$\boxed{\overline{\widetilde{\mathcal{Q}}^{\alpha\beta}} \supset \widetilde{\mathcal{Q}}^{\alpha'\beta'} \iff \alpha \ge \alpha' \text{ und } \beta \ge \beta'}$$

Beweis: Der Satz folgt unmittelbar aus 6.5 und 6.16.

Im Folgenden stellen wir zur Veranschaulichung und Konkretisierung Material über die drei niedrigsten Dimensionen $n = 1, 2, 3$ zusammen: Adjazenzdiagramme, eine Tabelle (S. 314) und Bildtafeln (S. 315 ff.).

Die drei folgenden Adjazenzdiagramme beschreiben für $n \leq 3$ das durch die Relation $\overline{\widetilde{\mathcal{Q}}^{\alpha\beta}} \supset \widetilde{\mathcal{Q}}^{\alpha'\beta'}$ teilgeordnete System der Strata $\widetilde{\mathcal{Q}}^{\alpha\beta} \subset \widetilde{\mathcal{Q}}(\mathbb{R}^n)$, und zwar in der üblichen Weise: Dem Stratum $\widetilde{\mathcal{Q}}^{\alpha\beta}$ entspricht ein Punkt mit dem Index (α, β), der im Diagramm mit seinen unmittelbaren Nachfolgern verbunden wird. Diese Graphen entstehen aus den Adjazenzgraphen für die Rechtsäquivalenzklassen $\mathcal{Q}^{\alpha\beta}$ von quadratischen Funktionen durch Fortlassen der Punkte (α, β) mit $\alpha > \beta$ und der Punkte $(0, 0), (0, 1), (1, 1)$, letzteres natürlich wegen der Bedingung $\bar{f} \neq 0$ in der Definition der Quadriken.

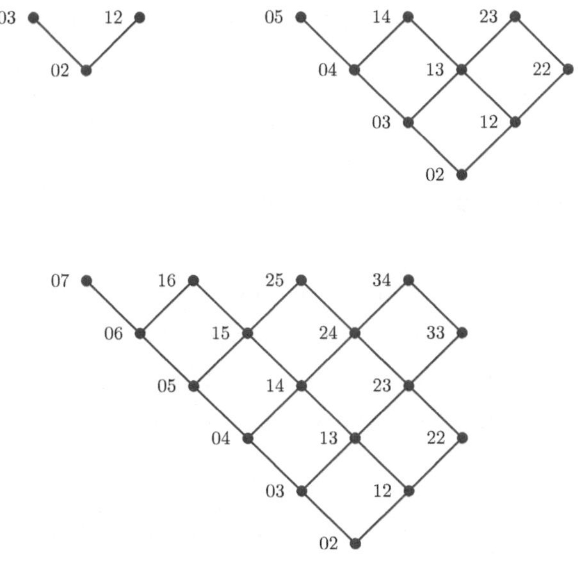

Adjanzenzdiagramme

<u>Definition:</u>

Die affinen Äquivalenzklassen $\widetilde{Q}^{\alpha\beta}$ von affinen Quadriken im n-dimensionalen reellen affinen Raum haben für $n = 1, 2, 3$ die Namen, die in der beigefügten Tabelle aufgeführt sind.

Die Namen für die Quadriken wurden für $n = 2$ von Apollonius eingeführt, und für $n = 3$ im Wesentlichen von **Euler**: „Introductio in analysin infinitorum", Lausanne 1748, tom. II, Appendix de superficiebus, p. 373–387 [112], sowie ferner von G. Monge und J.N.P. Bachette: „Application d'algèbre à la géométrie", J. éc. polyt. cah. 11 (1802) p. 143–169 [116].

Die beigefügten zwei Bildtafeln zeigen für $n = 2$ und $n = 3$ typische Bilder der Nullstellenmengen für die Quadriken aller Strata, soweit es sich nicht um imaginäre Kurven und Flächen handelt. Dabei entspricht die Anordnung der einzelnen Bilder der Position der entsprechenden Punkte im Adjazenzdiagramm. Die Hauptachsen der Flächen sind in **dimetrischer orthogonaler Axonometrie** dargestellt, d.h. in einer orthogonalen Parallelprojektion, bei der die Verkürzungsfaktoren für die Einheitsvektoren auf den Hauptachsen sich wie 1:2:2 verhalten.

Man entnimmt schon aus den Bildtafeln, dass zwischen den Quadriken und ihren Nullstellenmengen eine enge Beziehung besteht: Verschiedenen Strata $\widetilde{Q}^{\alpha\beta}$ mit $\alpha \neq 0$ entsprechen qualitativ verschiedene Nullstellenmengen. Dies veranlasst uns, die Frage nach dieser Beziehung, die wir zu Beginn dieses Kapitels aufgeworfen und einstweilen zurückgestellt hatten, wiederaufzunehmen. Um sie zu klären, brauchen wir das Folgende

<u>Lemma 6.18</u>

V sei ein endlichdimensionaler Vektorraum über einem Körper K mit $\text{Char}(K) \neq 2$, und q, q' seien zwei quadratische Formen auf V mit dem gleichen isotropen Kegel

$$C := \{x \in V \mid q(x) = 0\} = \{x \in V \mid q'(x) = 0\}.$$

Dann haben q und q' das gleiche Radikal $\text{rad } q = \text{rad } q' \subset C$, und wenn $\text{rad } q \neq C$, gibt es ein $c \in K^*$ mit $q' = cq$.

Beweis:

Wenn $C = \{0\}$, sind q und q' anisotrop, und es ist nichts zu beweisen. Also sei $C \neq \{0\}$. Wir wählen ein $0 \neq u \in C$, setzen $L = Ku$ und betrachten für jedes $v \in V$ die durch v gehende zu L parallele Gerade $L_v = \{v + \lambda u \mid \in K\}$. Den Durchschnitt $L_v \cap C$ können wir mit Hilfe der zu q und q' gehörigen symmetrischen Bilinearformen b und b' wie folgt beschreiben:

$$L_v \cap C = \{v + \lambda u \mid 2\lambda b(u,v) + b(v,v) = 0\}$$
$$= \{v + \lambda u \mid 2\lambda b'(u,v) + b'(v,v) = 0\}$$

Aus dieser zweifachen Beschreibung von $L_v \cap C$ als Nullstellenmenge einer linearen Gleichung in λ ziehen wir zwei Schlussfolgerungen.

(1) Die beiden linearen Gleichungen sind linear abhängig, d.h.

$$b(u,v)b'(v,v) - b'(u,v)b(v,v) = 0$$

(2) Für den Durchschnitt $L_v \cap C$ gibt es die drei folgenden, einander ausschließenden Möglichkeiten:

   (a) $L_v \cap C = L$

   (b) $L_v \cap C = \emptyset$

   (c) $L_v \cap C = \{w\}$

Und zwar gilt:

   (a) $\Leftrightarrow b(u,v) = 0$ und $b(v,v) = 0$

   (b) $\Leftrightarrow b(u,v) = 0$ und $b(v,v) \neq 0$

   (c) $\Leftrightarrow b(u,v) \neq 0$

Da die gleichen Äquivalenzen mit b' anstelle von b gelten, folgt insbesondere:

(3) $\forall v \quad b(u,v) = 0 \Leftrightarrow b'(u,v) = 0.$

n	$\alpha\beta$	Quadriken in $\widetilde{Q}^{\alpha\beta}$	dim $\widetilde{Q}^{\alpha\beta}$
1	03	imaginäres Punktepaar	2
	12	reelles Punktepaar	
	02	Doppelpunkt	1
2	05	imaginäre Ellipse	5
	14	Ellipse	
	23	Hyperbel	
	04	imaginäres Geradenpaar	4
	13	Parabel	
	22	reelles Geradenpaar	
	03	imaginäre Parallelen	3
	12	reelle Parallelen	
	02	Doppelgerade	2
3	07	imaginäres Ellipsoid	9
	16	reelles Ellipsoid	
	25	zweischaliges Hyperboloid	
	34	einschaliges Hyperboloid	
	06	imaginärer Kegel	8
	15	elliptisches Paraboloid	
	24	reeller Kegel	
	33	hyperbolisches Paraboloid	
	05	imaginärer Cylinder	7
	14	elliptischer Cylinder	
	23	hyperbolischer Cylinder	
	04	imaginäres Ebenenpaar	6
	13	parabolischer Cylinder	
	22	reelles Ebenenpaar	
	03	imaginäre Parallelebenen	4
	12	reelle Parallelebenen	
	02	Doppelebene	3

Tabelle der Affinen Quadriken

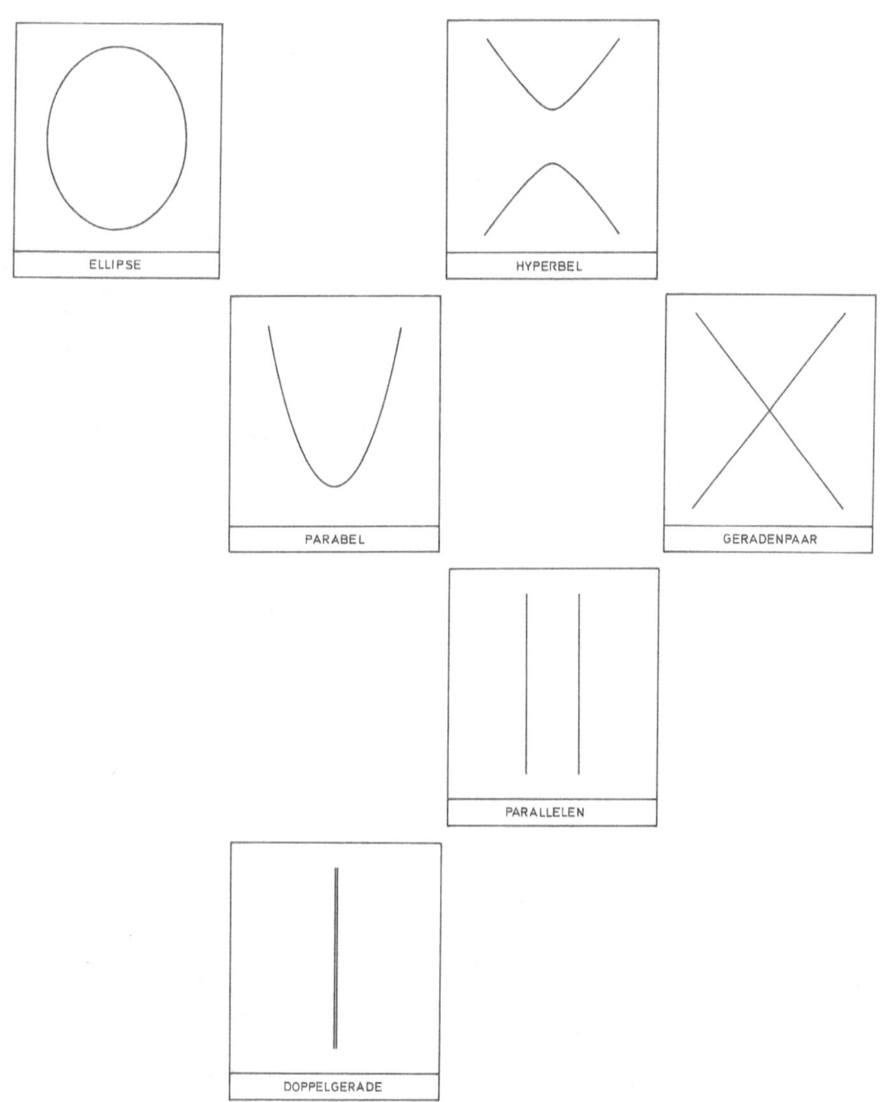
ELLIPSE
HYPERBEL
PARABEL
GERADENPAAR
PARALLELEN
DOPPELGERADE

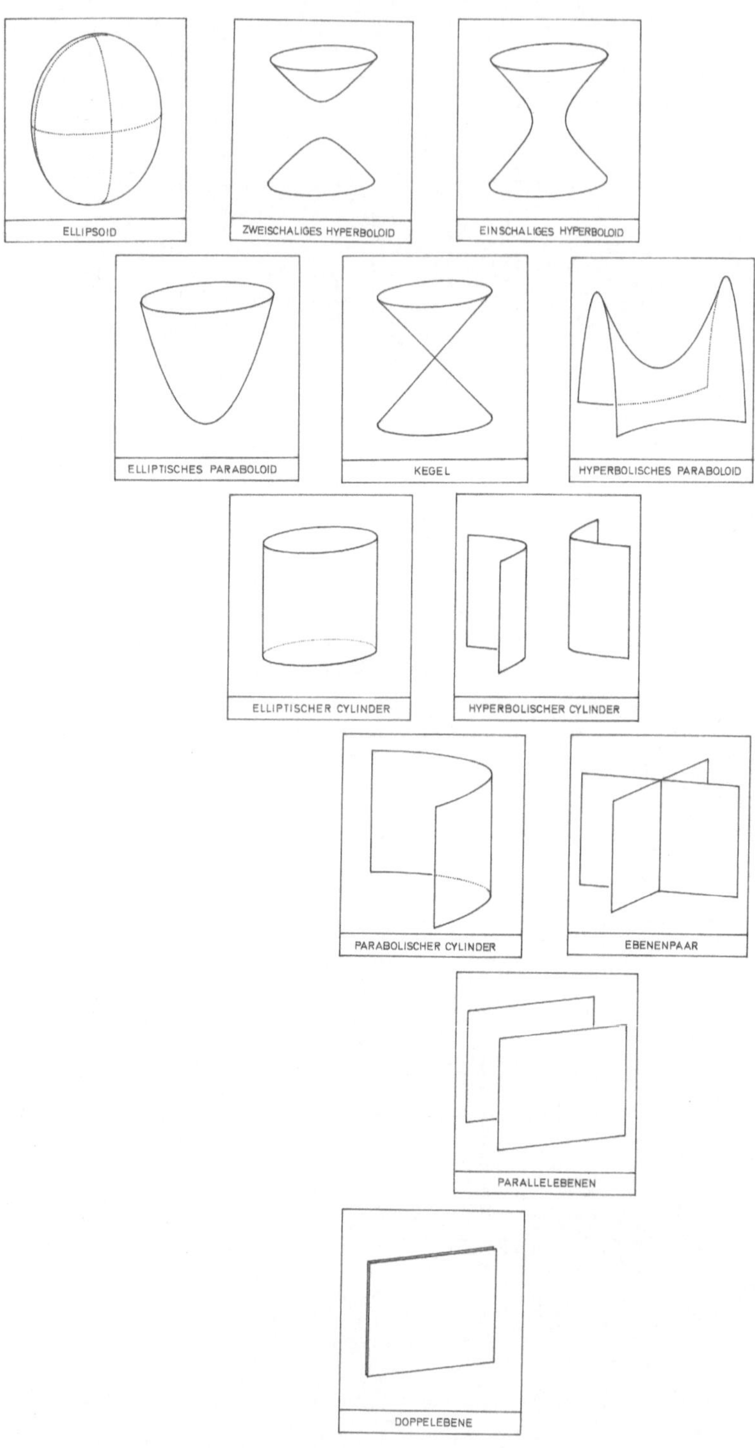

ELLIPSOID
ZWEISCHALIGES HYPERBOLOID
EINSCHALIGES HYPERBOLOID
ELLIPTISCHES PARABOLOID
KEGEL
HYPERBOLISCHES PARABOLOID
ELLIPTISCHER CYLINDER
HYPERBOLISCHER CYLINDER
PARABOLISCHER CYLINDER
EBENENPAAR
PARALLELEBENEN
DOPPELEBENE

Aus (3) folgt zunächst die erste Behauptung des Lemmas, denn es ist

$$\begin{aligned}
\operatorname{rad} q &= \{u \in C \mid \forall v \in V \ \ b(u,v) = 0\} \\
&= \{u \in C \mid \forall v \in V \ \ b'(u,v) = 0\} = \operatorname{rad} q'.
\end{aligned}$$

Weiterhin sei nun nach Voraussetzung $u \in C \setminus \operatorname{rad} q$. Dann sind $b(u,v)$ und $b'(u,v)$ als Linearformen in der Variablen v nicht identisch 0, und aus (3) folgt:

(4) $\exists c \in K^* \ \ \forall v \in V \ \ b'(u,v) = cb(u,v).$

Aus (4) und (1) folgt nun schließlich die zweite Behauptung des Lemmas:

(5) $\forall v \in V \ \ b'(v,v) = cb(v,v).$

Dabei haben wir – für festes u – die Gleichungen (1) und (4) als Identitäten im Polynomring $K[v]$ interpretiert und in (1) durch $b(u,v)$ dividiert.

Proposition 6.19

Die zu einer quadratischen Funktion $f \in \mathcal{Q}(X)$ mit $\alpha(f) \neq 0$ gehörige Quadrik $[f] \in \widetilde{\mathcal{Q}}(X)$ ist durch die Nullstellenmenge von f eindeutig bestimmt.

Beweis:

Wie früher sei V der Translationsvektorraum des affinen Raumes X und $X \subset \hat{X}$ die kanonische vektorielle Einbettung. Ferner seien $\hat{f}$ und $\tilde{f}$ die zu f gehörigen quadratischen Formen auf $\hat{X}$ und V. Wir betrachten die folgenden Nullstellenmengen:

$$\begin{aligned}
C_{\hat{f}} &= \{x \in \hat{X} \mid \hat{f}(x) = 0\} \\
C_{\bar{f}} &= \{x \in V \mid \bar{f}(x) = 0\} \\
C_{f} &= \{x \in X \mid f(x) = 0\}
\end{aligned}$$

Natürlich gilt $C_f = C_{\hat{f}} \cap X$ und $C_{\bar{f}} = C_{\hat{f}} \cap V$. Um Lemma 6.18 anwenden zu können, wollen wir umgekehrt $C_{\hat{f}}$ aus C_f rekonstruieren.

Dazu führen wir den Kegel über C_f ein:

$$\hat{C}_f := \{\lambda x \in \hat{X} \mid x \in C_f, \lambda \in \mathbb{R}^*\}.$$

Es ist klar, dass man $C_{\hat{f}}$ wie folgt als disjunkte Vereinigung darstellen kann:

$$C_{\hat{f}} = \hat{C}_f \cup C_{\bar{f}}.$$

Die Frage ist also, ob man $C_{\bar{f}}$ aus C_f rekonstruieren kann. Ohne Voraussetzung ist dies nicht möglich, denn für $\alpha(f) = 0$ und $\beta(f) = 2k + 1$ gilt stets $C_f = \emptyset$, während $C_{\bar{f}}$ ein linearer Unterraum der Codimension k in V ist. Dies ist aber auch der einzige Fall, der Schwierigkeiten macht! Mit Hilfe der Normalformen von 6.14 prüft man unter Berücksichtigung von 6.15 sehr leicht nach, dass Folgendes gilt: $\alpha(f) = 0$ und $\beta(f) = 2k + 1$ genau wenn $C_f = \emptyset$. Wenn $C_f \neq \emptyset$, gilt für die abgeschlossene Hülle $\overline{\hat{C}_f}$ von $\hat{C}_f$ in X:

$$\boxed{\overline{\hat{C}_f} = C_{\hat{f}}}$$

Damit folgt die zu beweisende Behauptung durch Anwendung von Lemma 6.18 auf die quadratische Form $q = \hat{f}$ und ihren isotropen Kegel $C_{\hat{f}}$, denn offenbar gilt rad $\hat{f} \neq C_{\hat{f}} \Leftrightarrow \alpha(f) \neq 0$.

Mit den bis jetzt bewiesenen Sätzen, insbesondere Satz 6.17, ist die Klassifikation der Quadriken bis auf affine Äquivalenz in vollkommen befriedigender und einfacher Weise erledigt, und ich erwarte, dass mir der Leser bis zu diesem Punkte willig gefolgt ist. Nun aber will ich mich einer schwierigeren Aufgabe zuwenden, nämlich der Klassifikation der Quadriken in einem euklidischen affinen Raum bis auf affin-euklidische Äquivalenz. Dabei handelt es sich um ein sehr viel feineres Klassifikationsproblem. Der ganze lange Rest dieses Kapitels behandelt dieses Problem. Er wendet sich nur an den Leser, der mit mir auch dieses feinere Klassifikationsproblem möglichst gut verstehen möchte.

Natürlich enthält der leicht zu beweisende Satz 6.10 über die affineuklidischen Normalformen eine Beschreibung der Menge aller affineuklidischen Äquivalenzklassen von Quadriken. Was aber fehlt, ist eine adäquate Strukturierung dieser Menge. Wir haben bereits im Anschluss an Satz 6.10 ausgeführt, dass es allzu einfach wäre, auf dem naiven Normalformen-Standpunkt stehen zu bleiben, und dass es vielmehr notwendig ist, zu einer geeigneten Typeneinteilung der affin-euklidischen Äquivalenzklassen von Quadriken zu gelangen.

Es liegt nahe, bei einer solchen Typeneinteilung von der gerade abgeleiteten Klassifikation bis auf affine Äquivalenz auszugehen. Aus Satz 6.10 und Proposition 6.13 gewinnt man für jedes Stratum $\mathcal{Q}^{\alpha\beta}$ von quadratischen Funktionen eine stetige Parametrisierung der in $\mathcal{Q}^{\alpha\beta}$ enthaltenen affin-euklidischen Äquivalenzklassen. Genauer: Man erhält einen Homöomorphismus des Orbitraumes $\mathcal{Q}^{\alpha\beta}/\operatorname{I}(X)$ mit einer semialgebraischen Menge. (Eine **semialgebraische Menge** ist eine Teilmenge eines $\mathbb{R}^d$, die durch endlich viele polynomiale Gleichungen und Ungleichungen beschrieben werden kann.) Die ausführliche Diskussion des Falles $\dim X = 3$ am Ende dieses Kapitels zeigt aber, dass für die meisten Strata $\mathcal{Q}^{\alpha\beta}$ die entsprechende semialgebraische Menge keine Mannigfaltigkeit ist. Sie kann z.B. Randpunkte haben, zu denen ein anderer $\operatorname{I}(X)$-Orbittyp gehört als zu den Punkten im Inneren. Wir haben daher die Aufgabe, die Zerlegung von $\mathcal{Q}(X)$ in die affinen Äquivalenzklassen $\mathcal{Q}^{\alpha\beta}$ in geeigneter Weise zu verfeinern. Während aber die Stratifikation durch affine Äquivalenzklassen, die wir in den Sätzen 6.16 und 6.17 beschrieben haben, außerordentlich einfach war und insbesondere sehr einfache Adjazenzdiagramme hatte, ist die nun zu konstruierende Verfeinerung dieser Stratifikation nicht mehr so einfach. Wir müssen uns mit Geduld wappnen, um diese kompliziertere Situation analysieren zu können.

Hinsichtlich der Stratifikation, die wir konstruieren werden, interessiert uns vor allem die Partialordnung auf der Menge der Strata, welche durch die Adjazenzrelation definiert und durch entsprechende Diagramme beschrieben wird. Wenn man diese Diagramme ohne weitere Vorbereitung betrachtet, erscheinen sie sehr kompliziert. In Wahrheit sind sie jedoch in ganz gesetzmäßiger Weise aus einfachsten Ordnungsstrukturen aufgebaut. Um dies einsichtig zu machen, folgt jetzt ein sehr ausführlicher Exkurs über Ordnungsstrukturen, in dem wir Schritt für Schritt mit rein ordnungstheoretischen Begriffen

aus elementaren Ordnungsstrukturen diejenigen komplizierteren Ordnungsstrukturen aufbauen, die wir später zur Beschreibung der Stratifikation verwenden wollen.

Definition:

M sei eine Menge mit einer Teilordnung $>$ und x, x' verschiedene Elemente
von M. Dann heißt x' ein **Nachfolger** von x, wenn gilt:

(i) $x > x'$

(ii) $\nexists \xi \in M \ \ x > \xi > x'$.

Wir schreiben beim Bestehen dieser Relation $x \succ x'$. Die Menge M mit der
Teilordnung $>$ wird wie folgt durch einen gerichteten Graphen Γ_M beschrieben: Die Punkte von Γ_M sind die Elemente von M, und die gerichteten
Strecken von Γ_M sind die geordneten Paare (x, x') mit $x \succ x'$. Wir nennen
Γ_M den **gerichteten Graphen der Ordnung** $(M, >)$. Wir beschreiben Γ_M
graphisch durch ein **Ordnungsdiagramm** mit Punkten und Strecken. Die
Richtung der Strecken wird durch die relative Lage der Endpunkte dargestellt: Für $x \succ x'$ liegt der x entsprechende Punkt gegenüber dem x' entsprechenden weiter oben auf der Seite. Bisweilen werden die Strecken auch durch
Streckenzüge dargestellt, um das Diagramm übersichtlicher zu machen.

Beispiele:

(1) $\mathbb{N}$ sei die Menge der natürlichen Zahlen mit der Stan-
dardordnung $\mathbb{N} = \{1, 2, 3, \dots\}$. Dazu isomorph ist die
Menge $\mathbb{N}'$ der nicht-negativen ganzen Zahlen mit der
Standardordnung $\mathbb{N}' = \{0, 1, 2, 3, \dots\}$. Dazu gehört
der durch das rechts stehende Diagramm angedeutete
Ordnungsgraph $\Gamma_{\mathbb{N}'}$.

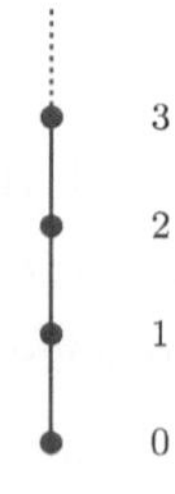

(2) Die aus zwei Elementen bestehende Menge $\mathbb{I} = \{0, 1\}$
ist geordnet durch die Relation $1 > 0$. Das Ordnungsdiagramm zu $\Gamma_{\mathbb{I}}$ ist rechts abgebildet.

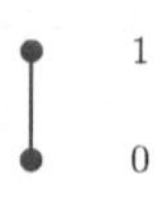

Aus diesen beiden elementaren Ordnungsstrukturen $\mathbb{I}$ und $\mathbb{N}$ werden wir fast alle später benötigten komplizierteren Ordnungsstrukturen aufbauen. Die dazu benötigten Operationen beschreiben wir durch die folgende Serie von Definitionen.

Definition:

N sei eine Menge mit einer Teilordnung $>$ und $M \subset N$ eine Teilmenge. Die auf M **induzierte Teilordnung** ist die Menge der Paare $(x, x') \in M \times M$ mit $x > x'$.

Beispiele (Fortsetzung):

(3) $\{0, \dots, m\} \subset \mathbb{N}'$ mit der induzierten Teilordnung hat das nebenstehende Ordnungsdiagramm.

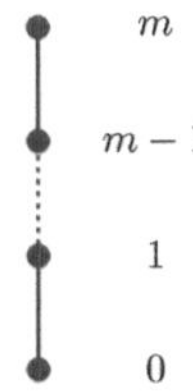

Definition:

$(M_i)_{i \in I}$ sei ein System von Mengen, und für jedes $i \in I$ sei eine Partialordnung $\underset{i}{>}$ auf M_i gegeben.

Dann ist die **Produkt-Teilordnung** auf dem cartesischen Produkt $\prod_{i \in I} M_i$ diejenige Partialordnung $>$, für deren zugehörige Relation $\geq$ die folgende Äquivalenz gilt:

$$(x_i) \geq (x_i') \Leftrightarrow \forall i \in I \quad x_i \underset{i}{\geq} x_i'.$$

Proposition 6.20

Für jede Produkt-Teilordnung auf $\prod_{i \in I} M_i$ gilt:

$$(x_i) > (x_i') \Leftrightarrow \exists j \in I \quad x_j \underset{j}{>} x_j' \text{ und } \forall i \neq j \quad x_i = x_i'.$$

Beweis: trivial.

Beispiele (Fortsetzung):

(4) Wir versehen das cartesische Produkt $\mathbb{N}' \times \mathbb{N}'$ mit dem Produkt der Standardordnungen auf beiden Faktoren. Das Ordnungsdiagramm von $\mathbb{N}' \times \mathbb{N}'$ sieht dann wie folgt aus:

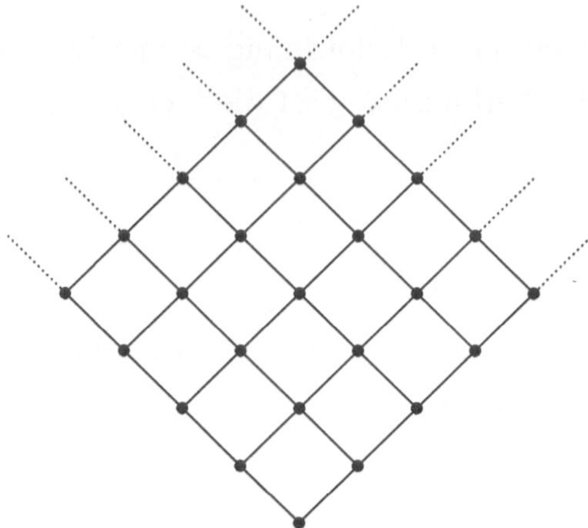

(5) Das p-fache cartesische Produkt $\mathbb{I}^p$ versehen wir mit der Produkt-Teilordnung, wobei jeder Faktor $\mathbb{I}$ durch $1 > 0$ geordnet ist. Die zugehörigen Ordnungsdiagramme sehen für $p = 0, 1, 2, 3$ wie folgt aus:

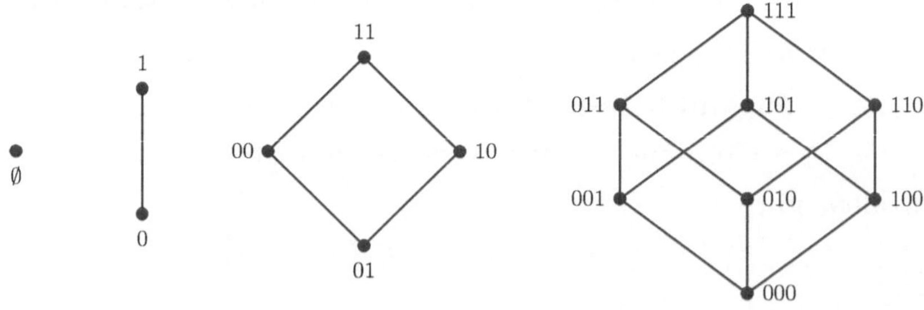

Diese Serie von Diagrammen legt die Vermutung nahe, dass der Ordnungsgraph von $\mathbb{I}^p$ als ebene Projektion der Ecken und Kanten eines p-dimensionalen Hyperkubus aufgefasst werden kann. Und so ist es in der Tat.

Die kanonische Einbettung $\mathbb{I}^p \hookrightarrow \mathbb{R}^p$ identifiziert $\mathbb{I}^p$ mit der Eckenmenge eines achsenparallelen p-dimensionalen Würfels. Und die Nachfolger einer Ecke $x = (x_1, \ldots, x_p)$ sind diejenigen $x' = (x'_1, \ldots, x'_p)$, für welche es ein $j \in \{1, \ldots, p\}$ gibt, so dass gilt:

$$x'_i = \begin{cases} x_i - 1 \text{ für } i = j \\ x_i \text{ für } i \neq j \end{cases}$$

Dies sind aber genau die mit x durch eine Kante verbundenen Ecken x', für die $x_1 + \ldots + x_p > x'_1 + \ldots + x'_p$ gilt. Wir sind nun bereit, das Ordnungsdiagramm von $\mathbb{I}^4$ zu betrachten, die ebene Projektion der Kanten des 4-dimensionalen Hyperkubus.

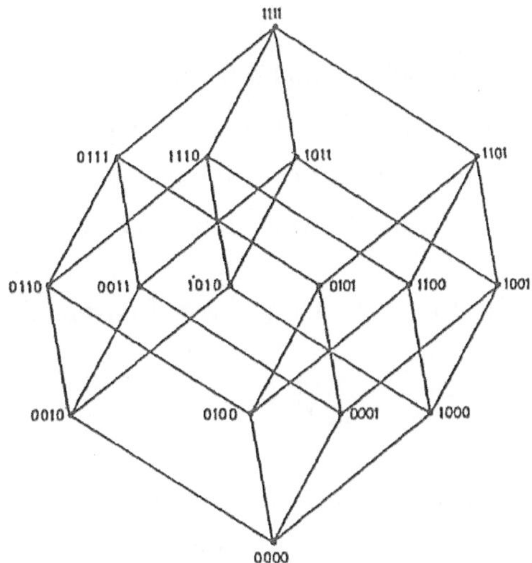

Beispiele (Fortsetzung):

(6) Die Menge $\mathbb{I}^{\mathbb{N}}$ aller 0,1-Folgen ist durch die Produktstruktur teilgeordnet.

(7) $\mathbb{I}^{(\mathbb{N})}$ sei die Menge aller 0,1-Folgen mit nur endlich vielen von 0 verschiedenen Komponenten

$$\mathbb{I}^{(\mathbb{N})} = \{(x_i) \in \mathbb{I}^{\mathbb{N}} \mid \exists p \, \forall i > p \ \ x_i = 0\}.$$

Wir können $\mathbb{I}^{(\mathbb{N})}$ als Eckenmenge eines unendlich-dimensionalen Hyperkubus ansehen, der durch die endlichdimensionalen Hyperkuben filtriert wird. Dies lässt sich wie folgt präzisieren. Es sei

$$\mathbb{I}_p = \{(x_i) \in \mathbb{I}^{\mathbb{N}} \mid \forall i > p \ \ x_i = 0\}.$$

Dann ist $\mathbb{I}_p$ mit der durch $\mathbb{I}^{\mathbb{N}}$ induzierten Teilordnung kanonisch ordnungstreu isomorph zu $\mathbb{I}^p$, und diese Hyperkuben bilden eine Filtrierung von $\mathbb{I}^{(\mathbb{N})}$

$$\{0\} = \mathbb{I}_0 \subset \mathbb{I}_1 \subset \ldots \subset \mathbb{I}_p \subset \ldots \subset \bigcup_{p \geq 0} \mathbb{I}_p = \mathbb{I}^{(\mathbb{N})}$$

mit Limes $\mathbb{I}^{(\mathbb{N})}$. Für jede endliche Teilmenge von $\mathbb{I}^{(\mathbb{N})}$ lässt sich daher der Graph Γ der induzierten Partialordnung als Teilgraph des gerichteten Kantengraphen eines endlichdimensionalen Hyperkubus darstellen. Wir identifizieren $\mathbb{I}_p$ mit $\mathbb{I}^p$, wenn keine Verwirrung droht.

(8) $(\mathbb{N}' \times \mathbb{N}')_m$ sei die folgende Menge von Paaren nicht-negativer ganzer Zahlen:
$$(\mathbb{N}' \times \mathbb{N}')_m = \{(\alpha, \beta) \in \mathbb{N}' \times \mathbb{N}' \mid \alpha + \beta \leq m\}.$$

Die Produkt-Teilordnung auf $\mathbb{N}' \times \mathbb{N}'$ induziert eine Teilordnung auf $(\mathbb{N}' \times \mathbb{N}')_m$. Die teilgeordnete Menge $(\mathbb{N}' \times \mathbb{N}')_{2n+1}$ ist ordnungstreu isomorph zu der durch Adjazenz teilgeordneten Menge der Strata $\mathcal{Q}^{\alpha\beta} \subset \mathcal{Q}(X)$ quadratischer Funktionen auf einem n-dimensionalen affinen Raum X, vgl. Satz 6.16(iii). Wir zeigen auf der folgenden Seite oben noch einmal das Ordnungsdiagramm für $n = 3$, d.h. $m = 7$.

(9) Ein weiteres Beispiel für induzierte Teilordnungen auf Teilmengen von Produkten liefern die im folgenden definierten Mengen $(\mathbb{I}^{(\mathbb{N})} \times \mathbb{I}^{(\mathbb{N})})_n$

$$(\mathbb{I}^{(\mathbb{N})} \times \mathbb{I}^{(\mathbb{N})})_n = \bigcup_{r+s \leq n} \mathbb{I}_r \times \mathbb{I}_s$$

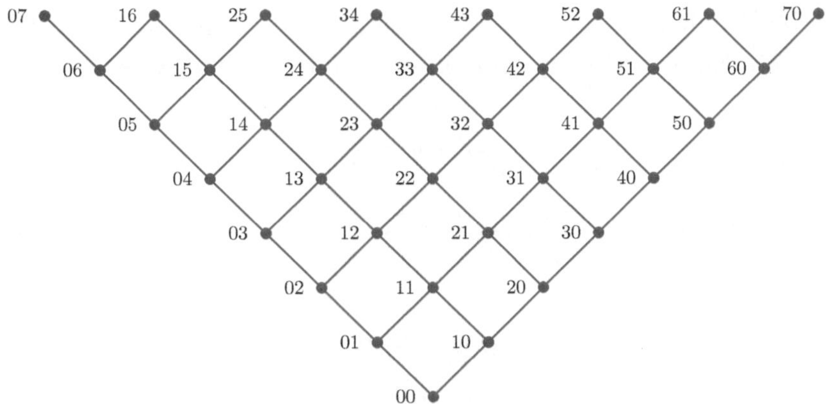

Jede dieser Mengen lässt sich mit ihrer induzierten Ordnungsstruktur als Teilmenge von $\mathbb{I}_n \times \mathbb{I}_n$ auffassen, das seinerseits zu $\mathbb{I}^{2n}$ isomorph ist. Der Graph Γ von $(\mathbb{I}^{(\mathbb{N})} \times \mathbb{I}^{(\mathbb{N})})_n$ ist also Teilgraph des Kantengraphs eines $2n$-dimensionalen Würfels. Das folgende Bild zeigt ein Diagramm für Γ für $n = 3$, wobei die Punkte durch Paare von 3-Tupeln bezeichnet sind, d.h. als Elemente von $\mathbb{I}_3 \times \mathbb{I}_3$ aufgefasst sind.

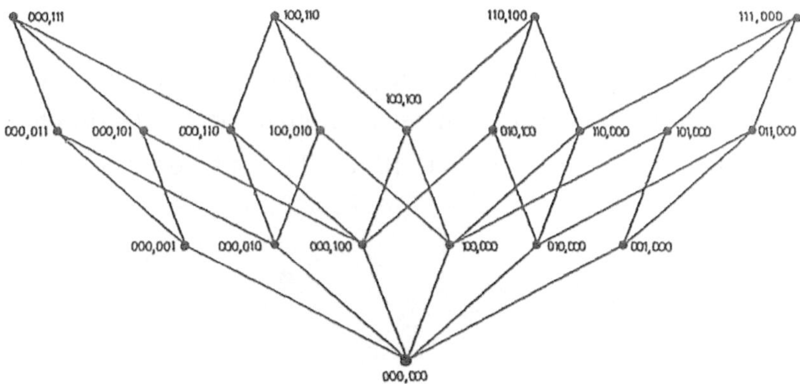

Wenn man diesen Graphen eine Weile betrachtet, sieht man, dass er durch Vereinigung der 4 Kantengraphen von 4 dreidimensionalen Würfeln entsteht, nämlich $\mathbb{I}_0 \times \mathbb{I}_3$, $\mathbb{I}_1 \times \mathbb{I}_2$, $\mathbb{I}_2 \times \mathbb{I}_1$, $\mathbb{I}_3 \times \mathbb{I}_0$. Dies veranlasst uns zu der folgenden Beschreibung der teilgeordneten Menge $(\mathbb{I}^{(\mathbb{N})} \times \mathbb{I}^{(\mathbb{N})})_n$ als Menge der Ecken von $n + 1$ achsenparallelen Würfeln im $\mathbb{R}^n$.

Wir bilden $((x_1, \ldots, x_n), (y_1, \ldots, y_n)) \in \mathbb{I}_n \times \mathbb{I}_n$ auf $[z_1, \ldots, z_n] \in \mathbb{R}^n$ ab, wobei die Koordinaten $z_i \in \{1, 0, -1\}$ wie folgt definiert sind:

$$z_i = y_i - x_{n-i+1}.$$

Bei Beschränkung auf $\bigcup_{r+s \leq n} \mathbb{I}_r \times \mathbb{I}_s \subset \mathbb{I}_n \times \mathbb{I}_n$ ist die Abbildung injektiv, denn aus $r + s \leq n$ folgt:

$$z_i = 0 \Leftrightarrow y_i = 0, \quad x_{n-i+1} = 0$$
$$z_i = 1 \Leftrightarrow y_i = 1, \quad x_{n-i+1} = 0$$
$$z_i = -1 \Leftrightarrow y_i = 0, \quad x_{n-i+1} = 1.$$

Das Bild von $\mathbb{I}_r \times \mathbb{I}_{n-r}$ ist die Eckenmenge $W^{(r)}$ des achsenparallelen Würfels der Kantenlänge 1 mit $(0, \ldots, 0)$ und $(1, \ldots, 1, -1, \ldots, -1)$ als zwei diametral gegenüberliegenden Eckpunkten, wobei die Anzahl der -1 gleich r ist. Wir erhalten also schließlich eine bijektive Abbildung

$$(\mathbb{I}^{(\mathbb{N})} \times \mathbb{I}^{(\mathbb{N})})_n \to \bigcup_{r=0}^{n} W^{(r)} =: W_n.$$

Diese Abbildung ist ordnungserhaltend, wenn wir W_n wie folgt mit einer Teilordnung versehen. Wir ordnen die Menge $\{0, 1, -1\}$ durch den folgenden Graphen: Dann versehen wir $\{0, 1, -1\}^n$ mit der Produkt-Teilordnung

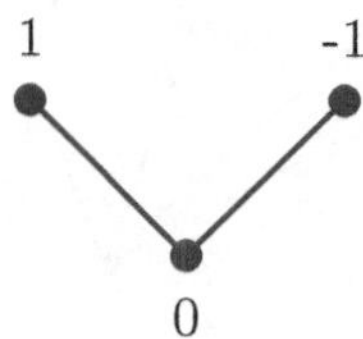

und schließlich die Teilmenge $W_n \subset \{0, 1, -1\}^n$ mit der induzierten Teilordnung. Damit haben wir eine sehr ökonomische Beschreibung der Elemente der für uns wichtigen Menge $(\mathbb{I}^{(\mathbb{N})} \times \mathbb{I}^{(\mathbb{N})})$ durch n-Tupel $[z_1, \ldots, z_n] \in W_n \subset \{0, 1, -1\}^n$. Das folgende Diagramm zeigt den gerichteten Graphen von W_3, wobei aus Platzgründen $\bar{1}$ statt -1 geschrieben wurde. Um den

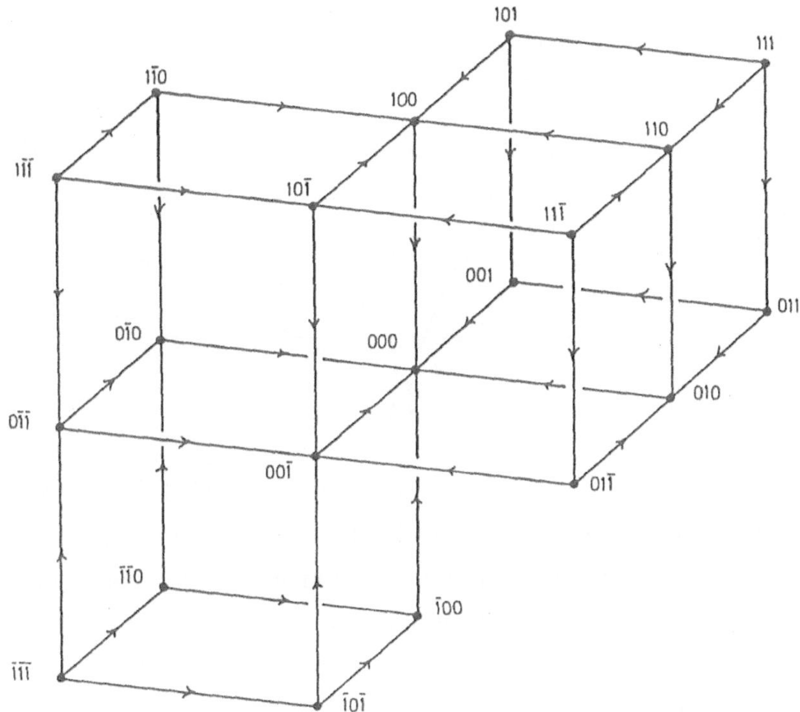

Übergang vom einen Diagramm zum andern zu erleichtern, indizieren wir das ursprüngliche Diagramm neu mit den Tripeln $[z_1, z_2, z_3] \in \{0, 1, \bar{1}\}^3$, siehe obiges Diagramm auf der folgende Seite.

Eine wichtige Klasse von Beispielen für die Bildung neuer Ordnungsstrukturen aus gegebenen durch Kombination der Operationen des Induzierens und der Produktbildung liefern die Faser-Produkte. Natürlich ist der mengentheoretische Grundbegriff des Faser-Produktes nicht nur im Rahmen der Theorie der Ordnungsstrukturen wichtig, sondern in vielen anderen mathematischen Theorien, insbesondere in der algebraischen Geometrie.

Definition:

Gegeben seien Mengen M, N und L sowie Abbildungen $g : M \to L$ und $h : N \to L$. Dann ist das **Faser-Produkt** von M und N bezüglich g und h die folgende Menge:

$$M \times_L N := \{(x,y) \in M \times N \mid g(x) = h(y)\}$$

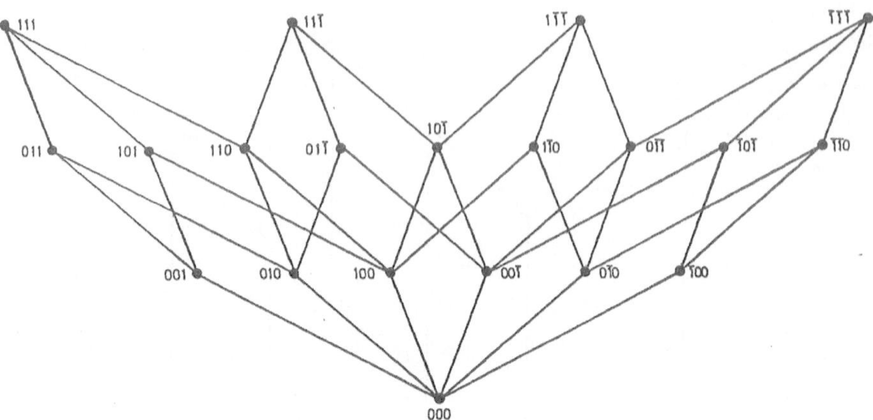

Sind auf M und N Teilordnungen gegeben, dann wird $M \times_L N$ mit der Teilordnung versehen, welche durch die Produkt-Teilordnung von $M \times N$ induziert wird. Für gefaserte Produkte lässt sich die Nachfolgerelation nicht so einfach auf die Nachfolgerelation der Faktoren zurückführen, wie das bei cartesischen Produkten durch 6.20 geschehen ist. Unter zusätzlichen Voraussetzungen vereinfacht sich jedoch die Bestimmung der Nachfolger.

Definition:

L und M seien teilgeordnete Mengen. Eine Abbildung $g : M \to L$ heißt **ordnungserhaltend**, wenn für alle $x, x' \in M$ gilt: $x \geq x' \Rightarrow g(x) \geq g(x')$. Ist g bijektiv und ordnungserhaltend und auch g^{-1} ordnungserhaltend, dann heißt g ein **ordnungserhaltender Isomorphismus**.

Definition:

M sei eine teilgeordnete Menge, $x, y \in M$ und $x \leq y$. Dann ist das **Intervall** $[x, y]$ die folgende Menge:

$$[x, y] = \{ z \in M \, | \, x \leq z \leq y \}.$$

Es ist klar, dass jede ordnungserhaltende Abbildung $g : M \to L$ jedes Intervall $[x, y] \subset M$ in das Intervall $[g(x), g(y)] \subset L$ abbildet. Jedoch wird im Allgemeinen die Bildmenge $g([x, y])$ nicht das ganze Intervall $[g(x), g(y)]$ sein, d.h. für g wird kein „Zwischenwertsatz" gelten.

Definition:

Eine ordnungserhaltende Abbildung $g : M \to L$ heißt **intervallerhaltend**, wenn das Bild jedes Intervalls in M ein Intervall in L ist.

Proposition 6.21

L, M, N seien teilgeordnete Mengen, $g : M \to L$ und $h : N \to L$ seien ordnungserhaltende Abbildungen und g sei intervallerhaltend. Dann lassen sich für $(x, y) \in M \times_L N$ die Nachfolger $(x', y') \in M \times_L N$ wie folgt charakterisieren. $(x, y) > (x', y')$ gilt genau dann, wenn eine der folgenden Bedingungen (a) oder (b) oder (c) erfüllt ist:

(a) $x > x'$ und $y = y'$

(b) $x = x'$ und $y > y'$

(c) $x > x'$ und $y > y'$ und $g(x) > g(x')$ und
$\forall x'' \in M \;\; x > x'' > x' \Rightarrow g(x) > g(x'') > g(x')$.

Beweis: Übung.

Beispiele (Fortsetzung):

(10) Unser letztes Beispiel ist die Teilordnung, durch die wir später die Adjazenzdiagramme einer feinen Stratifikation des Raumes der quadratischen Funktionen beschreiben werden. Diese Teilordnung entsteht aus den Teilordnungen der beiden vorigen Beispiele (8) und (9) durch Bildung eines Faser-Produktes wie folgt. Es sei

$$h : (\mathbb{I}^{(\mathbb{N})} \times \mathbb{I}^{(\mathbb{N})})_n \to \mathbb{N}' \times \mathbb{N}'$$

die Abbildung, welche $((x_\rho), (y_\sigma)) \in \mathbb{I}^{(\mathbb{N})} \times \mathbb{I}^{(\mathbb{N})}$ das folgende Zahlenpaar $(r, s) \in \mathbb{N}' \times \mathbb{N}'$ zuordnet:

$$r = \max\{\rho \mid x_\rho = 1\}$$
$$s = \max\{\sigma \mid y_\sigma = 1\}$$

Dabei ist natürlich $r = 0$ für $(x_\rho) = 0$ und $s = 0$ für $(y_\sigma) = 0$. Weiterhin definieren wir eine Abbildung

$$g : (\mathbb{N}' \times \mathbb{N}')_{2n+1} \to \mathbb{N}' \times \mathbb{N}',$$

indem wir dem Paar $(\alpha, \beta) \in \mathbb{N}' \times \mathbb{N}'$ das folgende Paar $(r, s) \in \mathbb{N}' \times \mathbb{N}'$ zuordnen:

$$r = [\alpha/2]$$
$$s = [\beta/2].$$

Dabei bezeichnet $[x]$ die größte ganze Zahl $\leq x$. Nun definieren wir das folgende Faserprodukt:

$$\Omega_n := (\mathbb{N}' \times \mathbb{N}')_{2n+1} \underset{\mathbb{N}' \times \mathbb{N}'}{\times} (\mathbb{I}^{(\mathbb{N})} \times \mathbb{I}^{(\mathbb{N})})_n$$

Als Faser-Produkt der in den Beispielen (8) und (9) eingeführten teilgeordneten Mengen hat Ω_n eine kanonische Teilordnung entsprechend der obigen Definition. Diese Ordnung ist auf ganz einfache, kanonische Weise definiert. Es ist jedoch nicht so einfach, den Graphen dieser Teilordnung durch ein übersichtliches Diagramm darzustellen, selbst dann nicht, wenn wir uns auf den für uns besonders interessanten Fall Ω_3 beschränken. Die Abbildungen g und h erfüllen die Bedingungen von Proposition 6.21, so dass die Nachfolger-Relation für Ω_3 leicht beschrieben werden kann. Wir zeigen zwei Möglichkeiten, ein übersichtliches Diagramm für Ω_3 zu bekommen. Im ersten Fall gehen wir von einem Diagramm von Γ_N aus, beispielsweise dem letzten in Beispiel (9) angegebenen Diagramm. Wir ersetzen jeden Punkt $y \in \Gamma_N$ durch das Teildiagramm $g^{-1}(h(y)) \subset \Gamma_M$, das wie folgt aussieht:

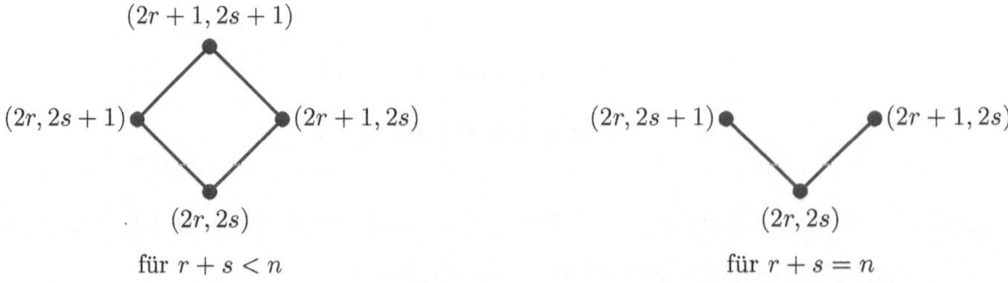

Das nachfolgende Bild hebt diese Diagramme als Teildiagramme von Γ_M hervor.

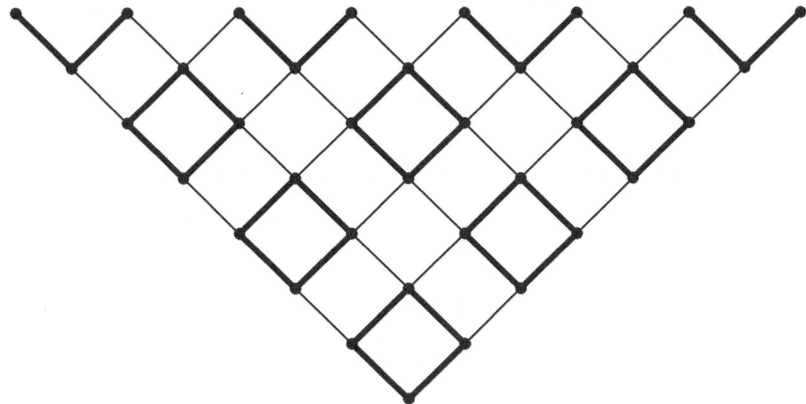

Abschließend verbinden wir die Eckpunkte dieser kleinen Teildiagramme untereinander entsprechend der Regel von 6.21. Das Resultat ist das Diagramm für Γ_{Ω_3}, dargestellt auf Seite 331.

Man kann auch umgekehrt von dem gitterförmigen Diagramm für Γ_M nach Beispiel (8) ausgehen und jeden Punkt $x \in \Gamma_M$ durch das Teildiagramm $h^{-1}(g(x)) \subset \Gamma_N$ ersetzen. Für $g(x) = (r, s)$ ist dies das Diagramm der teilgeordneten Menge $(\mathbb{I}_r - \mathbb{I}_{r-1}) \times (\mathbb{I}_s - \mathbb{I}_{s-1})$. Von der Indizierung der Ecken abgesehen haben diese Diagramme die folgende Gestalt:

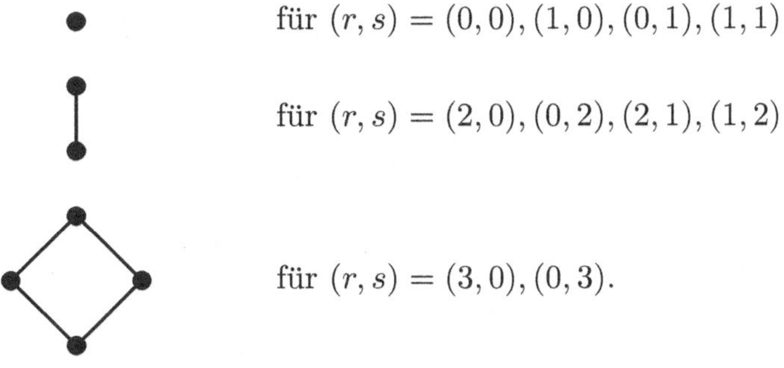

für $(r, s) = (0,0), (1,0), (0,1), (1,1)$

für $(r, s) = (2,0), (0,2), (2,1), (1,2)$

für $(r, s) = (3,0), (0,3)$.

Anschließend verbinden wir die Eckpunkte dieser kleinen Teildiagramme durch gerichtete Strecken entsprechend den Regeln von 6.21. Das Resultat ist das folgende Diagramm für Γ_{Ω_3} auf Seite 332.

Die Beschreibung der Adjazenz-Ordnung der Stratifikation des Raumes der quadratischen Funktionen auf $\mathbb{R}^n$ durch die teilgeordnete Menge Ω_n wird dadurch vermittelt, dass $\mathbb{I}^{(\mathbb{N})}$ als Menge aller geordneten Partitionen interpretiert werden kann.

Definition:

(i) Es sei p eine nichtnegative ganze Zahl. Eine **geordnete k-Partition** von p ist ein k-Tupel $\pi = (p_1, \ldots, p_k)$ von positiven ganzen Zahlen, so dass gilt:

$$p = p_1 + \ldots + p_k.$$

Dabei ist k eine nichtnegative ganze Zahl. Für $p > 0$ ist $k > 0$, für $p = 0$ ist $k = 0$ und $\pi = \emptyset$.

(ii) Für eine geordnete k-Partition $\pi = (p_1, \ldots, p_k)$ setzen wir:

$$|\pi| = p_1 + \ldots + p_k$$
$$\underline{\pi} = k$$
$$\Sigma\pi = \{p_1, p_1 + p_2, \ldots, p_1 + \ldots + p_k\}$$

(iii) Wir definieren folgende Mengen von geordneten Partitionen:

$$\Pi = \bigcup_{k \geq 0} \mathbb{N}^k$$
$$\Pi^p = \{\pi \in \Pi \mid |\pi| = p\}$$
$$\Pi^{p,k} = \{\pi \in \Pi^p \mid \underline{\pi} = k\}$$
$$\Pi_p = \{\pi \in \Pi \mid |\pi| \leq p\}.$$

(iv) Wir definieren wie folgt eine Teilordnung auf Π:

$$\boxed{\pi \geq \pi' \Leftrightarrow \Sigma\pi \supseteq \Sigma\pi'}$$

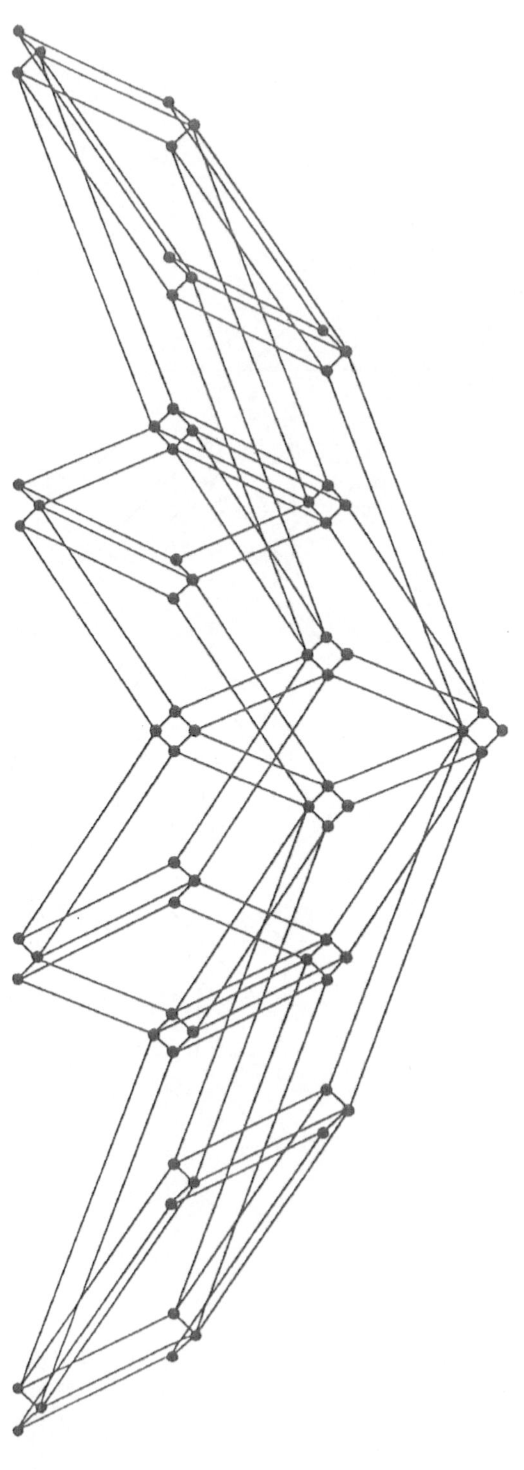

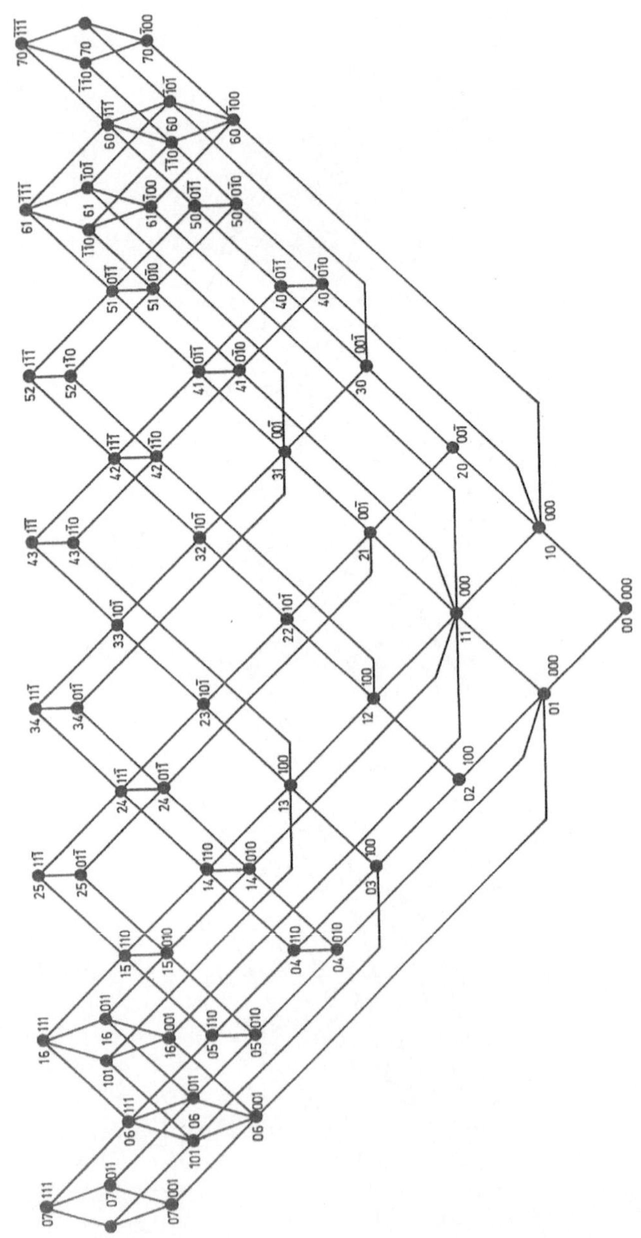

Bemerkungen:

(1) Man macht sich leicht klar, dass $\pi \geq \pi'$ genau dann gilt, wenn π' aus π durch geeignete Zusammenfassung aufeinanderfolgender Summanden bis zu einer gewissen Stelle entsteht.

(2) Man sollte die jetzt definierten geordneten Partitionen nicht mit den früher in Satz II.11.3 eingeführten Partitionen ohne Anordnung der Summanden verwechseln. In Bemerkung (2) im Anschluss an Satz II.11.3 hatten wir ausgeführt, dass die Zahl der ungeordneten Partitionen von p eine interessante und nicht leicht zu beherrschende zahlentheoretische Funktion von p ist. Die teilweise geordnete Menge der geordneten Partitionen hingegen hat, wie die folgende Proposition zeigt, eine leicht zu beschreibende Struktur, und die Zahl der geordneten Partitionen von p ist leicht zu berechnen.

Proposition 6.22

Die teilweise geordnete Menge Π aller geordneten Partitionen lässt sich wie folgt auf zweifache Weise beschreiben. $\mathcal{P}_0(\mathbb{N})$ sei die Menge aller endlichen Teilmengen von $\mathbb{N}$ mit der durch die Inklusionsrelation definierten Partialordnung. $\mathbb{I}^{(\mathbb{N})}$ sei die Menge aller $\{0,1\}$-Folgen mit nur endlich vielen von 0 verschiedenen Komponenten. $\mathbb{I}^{(\mathbb{N})}$ ist teilweise geordnet durch die Produktordnung. $\chi : \mathcal{P}_0(\mathbb{N}) \to \mathbb{I}^{(\mathbb{N})}$ sei die Abbildung, die jeder endlichen Menge $Y \in \mathcal{P}_0(\mathbb{N})$ ihre charakteristische Funktion χ_Y zuordnet:

$$\chi_Y(t) = \begin{cases} 1 & \text{wenn } t \in Y \\ 0 & \text{wenn } t \notin Y. \end{cases}$$

Ferner sei $\Sigma : \Pi \to \mathcal{P}_0(\mathbb{N})$ die Abbildung, die jeder Partition π die Menge $\Sigma\pi$ ihrer Partialsummen zuordnet. Schliesslich sei $\theta = \chi \circ \Sigma$. Dann gilt:

(i) $|\pi| = \max\{s \in \mathbb{N} \mid s \in \Sigma\pi\}$

$\qquad = \max\{t \in \mathbb{N} \mid \theta(\pi)(t) = 1\}$

$\underline{\pi} = \mathrm{card}(\Sigma\pi)$

$\qquad = \sum_{t \in \mathbb{N}} \theta(\pi)(t)$

(ii) θ, Σ und χ bilden ein kommutatives Diagramm von ordnungserhaltenden Isomorphismen

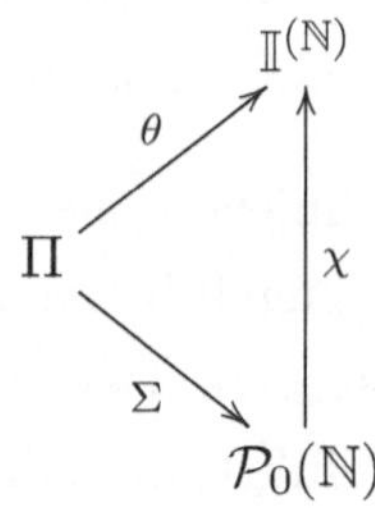

<u>Beweis:</u>   Übung.

<u>Korollar 6.23</u>

$$\theta(\Pi_p) = \mathbb{I}_p$$

$$\theta(\Pi^p) = \mathbb{I}_p - \mathbb{I}_{p-1} \cong \mathbb{I}^{p-1}$$

$$\Sigma(\Pi^p) = \{Y \subset \{1, \ldots, p\} \mid p \in Y\}$$

$$\Sigma(\Pi^{p,k}) = \{Y \subset \{1, \ldots, p\} \mid p \in Y, \operatorname{card}(Y) = k\}$$

$$\operatorname{card}(\Pi^p) = 2^{p-1} \text{ für } p > 0$$

$$\operatorname{card}(\Pi^{p,k}) = \binom{p-1}{k-1} \text{ für } p > 0.$$

Zur Einübung folgen eine kleinen Tabelle, in der die einander entsprechenden
Symbole von $\Pi_3, \mathcal{P}(\{1, 2, 3\})$ und $\mathbb{I}^3$ nebeneinander gestellt sind sowie das
Ordnungsdiagramm von $\mathbb{I}^3$, auf Seite 335, das wir schon früher betrachtet
haben.

Π_3	$\mathcal{P}(\{1,2,3\})$	$\mathbb{I}^3$
$(1,1,1)$	$\{1,2,3\}$	$(1,1,1)$
$(2,1)$	$\{2,3\}$	$(0,1,1)$
$(1,2)$	$\{1,3\}$	$(1,0,1)$
$(1,1)$	$\{1,2\}$	$(1,1,0)$
(3)	$\{3\}$	$(0,0,1)$
(2)	$\{2\}$	$(0,1,0)$
(1)	$\{1\}$	$(1,0,0)$
$\emptyset$	$\emptyset$	$(0,0,0)$

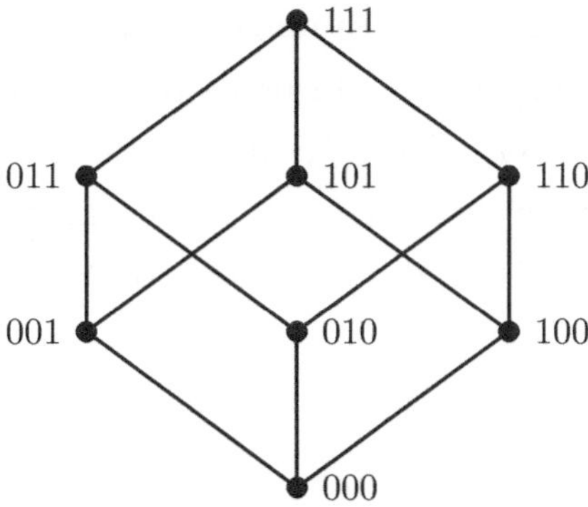

Proposition 6.22 führt zu einer Interpretation der teilgeordneten Menge Ω_n durch Paare geordneter Partitionen, und dies ist die Interpretation, die wir später brauchen.

Korollar 6.24

Der ordnungserhaltende Isomorphismus $\theta : \Pi \to \mathbb{I}^{(\mathbb{N})}$ induziert einen ordnungserhaltenden Isomorphismus

$$(\mathbb{N}' \times \mathbb{N}')_{2n+1} \underset{\mathbb{N}' \times \mathbb{N}'}{\times} \left(\bigcup_{r+s \le n} \Pi^r \times \Pi^s \right) \overset{\cong}{\to} \Omega_n.$$

Bemerkung:

Wegen 6.24 ist ab jetzt Ω_n die folgende Menge:

$$\Omega_n = \left\{ (\alpha, \beta; \pi_+, \pi_-) \in \mathbb{N}' \times \mathbb{N}' \times \Pi \times \Pi \;\middle|\; \begin{array}{c} \alpha + \beta \le 2n + 1 \\ |\pi_+| = [\alpha/2], \ |\pi_-| = [\beta/2] \end{array} \right\}$$

Diagramme für den Ordnungsgraphen Γ_{Ω_3} wurden bereits im Beispiel (10) gezeigt. Die Punkte eines dieser Diagramme sind durch Paare (x, y) indiziert. Dabei ist $x = (\alpha, \beta) \in (\mathbb{N}' \times \mathbb{N}')_{2n+1}$, und $y \in w_n \subset \{0, 1, \bar{1}\}^n$. Der Vorteil dieser Indizierung ist die kompakte Notation für y. Um den Übergang zu der ab jetzt benutzten Partitionen-Interpretation zu erleichtern, folgt auf Seite 336 eine Tabelle, in der die Symbole für Elemente aus $\bigcup \Pi^r \times \Pi^s \subset \Pi \times \Pi$ für $r + s \le 3$ den Symbolen für die entsprechenden Symbole für Elemente aus $w_3 \subset \{0, 1, \bar{1}\}^3$ gegenübergesteilt sind.

Nachdem wir die erforderlichen Ordnungsstrukturen konstruiert haben, wenden wir uns nun der Aufgabe zu, für den Raum der quadratischen Funktionen auf einem euklidischen affinen Raum und für den Raum der Quadriken geeignete Stratifikationen zu definieren. Wir erinnern dazu an die Ergebnisse von Proposition II.12.16 und an den Satz II.12.74 über die Hauptachsentransformation.

$$\rho : \mathcal{B}(V) \xrightarrow{\ \cong\ } \mathrm{End}(V)$$

$\Pi \quad \times \quad \Pi$	$\{0,1,\bar{1}\}^3$
$(\emptyset \quad ; \quad 1,1,1)$	111
$(\emptyset \quad ; \quad 2,1)$	011
$(\emptyset \quad ; \quad 1,2)$	101
$(\emptyset \quad ; \quad 3)$	001
$(1 \quad ; \quad 1,1)$	$11\bar{1}$
$(1 \quad ; \quad 2)$	$01\bar{1}$
$(1,1 \quad ; \quad 1)$	$1\bar{1}\bar{1}$
$(2 \quad ; \quad 1)$	$1\bar{1}0$
$(1,1,1 \quad ; \quad \emptyset)$	$\bar{1}\bar{1}\bar{1}$
$(2,1 \quad ; \quad \emptyset)$	$\bar{1}\bar{1}0$
$(1,2 \quad ; \quad \emptyset)$	$\bar{1}0\bar{1}$
$(3 \quad ; \quad \emptyset)$	$\bar{1}00$

$\Pi \quad \times \quad \Pi$	$\{0,1,\bar{1}\}^3$
$(\emptyset \quad ; \quad 1,1)$	110
$(\emptyset \quad ; \quad 2)$	010
$(1 \quad ; \quad 1)$	$10\bar{1}$
$(1,1 \quad ; \quad \emptyset)$	$0\bar{1}\bar{1}$
$(2 \quad ; \quad \emptyset)$	$0\bar{1}0$
$(\emptyset \quad ; \quad 1)$	100
$(1 \quad ; \quad \emptyset)$	$00\bar{1}$
$(\emptyset \quad ; \quad \emptyset)$	000

Wir haben dort für einen Vektorraum V mit einer nichtentarteten symmetrischen Bilinearform b_0 einen kanonischen Isomorphismus

vom Vektorraum $\mathcal{B}(V)$ der Bilinearfornen auf V auf den Vektorraum $\mathrm{End}(V)$ der Endomorphismen von V definiert. Der Isomorphismus ρ ordnet jeder Bilinearform b auf V den Endomorphismus $\sigma_{b_0}^{-1} \circ \sigma_b$ zu:

$$V \xrightarrow{\ \sigma_b\ } V^* \xrightarrow{\ \sigma_{b_0}^{-1}\ } V.$$

Dabei war σ_b durch $\sigma_b(v)(w) = b(v,w)$ definiert und somit ist $\rho(b)(v)$ der eindeutig bestimmte Vektor aus V, so dass für alle $w \in V$ gilt:

$$b_0(\rho(b)(v),w) = b(v,w).$$

Der Isomorphismus ρ induziert einen entsprechenden Isomorphismus

$$\rho : \mathcal{B}(V)^+ \xrightarrow{\cong} \mathcal{A}(V)^+$$

vom Vektorraum $\mathcal{B}(V)^+$ der symmetrischen Bilinearformen auf V auf den Vektorraum $\mathcal{A}(V)^+$ der bezüglich b_0 symmetrischen Endomorphismen von V.

Wir wenden diese Ergebnisse jetzt auf den Fall an, dass V ein n-dimensionaler euklidischer Vektorraum ist, nämlich der Translationsvektorraum eines euklidischen affinen Raumes X, und $b_0(v,w) = \langle v, w \rangle$ die auf V gegebene positiv definite symmetrische Bilinearform. $\mathcal{B}(V)^+$ identifizieren wir durch Übergang zu den quadratischen Formen $q(v) = b(v,v)$ kanonisch mit dem reellen Vektorraum $\mathcal{Q}(V)$ der quadratischen Formen auf V. So erhalten wir einen kanonischen Isomorphismus

$$\rho : \mathcal{Q}(V) \xrightarrow{\cong} \mathcal{A}(V)^+.$$

Für jeden symmetrischen Endomorphismus $\varphi \in \mathcal{A}(V)^+$ sind alle Eigenwerte reell. Es seien $a_1 > \ldots > a_k > 0$ die verschiedenen positiven Eigenwerte und $b_1 < \ldots < b_\ell$ die verschiedenen negativen Eigenwerte. Die Multiplizitäten von $a_1, \ldots, a_k$ seien $p_1, \ldots, p_k$, und die Multiplizitäten von $b_1, \ldots, b_\ell$ seien $q_1, \ldots, q_\ell$.

Definition:

$$
\begin{aligned}
a_+(\varphi) &:= \quad (a_1, \ldots, a_k), \qquad \pi_+(\varphi) := (p_1, \ldots, p_k), \\
a_-(\varphi) &:= \quad (-b_1, \ldots, -b_\ell), \quad \pi_-(\varphi) := (q_1, \ldots, q_\ell).
\end{aligned}
$$

Die Tupel $\pi_+(\varphi)$ und $\pi_-(\varphi)$ fassen wir als geordnete Partitionen auf: $\pi_+(\varphi), \pi_-(\varphi) \in \Pi$. Die Tupel $a_+(\varphi)$ bzw. $a_-(\varphi)$ sind Elemente der wie folgt definierten offenen Teilmengen Λ_k bzw. Λ_ℓ von $\mathbb{R}^k$ bzw. $\mathbb{R}^\ell$.

Definition:

$$\Lambda_k := \{(x_1, \ldots, x_k) \in \mathbb{R}^k \mid x_1 > \ldots > x_k > 0\}.$$

Natürlich ist Λ_k homöomorph zu $\mathbb{R}^k$.

Die gerade gegebenen Definitionen übertragen sich mittels des Isomorphismus ρ auf die quadratischen Formen $\bar{f} \in \mathcal{Q}(V)$.

Definition:

V sei ein euklidischer Vektorraum, $\mathcal{Q}(V)$ der Vektorraum der quadratischen Formen auf V und $\rho : \mathcal{Q}(V) \to \mathcal{A}(V)^+$ der kanonische Isomorphismus mit dem Vektorraum der symmetrischen Endomorphismen von V. Für $\bar{f} \in \mathcal{Q}(V)$ wird definiert:

$$a_+(\bar{f}) := a_+(\rho(\bar{f})), \qquad \pi_+(\bar{f}) := \pi_+(\rho(\bar{f})),$$
$$a_-(\bar{f}) := a_-(\rho(\bar{f})), \qquad \pi_-(\bar{f}) := \pi_-(\rho(\bar{f})).$$

Wir können jetzt für den Raum $\mathcal{Q}(X)$ der quadratischen Funktionen auf einem euklidischen affinen Raum X mit Translationsvektorraum V die Stratifikation definieren, die zu einer angemessenen Klassifikation der affin-euklidischen Rechtsäquivalenzklassen führt.

Definition:

X sei ein n-dimensionaler euklidischer affiner Raum, $\mathcal{Q}(X)$ sei der Raum der quadratischen Funktionen auf X und Ω_n sei die oben definierte teilgeordnete Menge. Dann definieren wir wie folgt eine disjunkte Zerlegung

$$\mathcal{Q}(X) = \bigcup_{\omega \in \Omega_n} \mathcal{Q}_\omega.$$

Das zu $\omega = (\alpha, \beta; \pi_+, \pi_-)$ gehörige Stratum $\mathcal{Q}_\omega$ ist wie folgt definiert:

$$\boxed{\mathcal{Q}_\omega := \{f \in \mathcal{Q}(X) \mid \alpha_+(f) = \alpha, \alpha_-(f) = \beta, \pi_+(\bar{f}) = \pi_+, \pi_-(\bar{f}) = \pi_-\}}$$

Wir werden sehen, dass die $\mathcal{Q}_\omega$ tatsächlich die Strata einer unter der Isometriegruppe $\mathrm{I}(X)$ invarianten Stratifikation von $\mathcal{Q}(X)$ sind. Wir wollen die Operation von $\mathrm{I}(X)$ auf den einzelnen Strata $\mathcal{Q}_\omega$ und die Abbildung $\mathcal{Q}_\omega \to \mathcal{Q}_\omega / \mathrm{I}(X)$ genau beschreiben.

Zu diesem Zweck definieren wir jetzt die auch in vielen anderen Zusammenhängen wichtigen Fahnenmannigfaltigkeiten sowie gewisse kanonische

Vektorraumbündel über selbigen. Hierzu sollte man auch die Aussagen der Aufgaben 15 und 16 zu Band I § 7 zur Kenntnis nehmen. Es sei V ein n-dimensionaler Vektorraum und k eine ganze Zahl, $O \leq k \leq n$. Eine k-Fahne in V ist im Folgenden ein k-Tupel $F = (V_1, \ldots, V_k)$ von Vektorunterräumen $V_i \subset V$, für welche gilt:

$$0 \subsetneqq V_1 \subsetneqq V_2 \subsetneqq \ldots \subsetneqq V_k \subset V.$$

Wir setzen $V_i(F) := V_i$, und wir bezeichnen als **Typ** von F das k-Tupel von positiven Zahlen

$$t(F) := (\dim V_1, \ldots, \dim V_k).$$

Mit $\mathcal{F}(V)$ bezeichnen wir die Menge aller k-Fahnen in V, wobei k alle Werte $O \leq k \leq n$ durchläuft.

Definition:

Für jedes k-Tupel $m = (m_1, \ldots, m_k)$ von positiven ganzen Zahlen m_i mit $0 < m_1 < \ldots < m_k \leq n = \dim V$ ist die **Fahnenmannigfaltigkeit** $\mathcal{F}_m(V)$ definiert als die folgende Menge von Fahnen in V:

$$\boxed{\mathcal{F}_m(V) := \{ F \in \mathcal{F}(V) \mid t(F) = m \}}$$

In Aufgabe 35 zu Band I § 6 haben wir jeder k-Fahne $F = (V_1, \ldots, V_k)$ einen assoziierten graduierten Vektorraum zugeordnet, nämlich die äußere direkte Summe der sukzessiven Quotienten V_i/V_{i-1}, wobei $V_0 = 0$ gesetzt ist:

$$\mathrm{Gr}(F) = \bigoplus_{i=1}^{k} V_i/V_{i-1}.$$

Wir setzen $p_i = \dim V_i/V_{i-1}$, und definieren als **Typ** τ von $\mathrm{Gr}(F)$ das folgende k-Tupel von positiven ganzen Zahlen:

$$\tau(\mathrm{Gr}(F)) = (p_1, \ldots, p_k).$$

Wenn wir wie früher für die geordnete Partition $\pi = (p_1, \ldots, p_l)$ die Zahlen m_i durch $m_i = p_1 + \ldots + p_i$ definieren und $\Sigma(\pi) = (m_1, \ldots, m_k)$ setzen, gilt

$$t(F) = \Sigma(\tau(\mathrm{Gr}(F))).$$

Wir können daher die Fahnenmannigfaltigkeiten statt durch den Fahnentyp genausogut durch den Typ der assoziierten graduierten Räume indizieren, und das wollen wir im Folgenden tun – man beachte den Wechsel in der Position des Index!

Definition:

$\mathcal{F}(V)_\pi := \mathcal{F}_{\Sigma(\pi)}(V)$ für $\pi \in \Pi_n$.

Die Gruppe $\mathrm{GL}(V)$ operiert kanonisch auf $\mathcal{F}(V)_\pi$ durch $\varphi(V_1,\ldots,V_k) = (\varphi(V_1),\ldots,\varphi(V_k))$ für $\varphi \in \mathrm{GL}(V)$. Diese Operation ist transitiv (Aufgabe 34 zu Band I § 6). Nach Wahl einer Fahne $F \in \mathcal{F}(V)_\pi$ identifiziert sich $\mathcal{F}(V)_\pi$ daher kanonisch mit dem homogenen Raum $\mathrm{GL}(V)/\mathrm{P}_F$, wo P_F die Isotropiegruppe von F in $\mathrm{GL}(V)$ ist. Ist V der Standardvektorraum $\mathbb{R}^n$ und F die Standardfahne vom Typ $\Sigma(\pi)$, dann ist P_F die parabolische Standardgruppe $\mathrm{P}_\pi \subset \mathrm{GL}(n,\mathbb{R})$ der oberen Block-Dreiecksmatrizen vom Typ π. Damit ergibt sich die folgende Beschreibung der Fahnenmannigfaltigkeiten:

$$\mathcal{F}(\mathbb{R}^n)_\pi = \mathrm{GL}(n,\mathbb{R})/\mathrm{P}_\pi.$$

Nun sei V ein euklidischer Vektorraum. Dann kann man folgendermaßen zu jeder k-Fahne F in V eine orthogonale direkte Summenzerlegung von V konstruieren. Es sei $F = (V_1,\ldots,V_k)$. Wir setzen $V_0 = 0$ und $V_{k+1} = V$ und betrachten die orthogonalen Komplemente von V_{i-1} in V_i, also:

$$W_i(F) := V_{i-1\,V_i}^\perp, \quad i = 1,\ldots,k$$
$$W(F) := V_{k\,V}^\perp.$$

Die Komposition der Inklusion $W_i(F) \hookrightarrow V_i(F)$ mit der Restklassenabbildung $V_i(F) \to V_i(F)/V_{i-1}(F)$ ist ein kanonischer Isomorphismus. Daher hat man einen kanonischen Isomorphismus

$$\bigoplus_{i=1}^k W_i(F) \xrightarrow{\cong} \mathrm{Gr}(F).$$

Im Folgenden identifizieren wir auf diese Weise $\mathrm{Gr}(F)$ mit der inneren direkten Summe der $W_i(F)$. In diesem Sinne gilt:

$$V = \mathrm{Gr}(F) \oplus W(F)$$
$$W(F) = \mathrm{Gr}(F)^\perp.$$

Dies veranlasst uns, das triviale Vektorraumbündel $V \times \mathcal{F}(V)_\pi \to \mathcal{F}(V)_\pi$ mit Faser V und Basis $\mathcal{F}(V)_\pi$ wie folgt in die orthogonale direkte Summe von zwei Untervektorraumbündeln $E(V)_\pi$ und $E(V)_\pi^\top$ zu spalten.

Definition:

$$E(V)_\pi = \{(v, F) \in V \times \mathcal{F}(V)_\pi \mid v \in \mathrm{Gr}(F)\}$$
$$E(V)_\pi^\perp = \{(v, F) \in V \times \mathcal{F}(V)_\pi \mid v \in \mathrm{Gr}(F)^\perp\}.$$

Die Projektionen auf den zweiten Faktor

$$E(V)_\pi \longrightarrow \mathcal{F}(V)_\pi$$
$$E(V)_\pi^\perp \longrightarrow \mathcal{F}(V)_\pi$$

sind Vektorraumbündel über der Fahnenmannigfaltigkeit $\mathcal{F}(V)_\pi$. Die Dimension der typischen Faser ist $|\pi|$ bzw. $n - |\pi|$. Die direkte Summe der beiden Vektorraumbündel über der gleichen Basis $E(V)_\pi \oplus E(V)_\pi^\perp$ ist als Menge das Faser-Produkt von $E(V)_\pi$ und $E(V)_\pi^\perp$, und als Vektorraum ist die Faser von $E(V)_\pi \oplus E(V)_\pi^\perp$ über $F \in \mathcal{F}(V)_\pi$ die äußere direkte Summe der Fasern von $E(V)_\pi$ und $E(V)_\pi^\perp$ über F. Diese direkte Summe identifiziert sich kanonisch mit dem trivialen Bündel:

$$E(V)_\pi \oplus E(V)_\pi^\perp = V \times \mathcal{F}(V)_\pi.$$

Es ist klar, dass man das Bündel $E(V)_\pi$ noch weiter kanonisch in eine direkte Summe von π Vektorraumbündeln aufspalten und auf diese Weise eine ganze Reihe anderer kanonischer Vektorraumbündel auf den Fahnenmannigfaltigkeiten $\mathcal{F}(V)_\pi$ definieren kann. Weil wir diese hier nicht brauchen, gehen wir darauf nicht ein. Hingegen brauchen wir zusätzlich zu den oben definierten

Vektorraumbündeln $E(V)_\pi$ und $E(V)_\pi^\perp$ noch das **Sphärenbündel** $SE(V)_\pi^\perp$ in dem euklidischen Vektorraumbündel $E(V)_\pi^\perp$.

Definition:

$$SE(V)_\pi^\top := \{(w, F) \in E(V)_\pi^\perp \mid \langle w, w \rangle = 1\}.$$

Wir bilden das folgende Faser-Produkt:

$$E(V)_\pi \times_{\mathcal{F}(V)_\pi} SE(V)_\pi^\perp \subset E(V)_\pi \oplus E(V)_\pi^\perp = V \times \mathcal{F}(V)_\pi.$$

Diese Menge identifizieren wir kanonisch mit der folgenden Teilmenge von $V \times V \times \mathcal{F}(V)_\pi$:

$$E(V)_\pi \oplus SE(V)_\pi^\perp :=$$
$$\{(v, w, F) \in V \times V \times \mathcal{F}(V)_\pi \mid v \in \mathrm{Gr}(F), w \in \mathrm{Gr}(F)^\perp, \langle w, w \rangle = 1\}.$$

Wir ordnen jetzt jedem symmetrischen Endomorphismus φ eines euklidischen Vektorraumes V eine Fahne in V zu. Für jeden Eigenwert λ von φ sei $V_\varphi(\lambda)$ der zugehörige Eigenraum:

$$V_\varphi(\lambda) := \{v \in V \mid \varphi(v) = \lambda v\}.$$

Für jedes symmetrische φ stehen die Eigenräume zu den verschiedenen Eigenwerten aufeinander senkrecht (Satz II.12.63). Daher existiert zu jedem φ eine Fahne $F(\varphi)$, so dass $\mathrm{Gr}(F(\varphi))$ die orthogonale direkte Summe der Eigenräume zu den von Null verschiedenen Eigenwerten ist. $F(\varphi)$ ist eindeutig bestimmt, wenn wir die Reihenfolge der Eigenwerte festlegen. Weil die Eigenwerte alle reell sind, ist dies in natürlicher Weise möglich, und wir tun es durch die folgende Definition.

Definition:

$\varphi \in \mathcal{A}(V)^+$ sei ein symmetrischer Endomorphismus des euklidischen Vektorraumes V, und $a_+(\varphi) = (a_1, \ldots, a_k)$ bzw. $-a_-(\varphi) = (b_1, \ldots, b_\ell)$ seien die Tupel der verschiedenen positiven bzw. negativen Eigenwerte, $a_1 > \ldots > a_k > 0$ bzw. $b_1 < \ldots < b_\ell < 0$. Dann ist die zu φ gehörige $(k+\ell)$-

Fahne $F(\varphi)$ definiert durch folgende Bedingung:

$$W_i(F(\varphi)) = \begin{cases} V_\varphi(a_i) & i = 1, \ldots, k \\ V_\varphi(b_{i-k}) & i = k+1, \ldots, k+\ell. \end{cases}$$

Jeder symmetrische Endomorphismus φ von V ist durch seine Fahne $F(\varphi)$ und die Eigenwert-Tupel $a_+(\varphi)$, $a_-(\varphi)$ natürlich eindeutig bestimmt. Etwas formaler können wir dies auch wie folgt ausdrücken. Wir definieren zunächst eine Verknüpfung von geordneten Partitionen:

$$\pi_+ = (p_1, \ldots, p_k), \quad \pi_- = (q_1, \ldots, q_\ell)$$
$$\pi_+ \times \pi_- := (p_1, \ldots, p_k, q_1, \ldots, q_\ell).$$

Für $\varphi \in \mathcal{A}(V)^+$ definieren wir dann:

$$\pi(\varphi) := \pi_+(\varphi) \times \pi_-(\varphi).$$

Definition:
$\mathcal{A}(V)^+$ sei der Raum der symmetrischen Endomorphismen eines n-dimensionalen euklidischen Vektorraums V. Die **Eigenraum-Abbildung** ε von $\mathcal{A}(V)^+$ ist wie folgt definiert:

$$\varepsilon : \mathcal{A}(V)^+ \longrightarrow \coprod_{\substack{|\pi_+|+|\pi_-|\leq n \\ \pi=\pi_+\times\pi_-}} \mathcal{F}(V)_\pi \times \Lambda_{\underline{\pi}_+} \times \Lambda_{\underline{\pi}_-}$$

$$\varepsilon(\varphi) = (F(\varphi), a_+(\varphi), a_-(\varphi)) \in \mathcal{F}(V)_{\pi(\varphi)} \times \Lambda_{\underline{\pi}_+(\varphi)} \times \Lambda_{\underline{\pi}_-(\varphi)}.$$

Proposition 6.25
Für jeden euklidischen Vektorraum V ist die Eigenraumabbildung

$$\varepsilon : \mathcal{A}(V)^+ \longrightarrow \coprod \mathcal{F}(V)_\pi \times \Lambda_{\underline{\pi}_+} \times \Lambda_{\underline{\pi}_-}$$

des Raumes $\mathcal{A}(V)^+$ der symmetrischen Endomorphismen bijektiv.

Beweis: triviale Übung.

Durch Komposition mit der kanonischen bijektiven Abbildung $\rho : \mathcal{Q}(V) \rightarrow \mathcal{A}(V)^+$ übertragen sich die vorstehenden Definitionen auf den Raum $\mathcal{Q}(V)$ der quadratischen Formen auf V.

Definition:
Für $\bar{f} \in \mathcal{Q}(V)$ setzen wir $F(\bar{f}) = F(\rho(\bar{f}))$ und $\pi(\bar{f}) = \pi_+(\bar{f}) \times \pi_-(\bar{f})$. Wir definieren eine bijektive Abbildung η von $\mathcal{Q}(V)$ durch Komposition von ρ mit der Eigenraumabbildung: $\eta = \varepsilon \circ \rho$

$$\boxed{\eta : \mathcal{Q}(V) \xrightarrow{\cong} \coprod \mathcal{F}(V)_\pi \times \Lambda_{\underline{\pi}_+} \times \Lambda_{\underline{\pi}_-}}$$

$$\eta(\bar{f}) := (F(\bar{f}), a_+(\bar{f}), a_-(\bar{f})) \in \mathcal{F}(V)_{\pi(\bar{f})} \times \Lambda_{\underline{\pi}_+(\bar{f})} \times \Lambda_{\underline{\pi}_-(\bar{f})}.$$

Für die zu der Fahne $F(\bar{f})$ gehörige orthogonale Zerlegung $V = \mathrm{Gr}(F) \oplus \mathrm{Gr}(F)^\perp$ gilt offenbar:

$$\mathrm{Gr}(F(\bar{f}))^\top = \mathrm{rad}\ \bar{f}.$$

Definition:
V sei ein n-dimensionaler euklidischer Vektorraum und $\mathcal{Q}(V)$ der Raum der quadratischen Formen auf V. Wir definieren wie folgt eine disjunkte Zerlegung von $\mathcal{Q}(V)$:

$$\mathcal{Q}(V) = \coprod_{\substack{(\pi_+,\pi_-)\in\cup\Pi^r\times\Pi^s \\ r+s\leq n}} \mathcal{Q}(\pi_+,\pi_-)$$

$$\mathcal{Q}(\pi_+,\pi_-) := \{\bar{f} \in \mathcal{Q}(V) \mid \pi_+(\bar{f}) = \pi_+, \pi_-(\bar{f}) = \pi_-\}.$$

Satz 6.26
V sei ein n-dimensionaler euklidischer Vektorraum und $\mathcal{Q}(V)$ der Raum der quadratischen Formen auf V. Dann gilt:

(i) Die disjunkte Zerlegung von $\mathcal{Q}(V)$ in die Teilmengen $\mathcal{Q}(\pi_+,\pi_-)$ ist eine Stratifikation von $\mathcal{Q}(V)$.

(ii) $\overline{\mathcal{Q}(\pi_+,\pi_-)} \supset \mathcal{Q}(\pi'_+,\pi'_-) \Leftrightarrow (\pi_+,\pi_-) \geq (\pi'_+,\pi'_-).$

(iii) Die Stratifikation ist invariant unter der orthogonalen Gruppe $O(V)$.

(iv) Die Abbildung η induziert ein kommutatives Diagramm

$$
\begin{array}{ccc}
\mathcal{Q}(\pi_+,\pi_-) & \xrightarrow{\ \ \eta\ \ } & \mathcal{F}(V)_{\pi_+\times\pi_-}\times\Lambda_{\underline{\pi}_+}\times\Lambda_{\underline{\pi}_-} \\
\downarrow & & \downarrow \\
\mathcal{Q}(\pi_+,\pi_-)/\operatorname{O}(V) & \xrightarrow[\ \ \bar\eta\ \ ]{} & \Lambda_{\underline{\pi}_+}\times\Lambda_{\underline{\pi}_-}
\end{array}
$$

Dabei sind η und $\bar\eta$ Homöomorphismen, und die vertikalen Pfeile bezeichnen kanonische Restklassenabbildungen bzw. Projektionen. Die Abbildung η ist äquivariant bezüglich der kanonischen Rechtsoperation von $\operatorname{O}(V)$.

<u>Beweis:</u>

Abgesehen von der Aussage (ii) ist der Satz eine genauere Fassung des Satzes II.12.74 über die Hauptachsentransformation. Wir beweisen daher nur die Aussage (ii). Die Implikation „$\Rightarrow$" ist trivial. Zum Beweis der Implikation „$\Leftarrow$" genügt es, für jeden Nachfolger (π'_+,π'_-) von (π_+,π_-) eine stetige Familie f_t von quadratischen Formen f_t mit $f_t\in\mathcal{Q}(\pi_+,\pi_-)$ für $t>O$ und $f_0\in\mathcal{Q}(\pi'_+,\pi'_-)$ anzugeben.

O.B.d.A. sei $\pi'_-=\pi_-$ und π'_+ Nachfolger von π_+.

<u>Erster Fall:</u>

$\pi_+=(p_1,\ldots,p_k)$ und $\pi'_+=(p_1,\ldots,p_{k-1})$.

Wir wählen Elemente $a_+=(a_1,\ldots,a_k)\in\Lambda_{\underline{\pi}_+}$ und $a_-\in\Lambda_{\underline{\pi}_-}$ sowie eine Fahne $F=(V_1,\ldots,V_{k+\ell})\in\mathcal{F}(V)_\pi$, wobei $\pi=\pi_+\times\pi_-$ gesetzt wird und $\pi'=\pi'_+\times\pi'_-$. Es sei $F_0\in\mathcal{F}(V)_{\pi'}$ die Fahne mit

$$
W_i(F_0)=\begin{cases} W_i(F) & \text{für } i=1,\ldots,k-1 \\[2mm] W_{i+1}(F) & \text{für } i=k,\ldots,k+\ell-1. \end{cases}
$$

Wir setzen $a_+(0)=(a_1,\ldots,a_{k-1})$ sowie $a_+(t)=(a_1,\ldots,a_{k-1},ta_k)$ für $0<t<1$. Es sei ferner $f_t=\eta^{-1}(F,a_+(t),a_-)$ für $0<t<1$ und $f_0=\eta^{-1}(F_0,a_+(0),a_-)$. Dann ist die Zuordnung $t\mapsto f_t$ eine stetige Abbildung $[0,1[\to\mathcal{Q}(V)$ mit $f_t\in\mathcal{Q}(\pi_+,\pi_-)$ für $t>0$ und $f_0\in\mathcal{Q}(\pi'_+,\pi_-)$.

<u>Zweiter Fall:</u>

$$\pi_+ = (p_1, \ldots, p_k) \text{ und}$$

$$\pi'_+ = (p_1, \ldots, p_{j-1}, p_j + p_{j+1}, p_{j+2}, \ldots, p_k)$$

Man wählt wie im ersten Fall F und a_+, a_-. Man setzt $a_+(t) = (a_1, \ldots, a_{j-1}, a_j, a_j + t(a_{j+1} - a_j), a_{j+2}, \ldots, a_k)$ für $0 < t < 1$, und $a_+(0) = (a_1, \ldots, a_j, a_{j+2}, \ldots, a_k)$. Man definiert die Fahne F_0 wie folgt:

$$W_i(F_0) = \begin{cases} W_i(F) & \text{für } i < j \\ W_j(F) \oplus W_{j+1}(F) & \text{für } i = j \\ W_{i+1}(F) & \text{für } i > j \end{cases}$$

Der Rest des Beweises geht wie im ersten Fall.

Bemerkungen:

(1) Die Ordnungsstruktur von $\cup_{r+s\leq n}\Pi^r \times \Pi^s$ wurde, wie Korollar 6.24 zeigt, weiter oben in Beispiel (9) behandelt. Dort wurden für $n = 3$ auch Diagramme für den zugehörigen Ordnungsgraphen angegeben. Man vergleiche hierzu auch die Tabelle zu 6.24.

(2) Die gerade definierte Stratifikation von $\mathcal{Q}(V)$ induziert kanonisch eine Stratifikation von $\mathcal{Q}(X)$. Die Strata sind die Urbilder der $\mathcal{Q}(\pi_+, \pi_-)$ bezüglich der durch die Zuordnung $f \mapsto \bar{f}$ definierten Hauptteilabbildung $\mathcal{Q}(X) \to \mathcal{Q}(V)$.

Definition:

$\mathcal{Q}(X)$ sei der Raum der quadratischen Funktionen auf einem n-dimensionalen euklidischen affinen Raum X. Die **Eigenwertstratifikation** ist die folgende disjunkte Zerlegung von $\mathcal{Q}(X)$

$$\mathcal{Q}(X) = \bigcup_{|\pi_+|+|\pi_-|\leq n} \mathcal{Q}(\pi_+, \pi_-)$$

$$\mathcal{Q}(\pi_+, \pi_-) := \{f \in \mathcal{Q}(X) \mid \pi_+(\bar{f}) = \pi_+, \pi_-(\bar{f}) = \pi_-\}.$$

Wir haben nun zwei verschiedene Stratifikationen von $\mathcal{Q}(X)$ definiert: gerade jetzt die Eigenwertstratifikation durch die $\mathcal{Q}(\pi_+, \pi_-)$ und schon früher – in Satz 6.16 – die Stratifikation durch die $\mathbb{R}^+ \times \mathrm{GA}(X)$-Orbits $\mathcal{Q}^{\alpha\beta}$. Außerdem haben wir weiter oben eine disjunkte Zerlegung von $\mathcal{Q}(X)$ in die Teilmengen $\mathcal{Q}_\omega$ definiert, $\omega \in \Omega_n$. Von dieser Zerlegung müssen wir erst noch nachweisen, dass sie eine Stratifikation ist. Eins ist aber schon jetzt unmittelbar klar. Die Zerlegung in die $\mathcal{Q}_\omega$ ist gerade die gemeinsame Verfeinerung der beiden anderen Stratifikationen:

$$\boxed{\mathcal{Q}_\omega = \mathcal{Q}^{\alpha\beta} \cap \mathcal{Q}(\pi_+, \pi_-)} \quad \text{für } \omega = (\alpha, \beta, \pi_+, \pi_-).$$

In Satz 6.26 haben wir die Strata der Eigenwertstratifikation des Raumes der quadratischen Formen $\mathcal{Q}(V)$ auf einem euklidischen Vektorraum V und auch die Operation der orthogonalen Gruppe $\mathrm{O}(V)$ auf den Strata explizit mit Hilfe von Fahnenmannigfaltigkeiten beschrieben. In ähnlicher Weise wollen wir nun die Stratifikation des Raumes $\mathcal{Q}(X)$ der quadratischen Funktionen auf einem n-dimensionalen euklidischen affinen Raum X durch die Strata $\mathcal{Q}_\omega, \omega \in \Omega_n$ behandeln. V sei der Translationsvektorraum von X und $X \hookrightarrow \hat{X}$ die kanonische vektorielle Einbettung. $\hat{X}^*$ sei der zu $\hat{X}$ duale Vektorraum und $\ell \in \hat{X}^*$ die eindeutig bestimmte Linearform mit $\ell|X \equiv 1$. Grundlegend für alles weitere ist die folgende kanonische exakte Sequenz von Vektorräumen:

$$0 \to \hat{X}^* \to \mathcal{Q}(\hat{X}) \to \mathcal{Q}(V) \to 0.$$

Dabei ordnet der erste Homomorphismus der Linearform $u \in \hat{X}$ die quadratische Form $2u(x)\ell(x)$ zu, und der zweite Homomorphismus ordnet der quadratischen Form $\hat{f}$ ihre Beschränkung $\bar{f}$ auf V zu. $\mathcal{Q}(X)$ ist dadurch ein Bündel von affinen Räumen über der Basis $\mathcal{Q}(V)$ mit typischer Faser $\hat{X}^*$. Wir können daraus in nicht-kanonischer Weise ein Vektorraumbündel machen, indem wir die exakte Sequenz spalten. Dazu wählen wir einen Punkt $x_0 \in X$. Hierzu gehört eine eindeutig bestimmte Projektion von Vektorräumen $p : \hat{X} \to V$, so dass $p(x_0) = 0$. Die Zuordnung $\bar{f} \mapsto \bar{f} \circ p$ definiert einen Homomorphismus $\mathcal{Q}(V) \to \mathcal{Q}(\hat{X})$, der die exakte Sequenz spaltet.

In diesem Sinne gilt:

$$\mathcal{Q}(\hat{X}) = \hat{X}^* \times \mathcal{Q}(V).$$

Weiterhin hat man durch Beschränkung der Linearformen von $\hat{X}$ auf V eine kanonische kurze exakte Sequenz

$$0 \to \mathbb{R}\ell \to \hat{X}^* \to V^* \to 0.$$

Auch diese Sequenz wird durch die Wahl von x_0 gespalten, und man erhält:

$$\hat{X}^* = \mathbb{R} \times V^*.$$

V^* kann man kanonisch mit V identifizieren, da V ein euklidischer Vektorraum ist. Schließlich können wir $\mathcal{Q}(\hat{X})$ kanonisch mit $\mathcal{Q}(X)$ identifizieren und erhalten

$$\mathcal{Q}(X) = \mathbb{R} \times V \times \mathcal{Q}(V).$$

Wir wollen die gerade beschriebene Zerlegung der quadratischen Funktionen $f \in \mathcal{Q}(X)$ in drei Komponenten explizit angeben. Die erste Komponente, die in $\mathbb{R}$ liegt, ist einfach $f(x_0)/2$, und die dritte Komponente ist der Hauptteil $\bar{f} \in \mathcal{Q}(V)$. Die zweite Komponente $v(f) \in V$ bekommt man wie folgt. Die Beschränkung von $\hat{f} - \hat{f} \circ p$ auf V verschwindet identisch und ist daher ein Vielfaches von ℓ. Wir setzen

$$u(f) := \frac{\hat{f} - \hat{f} \circ p}{2\ell} \in \hat{X}^*.$$

Durch Beschränkung von $u(f)$ auf V erhält man eine Linearform $\bar{u}(f)$:

$$\bar{u}(f) := u(f)|V \in V^*.$$

Durch kanonische Identifikation von V^* mit V ergibt sich aus $\bar{u}(f)$ ein Element $v(f) \in V$. Es wird durch die folgende Eigenschaft charakterisiert:

$$\forall w \in V \quad \bar{u}(f)(w) = \langle v(f), w \rangle.$$

Bezeichnet man mit b_f die zu $\hat{f}$ gehörige symmetrische Bilinearform auf $\hat{X}$, also die, für die $\hat{f}(x) = b_f(x,x)$ gilt, dann kann man diese Bedingung auch wie folgt formulieren:

$$\forall w \in V \quad b_f(x_0, w) = \langle v(f), w \rangle.$$

Ergebnis:

Die bijektive Abbildung $\mathcal{Q}(X) \to \mathbb{R} \times V \times \mathcal{Q}(V)$ wird durch die folgende Zuordnung beschrieben: $f \mapsto (f(x_0)/2, v(f), \bar{f})$.

Bemerkung:

Identifiziert man für $X = \mathbb{R}^n$ die kanonische vektorielle Einbettung mit der vektoriellen Standardeinbettung, wählt man x_0 als $x_0 = (0, \ldots, 0, 1)$ und stellt man die quadratische Funktion wie in 6.4 durch den quadratischen Anteil A, den linearen Anteil b und den konstanten Anteil c dar, dann wird die obige Zuordnung durch $f \mapsto (c/2, b, A)$ beschrieben.

Mit Hilfe der obigen Produktzerlegung von $\mathcal{Q}(X)$ erhlt man nun auch eine Beschreibung der Strata $\mathcal{Q}_\omega \subset \mathcal{Q}(X)$, $\omega \in \Omega_n$. Dabei muss man die disjunkte Zerlegung von $\mathcal{Q}(X)$ in die Teilmengen $\mathcal{Q}(X)^0, \mathcal{Q}(X)', \mathcal{Q}(X)''$ benutzen, die im Anschluss an Proposition 6.7 durch Rangbedingungen definiert wurde. Es sei $\omega = (\alpha, \beta; \pi_+, \pi_-)$. Dann ist $\mathcal{Q}_\omega$ durch die Projektion $\mathcal{Q}(X) \to \mathcal{Q}(V)$ ein Faserbündel über dem Stratum $\mathcal{Q}(\pi_+, \pi_-)$ von $\mathcal{Q}(V)$. Die Beschreibung der typischen Faser hängt davon ab, in welcher von den drei Mengen $\mathcal{Q}(X)^0, \mathcal{Q}(X)', \mathcal{Q}(X)''$ das Stratum $\mathcal{Q}_\omega$ liegt. Wenn $\mathcal{Q}_\omega \subset \mathcal{Q}(X)^0$, ist die Faser eine gewisse affine Quadrik in der entsprechenden Faser des Vektorraumbündels $\mathbb{R} \times E(V)_\pi \to \mathcal{F}(V)_\pi$. Wenn $\mathcal{Q}_\omega \subset \mathcal{Q}(X)'$, ist die Faser von $\mathcal{Q}_\omega$ eine der beiden Komponenten des Komplements der Quadrik in der Faser von $\mathbb{R} \times E(V)_\pi$, und wenn $\mathcal{Q}_\omega \subset \mathcal{Q}(X)''$, ist die Faser von $\mathcal{Q}_\omega$ das Komplement von $\mathbb{R} \times E(V)_\pi$ in $\mathbb{R} \times V \times \mathcal{F}(V)_\pi$. Diese Beschreibung lässt sich in den ersten beiden Fällen noch vereinfachen, indem man die erwähnte affine Quadrik in den Fasern von $\mathbb{R} \times E(V)_\pi$ bijektiv auf die Fasern von $E(V)_\pi$ projiziert. So erhält man schließlich die folgenden Beschreibungen für die Strata $\mathcal{Q}_\omega$.

Im Folgenden sei stets $\omega = (\alpha, \beta; \pi_+, \pi_-)$ und $\pi = \pi_+ \times \pi_-$. Wir konstruieren für jeden Fall ein kommutatives Diagramm

$$\begin{array}{ccc}
\mathcal{Q}_\omega & \xrightarrow{\ \Psi_\omega\ } & Z_\omega \\
\downarrow & & \downarrow \\
\mathcal{Q}_\omega/\operatorname{I}(X) & \xrightarrow[\chi_\omega]{} & Y_\omega
\end{array}$$

Dabei werden sich später die horizontalen Abbildungen Ψ_ω, χ_ω als Homöomorphismen erweisen, während die vertikalen Abbildungen Restklassenabbildungen bzw. Projektionen einer Produktzerlegung sind:

$$Z_\omega = X_\omega \times Y_\omega$$

Auf Z_ω werden wir eine fasertreue Operation von $\operatorname{I}(X)$ angeben so dass $\mathcal{Q}_\omega \to Z_\omega$ ein $\operatorname{I}(X)$-äquivarianter Homöomorphismus ist. Es genügt, $Z_\omega = X_\omega \times Y_\omega$ und Ψ_ω sowie die $\operatorname{I}(X)$-Operation von rechts auf Z_ω anzugeben. Wir geben stattdessen die Linksoperation an, die durch Vorschalten von $\varphi \mapsto \varphi^{-1}$ entsteht. Bei der Beschreibung von Ψ_ω benutzen wir die früher definierten $\operatorname{I}(X)$-Invarianten $a_+(f), a_-(f), b(f), c(f)$ – man vergleiche mit dem Zusatz zu 6.10 – sowie die vorhin nach Wahl eines Punktes $x_0 \in X$ definierte Funktion $f \mapsto v(f) \in V$. Diese Funktion spalten wir noch in zwei Komponenten $v(f)'$ und $v(f)''$ mittels der Aufspaltung

$$V \times \mathcal{F}(V)_\pi = E(V)_\pi \oplus E(V)_\pi^\perp$$

mit $\pi = \pi(f)$. Dabei sind $v(f)'$ und $v(f)''$ dadurch definiert, dass bei der kanonischen Projektion des trivialen Vektorraumbündels $V \times \mathcal{F}(V)_\pi$ auf den ersten bzw. zweiten Summanden das Element $(v(f), F(\bar{f}))$ in $(v(f)', F(\bar{f})) \in E(V)_\pi$ bzw. $(v(f)'', F(\bar{f})) \in E(V)_\pi^\perp$ übergeht. Die Komponenten $v(f)'$ und $v(f)''$ lassen sich also durch die folgenden Bedingungen charakterisieren:

$$v(f) = v(f)' + v(f)'',$$
$$v(f)' \perp v(f)'',$$
$$v(f)'' \in \operatorname{rad}(\bar{f}).$$

Schließlich machen wir noch eine Vorbemerkung zur Operation von $\operatorname{I}(X)$.

Durch die Wahl von $x_0 \in X$ haben wir für die Isometriegruppe $I(X)$ eine spaltende exakte Sequenz:

$$0 \to V \to I(X) \leftrightarrows O(V) \to 1$$

Daher werden wir die Operation von $I(X)$ auf Z_ω dadurch beschreiben, dass wir die Operationen der orthogonalen Gruppe $O(V)$ und der Translationsgruppe V auf Z_ω angeben. Bei der Angabe aller dieser Daten unterscheiden wir nach der Parität von α und β in $\omega = (\alpha, \beta; \pi_+, \pi_-)$ vier Fälle: Der erste Fall $\alpha \equiv 0, \beta \equiv 0 \mod 2$ umfasst nach 6.15 die Strata $\mathcal{Q}_\omega \subset \mathcal{Q}(X)^0$. Der zweite Fall $\alpha \equiv 1$ und $\beta \equiv 0 \mod 2$ sowie der dritteFall $\alpha \equiv 0$ und $\beta \equiv 1 \mod 2$ umfassen zusammen die Strata $\mathcal{Q}_\omega \subset \mathcal{Q}(X)'$. Der vierte Fall $\alpha \equiv 1$ und $\beta \equiv 1 \mod 2$ umfasst die Strata $\mathcal{Q}_\omega \subset \mathcal{Q}(X)''$.

1. Fall: $\alpha \equiv 0, \beta \equiv 0 \mod 2$

$$Z_\omega := E(V)_\pi \times \Lambda_{\underline{\pi}_+} \times \Lambda_{\underline{\pi}_-}$$
$$Y_\omega := \Lambda_{\underline{\pi}_+} \times \Lambda_{\underline{\pi}_-}$$
$$\Psi_\omega(f) := \left(v(f), F(\bar{f}); a_+(\bar{f}), a_-(\bar{f})\right)$$

Operation von $\varphi \in O(V)$ bzw. $w \in V$:

$$(v, F; a_+, a_-) \xrightarrow{\;\varphi\;} (\varphi(v), \varphi(F); a_+, a_-)$$
$$(v, F; a_+, a_-) \xrightarrow{\;w\;} (v - \varepsilon^{-1}(F, a_+, a_-)(w), F; a_+, a_-)$$

Bemerkung: In diesem Fall gilt $v(f) = v(f)'$.

2. Fall: $\alpha \equiv 1, \beta \equiv 0 \mod 2$

3. Fall: $\alpha \equiv 0, \beta \equiv 1 \mod 2$

$$Z_\omega := E(V)_\pi \times \Lambda_{\underline{\pi}_+} \times \Lambda_{\underline{\pi}_-} \times \mathbb{R}^\pm$$
$$Y_\omega := \Lambda_{\underline{\pi}_+} \times \Lambda_{\underline{\pi}_-}$$

Dabei gilt für die Wahl der Komponenten $\mathbb{R}^+$ und $\mathbb{R}^-$ von $\mathbb{R}' \setminus \{0\}$ das Pluszeichen im Fall 2 und das Minuszeichen im Fall 3.

$$\Psi_\omega(f) := \big(v(f), F(\bar f); a_+(\bar f), a_-(\bar f), c(f)\big).$$

Operation von $\varphi \in O(V)$ bzw. $w \in V$:

$$(v, F; a_+, a_-, c) \xrightarrow{\ \varphi\ } (\varphi(v), \varphi(F); a_+, a_-, c)$$
$$(v, F; a_+, a_-, c) \xrightarrow{\ w\ } (v - \varepsilon^{-1}(F, a_+, a_-)(w), F; a_+, a_-, c)$$

Bemerkung: Auch in diesen Fällen gilt $v(f) = v(f)'$.

4. Fall: $\alpha \equiv 1, \beta \equiv 1 \mod 2$

$$Z_\omega := \mathbb{R} \times E(V)_\pi \oplus SE(V)_\pi^{\perp} \times \Lambda_{\underline{\pi}_+} \times \Lambda_{\underline{\pi}_-} \times \mathbb{R}^+$$
$$Y_\omega := \Lambda_{\underline{\pi}_+} \times \Lambda_{\underline{\pi}_-} \times \mathbb{R}^+$$
$$\Psi_\omega(f) := \big(f(x_0)/2, v(f)', v(f)''/\|v(f)''\|, F(\bar f); a_+(\bar f), a_-(\bar f), b(f)\big)$$

Operation von $\varphi \in O(V)$ bzw. $w \in V$:

$$(t, v', v'', F; a_+, a_-, b) \xrightarrow{\ \varphi\ } (t, \varphi(v'), \varphi(v''), \varphi(F); a_+, a_-, b)$$

$$(t, v', v'', F; a_+, a_-, b) \xrightarrow{\ w\ }$$
$$(t - \langle w, v' + bv'' \rangle, v' - \varepsilon^{-1}(F, a_+, a_-)(w), v'', F; a_+, a_-, b).$$

Bemerkung: Es gilt $b(f) = \|v(f)''\|$.

<u>Satz 6.27</u>

X sei ein n-dimensionaler euklidischer affiner Raum, $\mathcal{Q}(X)$ der Raum der quadratischen Funktionen auf X und $I(X)$ die Isometriegruppe von X.

(i) Die Zerlegung $\mathcal{Q}(X) = \bigcup_{\omega \in \Omega_n} \mathcal{Q}_\omega$ ist eine Stratifikation von $\mathcal{Q}(X)$.

(ii) Diese Stratifikation ist die gröbste gemeinsame Verfeinerung der Stratifikation durch die $\mathbb{R}^+ \times GA(X)$-Orbits

$$\mathcal{Q}(X) = \bigcup_{\alpha + \beta \leq 2n+1} \mathcal{Q}^{\alpha\beta}$$

und der Eigenwertstratifikation

$$\mathcal{Q}(X) = \bigcup_{|\pi_+|+|\pi_-|\leq n} \mathcal{Q}(\pi_+, \pi_-).$$

Für $\omega = (\alpha, \beta; \pi_+, \pi_-) \in \Omega_n$ gilt $[\alpha/2] = |\pi_+|$, $[\beta/2] = |\pi_-|$ und

$$\mathcal{Q}_\omega = \mathcal{Q}^{\alpha\beta} \cap \mathcal{Q}(\pi_+, \pi_-).$$

(iii) Die Zahl der Strata ist $2^{n-2}(7n + 13)$.

(iv) Für die Adjazenzrelation der Strata gilt:

$$\boxed{\bar{\mathcal{Q}}_\omega \supset \mathcal{Q}_{\omega'} \Leftrightarrow \omega \geq \omega'}$$

(v) Die Stratifikation ist $I(X)$-invariant.

(vi) Die Operation von $I(X)$ auf dem Stratum $\mathcal{Q}_\omega$ wird durch das folgende oben definierte kommutative Diagramm beschrieben:

$$
\begin{array}{ccccc}
\mathcal{Q}_\omega & \xrightarrow{\Psi_\omega} & Z_\omega & = & X_\omega \times Y_\omega \\
\downarrow & & \downarrow & & \\
\mathcal{Q}_\omega / I(X) & \xrightarrow{\chi_\omega} & Y_\omega & = & Y_\omega
\end{array}
$$

Ψ_ω und χ_ω sind Homöomorphismen, und Ψ_ω ist verträglich mit den oben definierten Rechtsoperationen von $I(X)$ auf $\mathcal{Q}_\omega$ und Z_ω.

(vii) Insbesondere gilt:

   (a) Die Orbits von $I(X)$ in $\mathcal{Q}_\omega$ sind homöomorph zu der Mannigfaltigkeit X_ω, die oben als ein bestimmtes Faserbündel über einer Fahnenmannigfaltigkeit $\mathcal{F}(V)_\pi$ des Translationsvektorraumes V von X beschrieben wurde.

   (b) Der Orbitraum $\mathcal{Q}_\omega / I(X)$ ist homöomorph zu der Mannigfaltigkeit Y_ω, also homöomorph zu einem $\mathbb{R}^\mu$.

(c) Das Stratum $\mathcal{Q}_\omega$ ist homöomorph zu der zusammenhängenden Mannigfaltigkeit $Z_\omega = X_\omega \times Y_\omega$.

(viii) Es sei

$$\lambda(\omega) = \dim X_\omega,$$

$$\mu(\omega) = \dim Y_\omega,$$

$$\nu(\omega) = \dim Z_\omega,$$

$$\varphi(\pi) = \dim \mathcal{F}(V)_\pi.$$

Die folgende Tabelle gibt diese Dimensionen als Funktionen von $\omega = (\alpha, \beta; \pi_+, \pi_-)$ an. Dabei ist $\pi = \pi_+ \times \pi_- =: (p_1, \ldots, p_k)$ sowie $p_0 = n - |\pi|$ und

$$\varphi(\pi) = \binom{n}{2} - \sum_{i=0}^{k} \binom{p_i}{2}$$

ω	$\lambda(\omega)$	$\mu(\omega)$	$\nu(\omega)$
$(\alpha, \beta) \equiv (0,0)$	$\varphi(\pi) + |\pi|$	$\underline{\pi}$	$\varphi(\pi) + |\pi| + \underline{\pi}$
$(\alpha, \beta) \equiv (1,0)$	$\varphi(\pi) + |\pi|$	$\underline{\pi} + 1$	$\varphi(\pi) + |\pi| + \underline{\pi} + 1$
$(\alpha, \beta) \equiv (0,1)$	$\varphi(\pi) + |\pi|$	$\underline{\pi} + 1$	$\varphi(\pi) + |\pi| + \underline{\pi} + 1$
$(\alpha, \beta) \equiv (1,1)$	$\varphi(\pi) + n$	$\underline{\pi} + 1$	$\varphi(\pi) + n + \underline{\pi} + 1$

<u>Beweis:</u>

(i) Die Stratifikationseigenschaft wird weiter unten zusammen mit (iv) bewiesen.

(ii) Diese Aussagen folgen alle trivial aus den Definitionen.

(iii) Der Beweis hierfür ist eine triviale Additionsaufgabe.

(iv) Für $\omega = (\alpha, \beta; \pi_+, \pi_-)$ gilt:

$$\bar{\mathcal{Q}}_\omega \subset \overline{\mathcal{Q}^{\alpha\beta}} \cap \bar{\mathcal{Q}}(\pi_+, \pi_-) = \cup_{\omega' \leq \omega} \mathcal{Q}_{\omega'}.$$

Dabei folgt die Inklusion aus trivialen topologischen Gründen und die Identität aus 6.16 (iii) und 6.26 (ii). Zu zeigen ist also die umgekehrte Inklusion.

Dafür genügt es, für alle ω und jeden Nachfolger ω' von ω zu beweisen:

$$\bar{\mathcal{Q}}_\omega \supset \mathcal{Q}_{\omega'}$$

Um dies zu zeigen, genügt es wiederum wegen der $I(X)$-Invarianz der Stratifikation, in jedem $I(X)$-Orbit von $\mathcal{Q}_\omega$, ein Element $f_0 \in \bar{\mathcal{Q}}_\omega$ anzugeben. Wir wählen dieses f_0 gemäß Satz 6.9 in affin-euklidischer Normalform oder einer ähnlichen geeigneten Form und beweisen die Aussage $f_0 \in \bar{\mathcal{Q}}_\omega$ durch Angabe einer einparametrigen Familie f_t, $t \geq O$ von quadratischen Funktionen mit $f_t \in \mathcal{Q}_\omega$ für $t > O$. Um quadratische Funktionen auf dem euklidischen affinen Standardraum bequem angeben zu können, benutzen wir folgende Notation:

Es sei $|\pi_+| + |\pi_-| \leq n$ und $a_+ \in \Lambda_{\pi_+}$ sowie $a_- \in \Lambda_{\pi_-}$. Wir bezeichnen mit f_{a_+,a_-,π_+,π_-} die quadratische Funktion $f(x) = \sum_{i=1}^n a_i x_i^2$ auf dem affinen Standardraum $\mathbb{R}^n$ mit folgenden Eigenschaften:

(1) $a_+(\bar{f}) = a_+$, $a_-(\bar{f}) = a_-$.

(2) $\pi_+(\bar{f}) = \pi_+$, $\pi_-(\bar{f}) = \pi_-$.

(3) Die Koeffizienten $a_1, \ldots, a_n$ sind wie folgt angeordnet: erst kommen alle positiven Koeffizienten, geordnet durch $a_i \geq a_{i+1}$, dann alle negativen Koeffizienten, geordnet durch $a_j \leq a_{j+1}$, dann die verschwindenden Koeffizienten.

Die Bestimmung der Nachfolger $\omega' = (\alpha', \beta'; \pi_+'', \pi_-')$ von $\omega = (\alpha, \beta; \pi_+, \pi_-)$ geschieht nach den Regeln (a), (b), (c) von Proposition 6.21. Für jede dieser drei Regeln gibt es mehrere Fälle, die sich durch die Parität von $\alpha, \beta, \alpha', \beta'$ unterscheiden oder dadurch, dass $\pi_+ = \pi_+'$ gilt oder $\pi_- = \pi_-'$. Die Zahl dieser Fälle ist insgesamt 10, reduziert sich jedoch durch die folgende Überlegung auf die Hälfte. Die Multiplikation quadratischer Funktionen mit -1 vertauscht involutiv die Strata $\mathcal{Q}_\omega$. Dem entspricht folgende Involution $\kappa : \Omega_n \to \Omega_n$:

$$\kappa(\alpha, \beta; \pi_+, \pi_-) = (\beta, \alpha; \pi_-, \pi_+)$$

Der Übergang von $\omega > \omega'$ zu $\kappa(\omega) > \kappa(\omega')$ überführt jeden der 10 Fälle in einen anderen Fall. Auf diese Weise bleiben nur 5 Fallpaare übrig: eins für Regel (b) und je zwei für die Regeln (a) und (c).

Regel (a): $(\pi_+, \pi_-) = (\pi'_+, \pi'_-)$ und $(\alpha, \beta) > (\alpha', \beta')$.

Fall (a1): $(\alpha, \beta) \equiv (0, 1)$ oder $(\alpha, \beta) \equiv (1, 0) \mod 2$.

Fall (a2): $(\alpha', \beta') \equiv (0, 1)$ oder $(\alpha', \beta') \equiv (1, 0) \mod 2$.

Regel (b): $(\pi_+, \pi_-) > (\pi'_+, \pi'_-)$ und $(\alpha, \beta) = (\alpha', \beta')$. $\pi_+ = \pi'_+$ oder $\pi_- = \pi'_-$.

Regel (c): $(\pi_+, \pi_-) > (\pi'_+, \pi'_-)$ und $(\alpha, \beta) > (\alpha', \beta')$.

Fall (c1): $\pi_+ = \pi'_+, \alpha \equiv 0 \mod 2$ oder $\pi_- = \pi'_-, \beta \equiv 0 \mod 2$.

Fall (c2): $\pi_+ = \pi'_+, \alpha \equiv 1 \mod 2$ oder $\pi_- = \pi'_-, \beta \equiv 1 \mod 2$.

Für jede der 5 Alternativen (a1), (a2), (b), (c1), (c2) vertauscht κ die beiden durch „oder" verbundenen Fälle der Alternative. Wir wählen zum Beweis stets den zweiten Fall.

Fall (a1): $f_0 \in \mathcal{Q}_\omega$ sei beliebig. Wir setzen $f_t := f_0 + t$. Dann gilt $f_t \in \mathcal{Q}_\omega$ für $t > 0$ und $\lim_{t \to 0} f_t = f_0$.

Fall (a2): Es seien $a_+ \in \Lambda_{\underline{\pi}_+}$ und $a_- \in \Lambda_{\underline{\pi}_-}$ sowie $c < 0$ beliebig. Wir setzen:

$$f_t := f_{a_+, a_-, \pi_+, \pi_-} + 2tx_n + c.$$

Dann durchläuft f_0 bei Variation von (a_+, a_-, c) ein Repräsentantensystem für die Orbits in $\mathcal{Q}_\omega$, und es gilt $f_t \in \mathcal{Q}_\omega$ für $t > 0$ und $\lim_{t \to 0} f_t = f_0$.

Fall (b): Es sei $\pi_+ = (p_1, \ldots, p_k)$. Dann gibt es ein eindeutig bestimmtes i, $1 \leq i < k$, so dass $\pi'_+ = (p_1, \ldots, p_{i-1}, p_i + p_{i+1}, p_{i+2}, \ldots, p_k)$. Es seien $a'_+ \in \Lambda_{\underline{\pi}'_+}$ und $a_- \in \Lambda_{\underline{\pi}_-}$ beliebig.

Wir setzen für $0 < t < \min\{a_{i-1} - a_i, a_i - a_{i+1}\}$

$$a_+(t) := (a_1, \ldots, a_{i-1}, a_i + t, a_i - t, a_{i+1}, \ldots, a_{k-1}) \in \Lambda_{\pi_+},$$

$$f_t := f_{a_+(t), a_-, \pi_+, \pi_-} + 2bx_n + c,$$

$$f_0 := f_{a'_+, a_-, \pi'_+, \pi_-} + 2bx_n + c.$$

Dabei sollen die Koeffizienten b, c den folgenden Bedingungen genügen:

$$(\alpha, \beta) \equiv (0,0) \quad \mod 2 \Rightarrow b = 0, c = 0,$$

$$(\alpha, \beta) \equiv (1,0) \quad \mod 2 \Rightarrow b = 0, c > 0,$$

$$(\alpha, \beta) \equiv (0,1) \quad \mod 2 \Rightarrow b = 0, c < 0,$$

$$(\alpha, \beta) \equiv (1,1) \quad \mod 2 \Rightarrow b > 0, c = 0.$$

Dann durchläuft f_0 bei Variation von (a_+, a_-, b, c) nach Satz 6.10 ein Repräsentantensystem für die $I(\mathbb{R}^n)$-Orbits in $\mathcal{Q}_{\omega'}$, und es gilt $f_t \in \mathcal{Q}_\omega$ für $t > 0$ und $\lim_{t \to 0} f_t = f_0$.

__Fall (c1):__ Es sei $\pi_+ = (p_1, \ldots, p_k)$. Dann folgt $\pi'_+ = (p_1, \ldots, p_{k-1})$. Aus den Voraussetzungen folgt ferner $\beta = \beta' \equiv 0 \mod 2$ und $\alpha = 2|\pi_+|$ sowie $\alpha' = 2|\pi'_+| + 1$. Wir wählen daher $a'_+ \in \Lambda_{\pi'_+}$ und $a_- \in \Lambda_{\pi_-}$ sowie $c \in \mathbb{R}^+$ beliebig und setzen:

$$f_0 := f_{a'_+, a_-, \pi'_+, \pi_-} + c,$$

$$f_t := f_{a'_+, a_-, \pi_+, \pi_-} + p_k^{-1} \sum_{\nu=1}^{p_k} (tx_{n-\nu+1} + \sqrt{c})^2.$$

Dann durchläuft f_0 bei Variation von (a'_+, a_-, c) ein Repräsentantensystem für die Orbits in $\mathcal{Q}_{\omega'}$, und für hinreichend kleines $t > 0$ gilt $f_t \in \mathcal{Q}_\omega$ und $\lim_{t \to 0} f_t = f_0$.

__Fall (c2):__ Es sei $\pi_+ = (p_1, \ldots, p_k)$. Dann folgt $\pi'_+ = (p_1, \ldots, p_{k-1})$. Aus den Voraussetzungen folgt ferner $\beta = \beta' \equiv 1 \mod 2$ und $\alpha = 2|\pi_+|$ sowie $\alpha' = 2|\pi'_+| + 1$. Wir wählen daher $a'_+ \in \Lambda_{\pi'_+}$ und $a_- \in \Lambda_{\pi_-}$ sowie

$b \in \mathbb{R}^+$ beliebig und setzen:

$$f_0 := f_{a'_+, a_-, \pi'_+, \pi_-} + \frac{2b}{\sqrt{p_k}} \cdot \sum_{\nu=1}^{p_k} , x_{n-\nu+1}$$

$$f_t := f_{a'_+, a_-, \pi_+, \pi_-} + t^2 \sum_{\nu=1}^{p_k} (x_{n-\nu+1} + \frac{t^{-2}b}{\sqrt{p_k}})^2 - t^{-2}b^2.$$

Dann durchläuft f_0 bei Variation von (a'_+, a_-, b) ein Repräsentanten-system für die Orbits in $\mathcal{Q}_{\omega'}$, und für hinreichend kleines $t > 0$ gilt $f_t \in \mathcal{Q}_\omega$ und $\lim_{t \to 0} f_t = f_0$.

(v) Die Invarianz der Stratifikation folgt daraus, dass die Funktionen $\alpha_+, \alpha_-, \pi_+, \pi_-$ auf $\mathcal{Q}(X)$, durch welche die Stratifikation definiert wird, I(X)-Invarianten sind.

(vi) Wir geben die zu Ψ_ω inverse Abbildung an. Dabei unterscheiden wir wie bei der Definition von Ψ_ω entsprechend der Parität von α und β vier Fälle:

Fall (1): $\alpha \equiv 0, \beta \equiv 0 \mod 2$

$$\Psi_\omega^{-1}(v, F; a_+, a_-)$$
$$= \eta^{-1}(F, a_+, a_-) \circ p + 2\sigma(v) \circ p + \langle v, [\varepsilon^{-1}(F, a_+, a_-)]^{-1}(v) \rangle$$

Fall (2): $\alpha \equiv 1, \beta \equiv 0 \mod 2$ und

Fall (3): $\alpha \equiv 0, \beta \equiv 1 \mod 2.$

$$\Psi_\omega^{-1}(v, F; a_+, a_-, c)$$
$$= \eta^{-1}(F, a_+, a_-) \circ p + 2\sigma(v) \circ p + \langle v, [\varepsilon^{-1}(F, a_+, a_-)]^{-1}(v) \rangle$$
$$- c.$$

Fall (4): $\alpha \equiv 1, \beta \equiv 1 \mod 2$

$$\Psi_\omega^{-1}(t, v', v'', F; a_+, a_-, b) = \eta^{-1}(F, a_+, a_-) \circ p + 2\sigma(v' + bv'') \circ p + 2t$$

Dabei ist $p : X \to V$ die nach Wahl von $x_0 \in X$ durch Beschränkung der Projektion $\hat{X} \to V$ mit $p(x_0) = 0$ definierte Abbildung und $\sigma : V \to V^*$ der kanonische Isomorphismus, also $\sigma(v)(w) = \langle v, w \rangle$. Man verifiziert unter Benutzung der Definitionen ohne Schwierigkeiten, dass Ψ_ω und Ψ_ω^{-1} stetig und zueinander invers, und dass sie mit der Operation von $I(X)$ verträglich sind. Da Y_ω kanonisch homöomorph zum Quotienten $Z_\omega / I(X)$ ist, induziert Ψ_ω auch einen Homöomorphismus $\chi_\omega : Q_\omega / I(X) \to Y_\omega$. Dass χ_ω ein Homöomorphismus ist, folgt auch direkt aus Satz 6.10.

(vii) Die Aussage folgt trivial aus (iv).

(viii) Die Formel für $\varphi(\pi)$ folgt leicht aus der Homöomorphie von $\mathcal{F}(V)_\pi$ mit $\mathrm{GL}(n, \mathbb{R})/P_\pi$. Die übrigen Dimensionsformeln folgen dann trivial aus (vii) und den Definitionen von $X_\omega, Y_\omega, Z_\omega$.

Damit ist Satz 6.27 vollständig bewiesen.

Nachdem wir für den Raum $\mathcal{Q}(X)$ der quadratischen Funktionen eine der affin-euklidischen Rechtsäquivalenz angepasste Stratifikation gefunden haben, suchen wir für den Raum $\widetilde{Q}(X)$ der Quadriken ebenfalls eine Stratifikation, die der euklidischen Äquivalenz angepasst ist. $\widetilde{Q}(X)$ entsteht aus $\mathcal{Q}(X)$ durch Entfernen der vier Strata $\mathcal{Q}_\omega$ mit $\omega = (\alpha, \beta; \emptyset, \emptyset)$ und anschließendem Übergang zum Orbitraum der kanonischen $\mathbb{R}^*$-Operation. Im Folgenden sei daher $\omega \neq (\alpha, \beta; \emptyset, \emptyset)$. Die multiplikative Gruppe $\mathbb{R}^+$ operiert fixpunktfrei auf den Strata $\mathcal{Q}_\omega$ und auf $\mathcal{Q}_\omega / I(X)$. Die Multiplikation mit $-1 \in \mathbb{R}^*$ hingegen vertauscht involutiv die Strata $\mathcal{Q}_\omega$ und $\mathcal{Q}_{\kappa(\omega)}$. Dabei ist $\kappa : \Omega_n \to \Omega_n$ die oben definierte Involution: $\kappa(\alpha, \beta; \pi_+, \pi_-) = (\beta, \alpha; \pi_-, \pi_+)$. Für jedes $\omega \in \Omega_n$ operiert die Gruppe $\mathbb{R}^* \times I(X)$ also auf der Vereinigung $\mathcal{Q}_\omega \cup \mathcal{Q}_{\kappa(\omega)}$.

Wie sehen die Isotropiegruppen dieser Operation aus? Wenn $\kappa(\omega) \neq \omega$, sind sie für alle Punkte von $\mathcal{Q}_\omega \cup \mathcal{Q}_{\kappa(\omega)}$ in $I(X)$ enthalten und zueinander konjugiert. Für $\kappa(\omega) = \omega$ hingegen muss man zwei Fälle unterscheiden: Für $f \in \mathcal{Q}_\omega$ mit $a_+(f) \neq a_-(f)$ ist die Isotropiegruppe wieder eine Untergruppe von I(X). Im Fall $a_+(f) = a_-(f)$ hingegen ist die Isotropiegruppe I(X)$_f$ von f in I(X) vom Index 2 in der Isotropiegruppe $(\mathbb{R}^* \times \mathrm{I}(X))_f$ von f in $\mathbb{R}^* \times \mathrm{I}(X)$. Dadurch sehen wir uns zu einer entsprechenden Verfeinerung der Stratifikation gezwungen.

Auf den ersten Blick könnte es so scheinen, als ob es genügte, für die ω mit $\kappa(\omega) = \omega$ das Stratum $\mathcal{Q}_\omega$ in die durch $a_+(f) \neq a_-(f)$ bzw. $a_+(f) = a_-(f)$ definierten Teilmengen zu zerlegen. Ganz so einfach liegen die Dinge aber nun doch nicht, und zwar deswegen, weil wir durch die Verfeinerung ja wieder eine Stratifikation definieren wollen, so dass also für die neuen Strata die abgeschlossene Hülle jedes Stratums auch wieder eine Vereinigung von Strata ist. Dies zwingt uns dazu, alle diejenigen $\mathcal{Q}_\omega \cup \mathcal{Q}_{\kappa(\omega)}$ zu zerlegen, für die ω von der Form $(\alpha, \beta; \pi, \pi)$ ist, und auf diese Weise kommen wir schließlich zu der im Folgenden beschriebenen Konstruktion.

Wir beschreiben zunächst die teilweise geordnete Menge $\widetilde{\Omega}_n$, die wir zur Indizierung der Strata von $\widetilde{Q}(X)$ benutzen werden, und schicken zu diesem Zweck ein Lemma über Quotientenordnungen voraus.

Lemma 6.28

M sei eine durch die Teilordnung $>$ teilweise geordnete Menge, und G eine endliche Gruppe, die ordnungserhaltend von links auf M operiert. Dann induziert die Teilordnung $>$ eine Teilordnung auf dem Orbitraum M/G. Diese ist durch die folgende Bedingung definiert:

$$Gx \leq Gy \Leftrightarrow \exists g \in G \quad x \leq g(y).$$

Beweis: Übung.

Definition:

Ω_n sei die früher definierte teilgeordnete Menge.

$\Omega'_n := \{(\alpha, \beta; \pi_+, \pi_-) \in \Omega_n \mid (\pi_+, \pi_-) \neq (\emptyset, \emptyset)\}$.

Ω'_n sei mit der von Ω_n induzierten Teilordnung versehen.

$\{0, 1\}$ sei teilgeordnet durch $1 > 0$.

$\Omega'_n \times \{0, 1\}$ sei teilgeordnet durch die Produktordnung.

$\Omega^1_n := \Omega'_n \times \{1\}$

$$\Omega_n^0 := \{(\alpha,\beta;\pi_+,\pi_-) \in \Omega_n' \mid \pi_+ = \pi_-\} \times \{0\}$$

$\Omega_n^1 \cup \Omega_n^0$ sei mit der von $\Omega_n' \times \{0,1\}$ induzierten Teilordnung versehen.

$\tilde{\kappa} : \Omega_n^1 \cup \Omega_n^0 \to \Omega_n^1 \cup \Omega_n^0$ sei die folgende Involution:

$$\tilde{\kappa}(\alpha,\beta;\pi_+,\pi_-;\delta) = (\beta,\alpha;\pi_-,\pi_+;\delta).$$

$\widetilde{\Omega_n}$ sei der teilgeordnete Orbitraum gemäß 6.28:

$$\boxed{\widetilde{\Omega_n} = \Omega_n^1 \cup \Omega_n^0 / \{1,\tilde{\kappa}\}}$$

<u>Notation</u>: Die Restklasse $(\omega,\delta) \in \Omega_n^1 \cup \Omega_n^0 \subset \Omega_n' \times \{0,1\}$ in $\widetilde{\Omega_n}$ bezeichnen wir mit $[\omega,\delta]$ bzw. ausführlicher für $\omega = (\alpha,\beta;\pi_+,\pi_-)$ und $\delta \in \{0,1\}$ mit $\tilde{\omega} = [\alpha,\beta;\pi_+,\pi_-;\delta]$.

Bemerkung:

Offenbar gilt für die Teilordnung auf $\widetilde{\Omega_n}$:

$$\boxed{[\omega,\delta] \geq [\omega',\delta'] \iff \delta \geq \delta' \text{ und } \omega \geq \omega' \text{ oder } \omega \geq \kappa(\omega')}$$

Definition:

X sei ein n-dimensionaler euklidischer affiner Raum, und $\widetilde{\mathcal{Q}}(X) = \mathcal{Q}(X) * / \mathbb{R}^*$ sei der Raum der affinen Quadriken in X. Wir definieren wie folgt eine Zerlegung

$$\widetilde{\mathcal{Q}}(X) = \cup_{\tilde{\omega} \in \tilde{\Omega}_n} \widetilde{\mathcal{Q}}_{\tilde{\omega}}.$$

Für $\omega = (\alpha,\beta;\pi_+,\pi_-)$ und $\tilde{\omega} = [\omega,\delta]$ setzen wir:

$$\mathcal{Q}_{\tilde{\omega}} := \begin{cases} \mathcal{Q}_\omega \cup \mathcal{Q}_{\kappa(\omega)}/\mathbb{R}^* & \text{wenn } \pi_+ \neq \pi_- \\ \{f \in \mathcal{Q}_\omega \cup \mathcal{Q}_{\kappa(\omega)} \mid a_+(f) \neq a_-(f)\}/\mathbb{R}^* & \text{wenn } \pi_+ = \pi_-, \varepsilon = 1 \\ \{f \in \mathcal{Q}_\omega \cup \mathcal{Q}_{\kappa(\omega)} \mid a_+(f) = a_-(f)\}/\mathbb{R}^* & \text{wenn } \pi_+ = \pi_-, \varepsilon = 0. \end{cases}$$

<u>**Satz 6.29**</u>

X sei ein n-dimensionaler euklidischer affiner Raum, $\mathrm{I}(X)$ seine Isometriegruppe und $\widetilde{\mathcal{Q}}(X)$ der Raum der affinen Quadriken in X. Dann gilt:

(i) $\widetilde{\mathcal{Q}}(X) = \cup_{\tilde{\omega} \in \tilde{\Omega}_n} \widetilde{\mathcal{Q}}_{\tilde{\omega}}$ ist eine Stratifikation von $\widetilde{\mathcal{Q}}(X)$.

(ii) Diese Stratifikation ist eine Verfeinerung der in Satz 6.17 beschriebenen Stratifikation durch affine Äquivalenzklassen $\mathcal{Q}(X) = \cup \widetilde{\mathcal{Q}}^{\alpha\beta}$.

(iii) Die Zahl der Strata ist

$$2^{n-3}(7n + 13) + 13 \cdot 2^{m-2} - 6 \quad \text{für } n = 2m$$
$$2^{n-3}(7n + 13) + 16 \cdot 2^{m-2} - 6 \quad \text{für } n = 2m + 1.$$

(iv) $\overline{\widetilde{\mathcal{Q}}_{\tilde{\omega}}} \supset \widetilde{\mathcal{Q}}_{\tilde{\omega}'} \Longleftrightarrow \tilde{\omega} \geq \tilde{\omega}'$

(v) Die Stratifikation ist $\mathrm{I}(X)$-invariant.

$\widetilde{\mathcal{Q}}_\omega \to \widetilde{\mathcal{Q}}_{\tilde{\omega}} / \mathrm{I}(X)$ ist ein lokaltriviales Faserbündel. Für $\tilde{\omega} = [\omega, \delta]$ ist seine Faser die Mannigfaltigkeit X_ω. Basis und Totalraum sind Mannigfaltigkeiten, die sich leicht mit Hilfe der Faserbündel $Z_\omega \to Y_\omega$ von Satz 6.27 explizit beschreiben lassen. Insbesondere gilt für ihre Dimensionen

$$\tilde{\mu}(\tilde{\omega}) = \begin{cases} \mu(\omega) - 1 & \text{wenn } \varepsilon = 1 \\ [\frac{\mu(\omega)-1}{2}] & \text{wenn } \varepsilon = 0 \end{cases}$$
$$\tilde{\nu}(\tilde{\omega}) = \tilde{\mu}(\tilde{\omega}) + \lambda(\omega).$$

Dabei sind $\mu(\omega)$ und $\lambda(\omega)$ wie in 6.27 definiert.

<u>Beweis:</u>

Der Beweis bietet gegenüber dem Beweis von Satz 6.27 wenig Neues. Wir beschränken uns daher auf den wesentlichen Punkt, d.h. die Aussage (iv). Die Notwendigkeit der Bedingung $\tilde{\omega} \geq \tilde{\omega}'$ ist trivial. Dass die Bedingung $[\omega, \delta] \geq [\omega', \delta']$ auch hinreichend ist, folgt für $\delta = 1$ aus 6.27 und aus $\overline{\widetilde{\mathcal{Q}}_{[\omega,\delta]}} \supset \widetilde{\mathcal{Q}}_\omega / \mathbb{R}^*$. Es bleibt der Fall $\varepsilon = 0$ zu untersuchen. Dieser Fall spaltet sich wieder in eine Reihe von Teilfällen, die meist trivial und wie früher zu behandeln sind. Der einzige interessante Fall ist der Folgende: $\tilde{\omega} = [\alpha, \alpha, \pi, \pi; 0]$ und $\tilde{\omega}' = [\alpha', \alpha'; \pi', \pi'; 0]$ mit $\pi = (p_1, \ldots, p_k)$ und $\pi' = (p_1, \ldots, p_{k-1})$ sowie $\alpha = 2|\pi|$ und $\alpha' = 2|\pi'| + 1$. Es sei $a \in \Lambda_{\tilde{\pi}'}$ beliebig.

Mit den gleichen Notationen wie im Beweis von 6.27 setzen wir:

$$f_t = f_{a,a,\pi',\pi'} + t^2 \sum_{\nu=1}^{p_k} (x_{n-\nu+1} + t^{-2}) - t^2 \sum_{\nu=1}^{p_k} (x_{n-p_k+1-\nu} + t^{-2})^2$$

Für genügend kleines $t > 0$ repräsentiert f_t ein Element aus $\widetilde{Q}_{\tilde{\omega}}$ und $\lim_{t\to 0} f_t$ ein Element aus $\widetilde{Q}_{\tilde{\omega}}$, welches bei Variation von a ein Repräsentantensystem von $\widetilde{Q}_{\tilde{\omega}}/\mathrm{I}(X)$ durchläuft. Daher folgt $\overline{\widetilde{Q}_{\tilde{\omega}}} \supset \widetilde{Q}_{\tilde{\omega}}$, und das war zu zeigen.

Zur Illustration des Satzes folgen eine Tabelle (Seite 364) der 36 Strata $\widetilde{Q}_{\tilde{\omega}}$ für $\dim X = 3$ sowie das zu dieser Stratifikation gehörige Adjazenz-Diagramm. Zur Abkürzung haben wir dabei die zu $[\alpha, \beta; \pi_+, \pi_-; \delta]$ gehörigen Strata mit $\alpha\beta a, \alpha\beta b, \alpha\beta c$ usw. indiziert bzw. mit $\alpha\beta$, wenn nur ein Stratum zu (α, β) vorhanden ist.

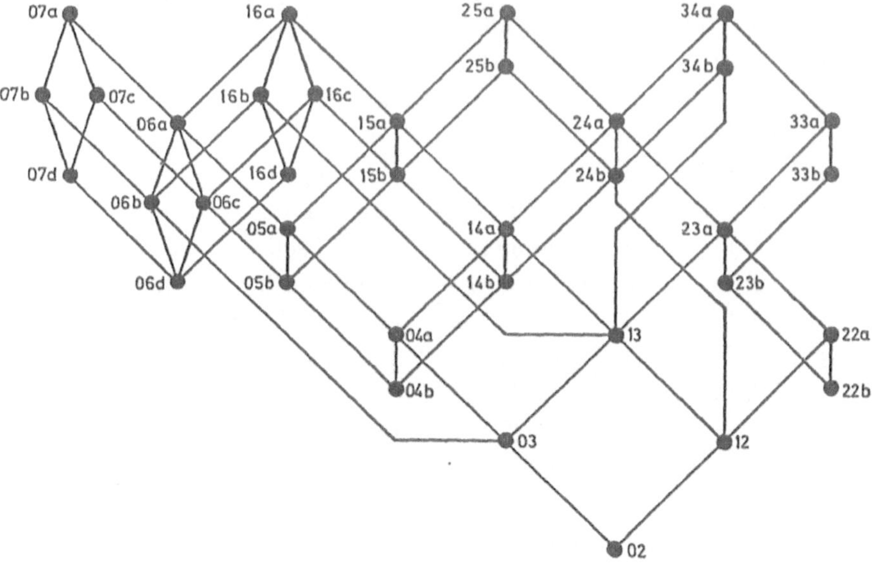

Es ist eine gute Übung, sich die Adjazenzrelationen $\overline{\widetilde{Q}_{\tilde{\omega}}} \supset \widetilde{Q}_{\tilde{\omega}'}$, $\tilde{\omega} > \tilde{\omega}'$, für aufeinanderfolgende Strata dadurch zu veranschaulichen, dass man sich vorstellt, wie für Quadriken aus $\widetilde{Q}_{\tilde{\omega}}$ ihre Nullstellengebilde im 3-dimensionalen Raum in Nullstellengebilde von Quadriken aus $\widetilde{Q}_{\tilde{\omega}'}$ entarten.

$\alpha\beta$		$(\pi_+;\pi_-)$	δ	Typ der Quadriken in $\widetilde{Q}_{\tilde\omega}$, $\tilde\omega = [\alpha,\beta;\pi_+,\pi_-;\delta]$	$\tilde\nu$	$\tilde\mu$
07	a	$(\emptyset;1,1,1)$	1	dreiachsiges imaginäres Ellipsoid	9	3
	b	$(\emptyset;1,2)$	1	abgeplattetes imaginäres Rotationsellipsoid	7	2
	c	$(\emptyset;2,1)$	1	gestrecktes imaginäres Rotationsellipsoid	7	2
	d	$(\emptyset;3)$	1	imaginäre Sphäre	4	1
16	a	$(\emptyset;1,1,1)$	1	dreiachsiges reelles Ellipsoid	9	3
	b	$(\emptyset;1,2)$	1	abgeplattetes reelles Rotationsellipsoid	7	2
	c	$(\emptyset;2,1)$	1	gestrecktes reelles Rotationsellipsoid	7	2
	d	$(\emptyset;3)$	1	Sphäre	4	1
25	a	$(1;1,1)$	1	elliptisches zweischaliges Hyperboloid	9	3
	b	$(1;2)$	1	zweischaliges Rotationshyperboloid	7	2
34	a	$(1;1,1)$	1	elliptisches einschaliges Hyperboloid	9	3
	b	$(1;2)$	1	einschaliges Rotationshyperboloid	7	2
06	a	$(\emptyset;1,1,1)$	1	allgemeiner imaginärer Kegel	8	2
	b	$(\emptyset;1,2)$	1	imaginärer Rotationskegel 1. Art	6	1
	c	$(\emptyset;2,1)$	1	imaginärer Rotationskegel 2. Art	6	1
	d	$(\emptyset;3)$	1	sphärischer imaginärer Kegel	3	0
15	a	$(\emptyset;1,1)$	1	elliptisches Paraboloid	8	2
	b	$(\emptyset;2)$	1	Rotationsparaboloid	6	1
24	a	$(1;1,1)$	1	elliptischer reeller Kegel	8	2
	b	$(1;2)$	1	reeller Rotationskegel	6	1
33	a	$(1;1)$	1	allgemeines hyperbolisches Paraboloid	8	2
	b	$(1;1)$	0	orthogonales hyperbolisches Paraboloid	7	1
05	a	$(\emptyset;1,1)$	1	elliptischer imaginärer Zylinder	7	2
	b	$(\emptyset;2)$	1	imaginärer Rotationszylinder	5	1
14	a	$(\emptyset;1,1)$	1	elliptischer Zylinder	7	2
	b	$(\emptyset;2)$	1	Rotationszylinder	5	1
23	a	$(1;1)$	1	allgemeiner hyperbolischer Zylinder	7	2
	b	$(1;1)$	0	orthogonaler hyperbolischer Zylinder	6	1
04	a	$(\emptyset;1,1)$	1	allgemeines imaginäres Ebenenpaar	6	1
	b	$(\emptyset;2)$	1	orthogonales imaginäres Ebenenpaar	4	0
13		$(\emptyset;1)$	1	parabolischer Zylinder	6	1
22	a	$(1;1)$	1	allgemeines reelles Ebenenpaar	6	1
	b	$(1;1)$	0	orthogonales reelles Ebenenpaar	5	0
03		$(\emptyset;1)$	1	imaginäre Parallelebenen	4	1
12		$(\emptyset;1)$	1	reelle Parallelebenen	4	1
02		$(\emptyset;1)$	1	Doppelebene	3	0

Nachdem wir den Raum der Quadriken $\widetilde{\mathcal{Q}}(X)$ und damit auch den Orbitraum $\widetilde{\mathcal{Q}}(X)/\mathrm{I}(X)$ in Strata zerlegt haben, wollen wir nun zum Schluss die Teile, d.h. die Strata, soweit wie möglich wieder zusammenfügen. Die früheren Diskussionen haben uns gelehrt, die Topologie von Orbiträumen mit Vorsicht zu betrachten. Der Leser wird also den Raum $\widetilde{\mathcal{Q}}(X)/\mathrm{I}(X)$ bzw. die drei Teilräume $\widetilde{\mathcal{Q}}(X)^0/\mathrm{I}(X)$, $\widetilde{\mathcal{Q}}(X)'/\mathrm{I}(X)$, $\widetilde{\mathcal{Q}}(X)''/\mathrm{I}(X)$ nicht mit den topologischen Räumen verwechseln, auf die wir diese Orbiträume im Folgenden bijektiv abbilden.

Wir kehren zurück zu den in Proposition 6.13 beschriebenen bijektiven Abbildungen

$$\widetilde{\mathcal{Q}}(X)^0/\mathrm{I}(X) \longrightarrow D_n$$
$$\widetilde{\mathcal{Q}}(X)'/\mathrm{I}(X) \longrightarrow D_n \times \mathbb{R}^*$$
$$\widetilde{\mathcal{Q}}(X)''/\mathrm{I}(X) \longrightarrow D_{n-1} \times \mathbb{R}^+.$$

Um zu entsprechenden Abbildungen für den Raum $\widetilde{\mathcal{Q}}(\mathbb{R}^n)$ der Quadriken zu kommen, definieren wir folgende Räume und Gruppenoperationen.

$$\widetilde{\mathcal{Q}}(\mathbb{R}^n)^0 := \mathcal{Q}(\mathbb{R}^n)^0 \cap \mathcal{Q}(\mathbb{R}^n)^*/\mathbb{R}^*,$$
$$\widetilde{\mathcal{Q}}(\mathbb{R}^n)' := \mathcal{Q}(\mathbb{R}^n)' \cap \mathcal{Q}(\mathbb{R}^n)^*/\mathbb{R}^*,$$
$$\widetilde{\mathcal{Q}}(\mathbb{R}^n)'' := \mathcal{Q}(\mathbb{R}^n)'' \cap \mathcal{Q}(\mathbb{R}^n)^*/\mathbb{R}^*,$$
$$\tilde{D}_n^* := \tilde{D}_n \setminus \{0\},$$
$$D_n^* := D_n \setminus \{0\}.$$

Wir definieren mehrere Operationen von $\mathbb{R}^*$. Die Gruppe $\mathbb{R}^*$ operiert kanonisch auf $\mathcal{Q}(\mathbb{R}^n)^*$ durch $\lambda(f) := \lambda \circ f$, und dadurch wird eine Operation von $\mathbb{R}^*$ auf $\mathcal{Q}(\mathbb{R}^n)^*/\mathrm{I}(n,\mathbb{R})$ induziert. Außerdem operiert $\mathbb{R}^*$ auf D_n^* durch

$$\lambda(c_1, \ldots, c_n) := (\lambda c_1, \lambda^2 c_2, \ldots, \lambda^n c_n),$$

und analog operiert $\mathbb{R}^*$ auf D_{n-1}. Ferner operiert $\mathbb{R}^*$ auf $D_n^* \times \mathbb{R}^*$ durch

$$\lambda(c_1, \ldots, c_n; c) := (\lambda c_1, \lambda^2 c_2, \ldots, \lambda^n c_n; \lambda c).$$

Schließlich operiert $\mathbb{R}^*$ auf $D_{n-1} \times \mathbb{R}^+$ durch

$$\lambda(c_1, \ldots, c_{n-1}; b) := (\lambda c_1, \lambda^2 c_2, \ldots, \lambda^{n-1} c_{n-1}; |\lambda| b).$$

Bezüglich dieser Operationen sind die obigen drei Abbildungen äquivariant. Daher ergibt sich aus Proposition 6.13 die folgende Proposition.

Proposition 6.30

Der Orbitraum des Raumes der Quadriken in $\mathbb{R}^n$ ist die folgende Vereinigung von Teilräumen:

$$\widetilde{Q}(\mathbb{R}^n)/\,\mathrm{I}(n, \mathbb{R}) = \widetilde{Q}(\mathbb{R}^n)^0/\,\mathrm{I}(n, \mathbb{R}) \cup \widetilde{Q}(\mathbb{R}^n)'/\,\mathrm{I}(n, \mathbb{R}) \cup \widetilde{Q}(\mathbb{R}^n)''/\,\mathrm{I}(n, \mathbb{R}).$$

Diese drei Teilräume werden wie folgt durch bijektive Abbildungen parametrisiert:

$$\widetilde{Q}(\mathbb{R}^n)^0/\,\mathrm{I}(n, \mathbb{R}) \longrightarrow D_n^*/\mathbb{R}^*,$$
$$\widetilde{Q}(\mathbb{R}^n)'/\,\mathrm{I}(n, \mathbb{R}) \longrightarrow D_n^*,$$
$$\widetilde{Q}(\mathbb{R}^n)''/\,\mathrm{I}(n, \mathbb{R}) \longrightarrow D_{n-1}^*/\{\pm 1\}.$$

Diese Abbildungen sind mittels der in Proposition 6.13 eingeführten Funktionen und der obigen Operationen von $\mathbb{R}^*$ durch die folgenden Zuordnungen induziert:

$$f \longmapsto \chi(\bar{f})$$
$$f \longmapsto c(f)^{-1}\chi(\bar{f})$$
$$f \longmapsto b(f)^{-1}\chi''(\bar{f}).$$

Beweis: Übung.

Wir wollen für $n = 3$ die drei Parameterräume D_3^*, $D_3^*/\mathbb{R}^*$ und $D_2^*/\pm 1$ zusammen mit ihrer Stratifikation durch die Bilder der 36 Strata $\widetilde{Q}_{\tilde{\omega}}$, die in der obigen Tabelle aufgeführt sind, möglichst explizit und konstruktiv beschreiben. Die Ergebnisse sind in Satz 6.31 zusammengefasst.

Am einfachsten ist die Beschreibung von $D_2^*/\pm 1$. Man erhält einen Homöomorphismus

$$D_2^*/\pm 1 \longrightarrow [-\tfrac{1}{2}, \tfrac{1}{2}] \times \mathbb{R}^+$$

durch die folgende Zuordnung:

$$(c_1, c_2) \longmapsto (c_2(c_1^2 - 2c_2)^{-1},\ c_1^2 - 2c_2)$$

Dabei ist das Intervall $[-\tfrac{1}{2}, \tfrac{1}{2}] \times \{1\}$ gerade das Bild der 1-Sphäre $S^1 \subset \mathbb{R}^2$ bezüglich der Komposition der Abbildung $\sigma : \mathbb{R}^2 \setminus \{0\} \to D_2^*$, die durch $\sigma(a_1, a_2) = (-(a_1 + a_2), a_1 a_2)$ definiert ist, mit der Restklassenabbildung $D_2^* \to D_2^*/\pm 1$ und mit dem obigen Homöomorphismus. Die Bilder der fünf Strata $\widetilde{Q}_{\tilde{\omega}} \subset \widetilde{Q}(\mathbb{R}^3)''$ in $D_2^*/\pm 1$ gemäß 6.30 gehen bei dem obigen Homöomorphismus in Produkte von $\mathbb{R}^+$ mit Teilintervallen von $[-\tfrac{1}{2}, \tfrac{1}{2}]$ über. Sie sind daher durch ihre Projektionen in $[-\tfrac{1}{2}, \tfrac{1}{2}]$ charakterisiert. Wir bezeichnen die entsprechenden fünf Strata in $[-\tfrac{1}{2}, \tfrac{1}{2}]$ wie in der obigen Tabelle. Die Stratifikation ist die Folgende:

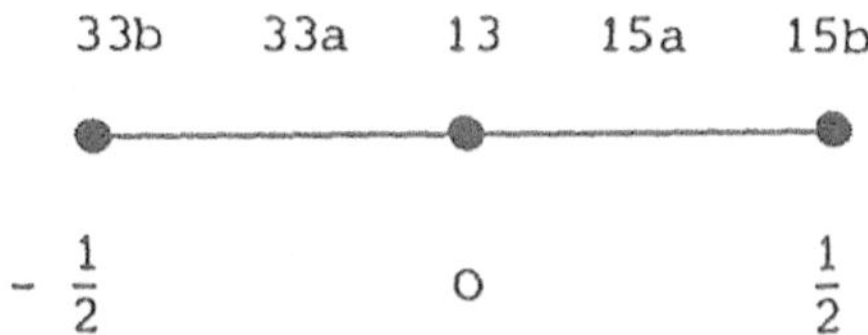

Nun wollen wir D_3^* beschreiben. Dazu gehen wir am besten von dem in Proposition 6.11 beschriebenen Homöomorphismus $\sigma : \tilde{D}_n^* \to D_n^*$ aus. Man hat ferner einen kanonischen Homöomorphismus $(\tilde{D}_n \cap S^{n-1}) \times \mathbb{R}^+ \to \tilde{D}_n^*$, der (a, λ) auf λa abbildet. Durch Komposition mit σ erhält man unter Benutzung der oben definierten Operation von $\mathbb{R}^+$ auf D_n^* einen Homöomorphismus

$$\sigma(\tilde{D}_n \cap S^{n-1}) \times \mathbb{R}^+ \to D_n^*$$

durch die Zuordnung $(c, \lambda) \mapsto \lambda(c)$. Bei dem hierzu inversen Homöomorphismus gehen die in D_n^* gelegenen Bilder der Strata $\widetilde{Q}_{\tilde{\omega}}$ in Teilmengen der Form $S_{\tilde{\omega}} \times \mathbb{R}^+$ mit $S_{\tilde{\omega}} \subset \sigma(\tilde{D}_n \cap S^{n-1})$ über. Es genügt daher, $\sigma(\tilde{D}_n \cap S^{n-1})$ und die Stratifikation dieser Menge durch die $S_{\tilde{\omega}}$ für $n = 3$ zu beschreiben.

Dazu beschreiben wir zuerst die entsprechende Stratifikation von $\tilde{D}_3 \cap S^2$.
Die Beschreibung von $\tilde{D}_3 \cap S^2$ ist sehr einfach. Diese Menge ist ein von
zwei Großkreisbögen begrenztes Zweieck auf S^2, welches durch seine Durchschnitte mit den Oktanten von $\mathbb{R}^3$, mit den Koordinatenebenen und den
Koordinatenachsen stratifiziert wird.

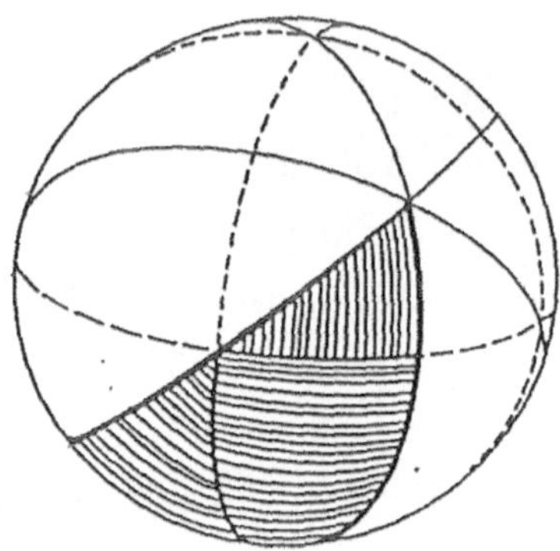

Das Bild auf Seite 369 zeigt dieses Kreisbogenzweieck in stereographischer
Projektion mit seiner Stratifikation und darunter in homologer Lage die
Indizierung der Strata entsprechend der Tabelle.

Die Beschreibung der Stratifikation durch Gleichungen und Ungleichungen
für die „Eigenwerte" a_1, a_2, a_3 des Hauptteils der quadratischen Funktionen
ist zwar einfach, aber sie ist nicht konstruktiv. Konstruktiv ist hingegen
eine Beschreibung durch Gleichungen und Ungleichungen für die elementar symmetrischen Funktionen der a_i, also eine Beschreibung durch Angabe
der Strata $S_{\tilde{\omega}}$ von $\sigma(\tilde{D}_3 \cap S^2)$. Wir erinnern an die Definition der Abbildung $\sigma : \tilde{D}_3 \to D_3$. Es ist $\sigma(a) = (-\sigma_1(a), \sigma_2(a), -\sigma_3(a))$, wobei σ_i die i-te
elementarsymmetrische Funktion von $a = (a_1, a_2, a_3)$ ist. Für $a \in S^2$ gilt
$a_1^2 + a_2^2 + a_3^2 = 1$, also $\sigma_1^2 - 2\sigma_2 = 1$. Das Bild $\sigma(\tilde{D}_3 \cap S^2)$ von $\tilde{D}_3 \cap S^2$ ist
also der Durchschnitt von D_3 mit dem parabolischen Zylinder $c_1^2 - 2c_2 = 1$.
Der Rand dieses Bildbereiches ist der Durchschnitt der Diskriminantenfläche
$\Delta_3 = 0$ mit dem parabolischen Zylinder. Durch Betrachten des Bildes der
Diskriminantenkurve macht man sich leicht eine Vorstellung von der Gestalt
dieser Schnittkurve. Analytisch können wir sie wie folgt beschreiben.

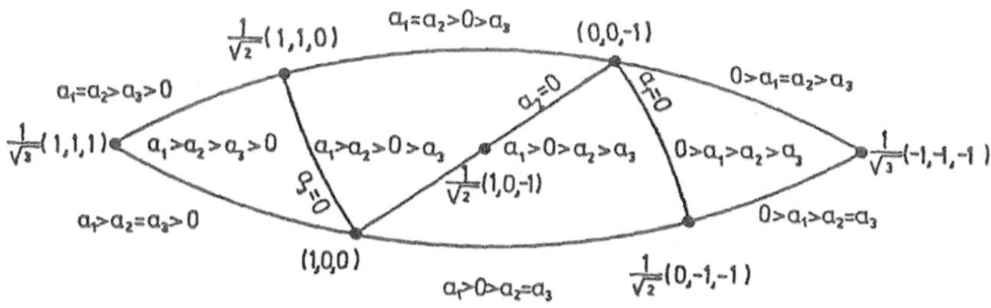

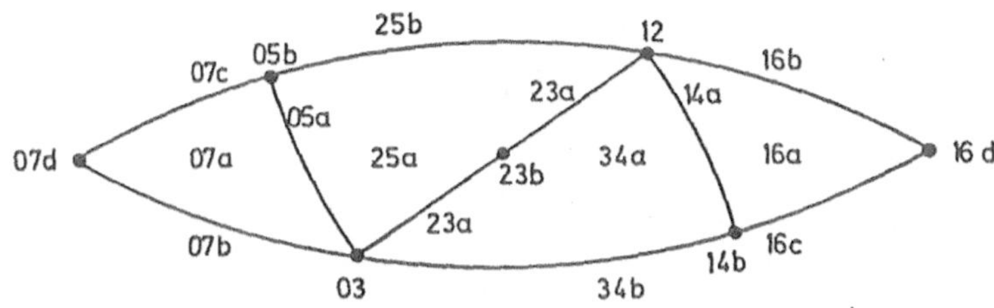

Stratifikation des Raumes der quadratischen Funktionen
$$a_1 x_1^2 + a_2 x_2^2 + a_3 x_3^2 + 1 = 0, \quad a_1 \geq a_2 \geq a_3, \|a\| = 1$$

Durch Projektion der Zylinderfläche auf die (c_1, c_3)-Ebene, also durch Elimination von c_2, entsteht aus der Schnittkurve eine ebene Sextik mit der folgenden Gleichung:

$$\boxed{(54c_3 + 9c_1 - 5c_1^3)^2 + 2(c_1^2 - 3)^3 = 0} \qquad (*)$$

Es folgen zwei Bilder auf Seite 370. Ersteres, welches man sich am einfachsten als das σ-Bild des durch $a_1 = a_2$ definierten und geeignet parametrisierten Großkreises auf der Sphäre $a_1 + a_2 + a_3 = 1$ verschafft, zeigt diese ebene Sextik. Bild zwei zeigt in homologer Lage die Stratifikation von $\sigma(\tilde{D}_3 \cap S^2)$ durch die Bilder der 20 Strata $\tilde{\mathcal{Q}}_{\tilde{\omega}}$, für die $\tilde{\omega} = [\alpha, \beta; \pi_+, \pi_-; \delta]$ mit $\alpha + \beta \equiv 1 \mod 2$ gilt.

Wir wollen schließlich $D_3^*/\mathbb{R}^*$ beschreiben. Die Inklusion $\sigma(\tilde{D}_3 \cap S^2) \hookrightarrow D_3^*$ induziert einen Homöomorphismus

$$\sigma(\tilde{D}_3 \cap S^2)/\{\pm 1\} \xrightarrow{\cong} D_3^*/\mathbb{R}^*.$$

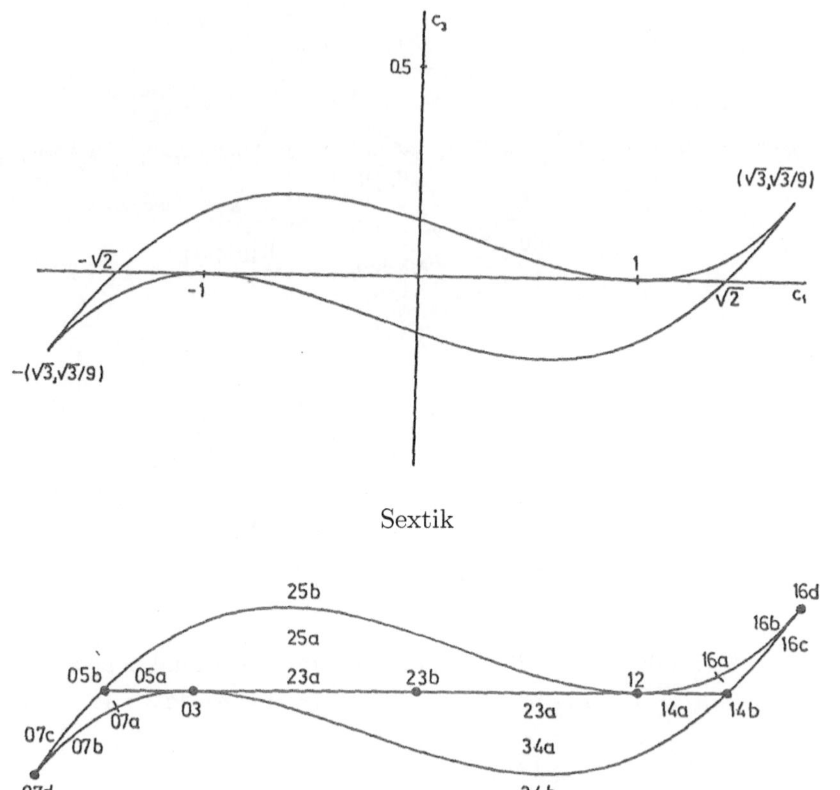

Sextik

Stratifikation von $\sigma(\tilde{D}_3 \cap S^2)$ in homologer Lage

Dabei operiert $-1 \in \mathbb{R}^*$ auf D_3^* durch $(c_1, c_2, c_3) \mapsto (-c_1, c_2, -c_3)$, also auf der (c_1, c_3)-Ebene, in die wir $\sigma(\tilde{D}_3 \cap S^2)$ homöomorph abgebildet haben, durch $(c_1, c_3) \mapsto (-c_1, -c_3)$. Der Quotient $\mathbb{R}^2/\{\pm 1\}$ der (c_1, c_3)-Ebene identifiziert sich durch die Zuordnung $(c_1, c_3) \mapsto (c_1^2, c_3^2, c_1 c_3) \in \mathbb{R}^3$ mit dem Halbkegel in $\mathbb{R}^3$, der durch die Gleichung $\xi\eta - \zeta^2 = 0$ und die Ungleichung $\xi + \eta \geq 0$ beschrieben wird. In der Ebene $\xi + \eta = 0$ wählen wir die orthogonalen cartesischen Koordinaten $x = \xi - \eta$ und $y = \zeta$ und bilden den Halbkegel durch die Zuordnung $(\xi, \eta, \zeta) \mapsto (x, y)$ homöomorph auf die Ebene ab.

Diese Projektion überführt das Bild der Randkurve von $\sigma(\tilde{D}_3 \cap S^2)/\{\pm 1\}$ in die ebene Sextik mit der folgenden Gleichung:

$$
\begin{aligned}
&- 4 - 206x + 144y + 532x^2 + 3668xy + 11457y^2 \\
&- 430x^3 - 2016x^2y - 590xy^2 - 4232y^3 \\
&+ 108x^4 - 36x^3y + 437x^2y^2 - 28xy^3 + 610y^4 \\
&- 20x^2y^3 + 4xy^4 - 40y^5 + y^6 = 0
\end{aligned} \tag{$**$}
$$

Das folgende Bild zeigt die durch diese Gleichung beschriebene Kurve:

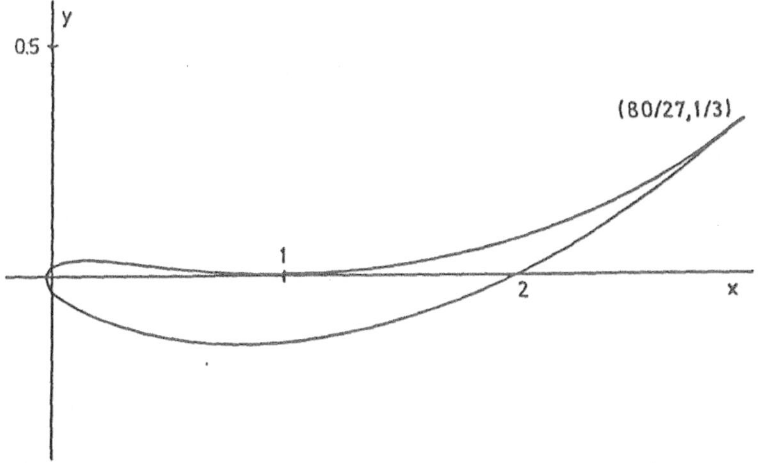

Das Innere dieser Kurve einschließlich des Randes ist das homöomorphe Bild von $\sigma(\tilde{D}_3 \cap S^2)/\{\pm 1\}$. Dieser Bereich wird durch die Bilder der 11 Strata $\tilde{\mathcal{Q}}_{\tilde{\omega}}$ mit $\tilde{\omega} = [\alpha, \beta; \pi_+, \pi_-; \delta]$ und $\alpha, \beta \equiv 0(2)$ stratifiziert wie durch das Bild auf Seite 372 dargelegt.

Wir fassen unsere Ergebnisse zusammen.

Satz 6.31

(i) Der Raum $\tilde{\mathcal{Q}}(X)$ aller Quadriken in einem 3-dimensionalen euklidischen affinen Raum X zerfällt durch die in Satz 6.29 beschriebene Stratifikation in 36 Strata $\tilde{\mathcal{Q}}_{\tilde{\omega}}, \tilde{\omega} \in \tilde{\Omega}_3$. Dabei ist $\tilde{\omega} = [\alpha, \beta; \pi_+, \pi_-; \delta]$, und (α, β) durchläuft alle Paare ganzer Zahlen mit $0 \leq \alpha \leq \beta$, $\alpha + \beta \leq 7$

und $(\alpha, \beta) \neq (0,0), (0,1), (1,1)$. Ferner ist $\delta = 0$ oder $\delta = 1$, und π_+ bzw. π_- sind geordnete Partitionen von $[\alpha/2]$ bzw. $[\beta/2]$. Für $\delta = 0$ gilt $\pi_+ = \pi_-$.

(ii) Die obige Tabelle zu diesem Satz enthält diese 36 Strata zusammen mit den Zahlen $\tilde{\nu} = \dim \tilde{\mathcal{Q}}_{\tilde{\omega}}$ und $y = \dim \tilde{\mathcal{Q}}_{\tilde{\omega}}/\mathrm{I}(X)$.

(iii) Die Adjazenzordnung der Strata ist die auf $\tilde{\Omega}_3$ definierte Teilordnung. Das obige Adjazenzdiagramm beschreibt die Nachfolgerelation für diese Teilordnung.

(iv) Das Stratum, zu dem eine gegebene Quadrik $[f] \in \tilde{\mathcal{Q}}(X)$ gehört, lässt sich wie folgt durch rationale Operationen aus den Koeffizienten einer zu $[f]$ gehörigen quadratischen Funktion $f \in \mathcal{Q}(X)$ bestimmen.

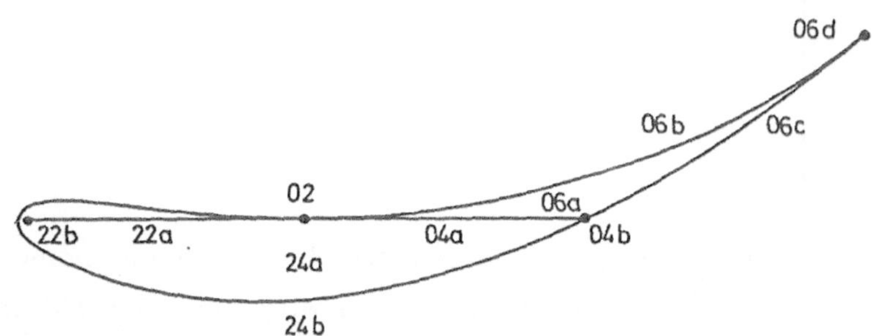

Stratifikation des homöomorphen Bildes von $\sigma(\tilde{D}_3 \cap S^2)/\{\pm 1\}$

Zunächst bestimmt man die Ränge $r(\bar{f})$ und $r(\hat{f})$ der zu f gehörigen quadratischen Formen $\bar{f}$ und $\hat{f}$, also des Hauptteils und der Homogenisierung. Dadurch erhält man eine disjunkte Zerlegung von $\tilde{\mathcal{Q}}(X)$ in drei Teilmengen:

$$\tilde{\mathcal{Q}}(X)^0 = \{[f] \mid r(f) = r(\bar{f})\} = \bigcup_{\alpha,\beta \equiv 0 \mod 2} \tilde{\mathcal{Q}}_{\tilde{\omega}}$$

$$\widetilde{\mathcal{Q}}(X)' = \{[f] \mid r(\hat{f}) = r(\bar{f}) + 1\} = \bigcup_{\alpha+\beta \equiv 1 \mod 2} \widetilde{\mathcal{Q}}_{\tilde\omega}$$

$$\widetilde{\mathcal{Q}}(X)'' = \{[f] \mid r(\hat{f}) = r(\bar{f}) + 2\} = \bigcup_{\alpha,\beta \equiv 1 \mod 2} \widetilde{\mathcal{Q}}_{\tilde\omega}$$

Ferner definiert man für jeden der drei Fälle einen Bereich D^0 bzw. D' bzw. D'', und zwar wie folgt: D'' ist das Intervall $[-\frac{1}{2}, \frac{1}{2}]$, und D' bzw. D^0 sind die abgeschlossenen Teilmengen von $\mathbb{R}^2$ im Inneren der Kurven mit den Gleichungen (*) bzw. (**). Diese Bereiche werden wie folgt in 5 bzw. 20 bzw. 11 Strata zerlegt:

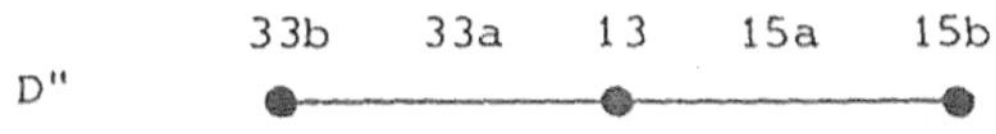

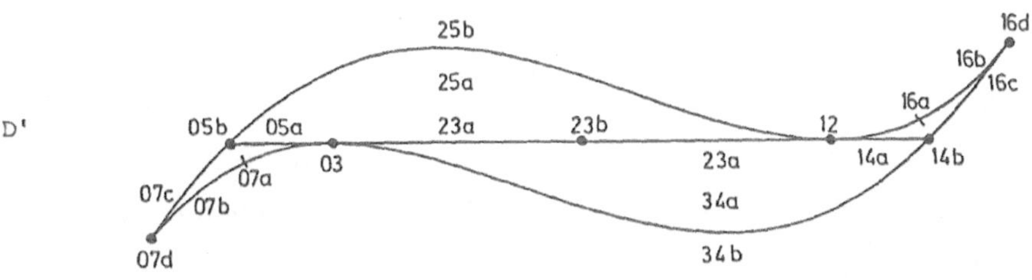

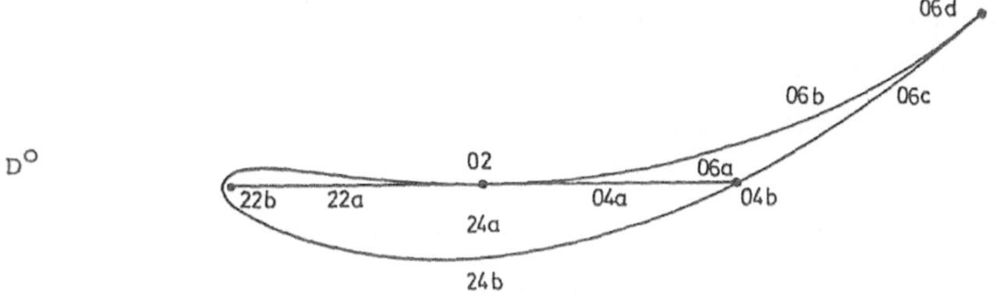

Schließlich definieren wir wie folgt Abbildungen auf diese Bereiche mit Hilfe der Koeffizienten c_1, c_2, c_3 des charakteristischen Polynoms $x^3 + c_1 x^2 + c_2 x + c_3$ von $\bar{f}$

$$\widetilde{Q}(X)'' \to D'' \quad [f] \mapsto c_2(c_1^2 - 2c_2)^{-1}$$

$$\widetilde{Q}(X)' \to D' \quad [f] \mapsto (c_1(c_1^2 - 2c_2)^{-1/2}, c_3(c_1^2 - 2c_2)^{-3/2})$$

$$\widetilde{Q}(X)^0 \to D^0 \quad [f] \mapsto (c_1^2(c_1^2 - 2c_2)^{-1} - c_3^2(c_1^2 - 2c_2)^{-3}, c_1 c_3(c_1^2 - 2c_2)^{-2})$$

Dann liegt $[f]$ genau dann im Stratum $\widetilde{Q}_{\widetilde{\omega}}$ wenn das Bild von $[f]$ in dem entsprechend bezeichneten Stratum von D^0 bzw. D' bzw. D'' liegt.

Bemerkung:

Alle Adjazenzrelationen der Strata von D^0, D', D'' kommen von Adjazenzrelationen der Strata von $\widetilde{Q}(X)$. Aber die Umkehrung gilt nur für D^0 und D''. In D' gibt es nichtadjazente Paare von Strata, z.B. 25a und 14a, deren zugehörige Strata in $\widetilde{Q}(X)$ adjazent sind.

Wir sind am Ende unserer Untersuchung der Quadriken im euklidischen Raum. Was wir herausgefunden haben, wusste im Grunde schon Archimedes. In seiner Schrift über Paraboloide, Hyperboloide und Ellipsoide schreibt er:

„Über Ellipsoide ist Folgendes vorauszuschicken: Wenn eine Ellipse sich um ihre große Achse dreht, so soll die Rotationsfigur ein verlängertes Ellipsoid, wenn sie sich um ihre kleine Achse dreht, so soll die Rotationsfigur ein abgeplattetes Ellipsoid genannt werden."

Der Sinn unserer Untersuchung war es, eine solche qualitative Unterscheidung geometrischer Gestalten der einfachsten Flächen im euklidischen Raume aus einem allgemeinen Prinzip abzuleiten, welches auch für höhere Dimensionen Ordnung in die Vielfalt der Formen von Quadriken bringt und uns verstehen lässt, wie diese verschiedenen Formen trotz ihrer qualitativen Verschiedenheit stetig ineinander übergehen. Um ein solches Verständnis zu erreichen, konnten wir uns nicht darauf beschränken, die üblichen Normalformen abzuleiten, sondern mussten schrittweise jene Ordnungsstruktur herausarbeiten, durch welche die Mannigfaltigkeit der Formen strukturiert wird. Nun ist wenigstens dies eine Ziel erreicht. Aber es ist nicht mehr als das, was – wie Archimedes sagt – einer Abhandlung über Quadriken eigentlich nur „vorauszuschicken" wäre.

Im Laufe der Jahrhunderte haben die Mathematiker eine große Zahl der verschiedenartigsten schönen Untersuchungen über Kegelschnitte angestellt und auch über ihre höherdimensionalen Analoga, die Quadriken. Einen Überblick über diese Untersuchungen findet man in der Encyclopädie der mathematischen Wissenschaften, Band III C.1 und III C.2 in den Artikeln von F. Dingeldey „Kegelschnitte und Kegelschnittsysteme" [110] und von O. Staude „Flächen 2. Ordnung und ihre Systeme und Durchdringungskurven" [131]. Vieles davon findet man auch in den Bänden II, III und IV der „Principles of Geometry" von H. Baker [102], und eine schöne Auswahl gibt Berger im Band 4 seiner „Geometrie" [104]. Da ich von all dem hier nichts vermittelt habe, bitte ich den Leser, eins dieser Bücher selber aufzuschlagen und so einen Eindruck zu gewinnen von der Vielfalt und Schönheit der Geometrie einer vergangenen Zeit.

Vergangen? Vielleicht. Aber nicht tot. Diese Geometrie ist immer noch Teil unserer Wirklichkeit. Vor kurzem entdeckte der japanische Mathematiker Isao Naruki eine wunderschöne Konfiguration von fünf ebenen Kegelschnitten. Man findet sie in seiner Arbeit: „On pentagram arrangements of conics." Zwei Kegelschnitte in der Ebene können sich entweder gar nicht oder aber in einem Punkt oder in zwei Punkten berühren. In dieser Hinsicht können wir die Konfiguration durch einen Graphen mit zwei Arten von Kanten darstellen. Die Eckpunkte des Graphen entsprechen den Kegelschnitten. Zwei Eckpunkte werden durch eine Kante erster oder zweiter Art verbunden, wenn sich die entsprechenden Kegelschnitte in einem bzw. in zwei Punkten berühren. In der Zeichnung stellen wir die Kanten erster bzw. zweiter Art durch dünn oder dick ausgezogene Linien dar. Hier ist nun der Graph der Konfiguration von Isao Naruki:

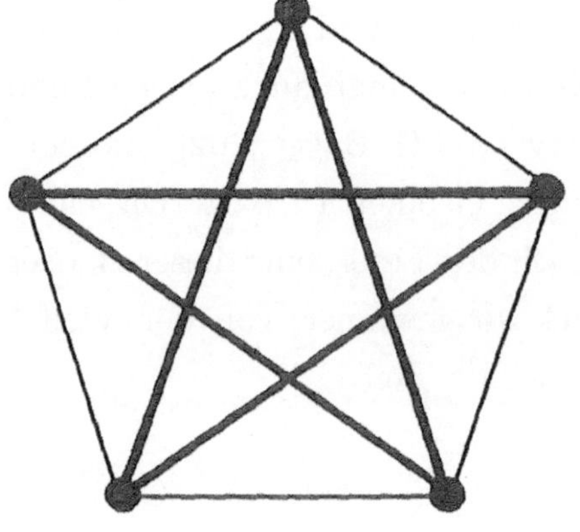

Anhang

Anmerkungen zur Geschichte der Euklidischen Geometrie

von Erhard Scholz[1]

1. Antike

Vor- und außergriechische Anfänge der Geometrie

In der vorgriechischen Mathematik des antiken Mesopotamiens und Ägyptens wurde geometrisches Wissen in regelhafter Form gebildet und gelehrt. Es gibt deutliche Hinweise darauf, dass die Flächenbeziehungen an rechtwinkligen Dreiecken, also der Inhalt des späteren Satzes von Pythagoras, in der alt-mesopotamischen Mathematik bekannt war und auch eine Umformung von Flächenstücken bei den Texte zu den proto-algebraischen Aufaben eine Rolle spielte [48]. Der Inhalt der in der westlichen Tradition nach Pythagoras benannten Relation am rechtwinkligen Dreieck war auch in der alten chinesischen Mathematik unter der Bezeichnung der *Gou-gu* Regel bekannnt, lange Zeit bevor es zu einem Wissensaustausch mit dem

---

[1]Ein Entwurf für diese Anmerkungen wurde 1986/87 geschrieben. Wie die historischen Anmerkungen zu LA I/II sind auch diese äußerst knapp gehalten. Für die vorliegende Publikation wurden sie stilistisch bearbeitet und moderat erweitert. Literaturverweise wurden ergänzt und aktualisiert.

377

Westen kam [89]. Dieses interessante Phase der frühen Geschichte geometrischen Wissens, das durch Euklid kodifiziert und nach ihm benannt wurde, kann in diesen Anmerkungen nicht weiter diskutiert werden.[2]

Beginn des deduktiv beweisenden Aufbaus, Größenlehre

Im antiken Griechenland begann mit verschiedenen Gruppen von Denkern um *Thales* (6. Jhdt. v.Chr.), *Hippokrates von Chios* (5. Jhdt. v.Chr.) und *Phythagoras* (5. Jhdt. v.Chr.) eine vorher in dieser Weise nicht bekannte, systematisch-logische Begründung der Geometrie. Nach der Entdeckung inkommensurabler Größenverhältnisse um 400 v.Chr. wurde die Neubegründung in der von *Plato* gegründeten Athener Akademie von den Mathematikern *Theaitetos* und *Eudoxos* im 4. Jhdt. v.Chr. zu einem ersten Abschluss gebracht. Über die Inhalte dieser Phase der Mathematik geben uns allerdings erst die von *Euklid* um 300 v.Chr. am Museion von Alexandria ausgearbeiteten und weiterentwickelten *Elemente* detaillierte Auskunft [24]. Die voreuklidschen griechischen Quellen sind – anders als die vorgriechischen, insbesondere mesopotamischen – äußerst spärlich.

Die griechischen Mathematiker brachten innere Ordnung und logischen Zusammenhang in die Regeln der vorgriechischen Geometrie, erweiterten sie und bauten sie zu einem theoretisch-systematischen Wissen aus. Sie entwickelten Definitionen der Grundbegriffe, formulierten Postulate und Axiomen und begründeten die Geometrie und die Arithmetik als beweisende Wissenschaften. Dadurch setzten sie neue Standards für die Mathematik insgesamt.[3]

Euklids Geometrie behandelte die einfachsten geometrischen Formen der Ebene mit den Grundbegriffen Strecke, Winkel, Dreieck, Polygon und Kreis [24, Buch 1-4,6] und der Gerade, Ebene, Raumwinkel, Parallelepiped, Pyramide, Zylinder, Kugel für den Raum (ibid. Buch 10-12). Sie fand ihren

---

[2]Einführende Informationen dazu findet man in [33, 82].

[3]Vgl. dazu etwa die Darstellungen von A. Szábó [88] und die davon abweichende Rekonstruktion von W. Knorr [57].

Höhepunkt und Abschluss im Studium der regulären Polyeder in Buch 13 der *Elemente*.

Quantitative Gesichtspunkte nahmen in ihr eine wichtige Stellung ein. Sie wurden ohne das Konzept der reellen Zahl (das erst im 19. Jahrhundert voll entwickelt wurde) im Rahmen einer geometrischen Größenlehre formuliert. In diesem Denkansatz waren Winkel, Streckengrößen (modernisierend im folgenden als G_1 abgekürzt), Flächeninhalte (G_2) und Volumina (G_3) jeweils nur unter sich vergleichbar und addierbar. Auf den einzelnen Größenbereichen kannten die Griechen außerdem (implizit) eine multiplikative Operation mit natürlichen Zahlen und Zahlenverhältnisse (rechnerisch wiedergebbar durch die Bruchzahlen $\mathbb{Q}^+$). Nur sehr eingeschränkt konnten sie Größen miteinander multiplizieren (modernisiert geschrieben im Sinne von $G_1 \cdot G_1 \mapsto G_2$, $G_1 \cdot G_2 \mapsto G_3$).

Im Rahmen dieser Größenlehre leitete etwa Euklid den Satz über die Winkelsumme im Dreieck (Buch 1.32) und den Satz des Phythagoras (Buch 1.47) her. In den Beweis beider Sätze gingen das euklidische Parallelenaxiom und Kongruenzargumente ein. Kongruenz war dabei für Euklid eine lokale Beziehung zwischen Figuren, die die Gleichheit einander entsprechender Größen feststellte (Seiten, Winkel, Flächen usw.); sie wurde jedoch nicht global als durch Bewegungen der ganzen Ebene oder des Raumes vermittelt aufgefasst.

Um das Problem inkommensurabler Größenverhältnisse in den Griff zu bekommen (Diagonale im Quadrat, im Pentagramm, mittlere Proportionale von 2 und 1 usw.) entwickelte Eudoxos in der ersten Hälfte des 4. Jahrhunderts v.Chr. eine strenge Theorie der geometrischen Größenverhältnisse. Sie wird im 5. Buch von Euklids *Elementen* ausführlich dargestellt. Mit diesen Größenverhältnissen konnte die griechische Mathematik die für sie relevanten reellen Größenbeziehungen darstellen, allerdings ohne über die in der Neuzeit so wichtigen algebraischen Operationen in vollem Umfang zu verfügen [57]. Sie rechneten mit diesen Verhältnissen nur eingeschränkt.

Zum Beispiel konnten sie beliebige Verhältnisse zusammensetzen (modern: multiplizieren), verfügten aber lediglich über eine Art Addition *gleicher* Größenverhältnisse; im wesentlichen dienten die Größenverhältnisse zum Vergleich (gewissermaßen „Messen"). Das eigentliche Rechnen vollzog sich dagegen in den geometrischen Größenbereichen selber.[4] In der älteren und einem Teil der neueren mathematikhistorischen Literatur spricht man von einer „geometrischen Algebra" [92, 93]; in der jüngeren mathematikhistorischen Literatur sieht man dies weitgehend kritisch.[5] Die Trennung von Messen und Rechnen machte die griechische Größenlehre aus unserer Sicht schwerfällig; es wäre daher auch falsch zu sagen (wie es dennoch manchmal in der mathematik-historischen Literatur geschieht), dass die Griechen in der eudoxischen Größenlehre ein Äquivalent zu den reellen Zahlen besessen hätten.

Grundlagenfragen der Geometrie, insbesondere zur Rolle, Diskussion und schließlich Erweiterung des Parallelenaxioms, nehmen üblicherweise einen großen Raum in der Geschichtsschreibung der euklidischen Geometrie ein. Die folgenden Anmerkungen konzentrieren sich hingegen auf einige der Themenbereiche, die für die Inhalte der Vorlesung LA III wichtig sind: algebraische Behandlung geometrischer Fragen, Kegelschnitte/Quadriken, Überschreitung der Dimensionsschranke $n = 3$ und die Darstellung der euklidischen Geometrie in der Sprache Vektorräume. Hinsichtlich der Grundlagen der Geometrie und für weitere Themen verweisen wir auf die vorliegende umfangreiche Literatur.[6]

Kegelschnitte

Charakteristisch für die griechische Art, quantitative Geometrie zu betreiben, waren die drei *klassischen Probleme*: Verdoppelung des Würfels,

---

[4]Vergleiche bei Interesse aber auch die abweichende Rekonstruktion in [30].

[5]Siehe insbesondere Szábó und Unguru [88, 91], aber auch [15, 83, 7].

[6]Siehe unter anderem die Klassiker zur Antike [44, 92], als jüngere Darstellung etwa [33]. Eine epochenübergreifende leserfreundliche, manchmal allerdings etwas naiv geratene Darstellung der Geschichte der Geometrie findet man in [82]. Zur Parallelentheorie und die Entdeckung der nichteuklidischen Geometrien im 19. Jahrhundert siehe unter anderem [8, 37, 95]; aus systematisch-historischer Sicht [40].

Quadratur des Kreises, Dreiteilung des Winkels. Eine empirische Näherungs-lösung zu finden, war nicht schwer, aber für die theoretische Suche nach Kurven, mit deren Hilfe etwa die Würfelverdoppelung zu leisten wäre, stieß *Menaechmos* (ca. 360 v.Chr.) auf die Kegelschnitte und ihre wichtigsten quantitativen Eigenschaften [11]. Auch Euklid und der weniger bekannte *Aristaeus* studierten diese Kurven, aber ihre Arbeiten gingen wie die des Menaechmos verloren. Eine plausible Rekonstruktion der zu dieser Zeit vermutlich verwendeten Charakterisierungen der Kegelschnitte findet man bei T. Heath [44, vol. 2, p. 121ff.]

Überliefert sind jedoch Arbeiten von *Archimedes* (Mitte des 3. Jhdts. v.Chr.), in denen dieser u.a. Flächen und Volumina von Segmenten an Kegelschnitten und deren Rotationskörpern berechnete [5]. Seine Arbeiten gestatten eine ungefähre Rekonstruktion der zu dieser Zeit vorhandenen Kenntnisse innerhalb der griechischen Mathematik über Kegelschnitte. Ar-chimedes setzte die *Elemente der Kegelschnittslehre* allerdings als bekannt voraus und griff auf ihrer Grundzüge zurück, ohne sie erneut systematisch abzuleiten [4, § 2]. Parabel, Hyperbel bzw. Ellipse wurden zu dieser Zeit anscheinend als Schnitt einer Orthogonalebene zu einer Mantellinie eines rechtwinkligen, stumpfwinkligen bzw. spitzwinkligen Kegels eingeführt. Im Rahmen der griechischen Größen- und Proportionenlehre wurden charakeristische Größenbeziehungen (die sogenannten *Symptomata*) an den Kegelschnitten hergeleitet, die – bei leichter Umformulierung – den jeweiligen Gleichungen der Kurven im neuzeitlichen Sinne äquivalent waren.

Gegen Ende des 3. Jahrhunderts v. Chr. wurde die Kegelschnittlehre durch zwei vermutlich etwa gleichzeitig arbeitende Mathematiker weiterentwickelt. *Apollonios* verallgemeinerte die vorhandenen Theorieansätze in verschie-dener Hinsicht [2].[7] *Diocles* analysierte neben theoretischen Eigenschaften der Kegelschnitte auch deren Anwendungen in der geometrischen Optik [18].

---

[7]Siehe auch [1, 3]; die folgenden Seitenangaben nach der deutschen Übersetzung von Czwalina.

Apollonios verwendete im Unterschied zu seinen Vorgängern eine einheitliche Erzeugungsweise der Kegelschnitte durch ebenen Schnitt eines möglicherweise schiefen Doppelkegels (Kegelschnitte, Definitionen, §§ 11ff.). Je nach Lage der Ebene entstanden so Parabel (Ebene parallel zu einer Mantellinie; a.a.O. 9 11), Hyperbel (Ebene schneidet den Kegel ein zweites Mal „jenseits" der Spitze; a.a.O. § 12) und Ellipse (Ebene schneidet den Doppelkegel nur auf einer Seite und ist zu keiner Mantellinie parallel; a.a.O. § 13). Implizit war darin die projektive Verwandtschaft aller Kegelschnitte untereinander angedeutet.

Er gab die Symptomata als Größenbeziehung zunächst im Fall orthogonaler konjugierter Durchmesser zwischen den beiden Strecken an, die bei Vorgabe eines Punktes des Kegelschnitts auf den konjugierten Durchmessern ausgeschnitten wurden. Später wurden diese Strecken als *Ordinate* beziehungsweise *Abszisse* bezeichnet.[8] Die für den jeweiligen Kegelschnitt typische Größenbeziehung, das *Symptom*, wurde als eine „Anlegung" des Quadrats über der Ordinate an eine Hilfsstrecke, später als *Parameter* bezeichnet, formuliert. Darunter verstand man die Bildung eines flächengleichen Rechtecks, oder allgemeiner auch eines Parallelogramms, das an der Hilfsstrecke passend anliegt, ein Stück weit übersteht oder „zu kurz" ist. Das überstehende beziehungsweise fehlende Flächenstück musste dabei einem vorgegebenen Rechteck/Parallelogramm ähnlich sein. Die durch die „Anlegung" entstehende Strecke, also die zweite Seite des Parallelogramms (Rechtecks) war nun jeweils der Abszisse zum betrachten Punkt des Kegelschnittes gleich.

Im Folgenden werden die Flächenanlegungsoperationen der Kürze halber in der Buchstabensymbolik wiedergegeben, die sich auch in der deutschen Übersetzung Czwalinas der *Kegelschnittte* des Apollonios findet [2]. In allen drei Fällen bezeichnet A die Spitze eines schiefen Kegels über einem Grund-

---

[8]Die Terminologie *Ordinate* und *Abszisse* findet man nicht bei Apollonios; sie wurde erst im 17. Jhdt., etwa von G.W. Leibniz, verwendet. In der ersten nachfolgende Graphik handelt es sich um die Strecken KL und ZL im Fall des Punktes K auf dem Kegelschnitt DCE. Dabei bezeichnet Z den Scheitel des Kegelschnitts und L den Schnittpunkt zweier konjugierter Durchmesser des Kegelschnitts, von denen der eine durch den fraglichen Punkt K geht, der andere durch den Scheitel Z; siehe nachfolgende Graphik.

kreis mit Durchmesser BC. Die Punkte auf dem Kegelschnitt heißen jeweils K, M beziehungweise L. Quadratische Terme wie etwa MN^2 oder $ZF \cdot ZL$ sind dabei als geometrische Flächenstücke, beispielsweiser als Quadrat über der Seite MN beziehungsweise als Rechteck aus den Seiten ZF und ZL zu verstehen (= steht für die Flächengleicheheit).

Parabel (παραβαλλεται – anlegen) – Flächenanlegung des Quadrats über KL (der Ordinate) an eine durch den Kegel und die Schnittebene bestimmte Hilfsstrecke ZF. Die sich ergebende Strecke ist der Abszisse ZL gleich:

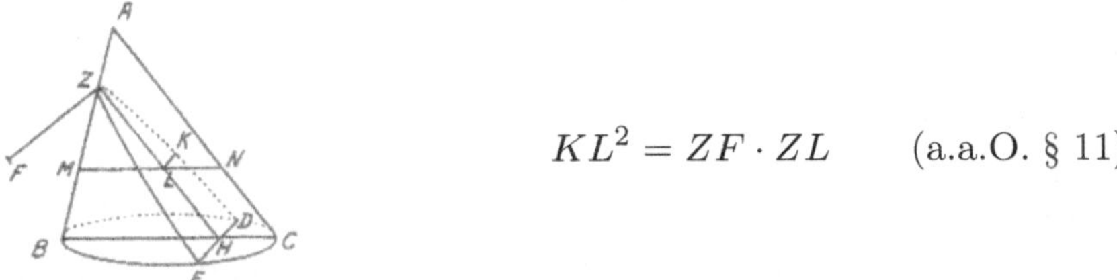

$$KL^2 = ZF \cdot ZL \qquad \text{(a.a.O. § 11)}$$

Modern notiert entspricht dies der Gleichung $y^2 = ax$ mit $a = ZF$.[9]

Hyperbel (υπερβαλλει – übertreffen) – Flächenanlegung des Quadrats über MN (der Ordinate) an die Hilfsstrecke ZL mit einer überschießenden Fläche, die dem Rechteck aus den Seiten ZL und AF ähnlich ist (F gegeben durch Schnitt der Ebene des Kegelschnitts mit dem Doppelkegel)

$$MN^2 = (ZL+LR) \cdot ZM \qquad \text{(a.a.O., § 12)}.$$

Modern notiert entspricht dies $y^2 = (a + \frac{a}{b})x$. Mit Parametern $a = ZL$ und $b = AF$.[10]

---

[9]Bei Verwendung der aus der Graphik hervorgehenden Bezeichnungen mit BCE Grundkreis, A Spitze eines schiefen Kegels, ist der Parameter $a = ZF$ gegeben durch die Proportionbeziehung: $ZF : ZA = (BC : CA) \cdot (BC : BA)$ (rechte Seite eine *Zusammensetzung* von Streckenverhältnissen) oder auch $ZF : ZA = BC^2 : (BA \cdot AC)$ (rechte Seite ein Flächenverhältnis).

[10]Der Parameter $b = AF$ ist aus der geometrischen Konfiguration direkt ablesbar; $a = ZL$ ist durch die Proportion $ZL : ZF = (BK \cdot KC) : KA^2$ bestimmt.

Ellipse (ελλειπει – mangeln/fehlen) – Flächenanlegung des Quadrats über
LM (Ordinate) an die Hilfsstrecke EF mit einem „Defekt" ähnlich dem
Rechteck aus den Seiten EF und dem Durchmesser ED des Kegelschnitts.

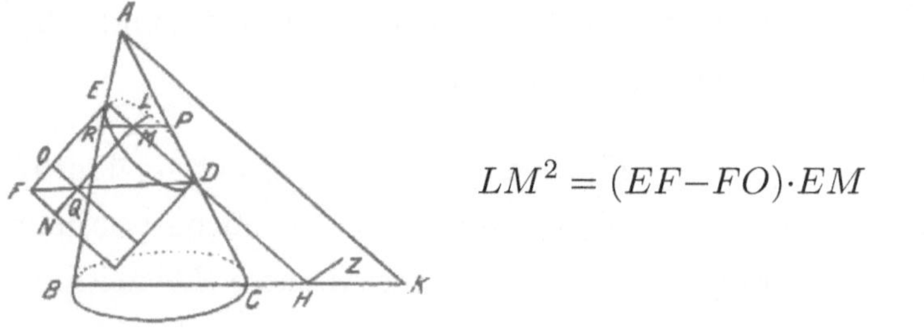

$$LM^2 = (EF-FO)\cdot EM \qquad \text{(a.a.O. § 13)}.$$

Modernisiert geschreiben $y^2 = (a - \frac{a}{d})x$ mit $a = EF$ (Hilfsstrecke) und
$d = ED$ (Durchmesser).[11]

Die Konstruktion der Kegelschnitte durch Schnitt mit einem schiefen
Doppelkegel führte Apollonios im Weiteren zur Verwendung allgemeiner konjugierter, nicht mehr notwendig orthogonaler Richtungen[12] bei
der „geometrisch-algebraischen" Beschreibung der Kegelschnitte durch
Symptomata. In moderner Darstellung entspräche dies der Verwendung
schiefwinkliger Koordinatensysteme längs eines Paares konjugierter Richtungen am untersuchten Kegelschnitt. Die in dieser Form verallgemeinerten
Symptomata formulierte Apollonios in Anlehnung an die schon bei Euklid
angegebenen sogenannten *Flächenanlegungsprobleme* der „geometrischen
Algebra" (*Elemente* 6.28/29). In heute üblicher Notation lassen sich letztere
als Lösungen der verschiedenen Normalformen quadratischer Gleichungen
schreiben, die sich ergeben, wenn man Vorzeichen der linearen Terme
unterscheidet.[13]

Ein kürzlich in arabischer Übersetzung aufgefundenes Manuskript des
Diocles [18] zeigt, dass in der griechischen Mathematik auch naturwis-

---

[11]Der Parameter $a = EF$ ist dabei bestimmt durch die Proportion $EF : ED = AK^2 :$
$(BK \cdot KC)$, BC Durchmesser des Grundkreises und K Schnitt dessen Verlängerung mit
der Parallelebene zur Kegelschnittebene durch die Kegelspitze A.

[12]Man erhält sie durch schiefe Zentralprojektion (weniger anachronistisch als zentral-
perspektivisches Abbild) orthogonaler Richtungen im den Kegel erzeugenden Grundkreises
auf die von Apollonios zugrunde gelegte Bezugsebene des schiefen Doppelkegels.

[13]Siehe die Diskussion von I. Bulmer/Thomas in [80, Kap. 2.1] oder auch [93, p. 80ff.].

senschaftliche Anwendungen der Kegelschnitte behandelt wurden. Diocles bewies die *Brennpunkteigenschaft der Parabel* bezüglich einer Schar achsenparallel einfallender Strahlen und demonstrierte die Möglichkeit der Konstruktion von Brennspiegeln durch Rotationsparaboloide [18, p. 42ff.]. Zur Konstruktion einer Parabel von vorgeschriebener Brennweite verwendete er die Brennpunkt–Leitlinien-Eigenschaft (a.a.O., Prop. 4,5).

Rotationsflächen von Kegelschnitten (Rotationshyperboloid, - paraboloid, - ellipsoid) hatte vor ihm schon Archimedes untersucht, allerdings unter dem Gesichtspunkt der Volumenbestimmung. Das mag ein Hintergrund für die spätantike Legendenbildung gewesen sein, Archimedes hätte Brennspiegel als Verteidigungswaffe bei der Belagerung von Syrakus durch die Römer entwickelt und einsetzen lassen [75]. Obwohl das allem Anschein nach nicht zutrifft, zeigt die Arbeit von Diocles, dass in der Tat optische Eigenschaften von Rotationsparaboloiden Gegenstand griechischer Wissenschaft und möglicherweise auch Technik gewesen sind [18, p.152ff.]. Ähnlich wie in der Astronomie wirkte sich also der in der griechischen Mathematik erzielte methodischen Neuerungen auch in der Optik durch die Eröffnung eines theoretischen Instrumentariums vorher unbekannter Präzision und Reichweite aus.

Ein kurzer Hinweis auf hier übergangene Entwicklungen

In der *tour de force*, die wir in diesen Anmerkungen unternehmen, müssen wir weitere Entwicklungen der Geometrie in der Spätantike, den lateinischsprachigen Kulturen des Mittelalters und den nicht-europäischen Gesellschaften übergehen. Angebracht ist aber ein Hinweis darauf, dass sowohl die Geometrie/Größenlehre, als auch die Arithmetik in der Mathematik der islamisch geprägten Gesellschaften zwischen dem 9. und dem 14. Jahrhundert eine enorme Entwicklung durchlebte. Aus diesem Wechselspiel entstanden neben einer frühen Form der Algebra und neuen Methoden des Umgangs mit numerisch verstandenen Quantitäten auch neue Perspektiven für die Geometrie. Dies gilt sowohl für die Grundlagen der Geometrie, als auch den Einsatz von Kegelschnitten und anderen (aus unserer Sicht „höheren") Kurven zur Lösung von Konstruktionsproblemen.[14] Wir übergehen hier diese schöpferischen Phase der Mathematik und die Verbreitung mathematischen Wissens in islamisch geprägten Gesellschaften[15] und schauen uns einige ausgewählte Themen aus der neuzeitlichen Entwicklung der euklidischen Geometrie mit Blick auf ihre im 19. und 20. Jahrhundert erfolgte Überformung durch lineare algebraische Methoden an.

2. Frühe Neuzeit (16. bis 18. Jhdt.)

Neue algebraische Methoden

Während der Spätantike und des Mittelalters erfuhr die euklidische Geometrie keine einschneidende Veränderung ihrer Grundprinzipien, wenn auch etwa die arabische Mathematik eine Reihe neuer Forschungsergebnisse im euklidischen Rahmen erzielte. Das änderte sich erst im Gefolge der Renaissance, während der in verschiedenen Ländern Europas eine neue Schicht von praktizierenden angewandten Mathematikern, Rechenmeistern und Künstler-Ingenieuren entstand. Letztere bauten das von den Arabern übernommene Rechnen mit Bruch- und Dezimalzahlen aus und verbreiteten es (A. Riess, M. Stifel, S. Stevin und viele andere). Im Laufe des 16. Jahrhunderts erfolgte dadurch eine Auflockerung der strengen Prinzipien der griechischen Größenlehre, die durch eine beginnende Symbolisierung der Algebra ergänzt wurde (Tartaglia, Cardano, Faulhaber und andere).

An der Wende zum 17. Jahrhundert entwarf *François Viète* (1540–1603) neue symbolischer Methoden des Größenrechnens und etwa 30 Jahre später noch einmal auf andere Weise *René Descartes* (1596–1650). Damit wurde der Rahmen der antiken Größenlehre deutlich überschritten. Viète entwickelte eine Algebra abstrakter dimensionierte Größen, die sich am griechischen Vorbild orientierte, sich aber von der unmittelbaren geometrischen Interpretation löste und in den algebraischen Beziehungen beliebig hohe Dimensionen zuließ. Aus unserer Sicht arbeitete Viète mit einer gradierten

---

[14]Siehe dazu etwa [54, 6] und [45, 46] und viele weitere.

[15]Ein kurzer Kommentar zum ersten Aspekt findet man in [47]; eine ausführliche Darstellung des zweiten in [13].

Algebra über einem als universell angesehenen (rellen) Proportionenbereich, beschränkte sich bei der Summenbildung aber stets auf Terme gleicher Dimension (Homogenitätsregel). Descartes führte in seiner berühmt gewordenen *Geométrie* (1637) die verschiedenen algebraischen Operationen $(+, -,$ Multiplikation, Division sowie das Potenzieren und Radizieren) in einem einheitlichen Bereich von Größen ein, die grundsätzlich durch Strecken repräsentierbar waren. Dies erlaubte ihm, die (dimensionale) Homogenitätsregel algebraischer Ausdrücke zu umgehen und eine (nicht gradierte) Algebra *reeller Größen* einzuführen.[16] Diese gestattete ihm eine weiter reichende Verbindung von (euklidischer) Geometrie und Algebra als vorher: der Weg zur analytisch/algebraischen Geometrie war frei.[17]

Descartes wandte die algebraische Methode zur Analyse (teilweise alter) geometrischer Probleme an; dabei stellte er eine algebraische Gleichung für die Punkte eines geometrischen Ortes auf. Die Kurvengleichung war ihm ein wichtiges Beschreibungsmittel geometrischer Objekte (Kurven), nicht aber der Ausgangspunkt der Untersuchung. So traf er etwa bei der Lösung des Pappus-Problems mit 4 Geraden (gegeben 4 Geraden, gesucht der geometrische Ort der Punkte, für deren Abstände $a_1, \dots, a_4$ zu den Geraden gilt: $a_1 a_2 = a_3 a_4$) auf quadratische Kurven und bemerkte, dass es sich dabei gerade um die Kegelschnitte handelte – ein unmittelbares Ergebnis der Umformulierung der Apollonischen Ergebnisse in Descartes neuer Algebra. Eine größere Anzahl von Geraden führte auf eine Kurvengleichung höheren Grades.

Seine neue algebraische Methode ermöglichte Descartes eine vorher ungeahnte Erweiterung der symbolischen Konstruktionsmittel für geometrisch zulässige Kurven. H. Bos charakterisiert den Kern des Descarteschen Programms als genuin geometrisch („redefining geometrical exactness")

---

[16]Bei Descartes hießen sie „quantitées réelles" im Unterschied zu den „quantitées imaginaires". Sie entsprachen aufgrund ihrer geometrischen Repräsentation jedoch nicht völlig dem im 19. Jahrhundert formulierten (arithmetisierten) Konzept der rellen Zahlen.

[17]Für eine zusammenfassende Darstellung dazu siehe dazu H. Bos und K. Andersen in [80, Kap. 7]

[10]. Erst mit der späteren Ausreifung der von Descartes entworfenen neuen symbolischen Methoden trat der methodische Aspekt der Algebraisierung der Geometrie in den Vordergrund. Die von Descartes erschlossenen neuen „exakt" definierbaren Kurven stellten sich damit als umfangsgleich mit den *ebenen algebraischen Kurven* heraus.

Unabhängig von Descartes machte *Pierre de Fermat* (1601–1665) einen Schritt, der den von Descartes sehr gut ergänzte. Dabei arbeitete er noch mit den Vièteschen Methoden strikt homogener algebraischer Ausdrücke arbeitete. Fermat untersuchte in einer 1636 geschriebenen und in Pariser Mathermatikerkreisen verbreitete Arbeit *Ad locos planos et solidos isagoge* (publiziert erst posthum 1679) die algebraisch definierten Kurven ersten und zweiten Gerades (im Anhang auch kubische und biquadratische Kurven). Sein Ziel war es, geometrische Eigenschaften aus den Kurvengleichungen abzuleiten [27, 29]. Er stellte also die algebraischen Gleichungen (ersten und zweiten Grades) in den Vordergrund und untersuchte deren geometrische Eigenschaften. Descartes legte dagegen gewissermaßen in umgekehrter Richtung sein Augenmerk auf die geometrischen Konstruktionsmethoden und versah sie mit Erweiterungen, die durch die algebraischen Hilfsmittel möglich wurden.

Klassifikation der Quadriken bei Fermat und Euler

Als Ausgangspunkt bemerkte Fermat, dass die *linearen* Gleichungen Geraden darstellen.

Bei den *quadratischen* Gleichungen unterschied er folgende Standardformen:

– *Gerade*: $x^2 = y^2$ (nicht Geradenpaar, da Fermat ausschließlich mit positiven Größen, wir würden sagen im 1. Quadranten, arbeitete),

– *Kreis*: $y^2 = b^2 - x^2$,

– *Hyperbel*: $xy = k^2$,

– *Parabel*: $dy = b^2 \pm x^2$,

– *Ellipse*: $ky^2 = b^2 - x^2$

Zu sämtlichen Fällen diskutierte er auch andere algebraische Formen und merkte an, dass durch eine geeignete Variablensubstitution stets eine dieser Formen zu erhalten war. So war die Koextensivität von ebenen Kurven zweiter Ordnung mit den Kegelschnitten sowie deren Klassifizierung schon zur Geburtsstunde der analytisch/algebraischen Geometrie im Grundsatz geklärt [59].

Eine umfassende systematische Abhandlung über die Kegelschnitte findet sich ein Jahrhundert später bei *Leonhard Euler* (1707–1783). In seiner *Introductio in analysin infinitorum* von 1748 [25, 26] ging er ganz konsequent von einer allgemeinen quadratischen Gleichung in zwei Variablen aus,

$$\alpha + \beta x + \gamma y + \delta x^2 + \varepsilon\, xy + \xi y^2 = 0\,.$$

Er überführte sie durch (orthogonale) Koordinatenwechsel in die Form $y^2 = \alpha + \beta x + \gamma x^2$ und unterschied dann die drei Fälle:

– $\gamma > 0$, zwei Asymptoten; *Hyperbel,*

– $\gamma < 0$, reelle Kurve ganz im Endlichen; *Ellipse,*

– $\gamma = 0$, *Parabel.*

Im Anhang derselben Abhandlung erweiterte Euler das Studium auf *Quadrikflächen im euklidischen Raum.* Er zeigte, dass eine allgemeine Quadrik

$$\sum_{i,j=1}^{3} a_{ij}x_i x_j + \sum_{i=1}^{3} b_i x_i = 0$$

durch eine geeignete Drehung stets auf die Gestalt

$$Ax^2 + By^2 + Cz^2 + Gx + Hy + Iz + K = 0$$

gebracht werden kann (*Hauptachsenform*). Falls gilt $ABC \neq$, ist durch eine nachfolgende Translation sogar die Form

$$Ax^2 + By^2 + Cz^2 = 0$$

erreichbar [25, Anhang §§ 113/114].

In diesem Fall war eine 3-fache Spiegelsymmetrie an den Koordinatenebenen leicht ablesbar und darüberhinaus folgende Klassifikation dieser Klasse von Quadriken:

- $A, B, C > 0$ *Ellipsoid*, mit den Spezialfällen *Rotationsellipsoid* $(A = B)$ und *Sphäre* $(A = B = C)$,

- $A, B > 0$, $C < 0$ *elliptisches Hyperboloid*,

- $A > 0$, $B, C < 0$ *hyperbolisches Hyperboloid*.

Für $C = 0$, $AB \neq 0$ überführte Euler die Quadrik durch eine Translation in a) $Ax^2 + By^2 = az$, beziehungsweise b) $Ax^2 + By^2 = b^2$ und traf die Unterscheidungen:

a) $Ax^2 + By^2 = az$, mit

$A, B > 0$ *elliptisches Paraboloid*, im Spezialfall $A = B$, *konisches Paraboloid*

$AB < 0$ *parabolisches Hyperboloid*;

b) $Ax^2 + By^2 = b^2$, mit

$A, B > 0$ *Zylinder*

$AB < 0$ *zylindrisches Hyperboloid*.

Der Fall $A \neq 0, B = C = 0$ führte ihn schließlich auf die Normalform des *zylindrischen Paraboloids* $Ax^2 = ay$.

Herausbildung der *analytischen Geometrie*

In Eulers Arbeiten zeigt sich die durch die algebraischen Methoden ermöglichte Allgemeinheit und Systematisierung der Geometrie. Weitere Autoren des 17. Jahrhunderts (unter ihnen Vandermonde, Bézout, Kramer) befassten sich mit dem Schnitt algebraischer Kurven und studierten Kurven höheren Grades. Noch war allerdings der Raum der Geometrie weiterhin prinzipiell auf 3 Dimensionen beschränkt und die Kongruenzbeziehungen – ähnlich wie in der Antike – an die Objekte im Raum gebunden. Sie wurden also nicht unter dem Gesichtspunkt euklidischer Bewegungen (des ganzen Raums) betrachtet. Dies blieb charakteristisch für die algebraisch-analytische Behandlung der Geometrie während des 18. Jahrhunderts und begann sich erst um die Mitte des 19. Jahrhunderts zu wandeln. Jedoch veränderten und erweiterten sich die Untersuchungsmethoden der Geometrie durch die von Descartes und Fermat eröffnete Algebraisierung schon während des 18. Jahrhunderts. An der Wende vom 18. zum 19. Jahrhundert entstand im Umfeld der 1794 neu gegründeten École Polytechnique das Bewusstsein, dass die „Analyse appliquée à la géométrie" (G. Monge) ein neues Gebiet der Geometrie darstellt, das ab da häufig kurz als *analytische Geometrie* bezeichnet wurde.[18]

3. Euklidische Geometrie in „der Moderne" (19. & 20. Jhdt.)

Eine bis in die Grundprinzipien eingreifenden Umbildung erfuhr die euklidische Geometrie, wie auch andere Gebiete der Mathematik, im Laufe des 19. Jahrhunderts, zunächst in Europa und gegen Ende des Jahrhunderts auch in den USA. In etwa zeitgleich wurde sie mit der beginnenden modernen Internationalisierung von Ökonomie und Gesellschaft auch in anderen Kontinenten der Erde rezipiert und Grundbestand der weltweit gelehrten Mathematik. Sie blieb dabei immer auch ein Bezugspunkt für die forschende Mathematik. Auf die mit der Internationalisierung verbundenen gesellschaftlich-kulturellen Transformationen können diese Anmerkungen nicht eingehen.[19]

In epistemischer Hinsicht bezog sich der grundlegende Wandel zunächst auf das Verständnis der Grundlagen der Geometrie. Er resultierte aber auch aus weiteren, möglicherweise noch tiefer greifenden, inneren Entwicklungen des geometrischen Wissensbestandes. Zu nennen sind hier etwa die *Herausbildung des Abbildungsgesichtspunktes* innerhalb der euklidischen Geometrie (sowie natürlich auch weit darüber hinaus), der *Überwindung der klassischen*

---

[18]Siehe etwa [11, pp. 226ff.]

[19]Siehe dazu etwa den Übersichtsband [63], und die darin enthaltenen Verweise auf weitere Literatur zu diesem Thema.

Dimensionsbeschränkung $n \leq 3$ und der *Herausbildung der Vektorräume* als neuem begrifflichen „Milieu" auch für die euklidischen Geometrie. Auf die Entstehung der nichteuklidischen Geometrien und die dadurch ausgelöste Neubewertung der erkenntnistheoretischen Auffassung der euklidischen Geometrie gehen wir hier nicht näher ein.[20] Dem Inhalt dieser Vorlesung gemäß konzentrieren sich die folgenden Anmerkungen auf die zuletzt genannten Aspekte.

Geometrische Transformationen, insbesondere orthogonale

Während der ersten Hälfte des 19. Jahrhunderts gab es zwei Entwicklungen, die zur Herausbildung des Konzepts der euklidischen Bewegungsgruppe beitrugen: das Studium räumlicher Symmetrien und das der Bewegungen im Raum (geometrische Kinematik). In der Kristallographie wurden mathematische Konzepte zum Studium der zugehörigen Symmetrien entwickelt. Zu nennen sind hier, neben vielen weiteren Autoren, *Justus G. Grassmann* (1779–1852),[21] *Moritz L. Frankenheim* (1801–1861), *Johann F.C. Hessel* (1792–1871) und *Auguste Bravais* (1811–1863). Sie untersuchten die möglichen Symmetrien räumlicher Konfigurationen noch ohne explizite abbildungsgeometrische Argumentation – geschweige denn gruppentheoretischer Formulierung (die ersten drei um 1830, der letztere 1849ff). Es stellte sich aber bald heraus, dass in diesen und ähnlichen Studien der endlichen räumlichen Symmetriekonfigurationen die Charakterisierung endlicher Gruppen euklidischer Isometrien implizit angelegt war und leicht expliziert werden konnte [78].

Etwa zur selben Zeit, also um 1830 herum, arbeiteten *Olinde Rodrigues* (1794–1851) und etwas später *Michel Chasles* (1793–1880) an einer Theorie der Bewegungen im euklidischen Raum. Sie schlossen an das Studium der Maschinenkinematik der Mathematiker der École Polytechnique an (Carnot, Hachette, Ampère) und gaben eine rein geometrische Charakterisierung der Bewegungen, ohne Betrachtung von Kräften. Durch diese Studien

---

[20]Siehe Anm. 6.
[21]Vater von *Hermann Grassmann*.

trat die Gesamtheit der euklidischen Bewegungen in das Gesichtsfeld der Mathematiker, wohlgemerkt noch ohne explizite Gruppenterminologie. Rodrigues zeigte etwa, dass jede (eigentliche) Bewegung als Komposition zweier Drehungen um zwei sich schneidende Achsen dargestellt werden kann, und analysierte die Zusammensetzung von Bewegungen [36].

Camille Jordan (1838–1911) war ab Mitte der 1860er Jahre aktiv an der Ausarbeitung der Galoistheorie beteiligt. Ihm fiel die Strukturanalogie zwischen der Gruppenkomposition bei den Permutationen der Gleichungstheorie und den räumlichen Bewegungen auf. In seinem *Mémoire sur les groupes des mouvements* [51] brachte er die beiden Ansätze des Studiums der Symmetrien und der Bewegungen im euklidischen $\mathbb{R}^3$ zusammen. Von der Charakterisierung räumlichen Bewegungen und ihrer Zusammensetzung ausgehend, übertrug er den am Studium der Permutationsgruppen gewonnenen Gruppenbegriff nun auch auf abgeschlossene Gesamtheiten eigentlicher euklidischer Bewegungen [99].

Damit führte Jordan die schon von Bravais studierten räumlichen Symmetriekonfigurationen auf die Operation der entsprechenden Untergruppen der eigentlichen Isometriegruppe des euklidischen Raumes zurück, in späterer Notation also auf die Untergruppen von $\mathbb{R}^3 \rtimes \mathrm{SO}_3^+(\mathbb{R})$.[22] Insbesondere listete er sämtliche endliche Untergruppen von $\mathrm{SO}_3^+(\mathbb{R})$ auf: endliche Drehgruppen ($\cong \mathbb{Z}/(n\mathbb{Z})$), Diedergruppen (in Kleins etwas später vorgeschlagener Terminologie), Ikosaeder-, Oktaeder-, Tetraedergruppe (a.a.O., p.180). Seine Auflistung unendlicher Untergruppen war weniger vollständig. Er unterschied aber deutlich zwischen unendlichen diskreten und kontinuierlichen Untergruppen der euklidischen Bewegungsgruppe. Die möglichen Erweiterungen zu den endlichen orthogonalen Gruppen unter Einschluss der Spiegelungen waren für die Kristallographie interessant. Sie wurden von *Bernhard Minnigerode* in einer Arbeit Ende der 1880er Jahre aufgelistet [60].

---

[22]Die Beschränkung auf die eigentlichen (orientierungserhaltenden) Isometrien resultierte aus dem Einfluss der Studien zur geometrischen Kinematik auf Jordans Arbeit.

Das Interesse an Bewegungsgruppen der euklidischen Geometrie harmonierte gut mit grundlegenden Entwicklungen in der Geometrie im Weiteren. *Jean V. Poncelet* (1788–1867) hatte durch seinen im Jahr 1818 publizierten *Traité des propriétés projectives des figures* [69] erheblich zur Entstehung der projektiven Geometrie, einem neuen Zweiges der Geometrie, beigetragen, in dem Abbildungen der ganzen Ebene oder des Raumes ein zentrales methodisches Element zu spielen begannen. Letzteres galt allerdings noch nicht für die erste Generation von Autoren dieses Gebietes. Für diese standen projektive Verwandtschaften als relationale Beziehungen zwischen Figuren im Vordergrund, so etwa auch für *August F. Möbius* (1790–1868). Dieser vertrat in seinem Buch *Der barycentrische Calcul* [61] darüber hinausgehend die interessante Auffassung, dass verschiedene geometrische Abstraktionsstufen durch unterschiedliche Klassen geometrischer „Verwandschaften" (etwa affine, projektive usw.) charakterisiert werden können.[23]

Julius Plücker (1801–1868) brachte diese Sichtweise praktisch zum Ausdruck, als er sein Lehrbuch *System der Geometrie des Raumes in neuer analytischer Darstellung* (1846) mit affinen und projektiven Klassifikationen der Quadrikflächen eröffnete [68].

Schon in seinem Studium lernte *Felix Klein* (1849–1925) bei Plücker in Bonn die projektive Geometrie kennen. Gemeinsam mit seinem Freund *Sophus Lie* (1842–1899) trat er bei einem Aufenthalt in Paris 1869/70 in direkten Kontakt mit wichtigen französischen Mathematikern. Dabei erfuhren die beiden jungen Mathematiker von Jordans Arbeiten zur Gruppentheorie und schlossen an dessen Idee an, den Gruppenbegriff in Gestalt der *Transformationsgruppe* auch für die Geometrie nutzubar zu machen [99, Kap. 3]. Klein entdeckte wenig später, dass sich die euklidische Geometrie und die ebenfalls seit den ausgehenden 1820er Jahren entwickelte nichteuklidische Geometrie einem einheitlichem methodischen Konzept der projektiven Geometrie unterordnen lassen – durch Auszeichnung einer geeigneten Untermenge des projektiven Raums und einer Untergruppe der

---

[23]Siehe [31].

vollen Gruppen der projektiven Abbildungen, die diese Untermenge und deren zentrale geometrischen Relationen jeweils invariant lässt. So erkannte er die Transformationsgruppe als ein fundamentales Strukturkonzept der euklidischen und der nichteuklidischen Geometrien.

Kurz darauf verallgemeinerte Klein diesen Gedanken in seinem *Erlanger Programm* (1872) zu einer umfassenden Charakterisierung der verschiedenen Typen der zeitgenössischen Geometrie: Jede dieser Geometrien ließ sich seiner Ansicht nach durch eine *Mannigfaltigkeit* und eine darauf operierende *Transformationsgruppe* charakterisieren, durch die die spezifische Struktur der jeweiligen Geometrie charakterisiert werden kann [55]. Für ihn waren zu dieser Zeit „Mannigfaltigkeiten" stets Untermengen eines projektiven Raumes, und die Transformationsgruppen als Untergruppen der projektiven Abbildungen gegeben. Dies änderte sich mit der späteren Rezeption und Verbreitung des Kleinschen Erlanger Programms.[24] Die euklidische Geometrie spielte in diesem Rahmen nur noch die Rolle eines speziellen Beispiels für die programmatisch vorgeschlagene allgemeine Methode der Betrachtung der Geometrie. Und doch wurden gerade aus dieser allgemeineren Perspektive gesehen die homogenen und inhomogenen orthogonalen Transformationen zu einem Schlüsselbegriff für die neuere Auffassung des euklidischen Raumes. Klein wandte sich danach unter anderem dem Studium diskreter Gruppen in der Funktionentheorie zu, die in unserem Zusammenhang jedoch keine weitere Rolle spielen werden.[25]

Liegruppen, speziell die Spingruppe in Dimension $n = 3$

Lie begann etwa zur selben Zeit, in der Klein sein Erlanger Programm entwarf, mit einem umfassenden Programm der Klassifikation der endlich dimensionalen kontinuierlichen Gruppen [58]. Daraus entstand das in der Mathematik des 20. Jahrhunderts zentrale Gebiet der *Liegruppen* und ihrer *Darstellungen*. Eine auch nur kurze Diskussion der Geschichte dieser Entwicklung würde den Rahmen dieser Anmerkungen sprengen; interessierte

---

[24]Zur Aufnahme des Erlanger Programms siehe [42].
[25]Vgl. [90].

Leser/innen müssen wir hier auf die entsprechende Spezialliteratur verweisen, insbesondere [43, 41, 9, 85].[26] Die in § 13.4 der Vorlesung LA III behandelte Spin-Gruppe besitzt jedoch eine elementare Entstehung, die hier kurz skizziert werden kann.

Schon etwa dreißig Jahre vor dem Aufkommen geometrischer Transformationsgruppen, zu einer Zeit also als geometrische Gruppen bestenfalls implizit in mathematischen Arbeiten angedeutet waren, zeigte *William R. Hamilton* (1805–1865) in einem kurzen, in den *Proceedings of the Royal Irish Academy* 1847 publizierten Aufsatz, wie räumliche Drehungen im Quaternionenkalkül dargestellt werden können [38]. Er charakterisierte räumliche Vektoren durch rein imaginäre Quaternionen β. Eine Rotation mit Winkel φ um eine Achse, charakterisiert durch ein rein imaginäres Einheitsquaternion α konnte er dann durch die Konjugation mit

$$q = q(\varphi) = \cos\frac{\varphi}{2} + \alpha \sin\frac{\varphi}{2}\,,$$
$$\beta \mapsto q\,\beta\,\overline{q}$$

darstellen (a.a.O. 361). Er zeigte, dass die Komposition zweier Rotationen, etwa q und q', durch das Quaternionenprodukt qq' gegeben wird. Die angegebenen Formeln zeigen, dass q und $-q$ dieselbe Rotation darstellen, wobei ja $q(\varphi + 2\pi) = -q(\varphi)$ gilt. Hamilton hatte damit, ohne dies allerdings zu kommentieren, jedes Element aus $\mathrm{SO}_3^+(\mathbb{R})$ durch *zwei* Einheitsquaternionen dargestellt. Später würde man dies als eine (doppelte) Überlagerung der Zusammenhangskomponente der 1 von $\mathrm{SO}_3(\mathbb{R})$ durch die Einheitsquaternionen verstehen, deren Gesamtheit als 1-Sphäre im 4-dimensionalen Raum einfach zusammenhängend ist.[27]

Eine Auffassung von Hamiltons Darstellung der Rotationen als Gruppenüberlagerung wurde allerdings erst viel später möglich, nachdem S. Lie das Konzept der kontinuierlichen Transformationsgruppe gebildet und *Henry Poincaré* (1854–1912) die Idee der Fundamentalgruppe einer Mannig-

---

[26]Dazu die Kommentare in [23].

[27]Auch können die Einheitsquaternionen als spezielle unitäre Matrizen im $\mathbb{C}^2$ aufgefasst werden kann, ihre Gesamtheit also als SU(2).

faltigkeit formuliert hatte.[28] Die Kombination struktureller Gesichtspunkte aus der Topologie und der Gruppentheorie begann sogar erst in den 1920er Jahren eine Rolle zu spielen. Insbesondere wurden in den Arbeiten von *Hermann Weyl* (1885–1955) zur Darstellungstheorie der Liegruppen [97] unter anderem die Spindarstellungen der orthogonalen Gruppe vollständig klassifiziert.[29] Wenig später führten *W. Pauli* und *P.A.M. Dirac* den *Spin* als eine Quantenzahl für den (quantisierten) Eigendrehimpuls von Teilchen in die Quantenmechanik ein [64, 19]. *E. Wigner*, *J. von Neumann* und Weyl stellten sehr schnell fest, dass dies die charakteristische numerische Invariante einer Spindarstellung ist.[30] Spindarstellungen der speziellen orthogonalen Gruppe – und der Lorentzgruppe im relativistischen Fall – wurden damit entscheidend für das Verständnis der damals bekannten Elementarteilchen, Elektron und Proton.

n-Dimensionalität zunächst noch ohne Vektorräume

Während des 19. Jahrhunderts entstanden für die euklidische Geometrie nicht allein im Bereich der Grundlagen starke disziplinäre "Konkurrenten". Projektive, alqebraisch birationale, topologische und differentialgeometrische Methoden wurden zur Grundlage neuer geometrischer Teildisziplinen. Die Differentialgeometrie entstand zunächst auf Grundlage und im Rahmen der euklidischen Geometrie, deren metrische Aspekte sie lediglich unter infinitesimalem Gesichtspunkt entwickelte. Das führte unter anderem auch zu neuen Einsichten über Quadrikflächen, etwa im Rahmen des Studiums dreifach orthogonaler Scharen von Flächen bei *Charles Dupin* (1784–1873) [22]. Die fundamentale Arbeit *Disquisitiones generales circa superficies curvas* von *Carl-Friedrich Gauß* (1777-1855) über differentialgeometrische Flächentheorie im euklidischen Raum [32] legte die Grundlage für eine Herauslösung der Differentialgeometrie aus der euklidischen Geometrie. Dies geschah bei *Bernhard Riemann* (1826–1866) durch die Formulierung der Mannigfaltigkeit als neuen geometrischen Grundbegriff [71, 73].[31]

---

[28]Siehe etwa [94, pp. 85–87] oder auch [77, Kap. 2,4,5]

[29]Siehe dazu [43].

[30]Siehe [76]

[31]Siehe [70], [77, Kap. 2], [79].

Die in den anderen geometrischen Teilzweigen wirkenden Tendenzen blieben nicht ohne Einfluß auf das klassische Kerngebiet euklidische Geometrie. In der zweiten Hälfte des 19. Jahrhunderts wuchs auch die euklidische, wie vorher schon die projektive, die vektorielle und die Differentialgeometrie, über die vorher als natürlich angesehene Dimensionsbeschränkung $n \leq 3$ hinaus. *Ludwig Schläfli* (1814–1895) verfasste im Jahre 1852 in seiner *Theorie der vielfachen Kontinuität* eine umfangreiche Abhandlung über n-dimensionale euklidische Räume und deren Quadriken. Seine Abhandlung blieb aber bis nach seinem Tode unbekannt; sie wurde erst 1901 posthum veröffentlicht, siehe [74].

Hermann G. Grassmann (1809–1877) führte in seiner überarbeiteten Fassung der *Ausdehnungslehre* von 1862 zusammen mit einer für Mathematiker gut lesbaren Neufassung des Begriffs des n-stufigen Ausdehnungsgebiets (später n-dimensionaler Vektorraum) die Grundkonzepte der euklidischen Geometrie in endlich dimensionalen Vektorräumen ein [34]: inneres Produkt, Norm („numerischer Wert"), Orthogonalität und beliebige Winkel zwischen Vektoren („extensiven Größen"), orthogonale Projektion auf Unterräume etc. In seinem neuen Buch findet man auch die Diskussion orthogonaler Transformationen im $\mathbb{R}^n$ („n-stufiges Ausdehnungsgebiet"). Grassmann zeigte zum Beispiel, dass zwei Orthogonalsysteme $(e_1, \ldots, e_n)$, $(e_1', \ldots, e_n')$ mit $||e_i|| = ||e_i'||$ $(1 \leq i \leq n)$ durch Kombination von Drehungen in 2-dimensionalen Unterräumen (um eine dazu orthogonale 2-kodimensionale „Drehachse") ineinander überführt werden können. Seine Arbeiten blieben aber von begrenztem Einfluß auf die Mathematik des ausgehenden 19. Jahrhunderts und entfalteten ihre Wirkung erst mit der Wende zum neuen Jahrhundert [67].

So blieb es einer Arbeit C. Jordans aus dem Jahr 1875 über n-dimensionale euklidische Geometrie überlassen [52], diese Sichtweise einem breiteren mathematischen Publikum bekannt zu machen. Jordan entwickelte darin die Grundzüge der affinen und euklidischen Geometrie des $\mathbb{R}^n$ (a.a.O., §§ 1-13 bzw. §§ 14ff.), ohne den Vektorraumbegriff zu verwenden. Nach Einführung der euklidischen Abstands führte er zum Beispiel die Projektion eines Punktes P auf einen linearen Unterraum U als Punkt minimalen Abstand P' in U ein (a.a.O., § 16) und studierte die Eigenschaften von Orthogonalprojektionen. Auch definierte und studierte er Winkel zwischen Geraden und Unterräumen, Abstände zwischen affinen Unterräumen und untersuchte n-dimensionale orthogonalen Abbildungen („substitutions orthogonale"). Insgesamt gab er eine zusammenfassende Darstellung der euklidischen Geometrie in einem affinen n-dimensionalen Raum, versehen mit einer entsprechenden Metrik.

Im letzten Abschnitt seiner Arbeit (a.a.O., §§ 70ff.) betrachtete Jordan Bewegungen („Cinématique") im euklidischen $\mathbb{R}^n$. Er erklärte diese als inhomogene lineare Abbildungen mit einer orthogonalen „Substitution" der Determinante 1, hier abgekürzt notiert also $x \mapsto Ax + a$, $a \in \mathbb{R}^n$, wobei $A \in \mathrm{SO}_n(\mathbb{R})$.

Jordan leitete daraus unter anderem Normalformen von Rotationen her. Dabei sind gerader und ungerade dimensionaler Fall zu unterscheiden (§§ 85, 89):

$$SAS^{-1} = \begin{pmatrix} \cos\alpha_1 & \sin\alpha_1 & & & \\ -\sin\alpha_1 & \cos\alpha_1 & & & \\ & & \ldots & & \\ & & & \cos\alpha_\mu & \sin\alpha_\mu \\ & & & -\sin\alpha_\mu & \cos\alpha_\mu \end{pmatrix}, \quad \text{für } n = 2\mu,$$

beziehungsweise

$$SAS^{-1} = \begin{pmatrix} \cos\alpha_1 & \sin\alpha_1 & & & & \\ -\sin\alpha_1 & \cos\alpha_1 & & & & \\ & & \ldots & & & \\ & & & \cos\alpha_\mu & \sin\alpha_\mu & 0 \\ & & & -\sin\alpha_\mu & \cos\alpha_\mu & 0 \\ & & & 0 & 0 & 1 \end{pmatrix}, \quad \text{für } n = 2\mu + 1,$$

mit jeweils $S \in \mathrm{SO}_n(\mathbb{R})$.

In diesem Kontext betrachtete Jordan auch *unendlich kleine* Drehungen. Für $n = 4$ gab er eine Darstellung der „infinitesimalen Rotationen" des $\mathbb{R}^4$ durch zwei Punkte im $\mathbb{R}^3$ an. Die Zusammensetzung infinitesimaler Rotationen berechnete er „unter Vernachlässigung der Terme zweiter Ordnung" [52, p. 173/148]. Dies führte ihn auf eine Zusammensetzung, die aus unserer Sicht einem Isomorphismus der additiven Strukturen

$$\mathbb{R}^3 \oplus \mathbb{R}^3 \longrightarrow (\mathrm{so}_4(\mathbb{R}), +)$$

gleichkommt ($\mathrm{so}_4(\mathbb{R})$ die Liealgebra von $\mathrm{SO}_4(\mathbb{R})$, a.a.O., § 98). Jordan betrachtete in dieser Arbeit jedoch nur die additive Struktur der „infinitesimalen Drehungen", nicht ihre volle Algebrastruktur.[32] Für die Berechnung der Zusammensetzung der Terme erster Ordnung benötigte er im Grunde doch die Vektoraddition von Elementen im $\mathbb{R}^3$. Er umschrieb sie konsequenterweise als eine Komposition „gemäß den Regeln der Statik" [52, p. 174/149].

Als homogene Abbildungen des n-dimensionalen euklidischen Raumes zog Jordan nur eigentliche Bewegungen in Betracht ($S \in \mathrm{SO}_n(\mathbb{R})$), während er für die Untersuchung von Koordinatenwechseln natürlich auch Transformationen $S \in O_n(\mathbb{R})$ mit $det\, S = -1$ zuließ. Das war für die Denkweise in den 1870-er Jahren durchaus charakteristisch. Die volle Gruppe der Isometrien, also unter Einbezug der uneigentlichen Bewegungen (Spiegelungen), trat erst gut ein Jahrzehnt später in den Gesichtskreis der Mathematiker.[33] Von *Eduard Study* (1862–1930) stammt eine im Jahr 1891 verfasste umfangreiche Untersuchung der vollen euklidischen Bewegungsgruppe [87]. Jordans Arbeit (1875) und die von Study (1891) brachten die von Klein formulierte programmatische Sicht, in Räumen zu denken, auf denen eine ausgezeichnete Gruppe operiert, auch für die n-dimensionale euklidische Geometrie zur Geltung. Dies geschah in einer Zeit, in der, von einigen Ausnahmen abgesehen, ein Bezug zu Vektorräumen noch nicht explizit in hergestellt wurde.

---

[32]Lies erste grundlegende Arbeit zur *Theorie der Transformationsgruppen* [58] erschien erst ein Jahr später.

[33]So erfolgte ja auch die Auflistung der endlichen orthogonalen Gruppen (unter Einschluss der Spiegelungen) im $\mathbb{R}^3$ durch Minnigerode erst im Jahre 1887 (s.o.).

Lineare Algebra und Geometrie in Vektorräumen

Dies ändert sich schrittweise in der ersten Hälfte des neuen Jahrhunderts
durch ein Zusammenspiel der in der zweiten Hälfte des 19. Jahrhunderts
entstandenen beiden Traditionen der Vektorrechnung, der auf W. R. Hamiltons zurückgehenden *Quaternionen*-Rechnung (1844) und H. Grassmanns
Ausdehnungslehre (1844 und 1861). In der Hamilton-Tradition standen
die erfolgreich verallgemeinerten Theorien höherdimensionaler hyperkom-
plexer Systeme (Graves 1844, Cayley 1845, B. Peirce 1870/71, Clifford
1878, Frobenius 1878, Hurwitz 1898 u.a.) und die Ausarbeitung eines
auf physikalische und technische Anwendungen zugespitzten vektoriellen
Kalküls im Dreidimensionalen (Gibbs 1881/84, Heaviside 1883ff., Föppl
1894).[34] Eine axiomatische Präzisierung des linear algebraischen Aspekts
Grassmannschen Ausdehnungslehre wurde von *Giuseppe Peano* (1858–1939)
im Jahre 1888 formuliert [66]. Sie wurde bald darauf in den infinitesimalen
Strukturen der Differentialgeometrie angewendet (Burali-Forti 1897, Cartan
1896ff.).[35]

Anfänglich wurde die *Vektor*-Terminologie nur in der auf Hamilton
zurück-gehenden Tradition verwendet – von letzterem stammte auch die
Einführung des Wortes. Sie löste sich aber um die Jahrhundertwende von
dieser Bindung und wurde auch in den an Grassmann/Peano anschließenden Arbeiten verwendet (Burali-Forti/Marcolongo 1909). Hinzu trat die
Klärung des Konzepts der linearen Unabhängigkeit, das seinen Ursprung
im Studium der Polynomringe und der frühen strukturellen Theorie der
Körper hatte [86], aber bald auch Bedeutung für das Studium der Aus-
dehnungsgebiete/Vektorräume bekam. In Verbindung mit dem Kalkül der
Matrizen und ihrer – je nach Verwendungskontext verschiedenen – Normalformen, sowie der im Laufe des 19. Jahrhunderts ausgearbeiteten Theorie
linearer Gleichungssystem und ihrer beginnenden Verallgemeinerung auf
Funktionenräume lag ab dem zweiten Jahrzehnt des 20. Jahrhunderts ein
vielfältiges und beziehungsreiches, dabei aber einheitlich strukturiertes Ma-

---

[34]Vgl. [16], [80, Kap. 13].
[35]Vgl. [21].

terial vor, das geeignet war, zur Grundlage eines neuen, für die Mathematik der grundlegenden Wissensgebiet gemacht zu werden.[36]

Hermann Weyl arbeitete in seinem bald zum Klassiker avancierten Buch *Raum, Zeit, Materie* (Berlin 1918) die Beziehung zwischen Vektorraum, affiner, euklidischer und Riemannscher Geometrie in dankeswerter Klarheit heraus [96]. In den Grundvorlesungen der Mathematik war zu dieser Zeit die Darstellung der analytischen Geometrie noch fest mit einer Einführung in die projektive algebraische Geometrie verbunden. Erst im Laufe der 1920er Jahre begann sich dies unter dem Einfluss der entstehenden Bewegung der „modernen Algebra" zu ändern. In seinen Hamburger Vorlesungen „Einführung in die analytische Geometrie und Algebra" stellte *Otto Schreier* (1901–1929) den Vektorraumbegriff, zunächst über den reellen Zahlen und im weiteren Aufbau auch über allgemeinen Körpern, aus algebraischen Gründen an den Anfang. Daraus ging das bekannte Lehrbuch [81] hervor.

In der zweiten Hälfte des 20. Jahrhunderts setzte sich diese Art der Darstellung in den Grundvorlesungen der Mathematik unter dem Einfluss *Nicolas Bourbaki*s (1934–1968) auch international durch. Dies war mit einer abstrakt strukturell geprägten Auffassung der Mathematik verbunden. Die euklidische Geometrie verlor darin ihre dominante Rolle und wurde zu einer speziellen, wenn auch zum klassischen Kern der Mathematik gehörenden Teildisziplin. Ab den späten 1950er Jahren wurde in den Vorlesungen zur Linearen Algebra der Bezug zur euklidischen Geometrie häufig in den Hintergrund gedrängt, zum Teil mit einer polemischen Gegenüberstellung zwischen klassischer Geometrieausbildung und einer „modernen" auf der Linearen Algebra aufbauenden.[37] E. Brieskorn setzte sich ab den 1970er Jahren in seinen Vorlesungen zum Ziel, die Vereinbarkeit moderner struktureller Gesichtspunkten mit klassischen Wissensbeständen zu demonstrieren. Er räumte daher der euklidischen Geometrie in neuer Gestalt einen hohen Stellenwert ein. Dies wird am vorliegenden Band LA III deutlich.

---

[36]Vgl. [21, 62, 84], [80, Kap. 13] und die historischen Anmerkungen in LA I, II. Eine Diskussion der Differenz zwischen algebraischer und arithmetischer Auffassung in der linearen Algebra des späten 19. Jahrhunderts findet man in [12].

[37]J. Dieudonné, Mitglied der Bourbaki-Gruppe, vertrat diesen Standpunkt zuweilen mit lautem programmatischen Getöse („à bas Euclide"), siehe etwa das Vorwort zu [17] (erste Auflage). In der dritten Auflage wurde die Polemik zurückgenommen, aber die Substitutionsstrategie „moderner" versus „klassischer" Geometrie-Ausbildung weiter vertreten.

Literaturverzeichnis

[1] Apollonios. 1893. *Apollonii Pergaei quae graece exstant cum commentariis antiquis.* Ed. J.L. Heiberg. Leipzig: Teubner.

[2] Apollonios. 1926. *Die Kegelschnitte des Apollonios.* Übers. von A. Czwalina. Oldenbourg. Neudruck Darmstadt (Wissenschaftliche Buchgesellschaft) 1967.

[3] Apollonios. 1990. *Conics, Books V to VII. The Arabic Translation of the Lost Greek Original in the Version of the Banū Mūsā.* 2 vols. Edited with Translation and Commentary by G. J. Toomer. Berlin etc.: Springer.

[4] Archimedes. 1962. "Über Paraboloide, Hyperboloide und Ellipsoide." In [5, 211–281].

[5] Archimedes. 1963. *Werke.* Im Anhang: Kreismessung und Methodenlehre, übersetzt und herausgegeben von A.Czwalina, F. Rudio, H.G. Zeuthen. Darmstadt: Wissenschaftliche Buchgesellschaft. ^{2}1967, ^{3}1972.

[6] Berggren, Len. 1986. *Episodes in the Mathematics of Medieval Islam.* Berlin etc.: Springer.

[7] Blasjø, Viktor. 2016. "In defence of geometrical algebra." *Archive for History of Exact Sciences* 70(3):325–359.

[8] Bonola, Roberto; Liebmann, Heinrich. 1908. *Die Nicht-Eukldische Geometrie: Historisch-kritische Darstellung ihrer Entwicklung.* Leipzig: Teubner.

[9] Borel, Armand. 2001. *Essays in the History of Lie Groups and Algebraic Groups.* Providence, RI, etc.: AMS and London Mathematical Society.

[10] Bos, Henk J. M. 2001. *Redefining Geometrical Exactness. Descartes' Transformation of the Early Modern Concept of Construction.* Berlin etc.: Springer.

[11] Boyer, Carl. 1956. *A History of Analytic Geometry.* New York: Scripta Mathematica. Reprint Dover, New York.

[12] Brechenmacher, Fréderic. 2007. "La controverse de 1874 entre Camille Jordan et Leopold Kronecker." *Révue d'histoire des mathématiques* 13:187–215.

[13] Brentjes, Sonja. 2018. *Teaching and Learning the Sciences in Islamicate Societies (800–1700).* Turnhout, Belgium: Brepol.

[14] Brieskorn, Egbert. 2018/19. *Klassische Gestalten und moderne Strukturen in Geometrie und Kristallographie.* Ursprünglich §13.7 (Fragment) und §14 (geplant) von Lineare Algebra und Analytische Geometrie III. Aus dem Nachlass herausgegeben von Erhard Scholz. Berlin: Imaginary. Digitale Edition, in Bearbeitung.

[15] Corry, Leo. 2013. "Geometry and arithmetic in the medieval traditions of Euclid's Elements: A view from Book II." *Archive for History of Exact Sciences* 67:637–705.

[16] Crowe, Michael. 1967. *A History of Vector Analysis: The Evolution of the Idea of a Vectorial System.* Notre Dame: University Press. Reprint New York: Dover 1985, 1994.

[17] Dieudonné, Jean. 1964. *Algèbre linéaire et géométrie élémentaire.* Vol. 8 of *Enseignement des Sciences* Paris: Hermann.

[18] Diocles. 1976. *Diocles on Burning Mirrors. The Arabic Translation of the Lost Greek Original,* Ed. G.J. Toomer. Berlin etc.: Sproinger.

[19] Dirac, Paul Adrien Maurice. 1928. "The quantum theory of the electron I, II." *Proceedings Royal Society London A* 117, 118:*(117)* 303–319, *(118)* 351–361. In [20, 303–333].

[20] Dirac, Paul A.M. 1995. *The Collected Works of P.A.M. Dirac.* Ed. R.H.Dalitz. Cambridge: University Press.

[21] Dorier, Jean-Luc. 1995. "A general outline of the genesis of vector space theory." *Historia Mathematica* 22:227–261.

[22] Dupin, Charles. Paris. *Développement de géométrie avec des applications à la stabilité des vaisseaux, aux déblais et remblais, au défilement, à l'optique, etc.* Paris: Courcier.

[23] Eckes, Christophe, avec la collaboration d'Amaury Thullier. 2013. *Les Groupes de Lie dans l'oeuvre de Hermann Weyl*. Traduction et commentaire de l'article *Théorie de la représentation des groupes continues semisimples par des transformations linéaires (1925–1926)*. Nancy: PUN – Éditions Universitaires de Lorraine.

[24] Euklid. 1933-37. *Die Elemente, Buch I–XIII*. Nach Heibergs Text aus dem Griechischen übersetzt und herausgegeben von C. Thaer. Leipzig: Teubner. Reprint Darmstadt: Wissenschaftliche Buchgesellschaft 1973.

[25] Euler, Leonhard. 1748. *Introductio in analysin infinitorum,* 2 Bde. Lausanne: Bousquet. In Opera Omnia (1), Bd. *8, 9*.

[26] Euler, Leonhard. 1983. *Einleitung in die Analysis des Unendlichen, Erster Teil der Introductio in analysin infinitorum*. Deutsch von H. Maser. Berlin etc.: Springer. Rerpint der deutschen Erstausgabe von 1885 mit einem Vorwort von W. Walther.

[27] Fermat, Pierre de. 1679. "Ad locos planos et solidos isagoge.". Standardpublikation in [28, t. 1, pp. 91–103], Erstpublikation in *Varia Opera* (1679); deutsch in [29].

[28] Fermat, Pierre de. 1891–1922. *Oeuvres de Fermat* Publiées par le soins de P. Tannery et C. Henry, 4+1 tombes. Paris: Gauthiers-Villard.

[29] Fermat, Pierre de. 1923. *Einführung in die ebenen und körperlichen Örter*. Aus dem Lateinieschen übersetzt und mit Einleitung und Anmerkungen herausgegeben von Heinrich Wieleitner. Ostwald's Klassiker der exakten Wissenschaften Leipzig: Akademische Verlagsgesellschaft. (Deutsche Übersetzung von [27]).

[30] Fowler, David. 1999. *The Mathematics of Plato's Academy. A New Reconstruction*. Oxford: University Press.

[31] Friedelmeyer, Jean-Pierre. 2016. Quelques jalons pour l'histoire des transformations au 19e siècle, les contributions de Poncelet et Möbius. In *Eléments d'une biographie de l'Espace géométrique*, ed. L. Bioesmat-Martagon. Nancy: Presse Universitaire de Nancy pp. 15–68.

[32] Gauss, Carl Friedrich. 1828. "Disquisitiones generales circa superficies curvas." *Commentationes Societatis Regiae Scientiarum Gottingensis* 6 (1828):99–146.

In *Werke* IV, 217–258. Deutsch von A. Wangerin *Allgemeine Flächentheorie* Leipzig: Engelmann 1889.

[33] Gericke, Helmuth. 1984. *Mathematik in Antike und Orient.* Berlin etc.: Springer.

[34] Graßmann, Hermann Günther. 1862. *Die Ausdehnungslehre. Vollständig und in strenger Form bearbeitet.* Berlin: Ensslin. In [35, Bd. 1.2, 1–383].

[35] Graßmann, Hermann Günther. 1894–1911. *Gesammelte mathematische und physikalische Werke.* Hrsg. Friedrich Engel. 3 Bände in 6 Teilbänden. Leipzig: Teubner. Reprint New york:Johnson 1972.

[36] Gray, Jeremy J. 1980. "Olinde Rodrigues' paper of 1840 on transformation groups." *Archive for History of Exact Sciences* 21:375–385.

[37] Gray, Jeremy J. 2006. *Worlds out of Nothing: A Course in the History of Geometry in the 19th Century.* Berlin etc.: Springer.

[38] Hamilton, William Rowan. 1847. "On quaternions, or on a new system of imaginaries in algebra; with some geometrical illustrations." *Proceedings Royal Irish Academy* 3:1–16. (Written 1844) In [39, 355–362].

[39] Hamilton, William Rowan. 1967. *The Mathematical Papers of Sir William Rowan Hamilton, vol III Algebra.* Cambridge: University Press.

[40] Hartshorne, Robin. 2000. *Euclid and Beyond.* Berlin etc.: Springer.

[41] Hawkins, Thomas. 1972. "Hypercomplex number, Lie groups, and the creation of group representation theory." *Archive for History of Exact Sciences* 8:243–287.

[42] Hawkins, Thomas. 1984. "The *Erlanger Programm* of Felis Klein: Reflections on its place in the history of mathematics." *Historia Mathematica* 11:442–470.

[43] Hawkins, Thomas. 2000. *Emergence of the Theory of Lie Groups. An Essay in the History of Mathematics 1869–1926.* Berlin etc.: Springer.

[44] Heath, Thomas. 1921. *A History of Greek Mathematics, vol 1: From Thales to Euclid. Vol 2: From Aristarchus to Diophantus.* Oxford: Clarendon. Republication Oxford 1981.

[45] Hogendijk, Jan. 1985. *Ibn al-Haytham's Completion of the Conics*. Vol. 7 of *Sources in the History of Mathematics and Physical Sciences* Berlin etc.: Springer.

[46] Hogendijk, Jan. 1986. "Arabic traces of lost works of Apollonius." *Archive for History of Exact Sciences* 35:187–253.

[47] Hogendijk, Jan. 1996. Transmission, transformation and originality: the case of Greek and Arabic geometry. In *Tradition, Transmission and Transformation: Proceedings of two conferences on pre-modern science held at the University of Oklahoma*, ed. F. Jamil Ragep and Sally Ragep. Leiden: Brill pp. 31–64.

[48] Høyrup, Jens. 2002. *Lengths, Widths and Surfaces. A Portrait of Old Babylonian Algebra and its Kin*. Berlin etc.: Springer.

[49] Jahnke, Hans-Niels (Hrsg.). 1999. *Geschichte der Analysis*. Heidelberg etc.: Spektrum.

[50] James, Ioan (ed.). 1999. *History of Topology*. Amsterdam etc.: Elsevier.

[51] Jordan, Camille. 1869. "Mémoire sur les groupes de mouvements." *Annali di Matematica* 2:167–215, 322–345. In [53, t. 4, 231–302].

[52] Jordan, Camille. 1875. "Essai sur la géométrie à n dimensions." *Bulletin de la Société Mathématique de France* 3:103–174. In [53, t. 4, 79–150].

[53] Jordan, Camille. 1961–1964. *Oeuvres de Camille Jordan, t. 1 – t. 4*. Ed. G. Julia, J. Dieudonné. Paris: Gauthiers-Villars.

[54] Juschkewitsch, Adolph P. 1964. *Geschichte der Mathematik im Mittlelalter*. Übersetzung aus dem Russsischen V. Ziegler. Leipzig: Teubner.

[55] Klein, Felix. 1872. *Vergleichende Betrachtungen über neuere geometrische Forschungen*. Programm zum Eintritt in die philosophische Fakultät der k. Friedrich-Alexanders-Universität zu Erlangen. Erlangen: Deichert. In [56, Bd. 1, 460–497].

[56] Klein, Felix. 1921ff. *Gesammelte Mathematische Abhandlungen*, 3 Bde. Berlin: Springer.

[57] Knorr, Wilbur. 1975. *The Evolution of the Euclidean Elements. A Study of the Theory of Incommensurable Magnitudes and its Significance for Early Greek Geometry*. Dordrecht: Reidel.

[58] Lie, Sophus. 1876. "Theorie der Transformationsgruppen, Abhandlung I, II." *Archiv for Mathematik* 1:19–57, 152–193. In *Gesammelte Abhandlungen*, Leipzig und Christiana, Bd. 5, 9–41, 42–75.

[59] Mahoney, Michael S. 1973. *The Mathematicl Career of Pierre de Fermat, 1601–1665*. Princeton: University Press.

[60] Minnigerode, Bernhard. 1887. "Untersuchungen über das Symmetrieverhalten der Krystalle." *Neues Jahrbuch für Mineralogie, Geologie und Paläontologie, Beilagenband* 5:145ff.

[61] Möbius, August F. 1827. *Der barycentrische Calcul, ein neues Hülfsmittel zur analytischen Behandlung der Geometrie . . . .* Leipzig: Barth. In *Gesammelte Werke*, Bd. 1, pp. 1–388.

[62] Moore, Gregory. 1995. "The axiomatization of linear algebra: 1875-1940." *Historia Mathematica* 22:262–303.

[63] Parshall, Karen; Rice Adrian (eds.). 2002. *Mathematics Unbound: The Evolution of an International Mathematical Research Community, 1800–1945*. Providence, RI: American Mathematical Society.

[64] Pauli, Wolfgang. 1927. "Zur Quantenmechanik des magnetischen Elektrons." *Zeitschrift für Physik* 43:601–623. In [65, *1*, 306–328].

[65] Pauli, Wolfgang. 1964. *Collected Scientific Papers*. Eds. R. Kronig, V.F. Weisskopf. New York etc.: Wiley.

[66] Peanio, Giuseppe. 1888. *Calcolo geometrico secondo l'Ausdehnungslehre di H. Grassmann*. Torino: Fratelli Bocca.

[67] Petsche, Hans-Joachim. 2006. *Graßmann*. Vol. 13 of *Vita Mathematica* Basel: Birkhäuser.

[68] Plücker, Julius. 1846. *System der Geometrie des Raumes in neuer analytischer Behandlungsweise insbesondere die Theorie der Flächen zweiter Ordnung und Classe enthaltend*. Düsseldorf: Schaubsche Buchhandlung.

[69] Poncelet, Jean V. 1828. *Traité des propriétés projectives des figures*. Bachelet.

[70] Reich, Karin. 1973. "Die Geschichte der Differentialgeometrie von Gauß bis Riemann (1828–1868)." *Archive for History of Exact Sciences* 11:273–382.

[71] Riemann, Bernhard. 1867. "Über die Hypothesen, welche der Geometrie zu Grunde liegen. Habilitationsvortrag Göttingen." *Abhandlungen der Königlichen Gesellschaft der Wissenschaften zu Göttingen* 13:133–150. In [72, 227–287]. Diverse Einzelausgaben, darunter [73].

[72] Riemann, Bernhard. 1892. *Gesammelte Werke und wissenschaftlicher Nachlass,* Hrsg. H. Weber, R. Dedekind. Leipzig: Teubner.

[73] Riemann, Bernhard; Jost, Jürgen. 2013. *Über die Hypothesen, welche der Geometrie zu Grunde liegen,* historisch und mathematisch kommentiert von Jürgen Jost. Klassische Texte der Wissenschaften, Berlin etc.: Springer.

[74] Schläfli, Ludwig. 1901. *Theorie der vielfachen Kontinutität.* Vol. 38 of *Denkschriften der schweizerischen Naturforschenden Gesellschaft* Basel: Birkhäuser. In *Gesammelte Mathematisch Abhandlungen,* Bd. 1, 167–387.

[75] Schneider, Ivo. 1979. *Archimedes. Ingenieur, Naturwissenschaftler und Mathematiker.* Darmstadt: Wissenschaftliche Buchgesellschaft.

[76] Schneider, Martina. 2011. *Zwischen zwei Disziplinen. B.L. van der Waerden und die Entwicklung der Quantenmechanik.* Berlin etc.: Springer.

[77] Scholz, Erhard. 1980. *Geschichte des Mannigfaltigkeitsbegriffs von Riemann bis Poincaré.* Basel etc.: Birkhäuser.

[78] Scholz, Erhard. 1989. "Die Symmetriekonzepte der Kristallographie und ihre Beziehungen zur Algebra des 19. Jahrhunderts." Kap. I in Scholz, E. *Symmetrie Gruppe, Dualtät,* Basel etc. Birkhäuser, 17–153, 261–300, 325–398.

[79] Scholz, Erhard. 1999. "The concept of manifold, 1850 – 1950." In [50, 25–64].

[80] Scholz, Erhard (Hrsg.). 1990. *Geschichte der Algebra. Eine Einführung.* Mannheim: Bibliographisches Institut.

[81] Schreier, Otto; Sperner, Emmanuel. 1931/1935. *Einführung in die analytische Geometrie und Algebra, 2 Bde.* Leipzig: Teubner.

[82] Scriba, Christoph; Schreiber, Peter. 2005. *5000 Jahre Geometrie. Geschichte Kulturen, Menschen. 2. Auflage.* Berlin etc.: Springer.

[83] Sialaros, Michaelis; Christianidis, Jean. 2016. "Situating the debate on 'geometrical algebra' within the framework of premodern algebra." *Science in Context* 29(2):129–150.

[84] Siegmund-Schultze, Reinhard. 1999. "Die Entstehung der Funktionalanalyis.". In [49, Kap. 13].

[85] Slodowy, Peter. 1999. "The early development of the representation theory of semisimple Lie groups: A. Hurwitz, I. Schur, H. Weyl." *Jahresbericht der Deutschen Mathematiker-Vereinigung* 101:97–115.

[86] Steinitz, Ernst. 1910. "Algebraische Theorie der Körper." *Journal für reine und angewandte Mathematik* 137:137–309.

[87] Study, Eduard. 1891. "Von den Bewegungen und Umlegungen." *Mathematische Annalen* 39:441–565.

[88] Szabó, Árpád. 1994. *Entfaltung der griechischen Mathematik.* Mannheim etc.: Bibliographisches Institut.

[89] Tian-Se, Ang. 1978. "Chinese interest in right-angled triangles." *Historia Mathematica* 5:253–266.

[90] Tobies, Renate. 2019 (?). *Felix Klein.* Berlin etc.: Springer. In Bearbeitung.

[91] Unguru, Sabtei. 1975. "On the need to rewrite the history of Greek mathematics." *Archive for History of Exact Sciences* 15(1):67–114.

[92] van der Waerden, Bartel Leendert. 1956. *Erwachende Wissenschaft.* Basel: Birkhäuser.

[93] van der Waerden, Bartel Leendert. 1983. *Geometry and Algebra in Ancient Civilizations.* Berlin etc.: Springer.

[94] Vanden Eynde, Ria. 1999. "Development of the concept of homotopy.". In [50, 65–102].

[95] Volkert, Klaus. 2013. *Das Undenkbare denken. Die Rezeption der nichteuklidischen Geometrie im deutschsprachigen Raum (1860–1900).* Berlin etc.: Springer.

[96] Weyl, Hermann. 1918. *Raum, - Zeit - Materie. Vorlesungen über allgemeine Relativitätstheorie.* Berlin etc.: Springer. Weitere Auflagen: [2]1919, [3]1919, [4]1921, [5]1923, [6]1970, [7]1988, [8]1993.

[97] Weyl, Hermann. 1925/1926. "Theorie der Darstellung kontinuierlicher halb-einfacher Gruppen durch lineare Transformationen. I, II, III und Nachtrag." *Mathematische Zeitschrift* 23, 24: *23* 271–309, *24* 328—-395, 789–791. In [98, Bd. 2, 542–646].

[98] Weyl, Hermann. 1968. *Gesammelte Abhandlungen, 4 vols.* Ed. K. Chandra-sekharan. Berlin etc.: Springer.

[99] Wussing, Hans. 1969. *Die Genesis des abstrakten Gruppenbegriffes.* Berlin: Verlag der Wissenschaften.

[100] Apéry, Francois. 1987. *Models of the real projective plane - computer graphics of Steiner and Boy surfaces.* Vieweg.

[101] Atiyah, M. F., R. Bott and A. Shapiro. 1964. "Clifford modules." *Topology* pp. 3–38.

[102] Baker, Henry Frederick. 1922 – 1925. *Principles of Geometry (6 Volumes).* Cambridge: The University Press.

[103] Berger, Marcel. 1977–1979. *Géométrie.* Vol. 5 vol. Paris: Cedic. Englisch in [105].

[104] Berger, Marcel. 1978. *Géométrie.* Vol. 4 vol. Paris: Cedic, Nathan. Englisch in [105].

[105] Berger, Marcel. 1987. *Geometry I, II.* Berlin: Springer.

[106] Beutel, Eugen. 1920. *Die Quadratur des Kreises.* Teubner, Leipzig.

[107] Bourbaki, N. 1959. *Algèbre, Chap.9: Formes sesquilinéaires et formes qua-dratiques.* Eléments de Mathématique Hermann, Paris.

[108] Brieskorn, Egbert. 1976. "Singularitäten." *Jahresbericht der DMV* 78:93–112.

[109] Cantor, Moritz. 1894–1908. *Vorlesungen über Geschichte der Mathematik.* B.G. Teubner.

[110] Dingeldey, Friedrich. 1903. *Encyklopädie der mathematischen Wissenschaften mit Einschluss ihrer Anwendungen, in 6 Bänden, 1898 – 1933.* Vol. 3-2-1 B. G. Teubner Verlag.

[111] Dirac, P. A. M. 1928. "The Quantum Theory of the Electron." *Proceedings of the Royal Society of London Series A* 117:610–624.

[112] Euler, L. 1748. *Introductio in analysin infinitorum*. Number Bd. 2 *in* "Introductio in analysin infinitorum" M. M. Bousquet.

[113] Euler, L. 1921. "Problema algebraicum ob affectiones prorsus singulares memorabile." *Opera Omnia* 1(6):287–315.

[114] Fischer, Gerd, ed. 1986. *Mathematische Modelle*. Vieweg+Teubner Verlag.

[115] Freudenthal, Hans. 1955. "Neuere Fassungen des Riemann-Helmholtz-Lieschen Raumproblems." *Mathematische Zeitschrift* 63(1):374–405.
URL: *https://doi.org/10.1007/BF01187949*

[116] Hachette, J.N.P. and G. Monge. 1813. *Application de l'algèbre a la géometrie*. Klostermann fils, libraire des Ecoles imperiales polytechnique et des Ponts et chaussees, rue de Jardinet, no 13.

[117] Hausdorff, Felix. 1914. *Grundzüge der Mengenlehre*. Leipzig: Veit and Company.

[118] Heath, Thomas L. 1908. *Euclid, The Thirteen Books of the Elements*. Cambridge University Press.

[119] Hermann, Robert. 1974. *Spinors, Clifford and Cayley algebras*. Interdisciplinary mathematics VII New Brunswick, N.J: Rutgers University, Department of Mathematics.

[120] Hilbert, D. 1899. *Grundlagen der Geometrie*. Festschrift zur Feier der Enthüllung des Gauss-Weber-Denkmals in Göttingen B.G. Teubner.

[121] Hilbert, David, Cohn-Vossen Stephan. 1932. *Anschauliche Geometrie*. Springer.
URL: *http://eudml.org/doc/204121*

[122] Klein, F. and R. Courant. 1925. *Elementarmathematik vom Höheren Standpunkte Aus, II: Geometrie*. Die Grundlehren der mathematischen Wissenschaften Springer Berlin Heidelberg.

[123] Klein, Felix. 1873. "Über Flächen dritter Ordnung." *Mathematische Annalen* 6:551–581.

[124] Möbius, August Ferdinand. 1865. "Über die Bestimmung des Inhaltes eines Polyeders." *Berichte über die Verhandlungen der Königlich Sächsischen Gesellschaft der Wissenschaften, Mathematisch-physikalische Klasse* 17:31–68.

[125] Naimark, M.A. and A.I. Stern. 1982. *Theory of Group Representations.* Die Grundlehren der mathematischen Wissenschaften Springer-Verlag New York.

[126] Pauli, W. 1927. "Zur Quantenmechanik des magnetischen Elektrons." *Zeitschrift für Physik* 43(9):601–623.
URL: *https://doi.org/10.1007/BF01397326*

[127] Plücker, Julius. 2011. *System der Geometrie des Raumes in neuer analytischer Behandlungsweise, insbesondere die Theorie der Flh(=—e)chen zweiter Ordnung und Classe enthaltend.* Nabu Press. im Original Verlag W. H. Scheller, Düsseldorf 1852.

[128] Riemann, Bernhard. 1868*a.* Ueber die Hypothesen, welche der Geometrie zu Grunde liegen. In *Abhandlungen der Königlichen Gesellschaft der Wissenschaften zu Göttingen.* Vol. 13 pp. 133–150.

[129] Riemann, Bernhard. 1868*b.* Ueber die Thatsachen, die der Geometrie zum Grunde liegen. In *Nachrichten von der Königlichen Gesellschaft der Wissenschaften und der Georg-August-Universität zu Göttingen.* Vol. 1868 pp. 193–221.

[130] Singer, I.M. and J.A. Thorpe. 1976. *Lecture Notes on Elementary Topology and Geometry.* Undergraduate Texts in Mathematics Springer New York.

[131] Staude, Ernst Otto. 1904. *Encyklopädie der mathematischen Wissenschaften mit Einschluss ihrer Anwendungen, in 6 Bänden, 1898 – 1933.* Vol. 3-2-1 B. G. Teubner Verlag.

[132] Szabó, Á. 1969. *Anfänge der griechischen Mathematik: Mit Abbildungen.* Oldenbourg.

[133] Tits, Jacques. 1955. "Sur certaines classes d'espaces homogènes de groupes de Lie." *Mem. Acad. Roy. Belg.* 29.
URL: *https://ci.nii.ac.jp/naid/10003478206/en/*

[134] Van der Waerden, B.L. 1931. *Moderne Algebra. Teil II.* Die Grundlehren der mathematischen Wissenschaften Springer Berlin Heidelberg.

[135] Varadarajan, V.S. 1970. *Geometry of Quantum Theory.* Number Bd. 2 *in* "Geometry of Quantum Theory" Van Nostrand.

[136] Weyl, Hermann. 1939. *The Classical Groups. Their Invariants and Representations.* Princeton University Press.

[137] Zeuthen, Hieronymus Georg. 2006. *Die Lehre Von Den Kegelschnitten Im Altertum.* University Of Michigan Press. Original: Verlag A. F. Höst & Sohn, Kopenhagen 1886. Deutsche Ausgabe unter Mitwirkung des Verfassers, besorgt Von R. V. Fischer-Benzon.

Ausführliche Inhaltsübersicht

Index

Symbolverzeichnis

431

Namensverzeichnis